实用电工电路现场接线图集

黄海平 黄 鑫 编著

科 学 出 版 社

内 容 简 介

本书较为全面、系统地介绍了电工技术范畴内300余个电路的原理图与接线方法，为了提高电工技术人员的实践动手能力，本书以一对一的方式，将电路的原理图与接线图对应起来，使得读者能够互相对照来学习。

全书电路共分13大类，基本涵盖了电工技术人员日常工作中遇到的电路类型，还有一些电路是日常生活中会遇到的，方便读者学习和参考。

本书内容丰富，涉及面广，电路原理图、接线图正确、实用，方便读者学习和操作。

本书可供工厂、农村和电力企业电工，以及电气工程技术人员使用，也可供工科院校相关专业师生学习、参考。

图书在版编目（CIP）数据

实用电工电路现场接线图集 / 黄海平，黄鑫编著 . —北京：科学出版社，2014.1

ISBN 978-7-03-039521-4

Ⅰ. 实… Ⅱ. ①黄… ②黄 Ⅲ. 电路图 - 图集 Ⅳ. TM13-64

中国版本图书馆CIP数据核字（2014）第002400号

责任编辑：孙力维 杨 凯 / 责任制作：魏 谨

责任印制：赵德静 / 封面设计：卢雪娇

北京东方科龙图文有限公司 制作

http://www.okbook.com.cn

科学出版社 出版

北京东黄城根北街16号

邮政编码：100717

http://www.sciencep.com

骏杰印刷厂 印刷

科学出版社发行 各地新华书店经销

*

2014年1月第 一 版 开本：787×1092 1/16

2014年1月第一次印刷 印张：20

印数：1—4 000 字数：450 000

定价：48.00元

（如有印装质量问题，我社负责调换）

前言

为了提高广大电工技术人员实践操作的能力，本书精选出300余个电工技术范畴内的常用电路，以一对一的方式将电路原理图与现场接线图对应起来，使得读者能够互相对照进行学习，在掌握电路工作原理的同时，学会电路的实际接线方法。

书中的电路都是电工常用的基本控制电路，以及日常生活中的常见电路，读者可举一反三，应用到实际工作中去。

本书共分为13章，内容包括电动机单向运转控制电路、电动机可逆运转控制电路、保护及预警电路、单按钮控制电动机启停电路、电动机降压启动控制电路、电动机间歇运转控制电路、顺序控制电路、电动机制动控制电路、自动往返控制电路、变频器及软启动器应用电路、供排水控制电路、相同作用的双重互锁可逆启停电路按钮接线及其他电路。

参加本书编写的还有林光、李志平、李燕、黄海静、李雅茜等同志，在此一并表示感谢。

由于作者水平有限，书中错误在所难免，敬请广大读者批评指正。

黄海平

2013年10月于山东威海福德花园

目录

第1章 电动机单向运转控制电路

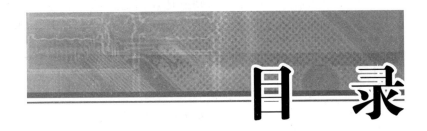

第2章 电动机可逆运转控制电路

第3章 保护及预警电路

第4章 单按钮控制电动机启停电路

第5章 电动机降压启动控制电路

第6章 电动机间歇运转控制电路

第7章 顺序控制电路

第8章 电动机制动控制电路

第9章　自动往返控制电路

第10章　变频器及软启动器应用电路

第11章　供排水控制电路

第12章 相同作用的双重互锁可逆启停电路按钮接线

第13章 其他电路

第1章

电动机单向运转控制电路

1.1 单向点动控制电路

原理图

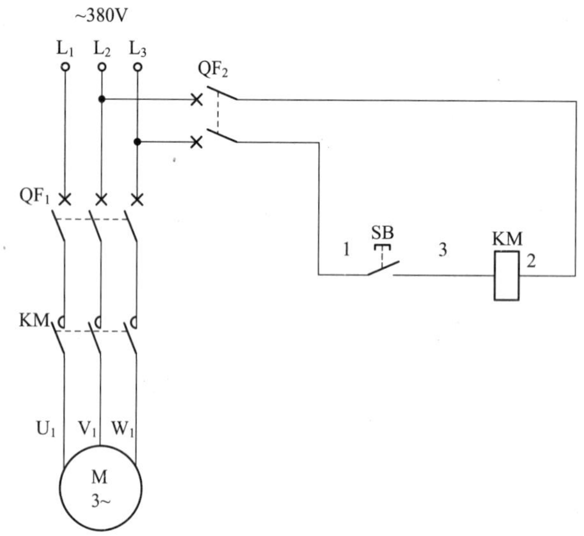

接线图

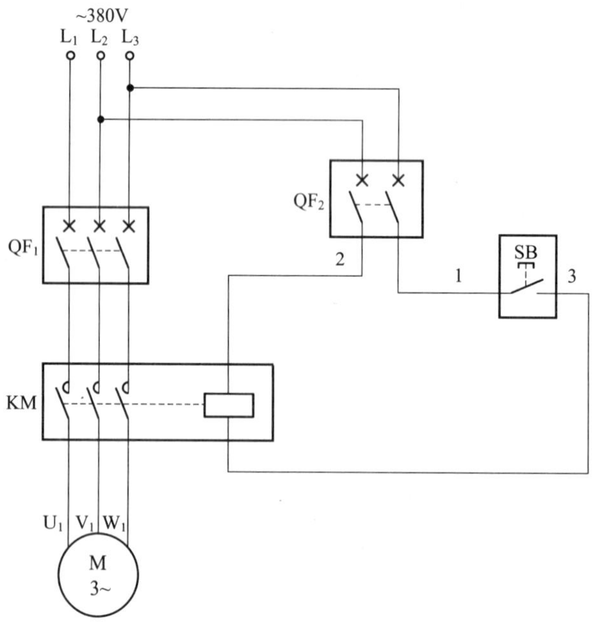

1.2 启动、停止、点动混合控制电路（一）

原理图

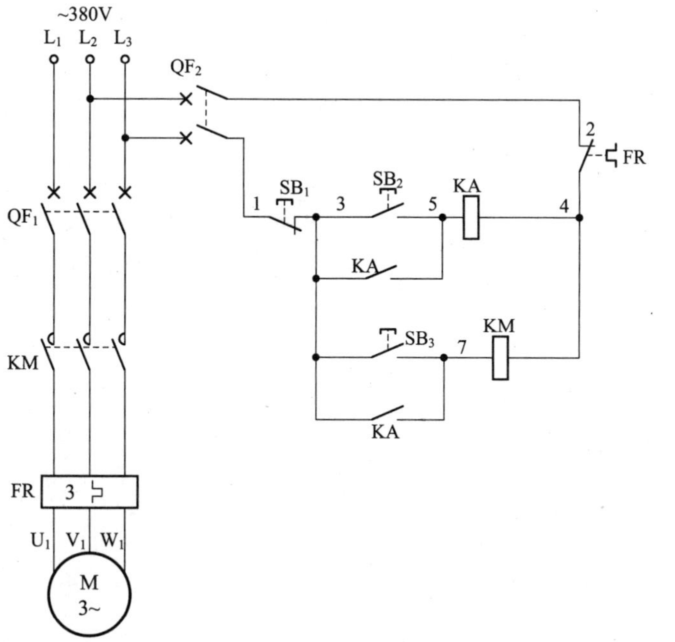

接线图

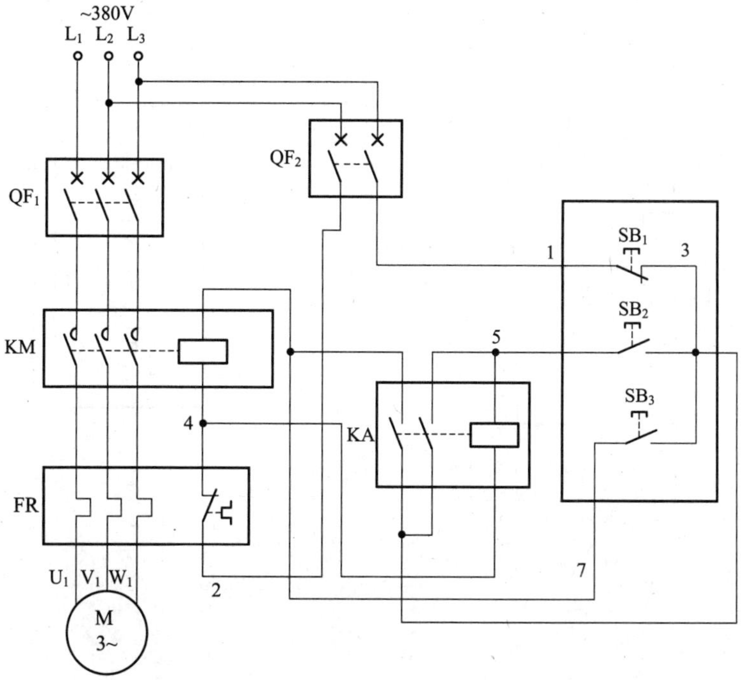

1.3 启动、停止、点动混合控制电路（二）

原理图

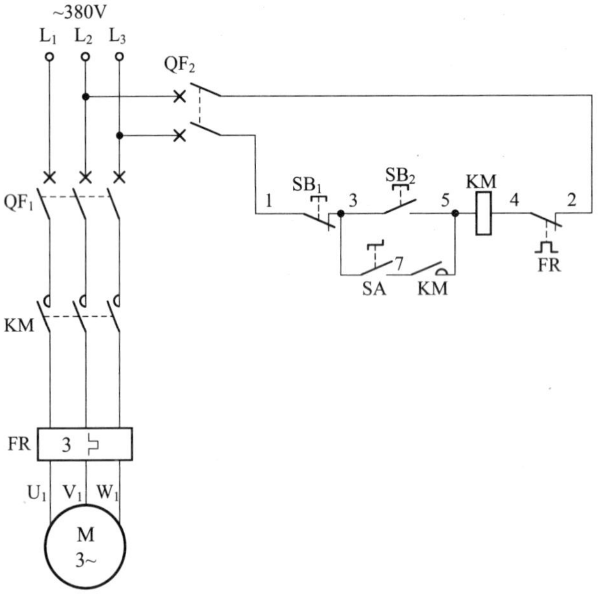

接线图

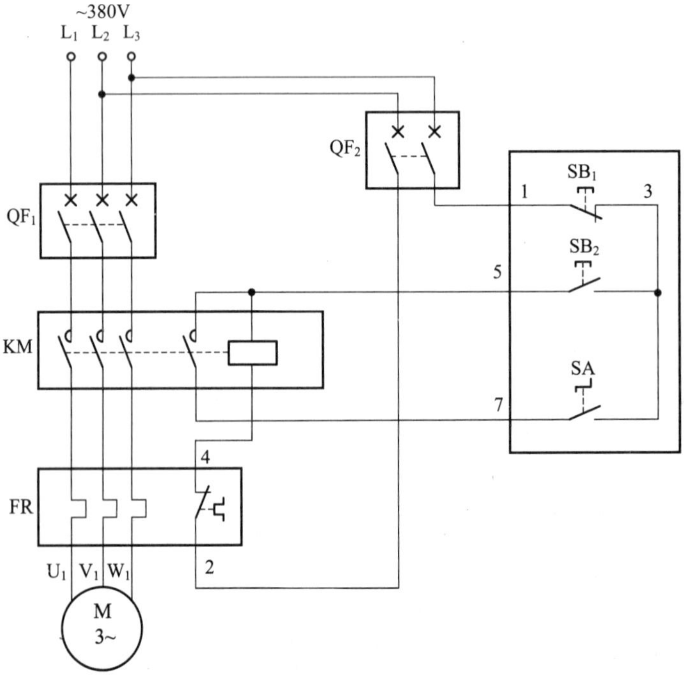

1.4 启动、停止、点动混合控制电路（三）

原理图

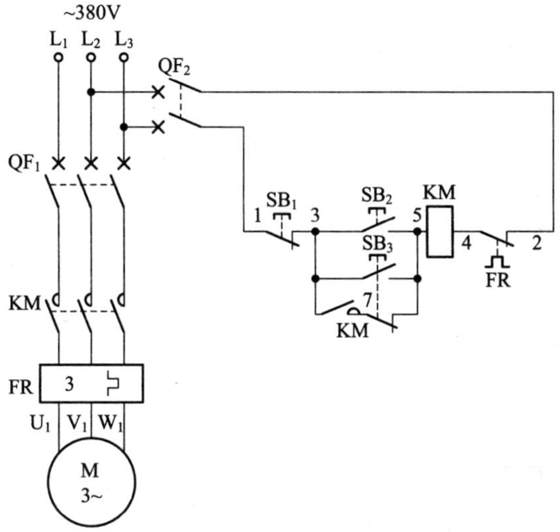

接线图

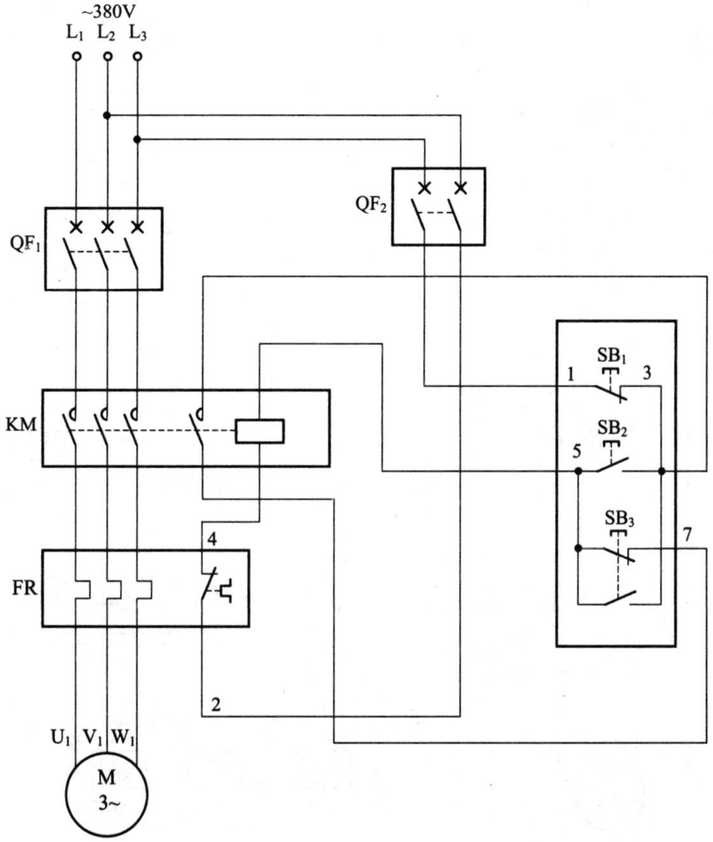

1.5 启动、停止、点动混合控制电路（四）

原理图

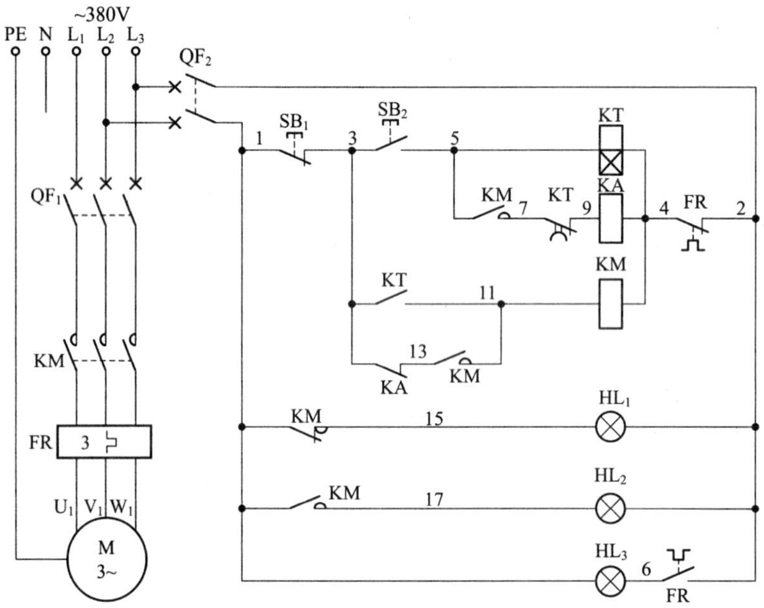

接线图

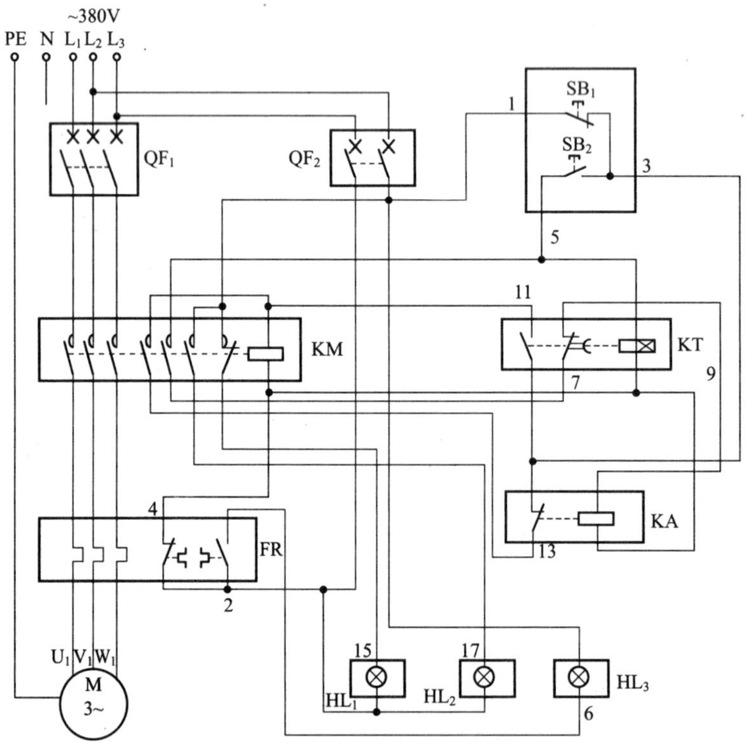

1.6 启动、停止、点动混合控制电路（五）

原理图

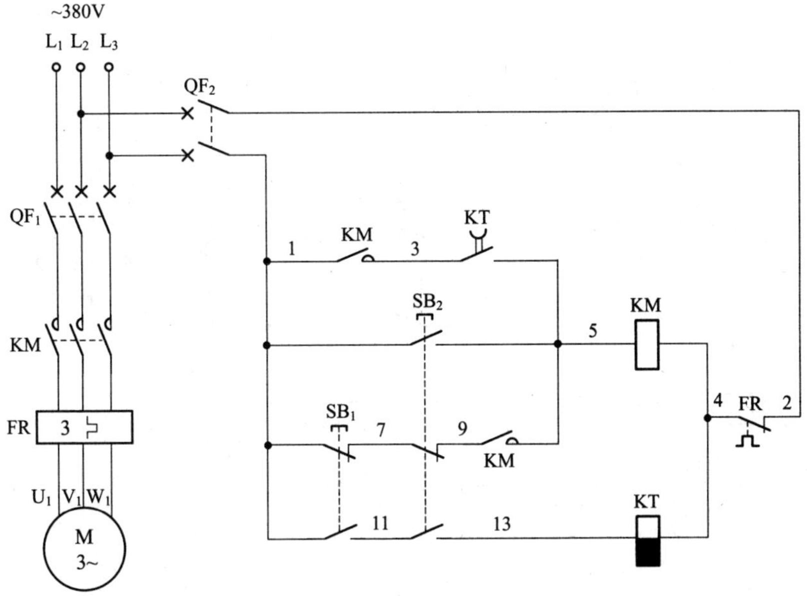

接线图

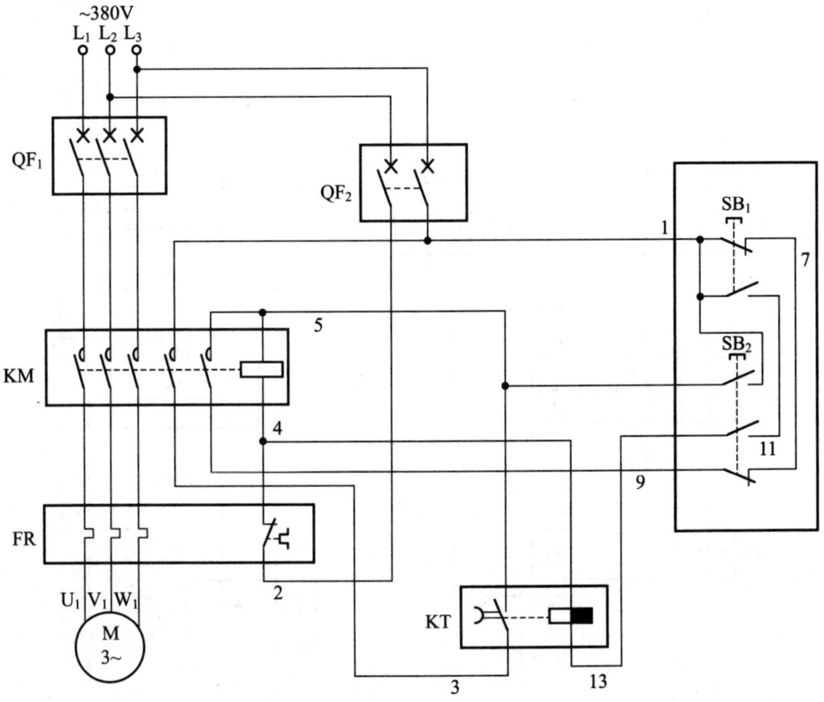

1.7 启动、停止、点动混合控制电路（六）

原理图

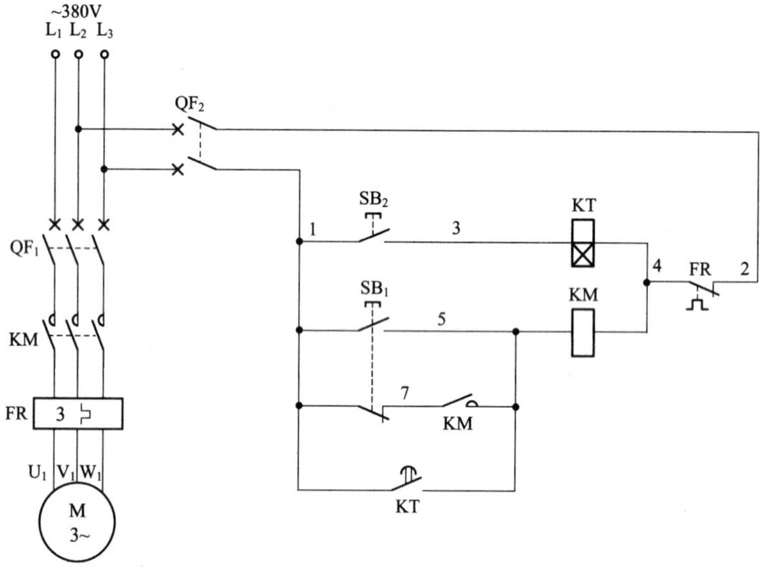

接线图

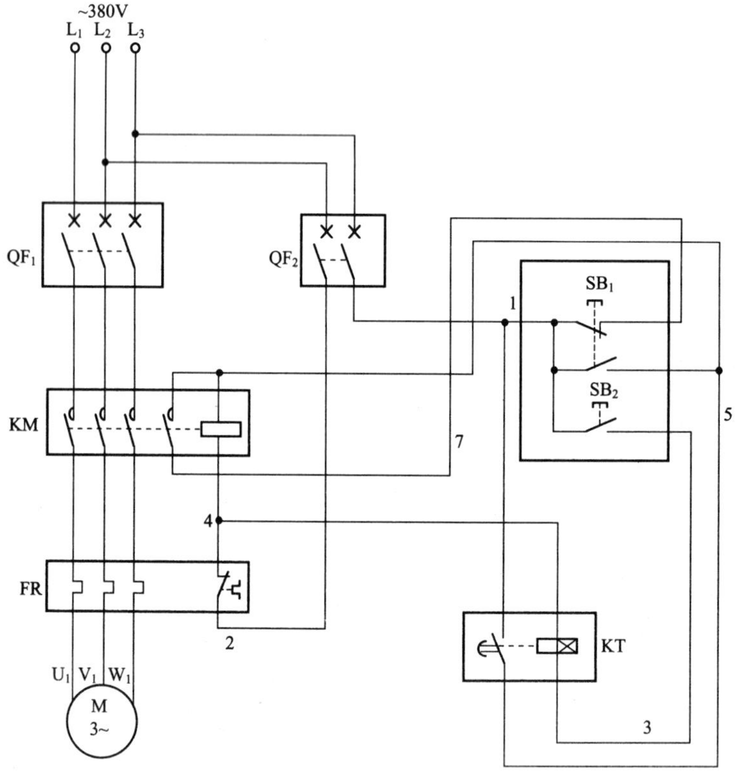

1.8 启动、停止、点动混合控制电路（七）

原理图

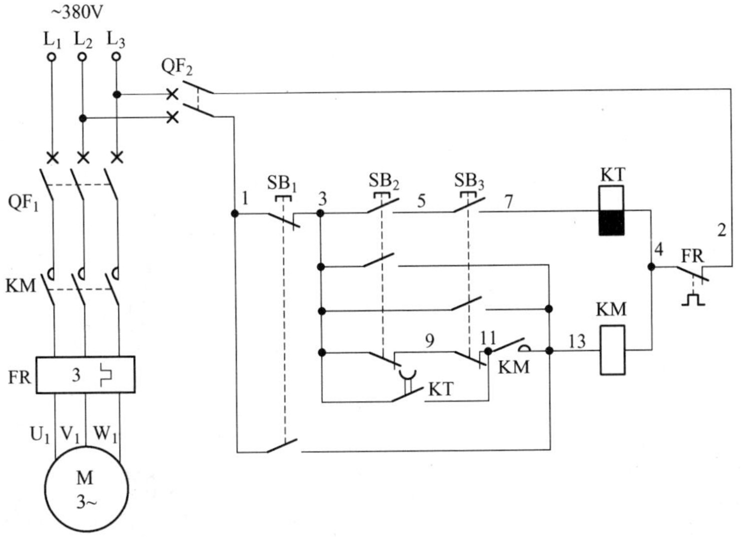

接线图

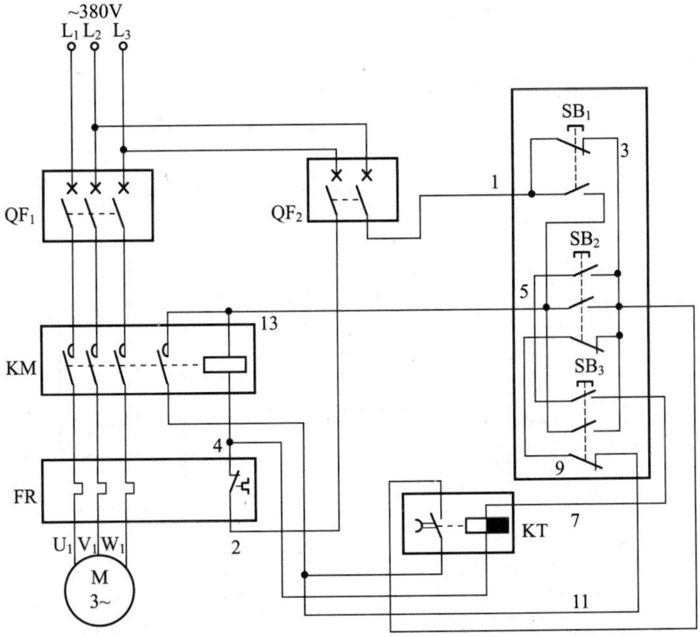

1.9 启动、停止、点动混合控制电路（八）

原理图

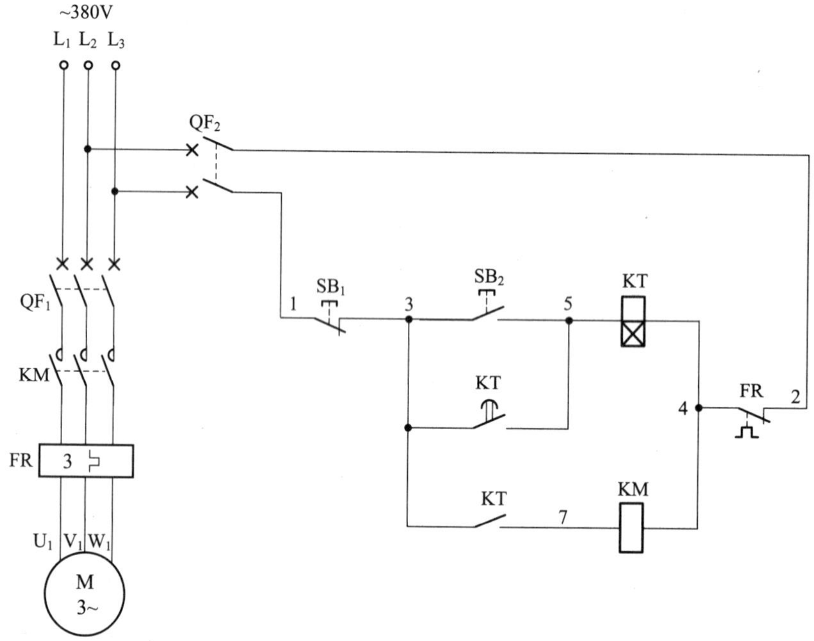

接线图

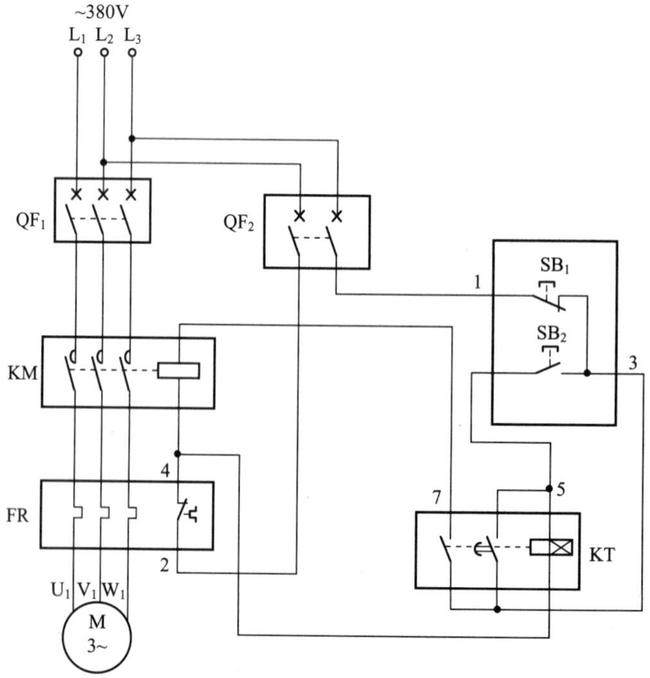

1.10　启动、停止、点动混合控制电路（九）

原理图

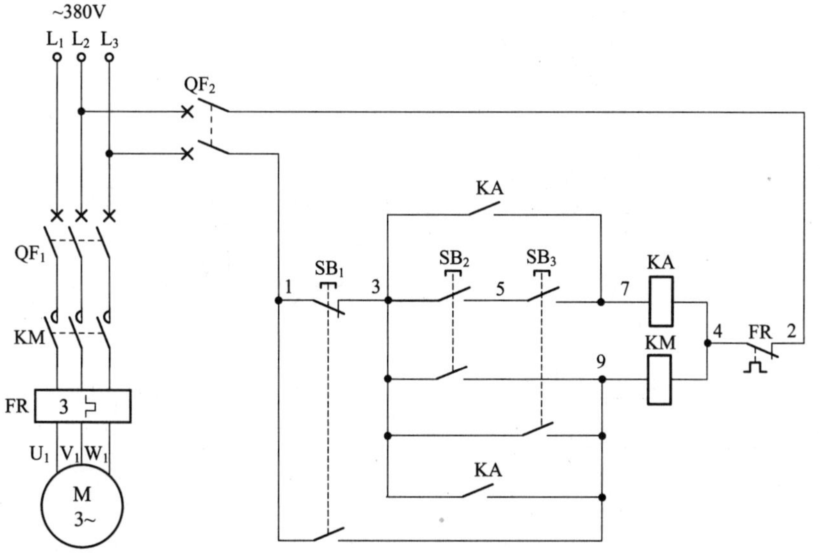

接线图

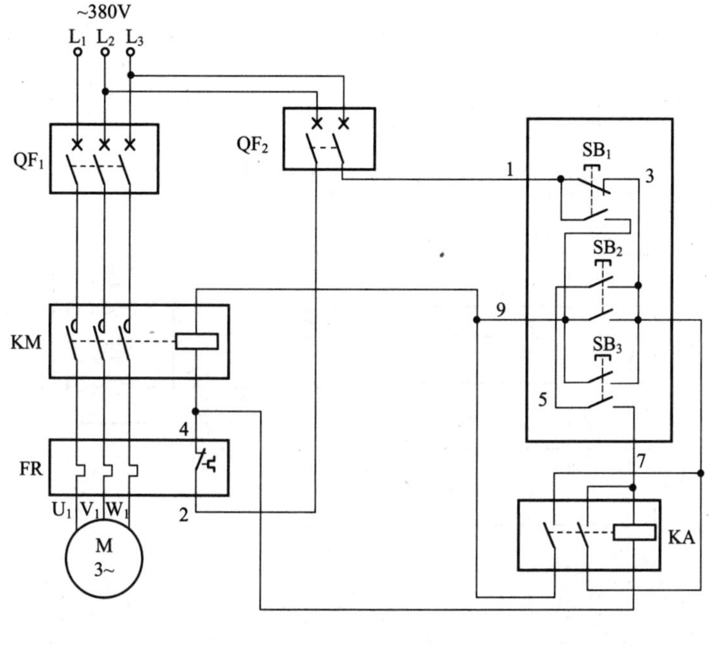

1.11 单向启动、停止控制电路

原理图

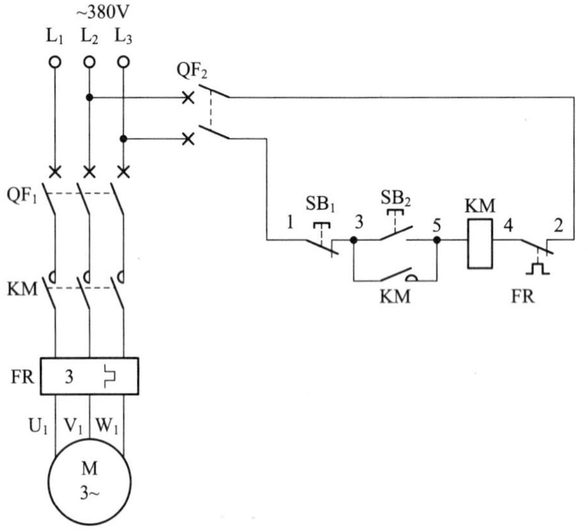

接线图

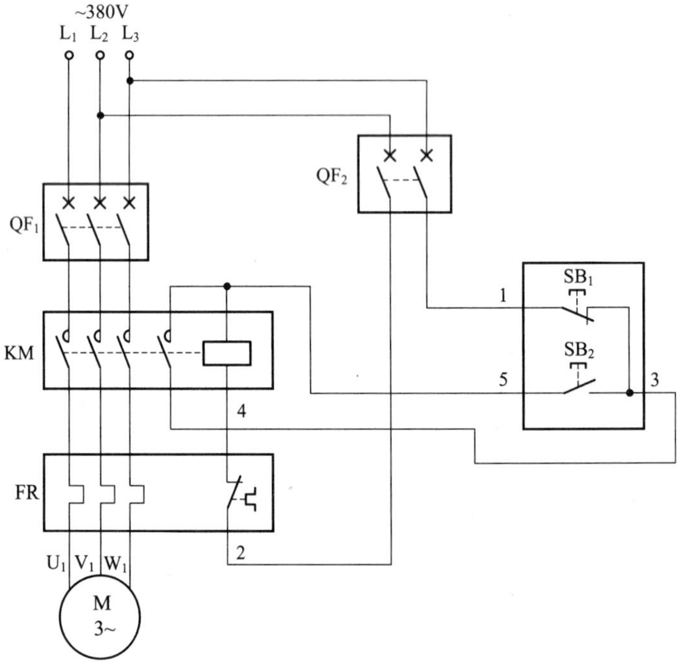

1.12　两台电动机联锁控制电路

原理图

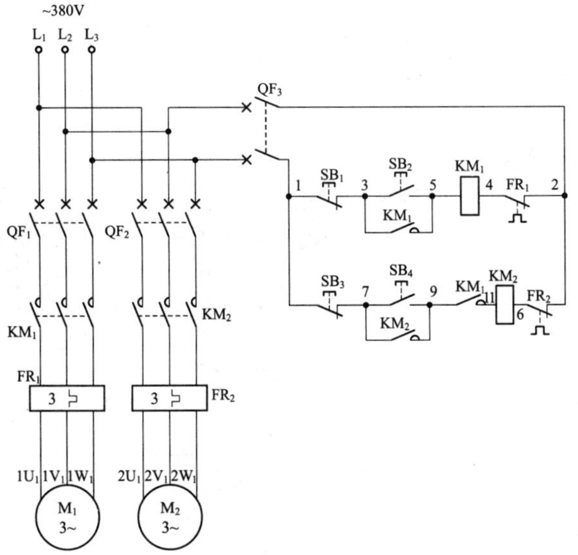

接线图

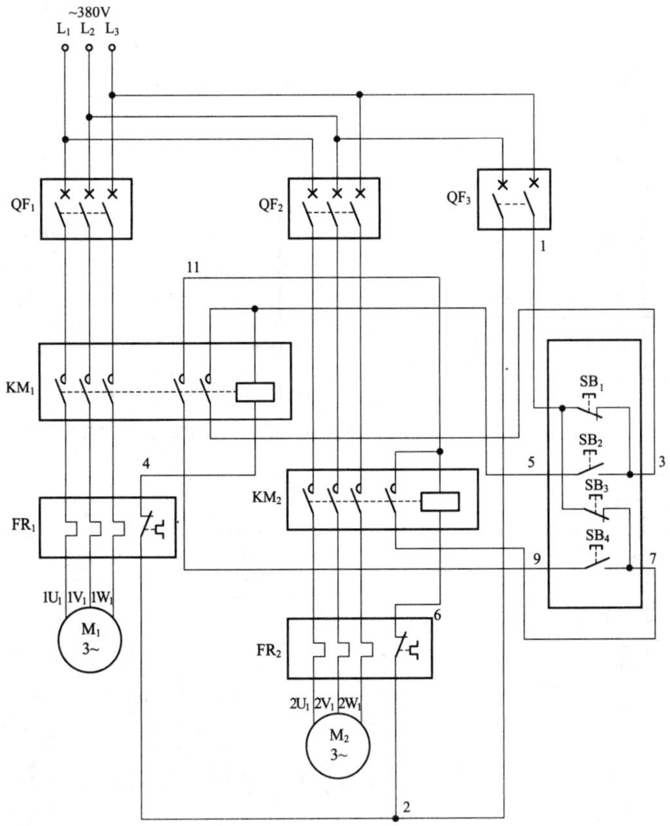

1.13 甲乙两地同时开机控制电路

原理图

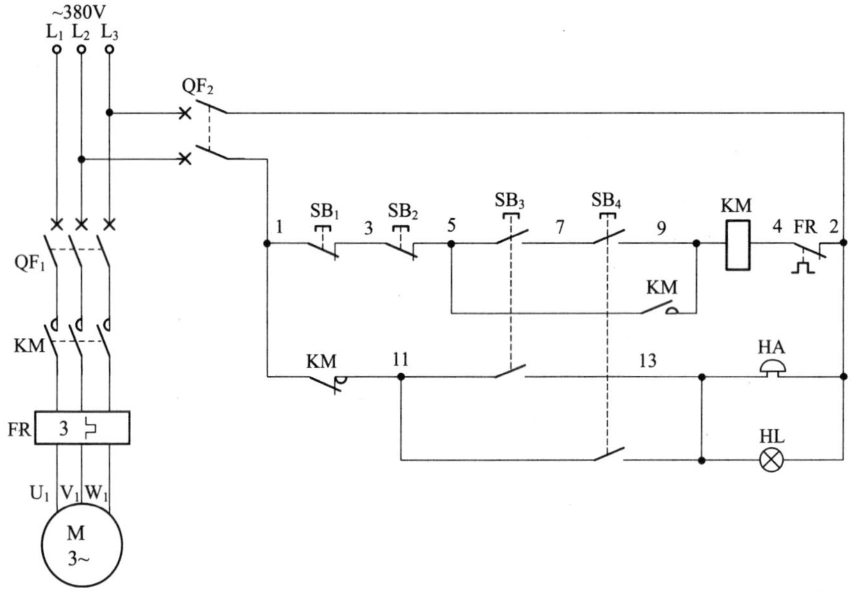

接线图

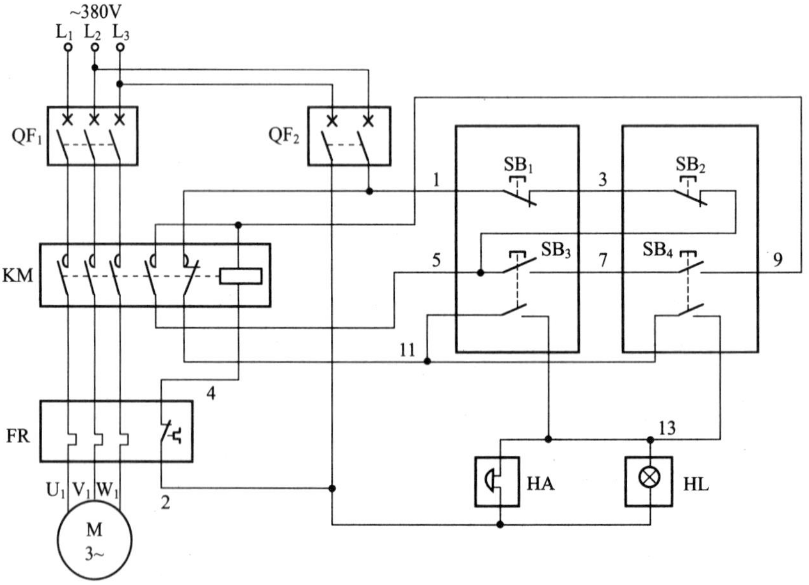

1.14 单向启动、停止二地控制电路

原理图

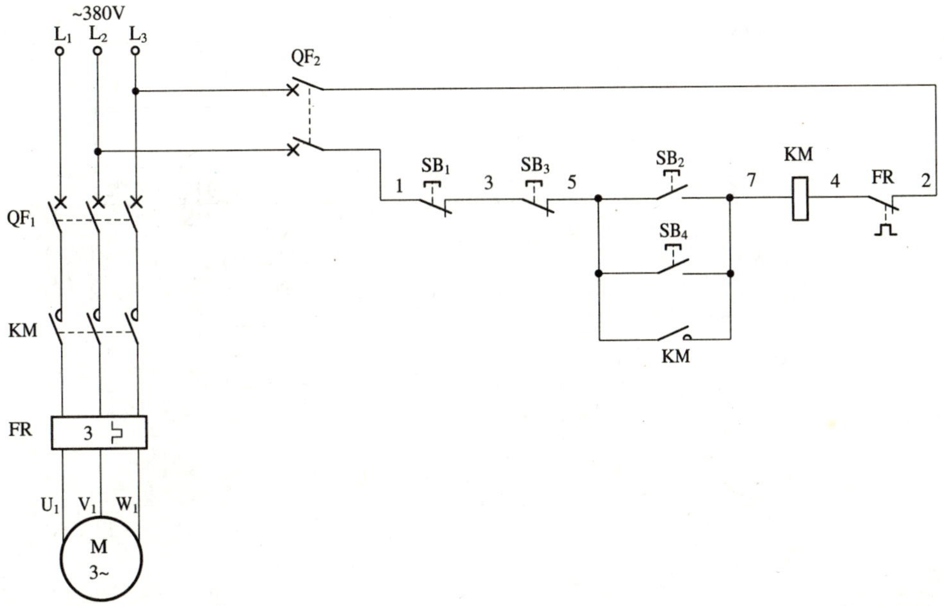

接线图

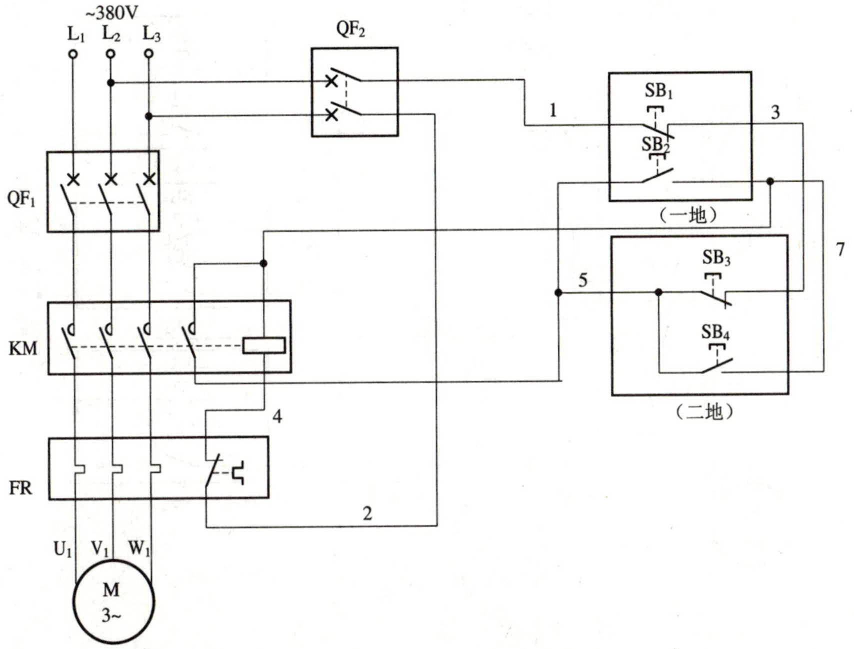

1.15 单向启动、停止三地控制电路

原理图

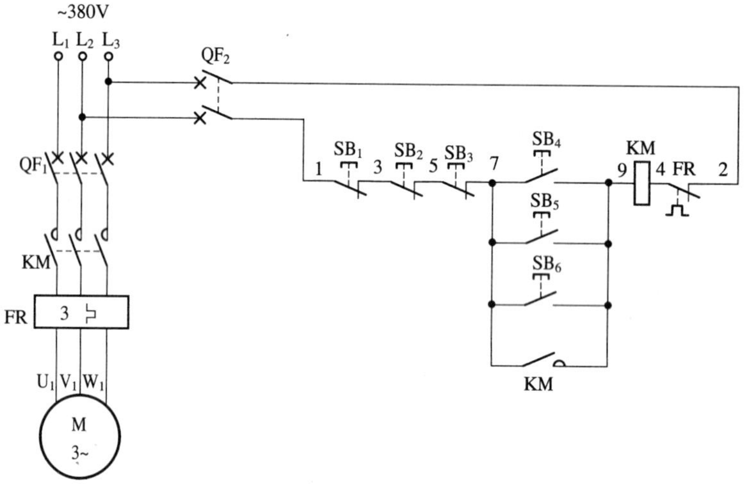

接线图

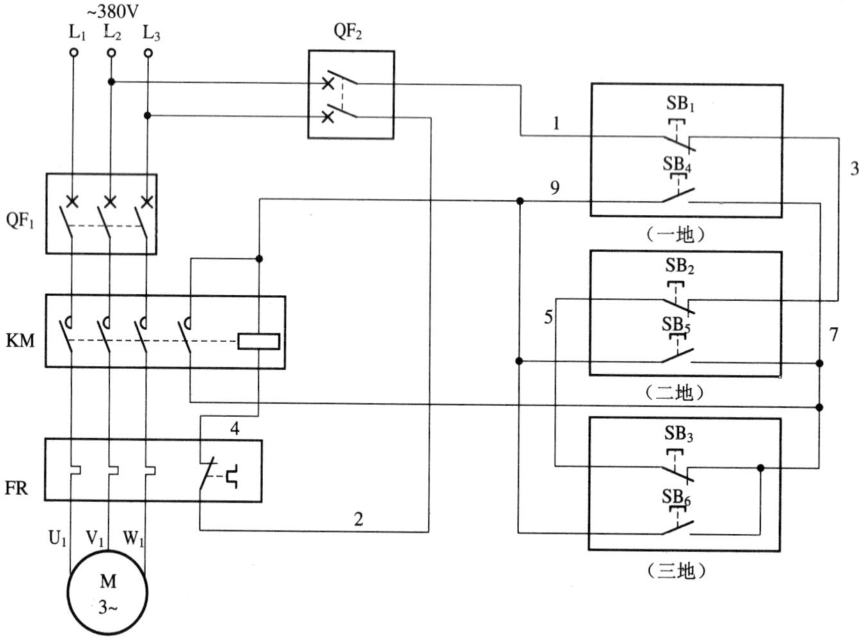

1.16 单向启动、停止四地控制电路

原理图

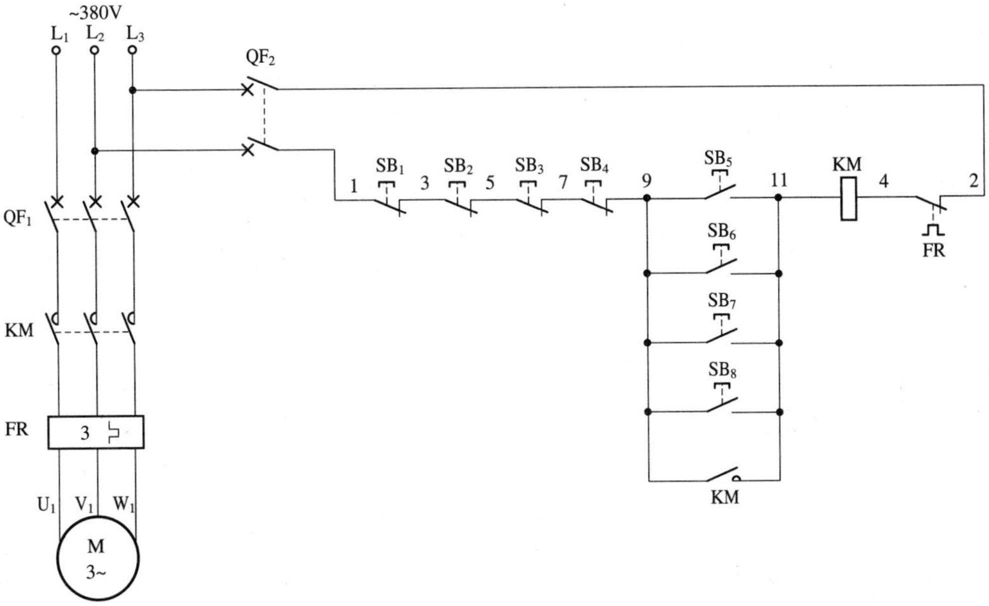

接线图

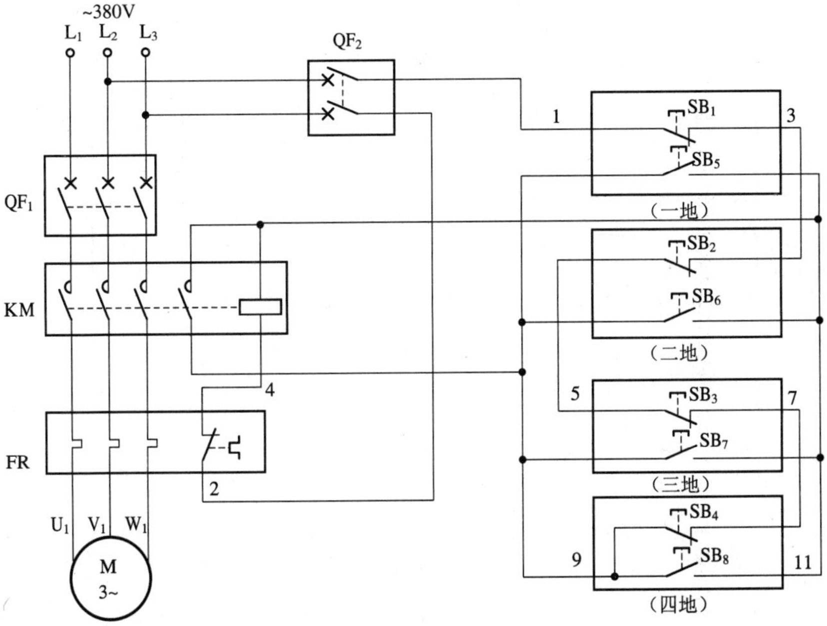

1.17 单向点动二地控制电路

原理图

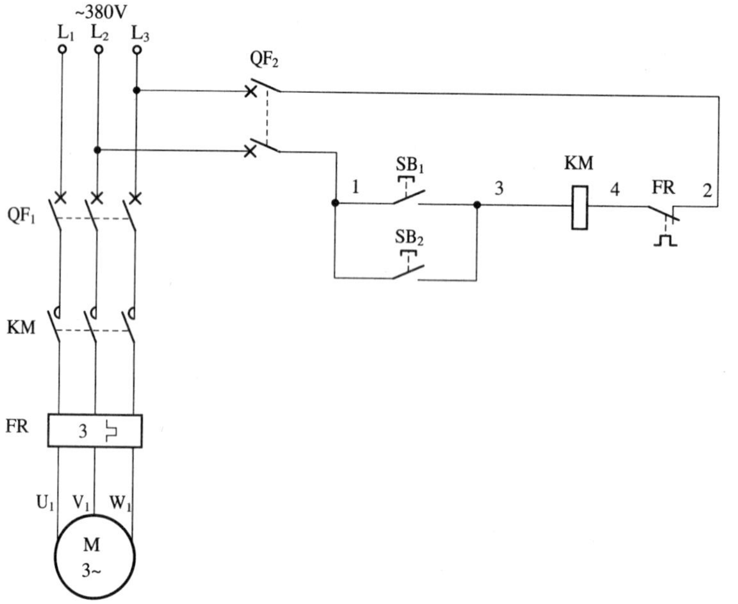

接线图

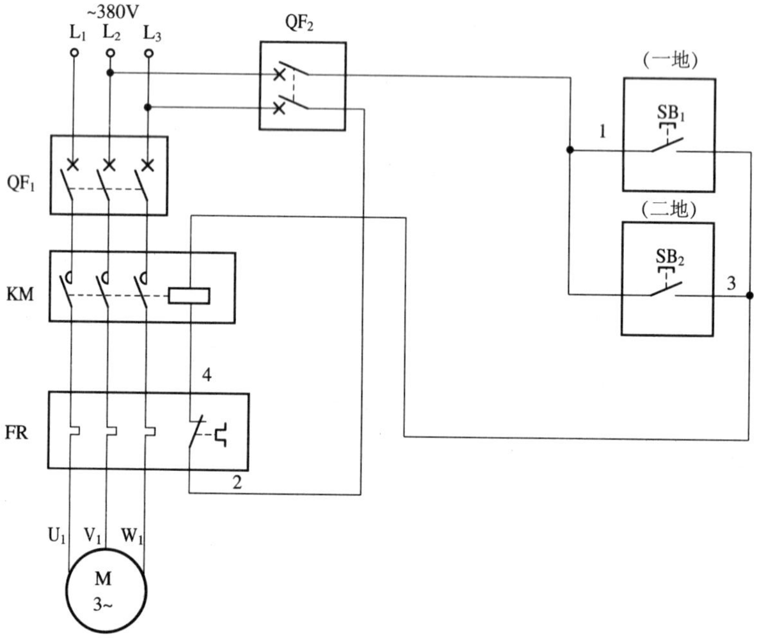

1.18 单向点动三地控制电路

原理图

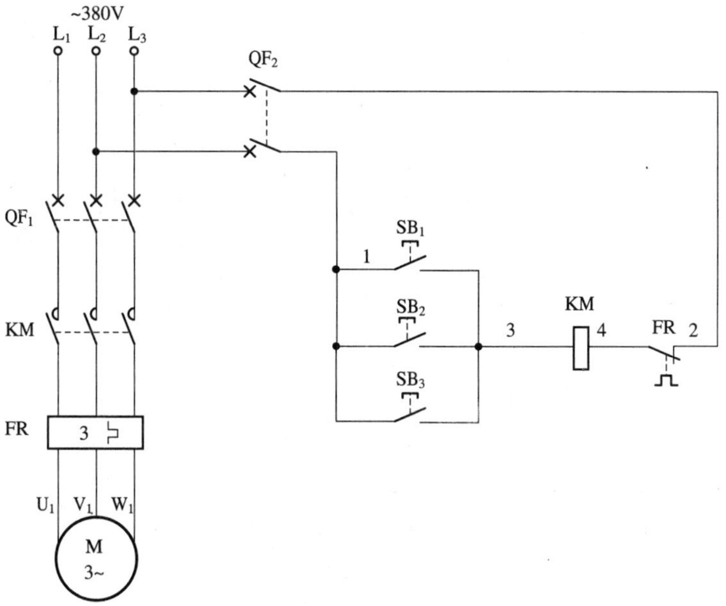

接线图

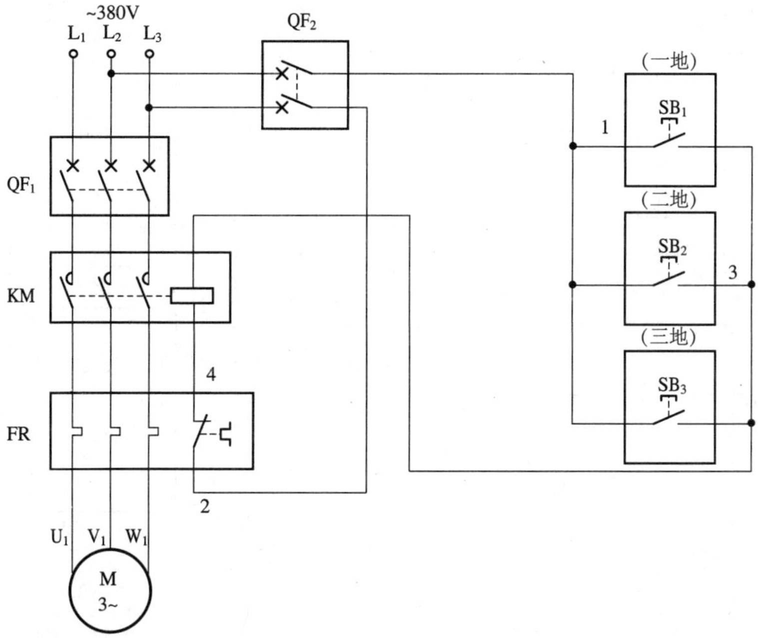

1.19 单向启动、停止、点动二地控制电路（一）

原理图

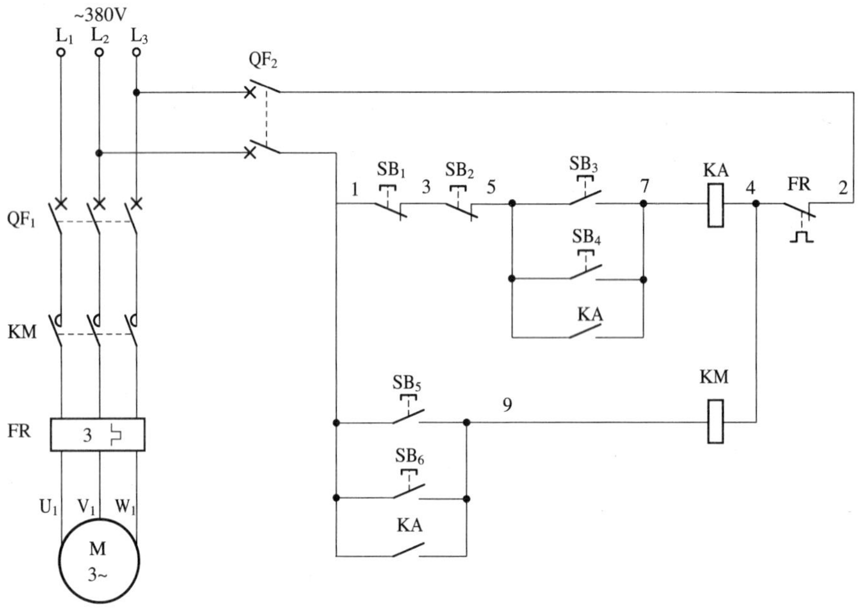

接线图

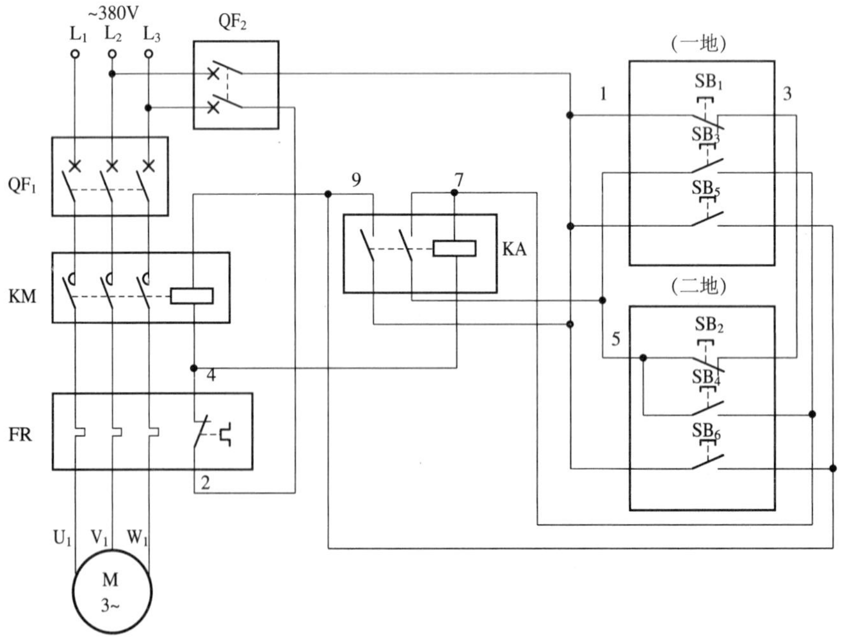

1.20 单向启动、停止、点动二地控制电路（二）

原理图

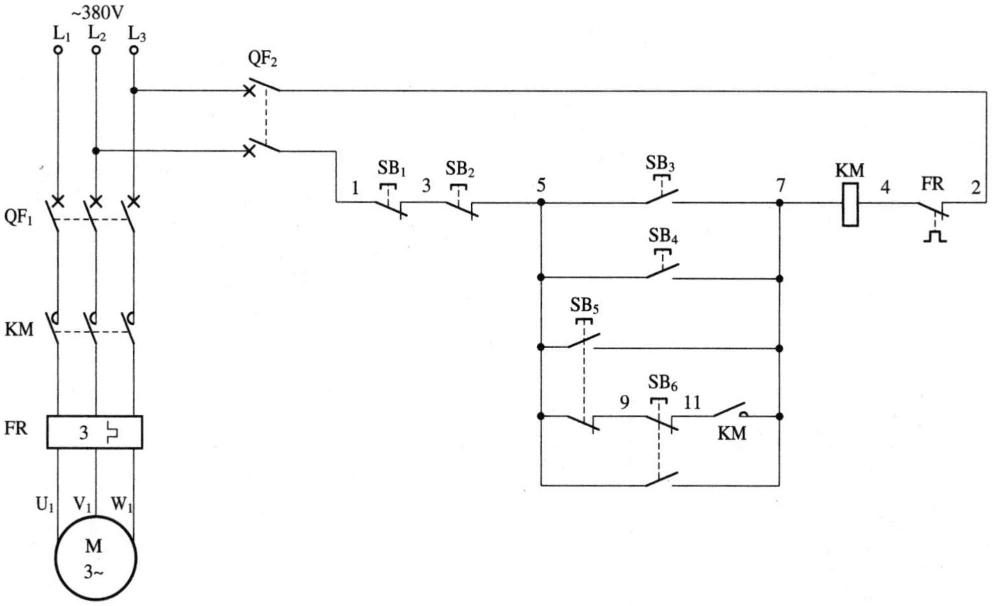

接线图

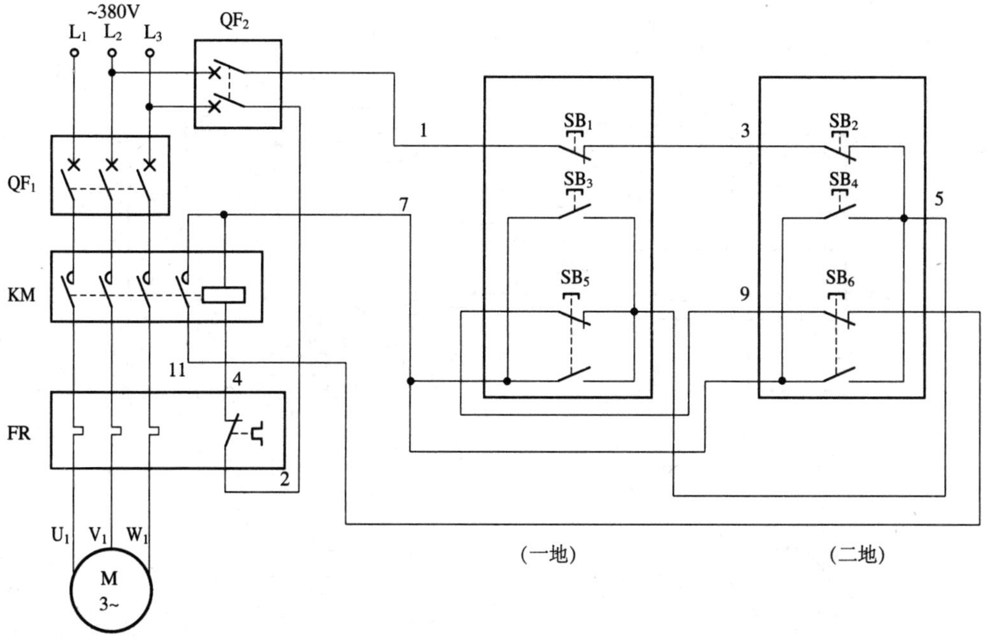

1.21 单向启动、停止、点动三地控制电路（一）

原理图

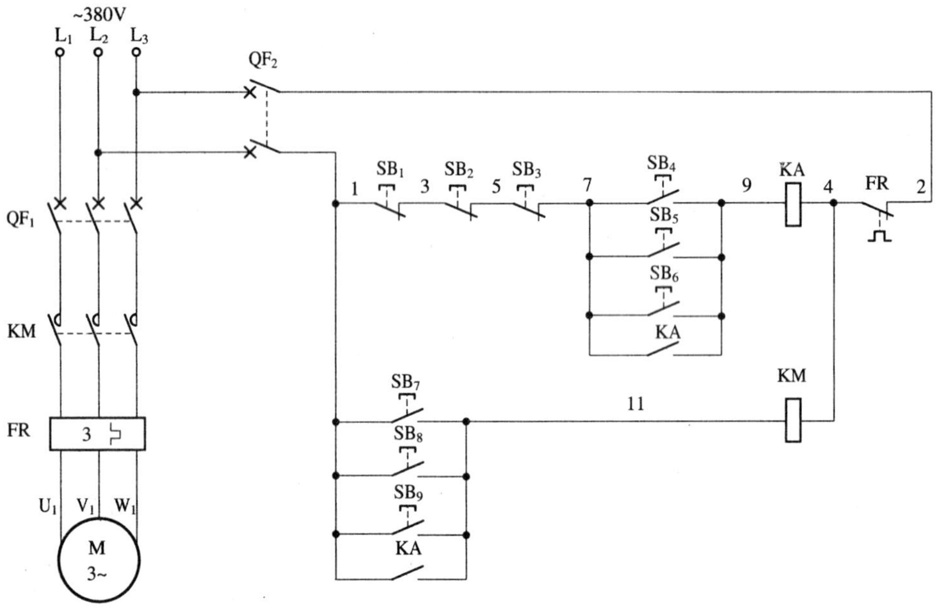

接线图

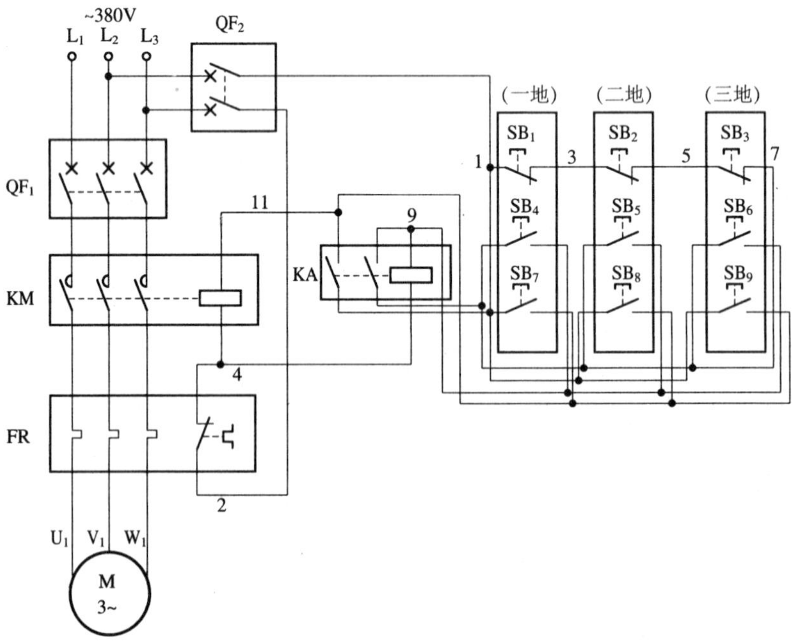

1.22 单向启动、停止、点动三地控制电路（二）

原理图

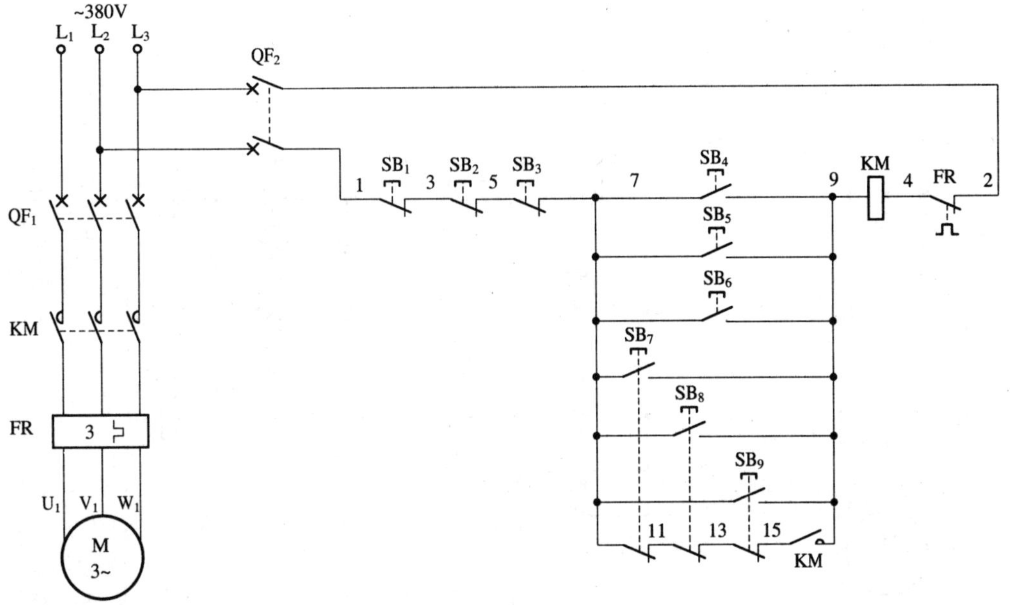

接线图

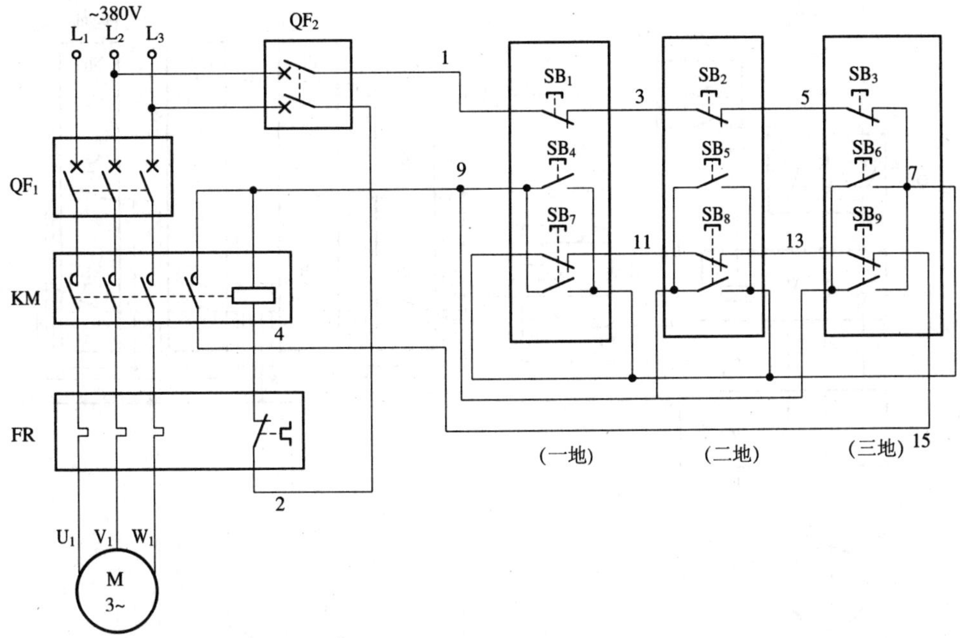

1.23 单向启动、停止、点动四地控制电路（一）

原理图

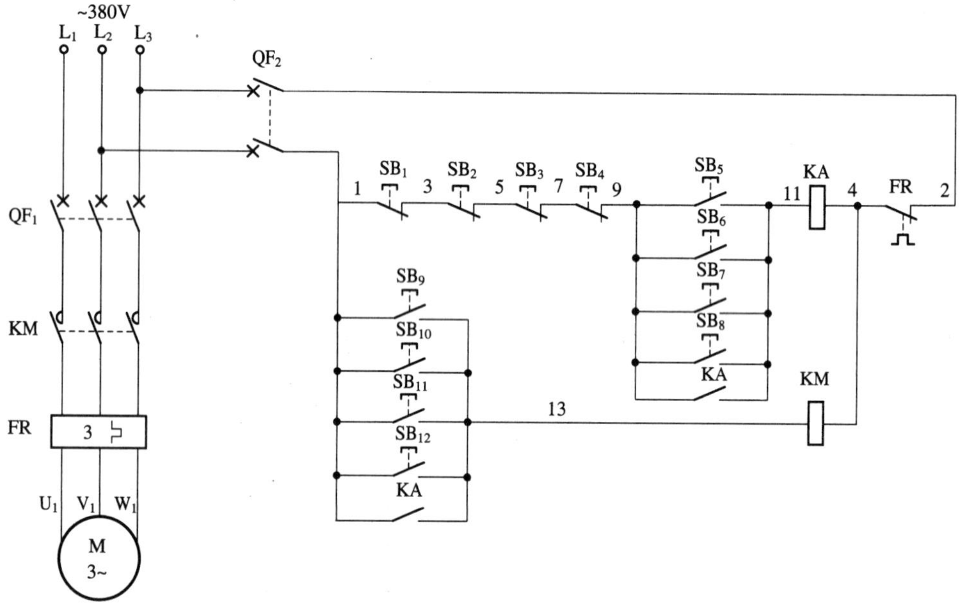

接线图

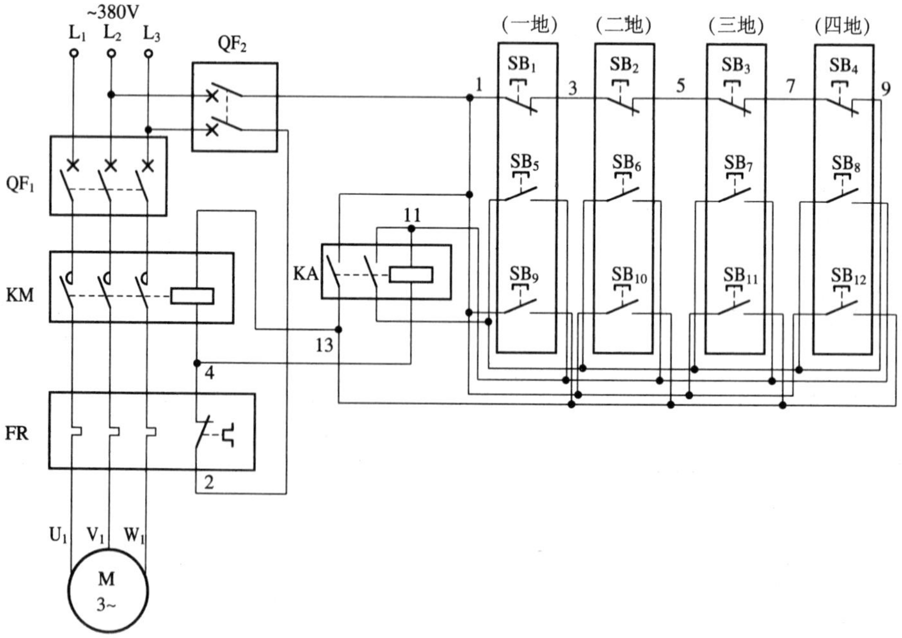

1.24 单向启动、停止、点动四地控制电路（二）

原理图

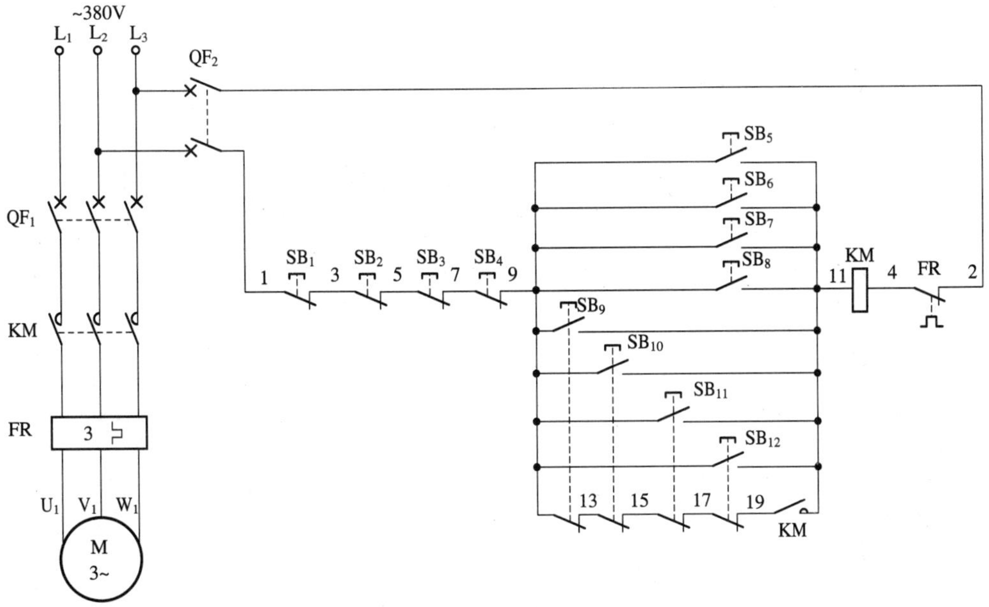

接线图

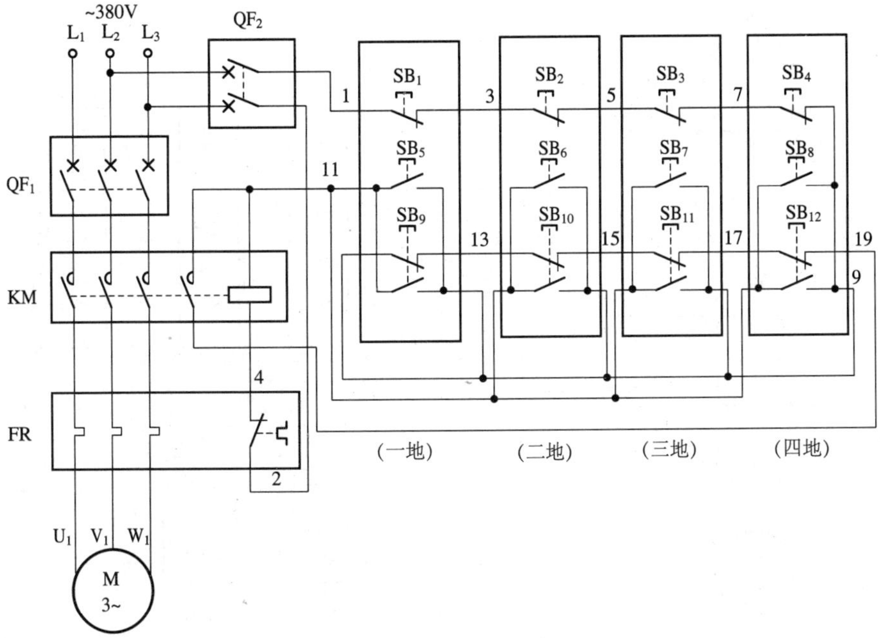

1.25 单向启动、停止、点动五地控制电路（一）

原理图

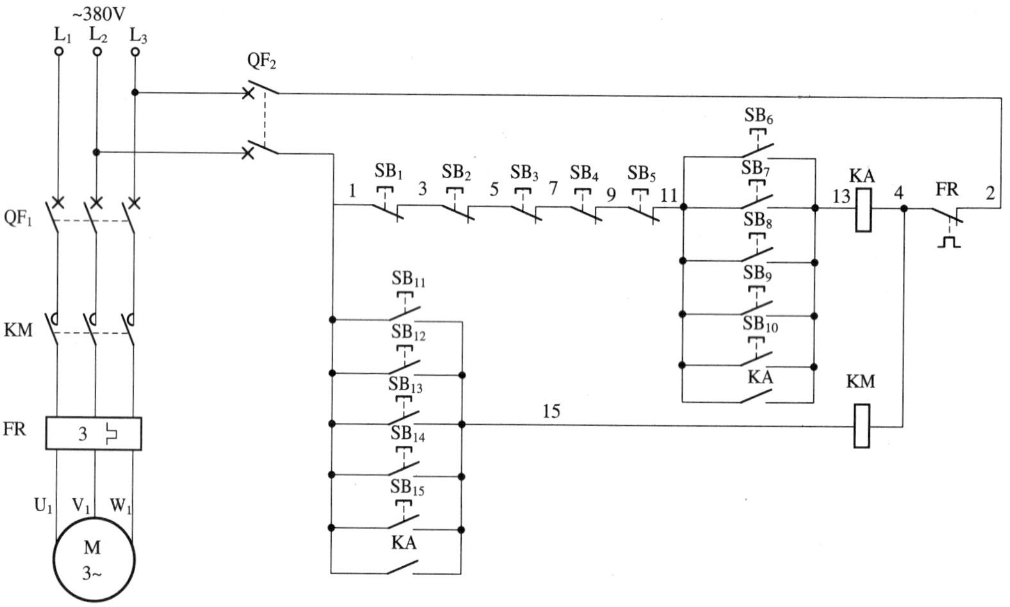

接线图

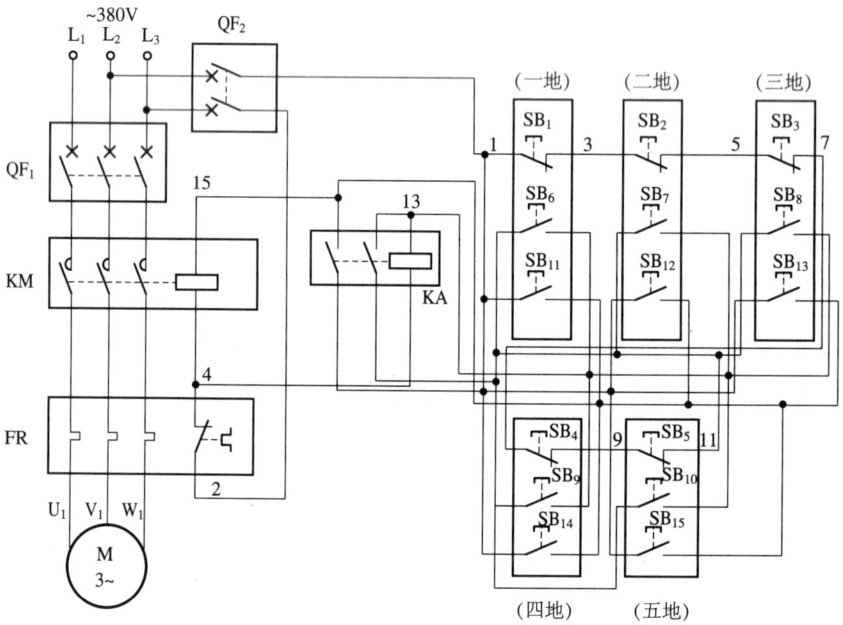

1.26 单向启动、停止、点动五地控制电路（二）

原理图

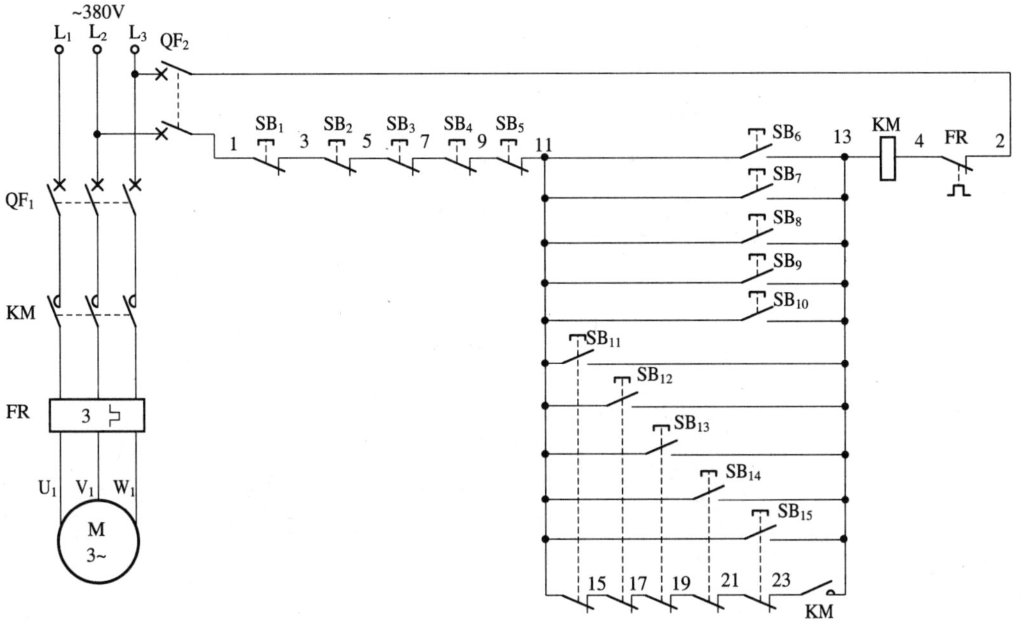

接线图

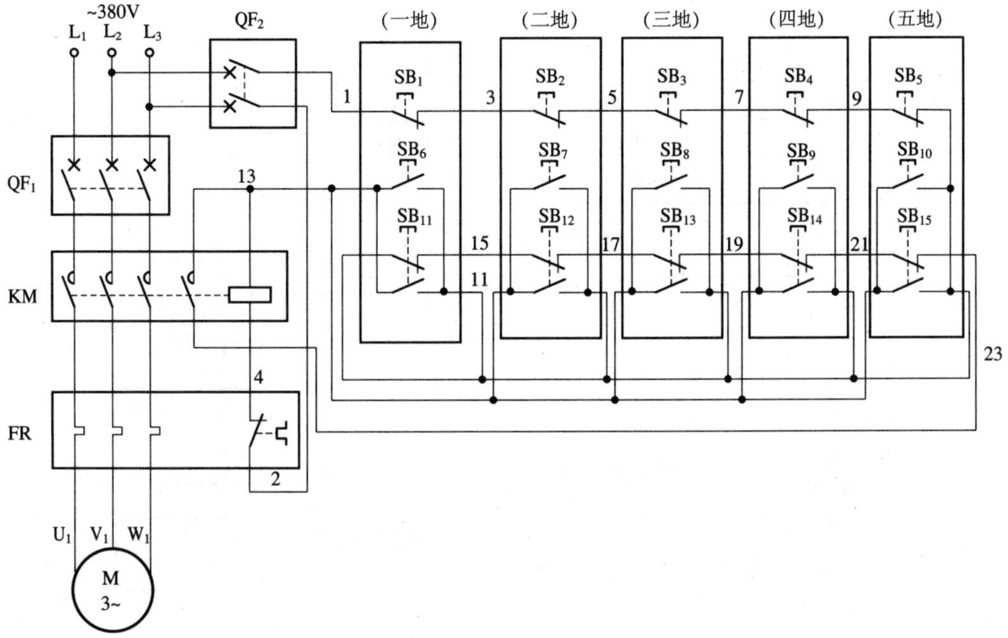

1.27 四地启动、一地停止控制电路

原理图

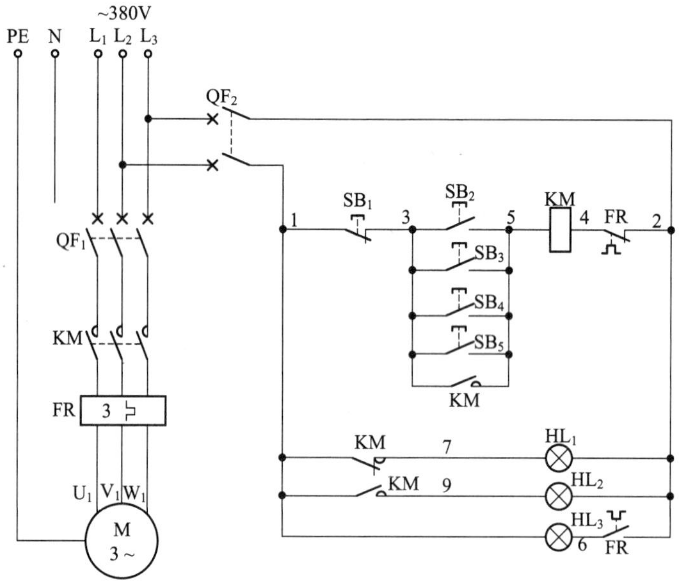

接线图

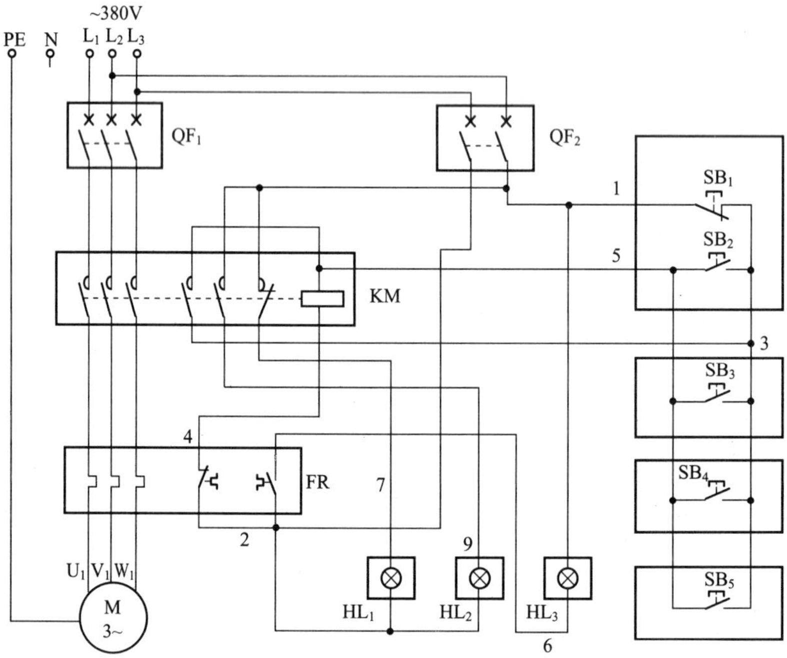

1.28 低速脉动控制电路

原理图

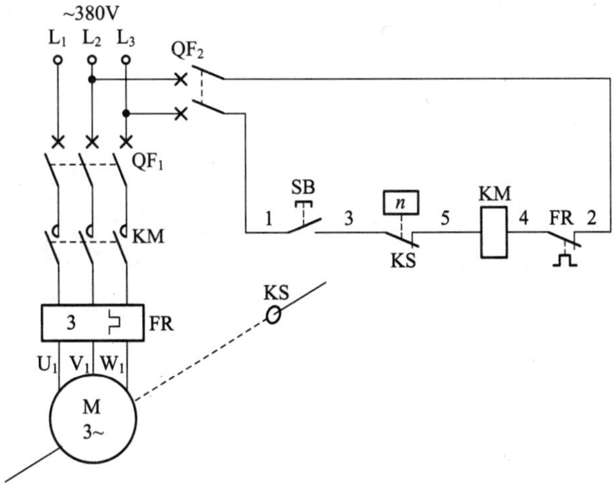

接线图

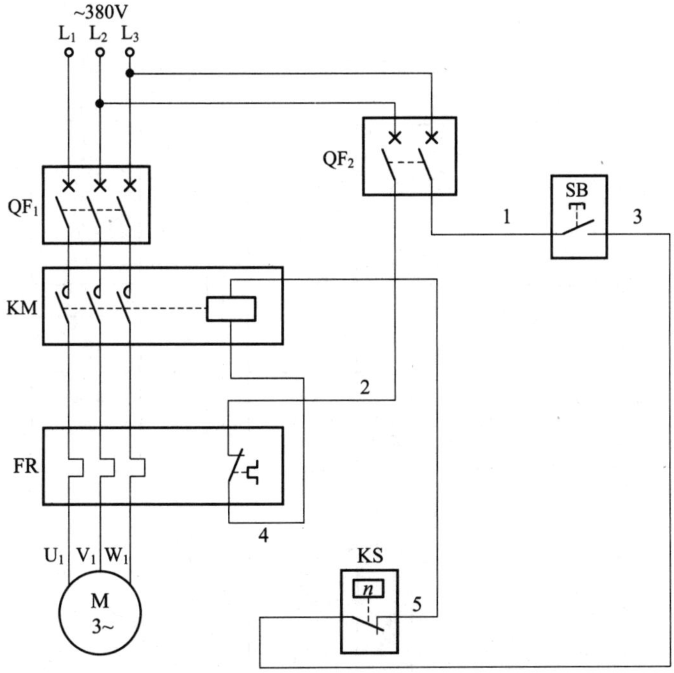

1.29 电动机多地启停控制电路

原理图

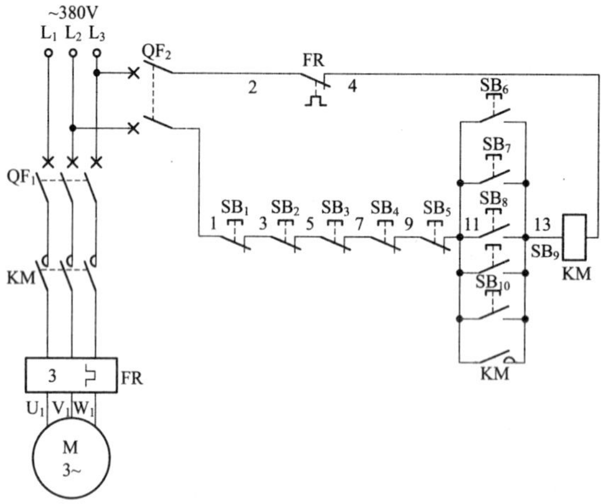

接线图

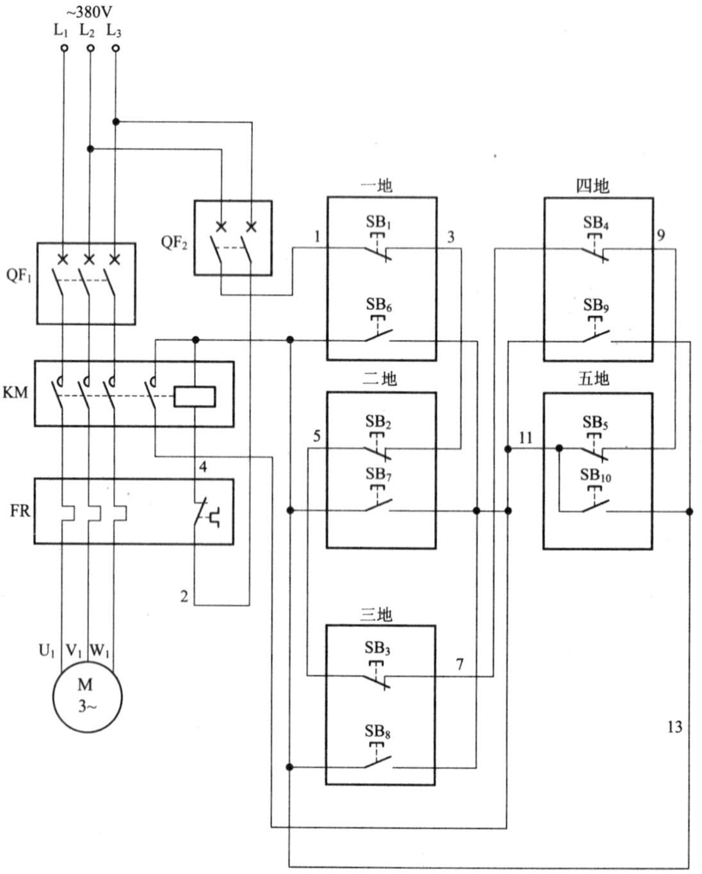

1.30 多条皮带运输原料控制电路

原理图

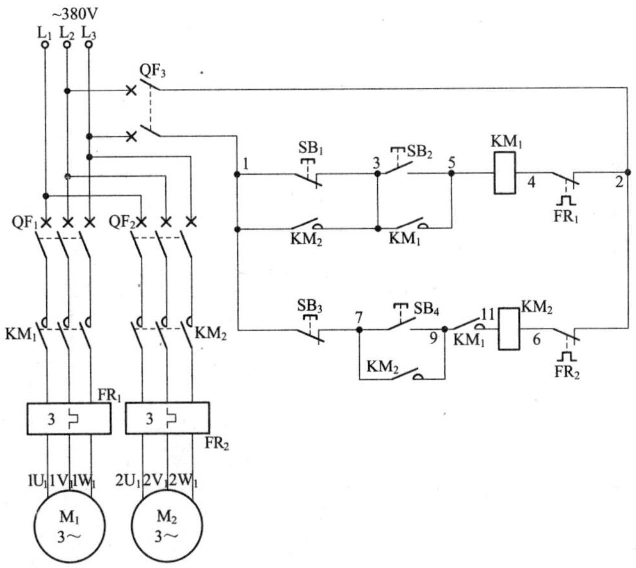

接线图

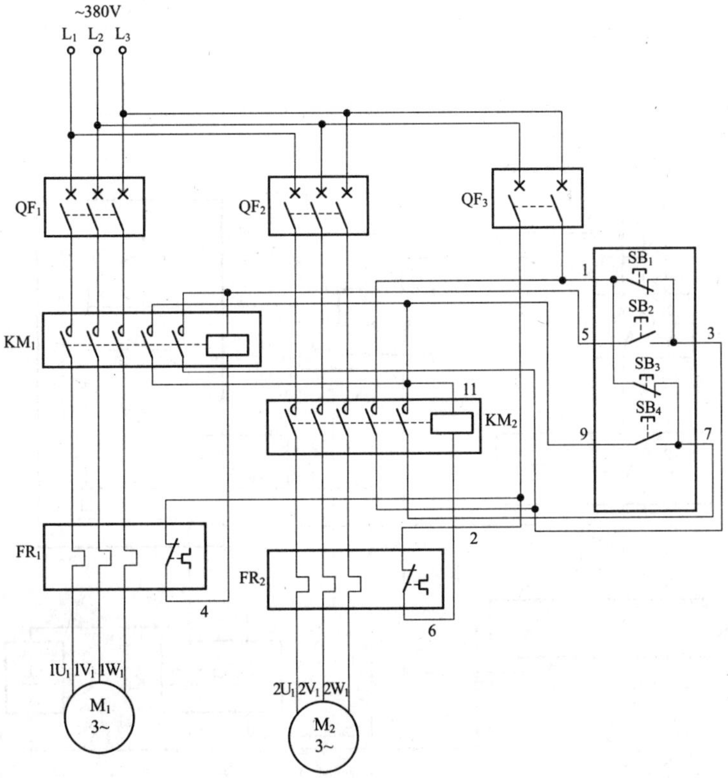

1.31 两只按钮同时按下启动、分别按下停止的单向启停控制电路

原理图

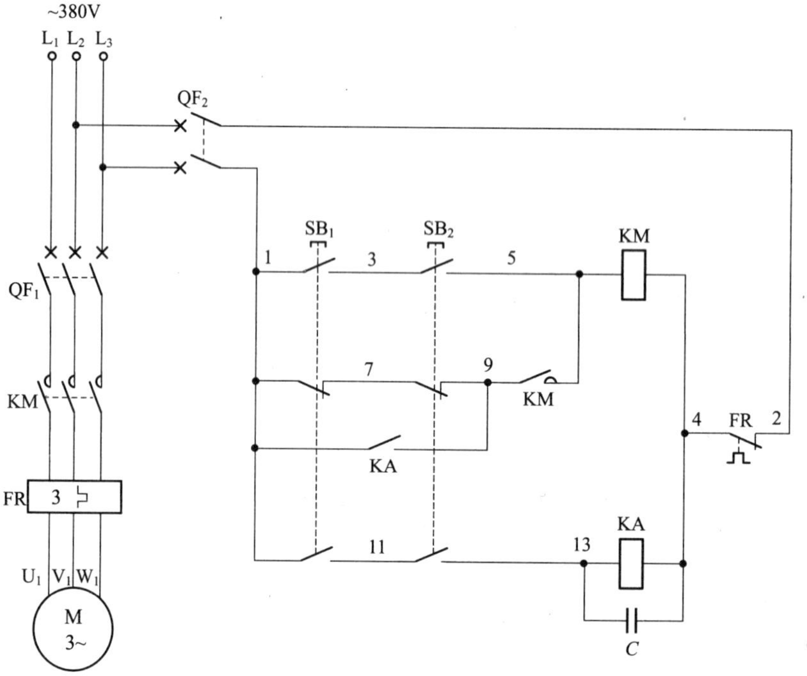

接线图

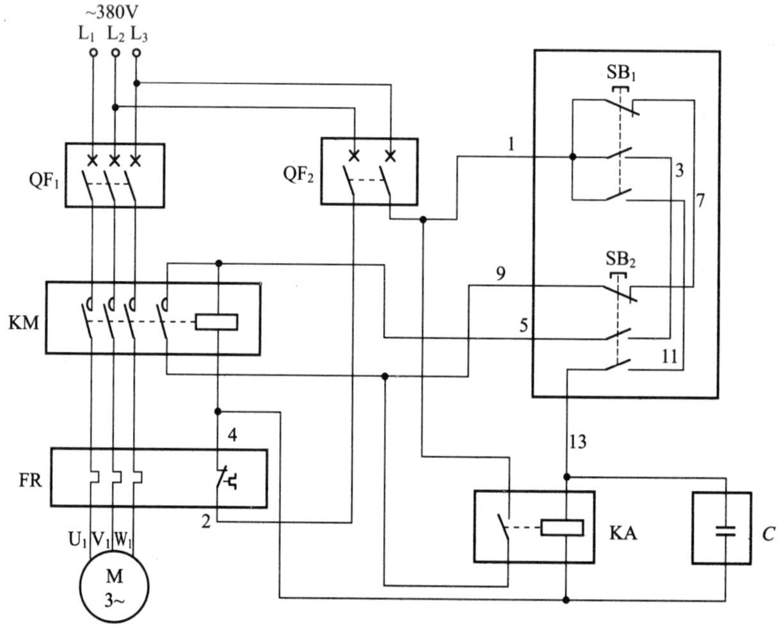

1.32　交流接触器在低电压情况下启动电路（一）

原理图

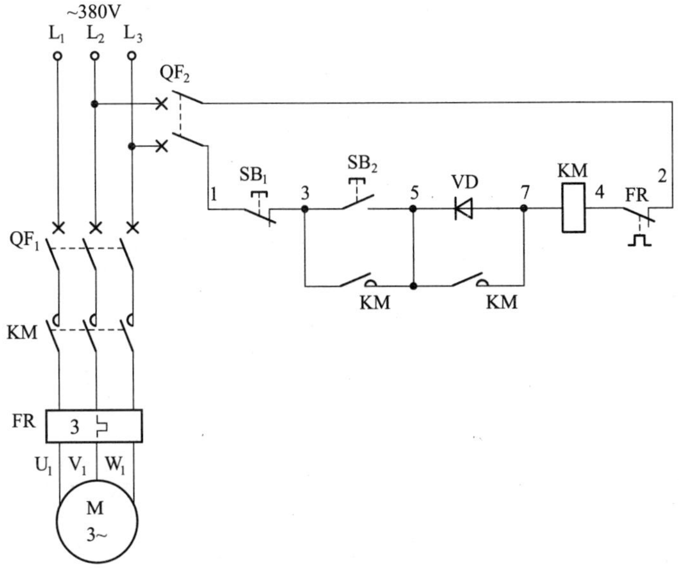

接线图

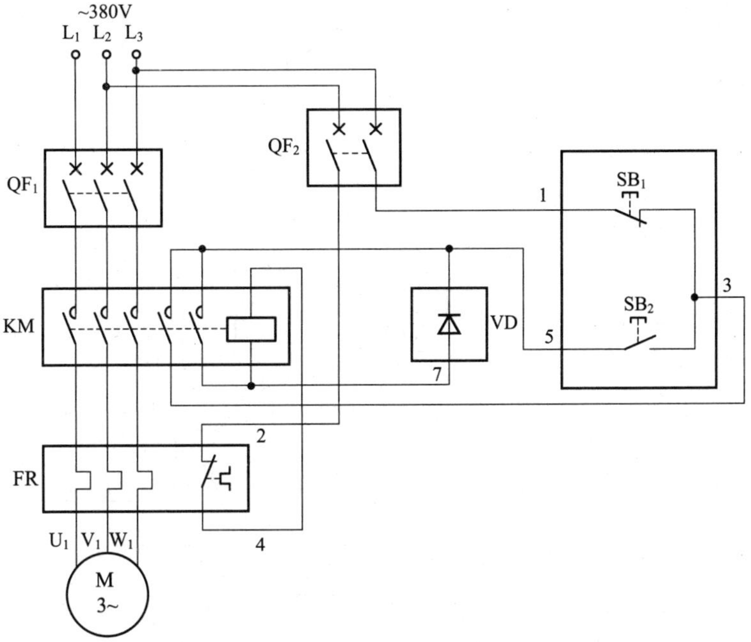

1.33 交流接触器在低电压情况下启动电路（二）

原理图

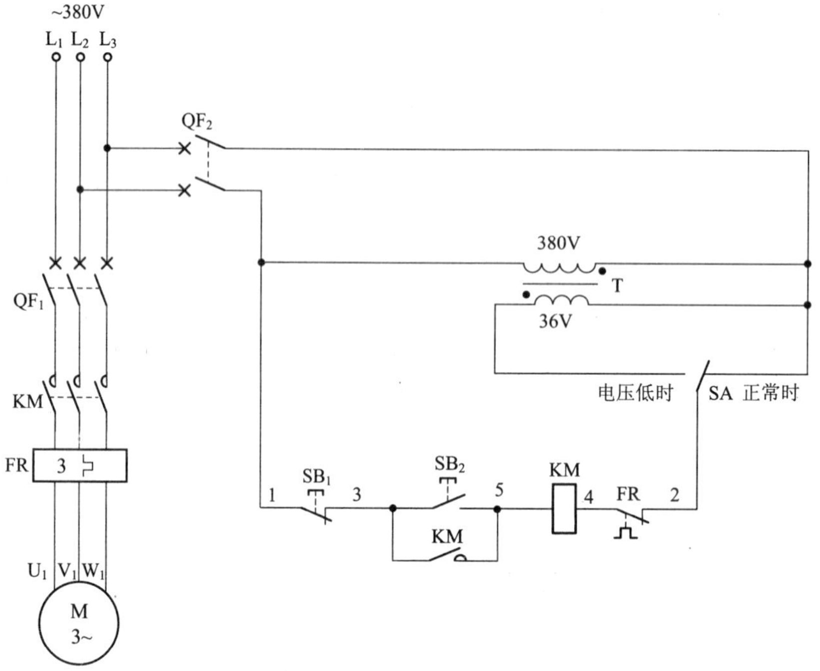

接线图

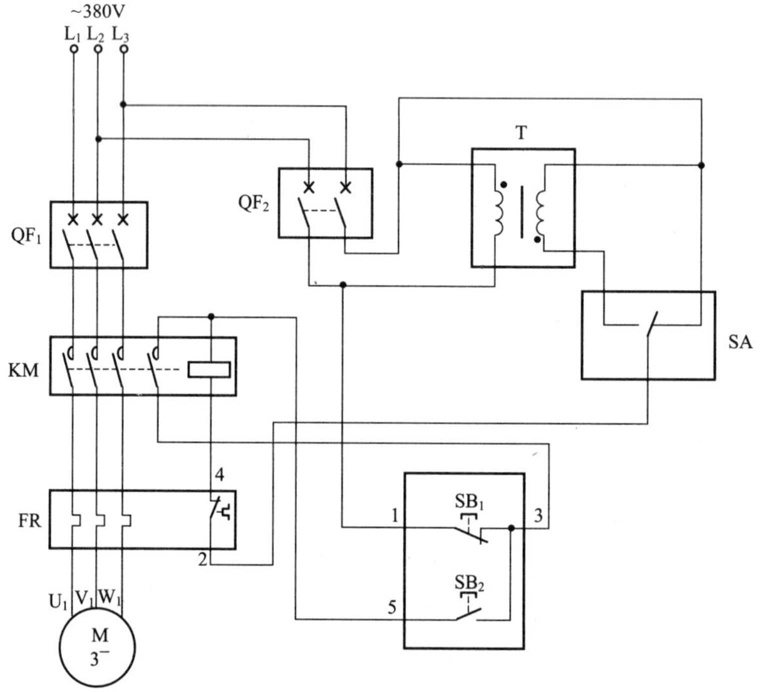

1.34 短暂停电自动再启动电路（一）

原理图

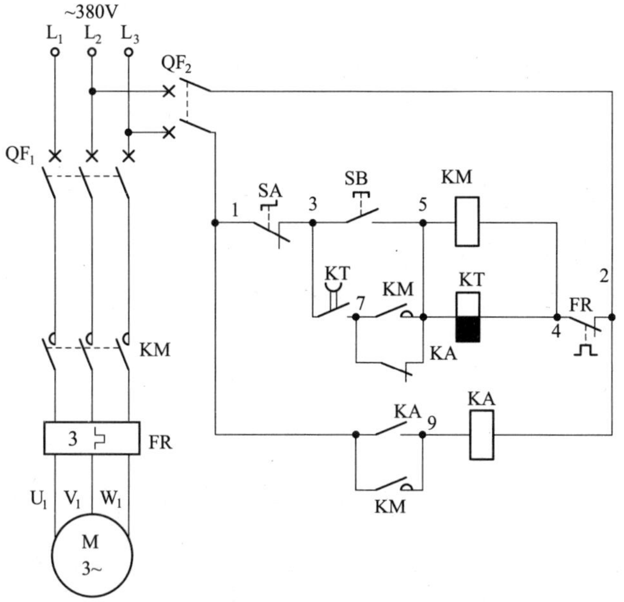

接线图

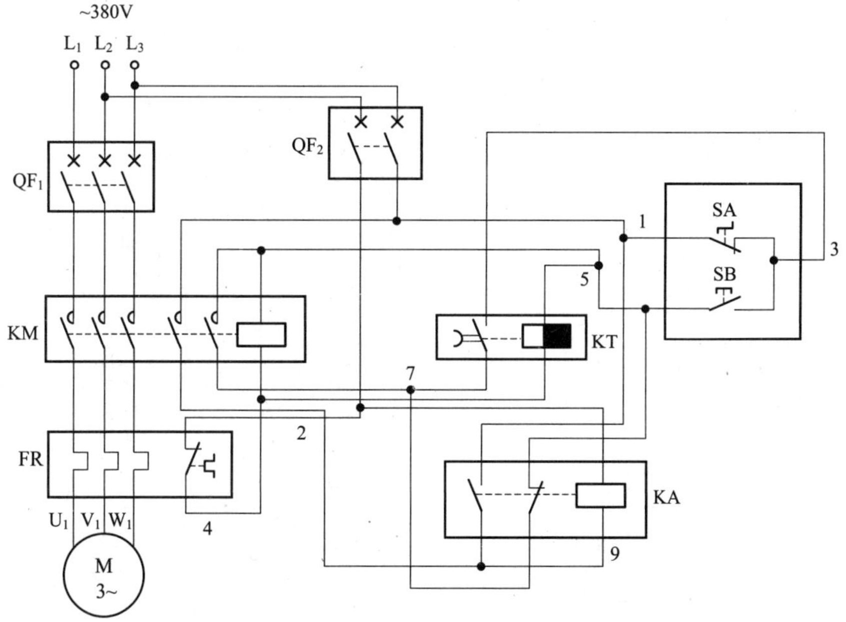

1.35 短暂停电自动再启动电路（二）

原理图

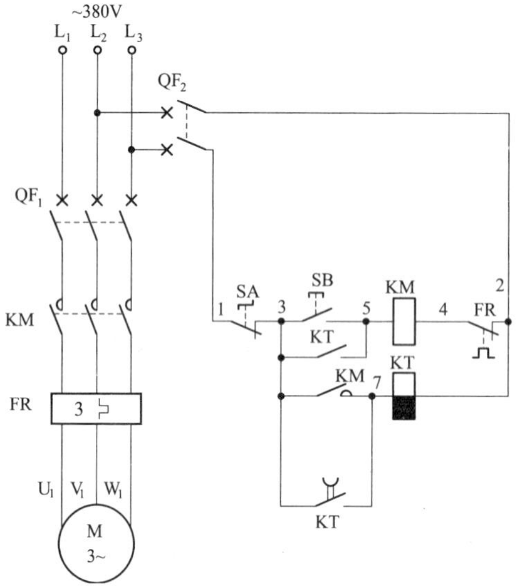

接线图

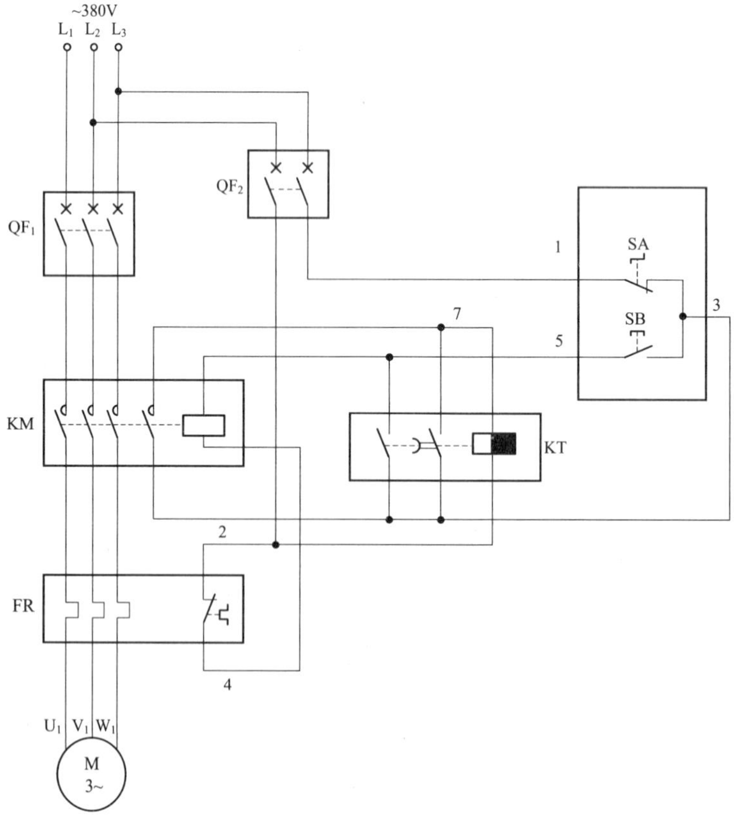

1.36　采用安全电压控制电动机启停电路

原理图

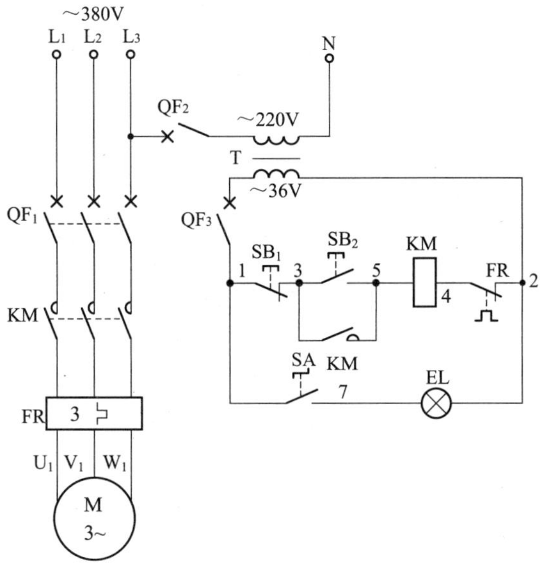

接线图

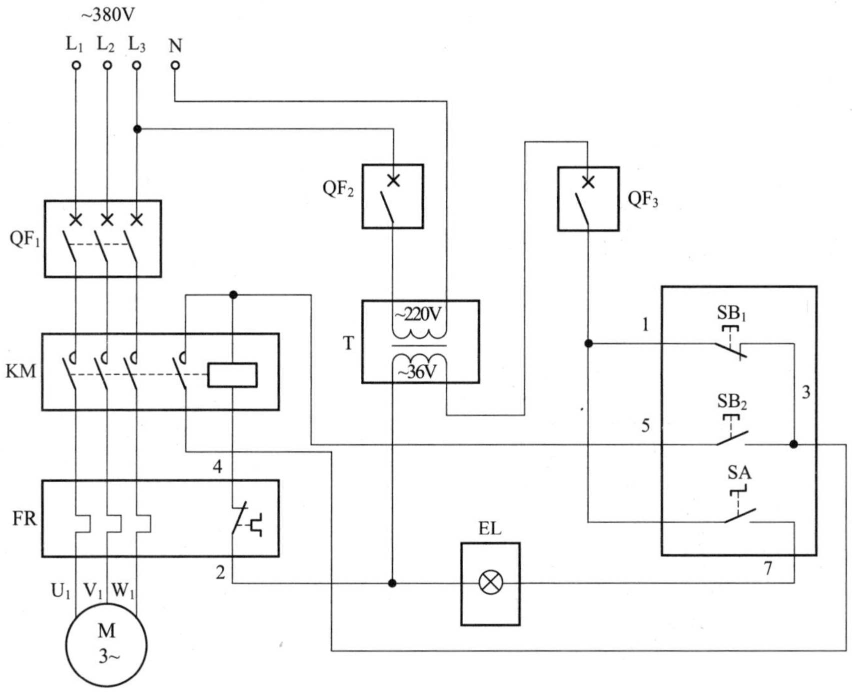

1.37 电动机加密控制电路

原理图

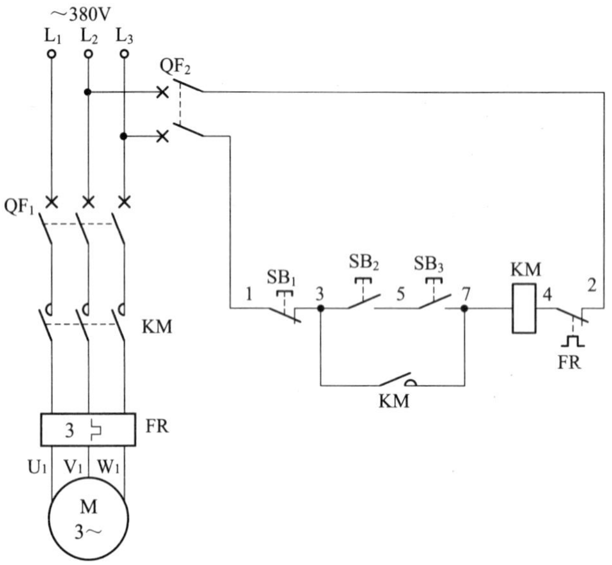

接线图

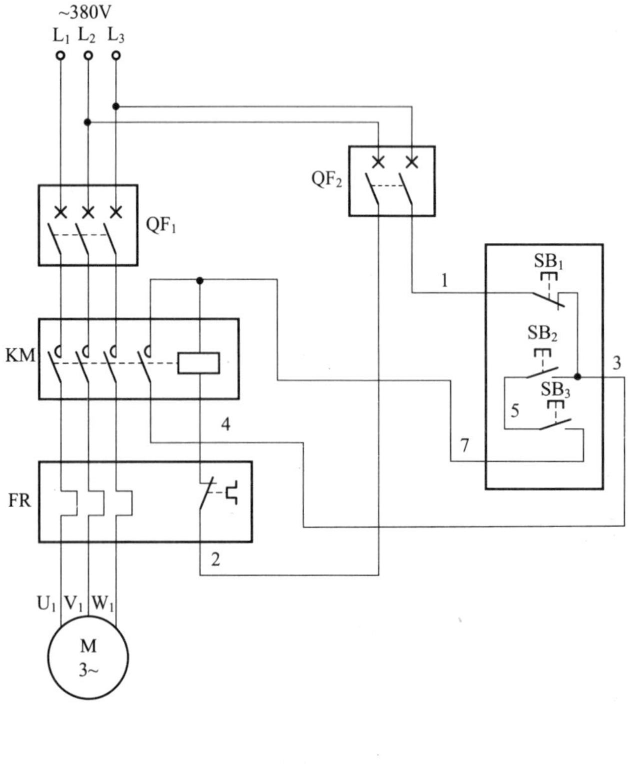

1.38 先手动点动后自动转为延时启动控制电路

原理图

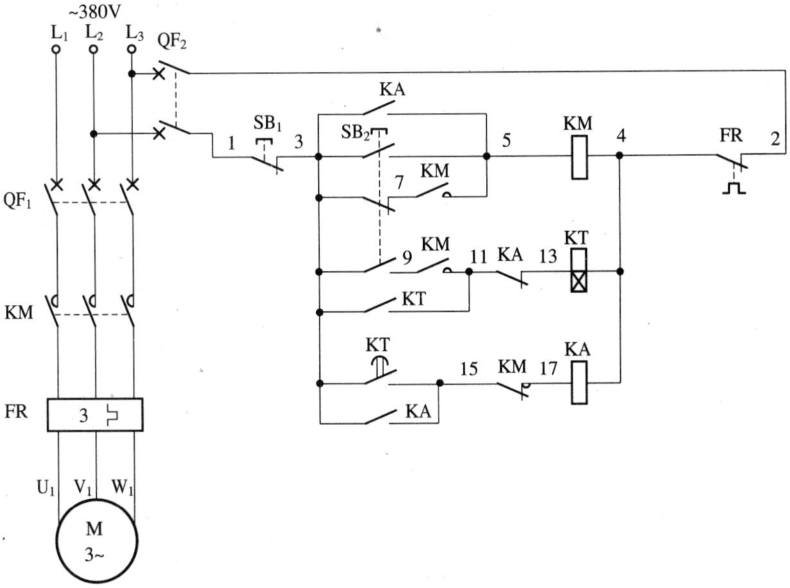

接线图

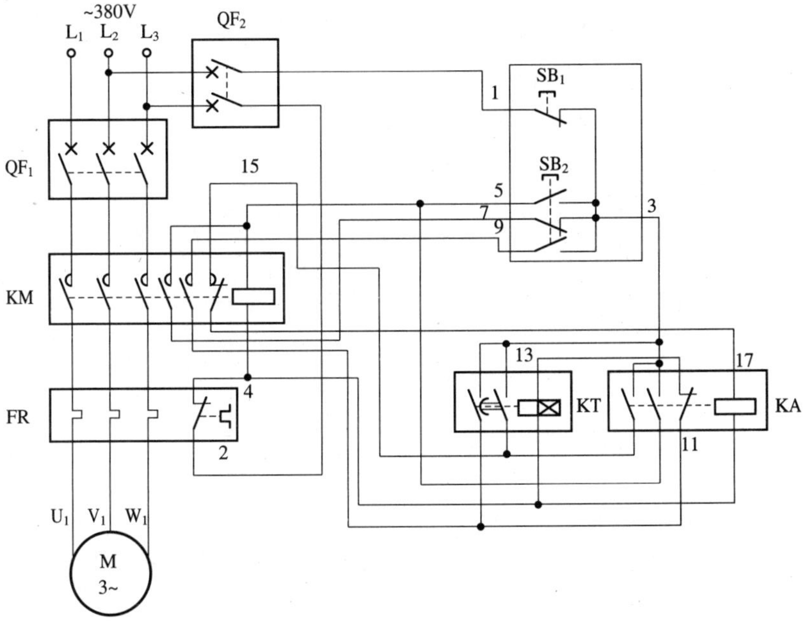

1.39 空压机控制电路

原理图

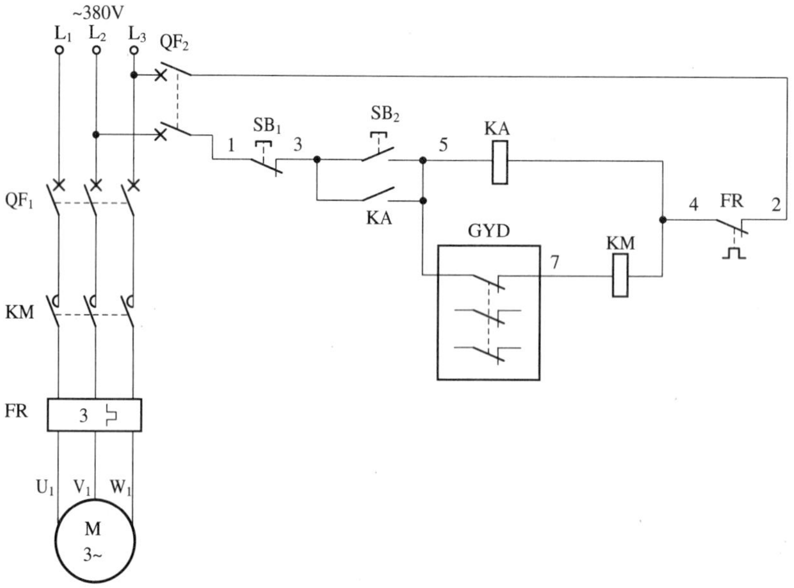

接线图

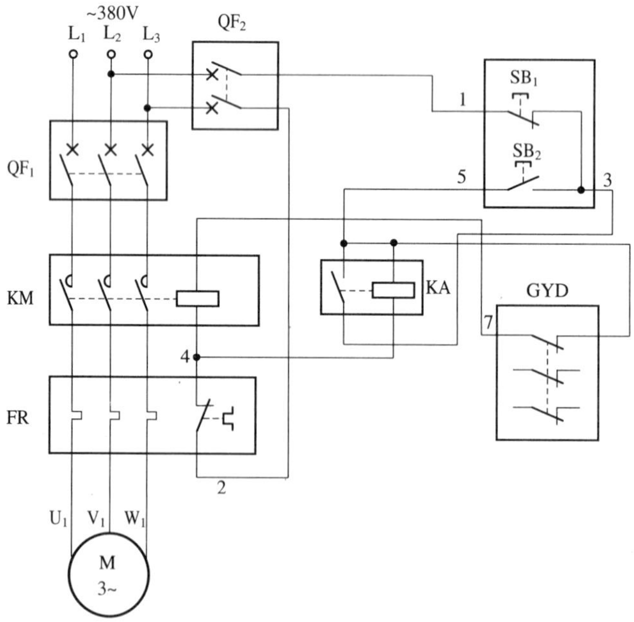

1.40　电动机重载启动控制电路

原理图

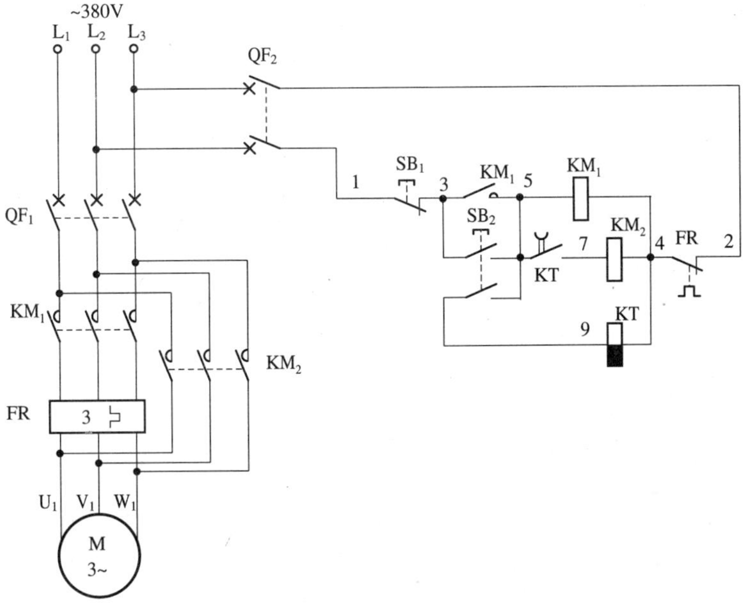

接线图

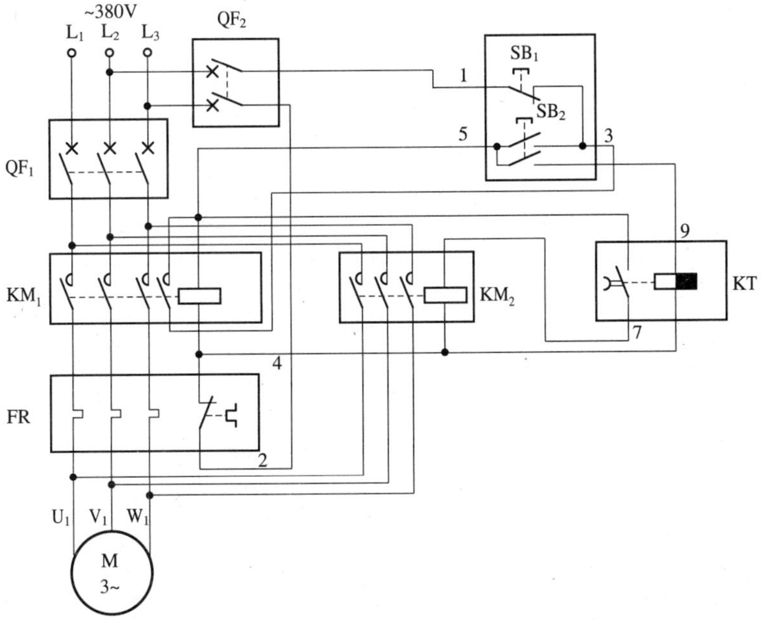

1.41 用失电延时时间继电器完成的定时自动停机控制电路

原理图

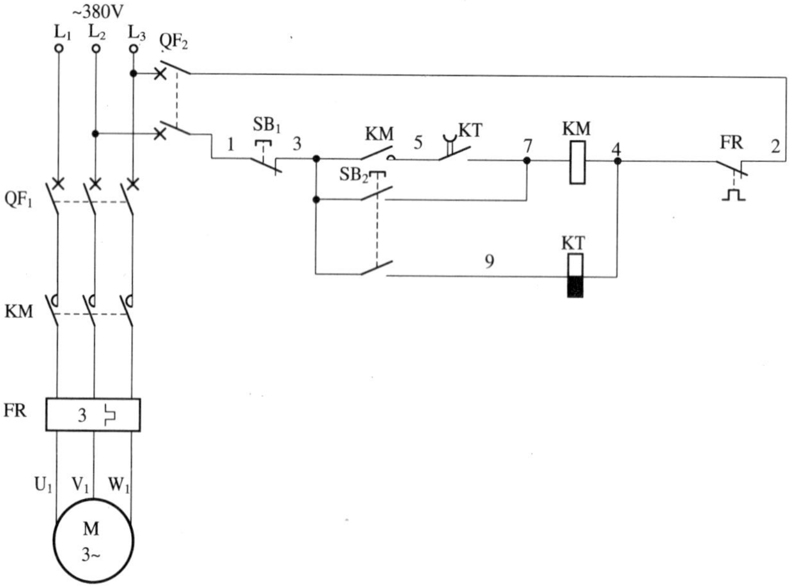

接线图

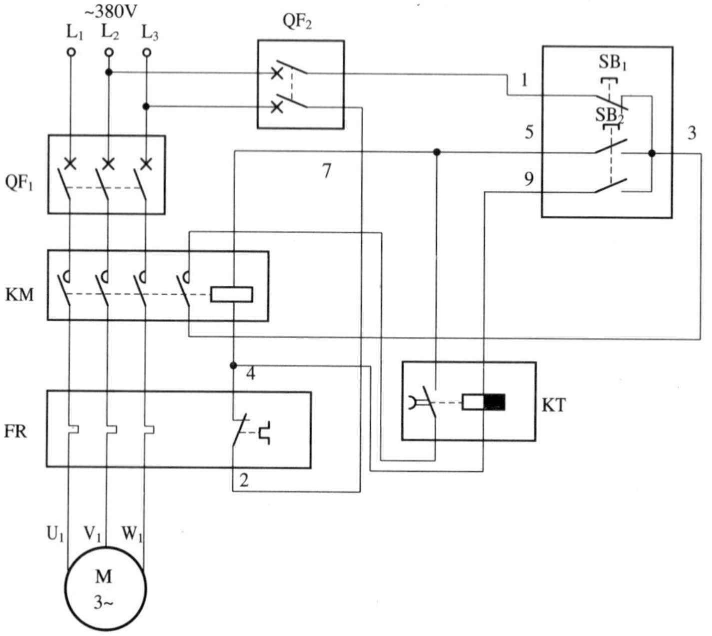

第 2 章

电动机可逆运转控制电路

2.1　正转启动、停止，反转点动控制电路

原理图

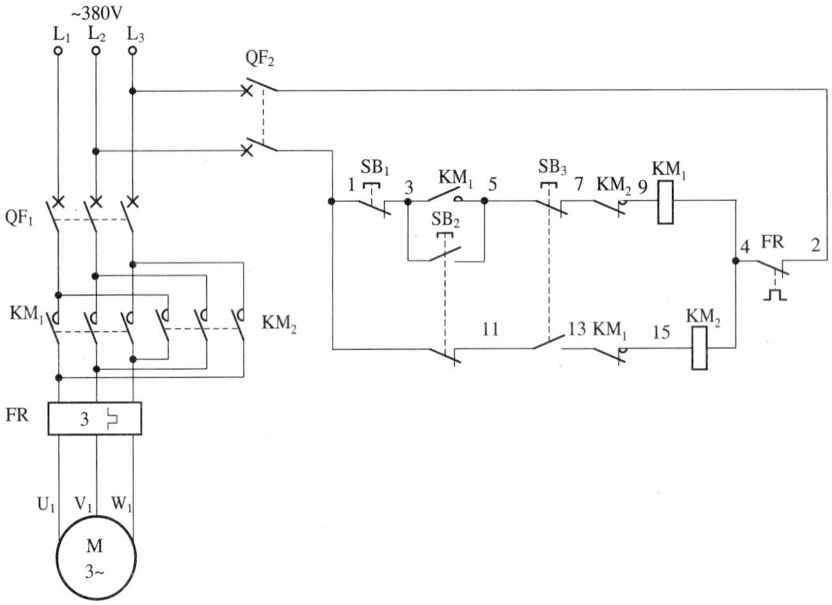

接线图

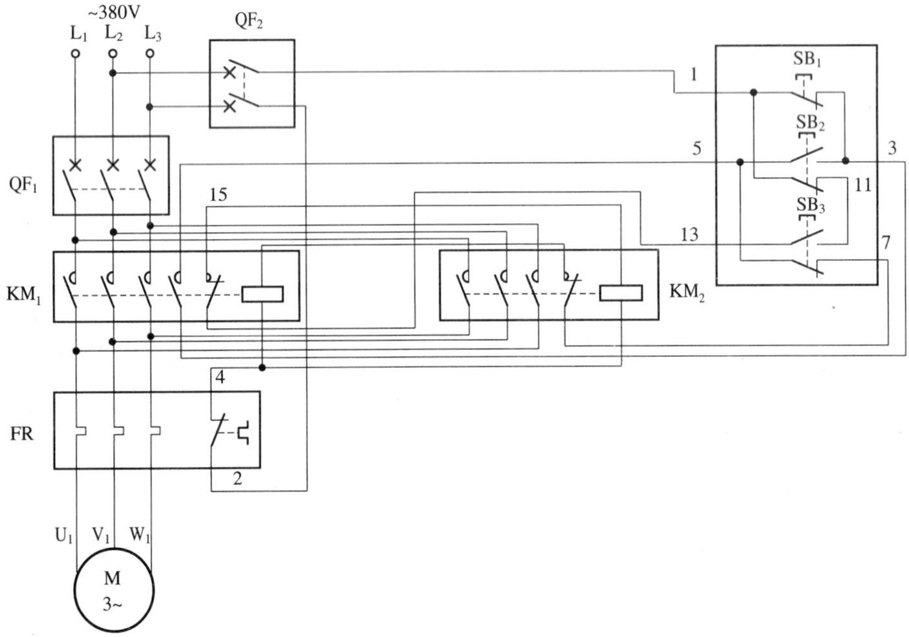

2.2 正转启动、停止，反转点动二地控制电路

原理图

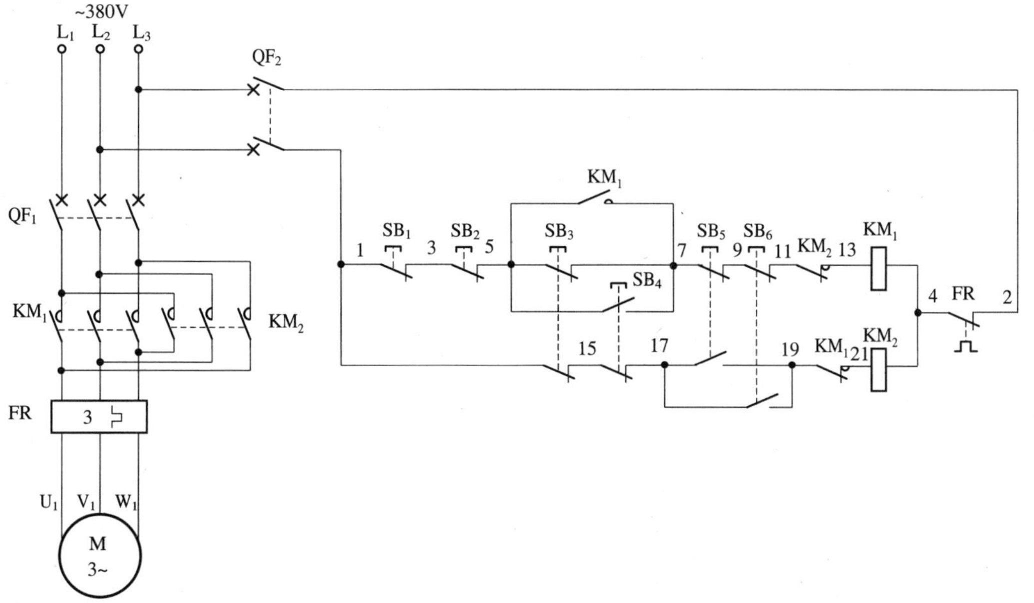

接线图

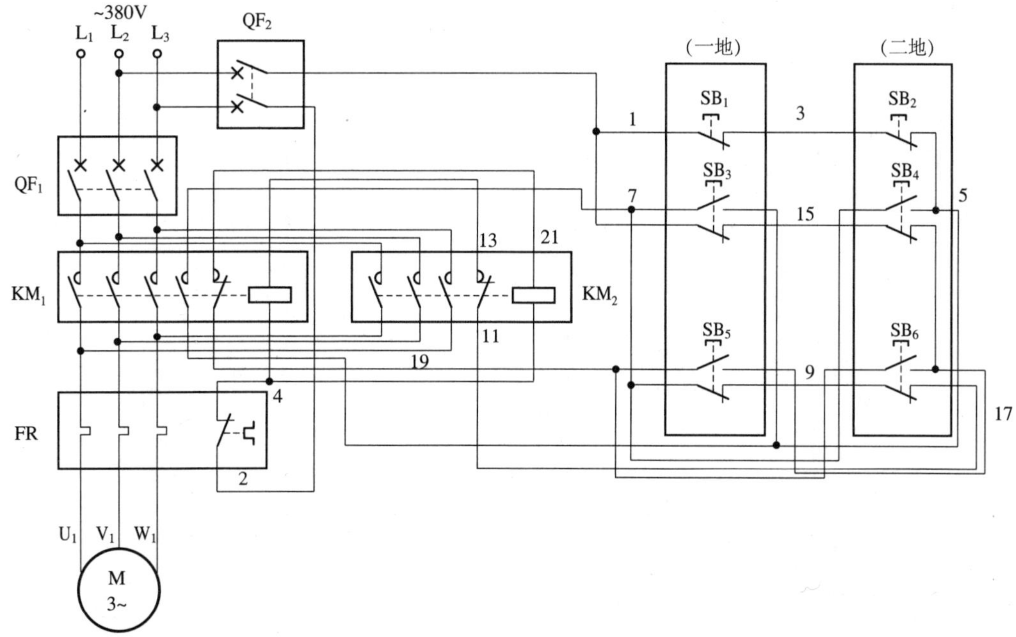

2.3 只有按钮互锁的可逆启停控制电路

原理图

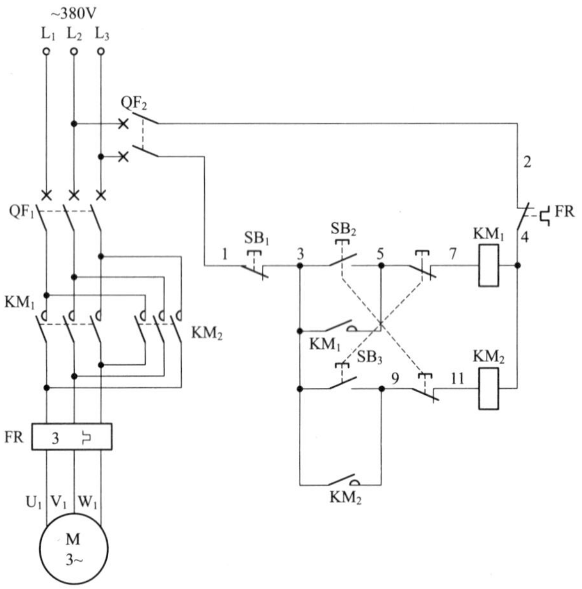

接线图

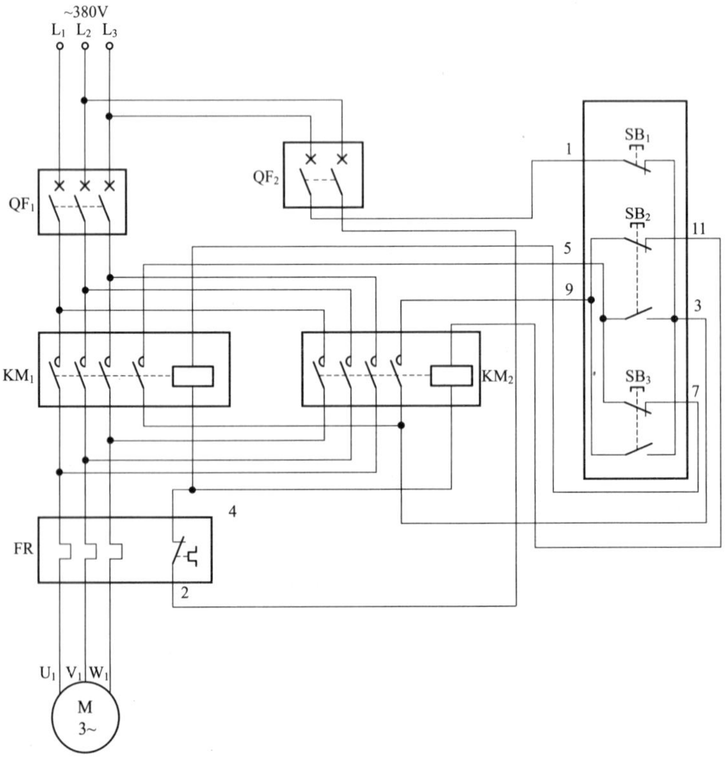

2.4 只有按钮互锁的可逆启停二地控制电路

原理图

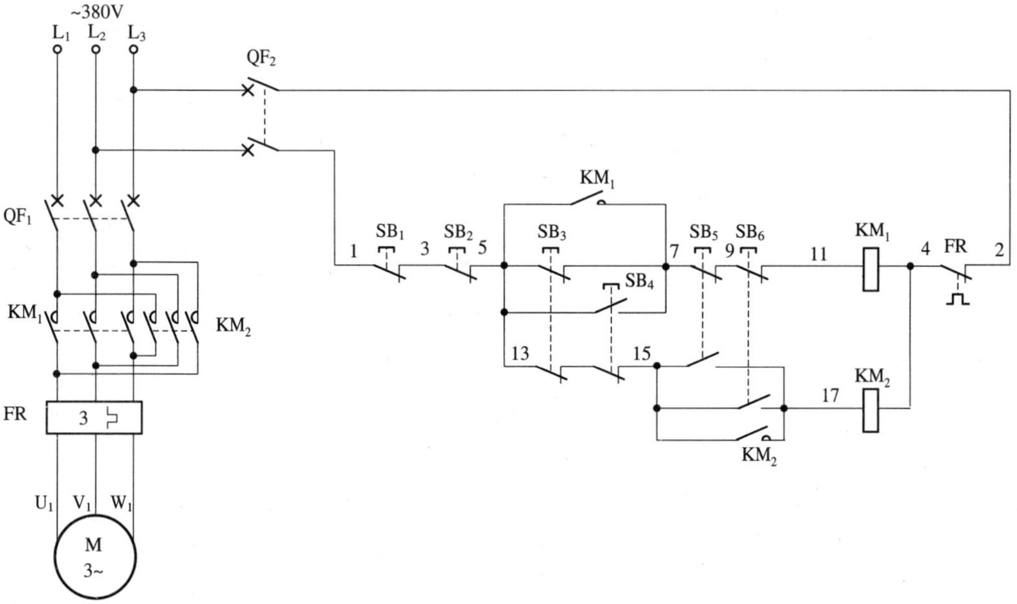

接线图

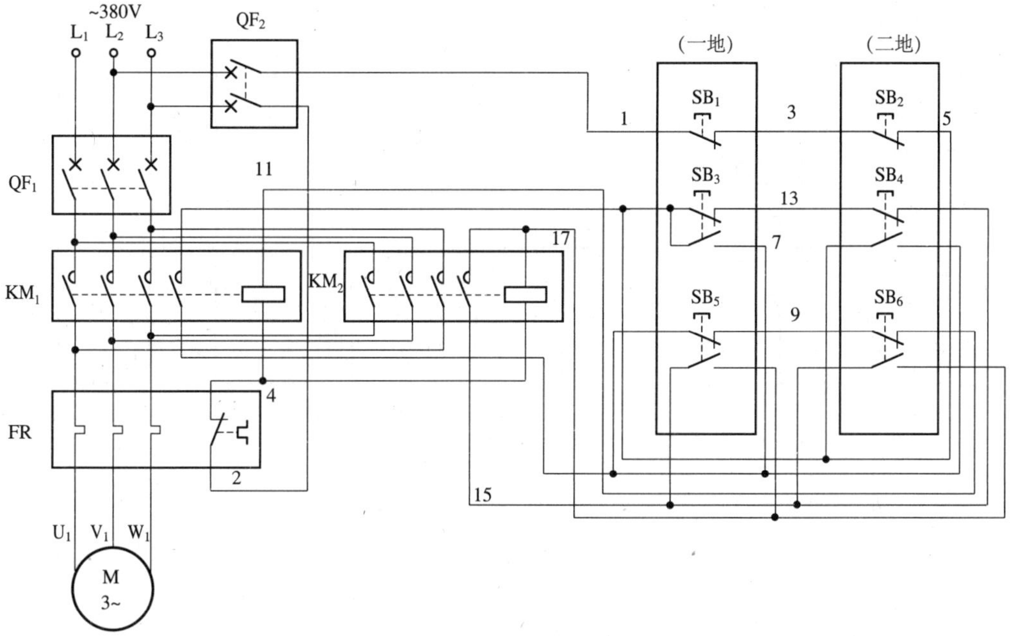

2.5 只有按钮互锁的可逆启停三地控制电路

原理图

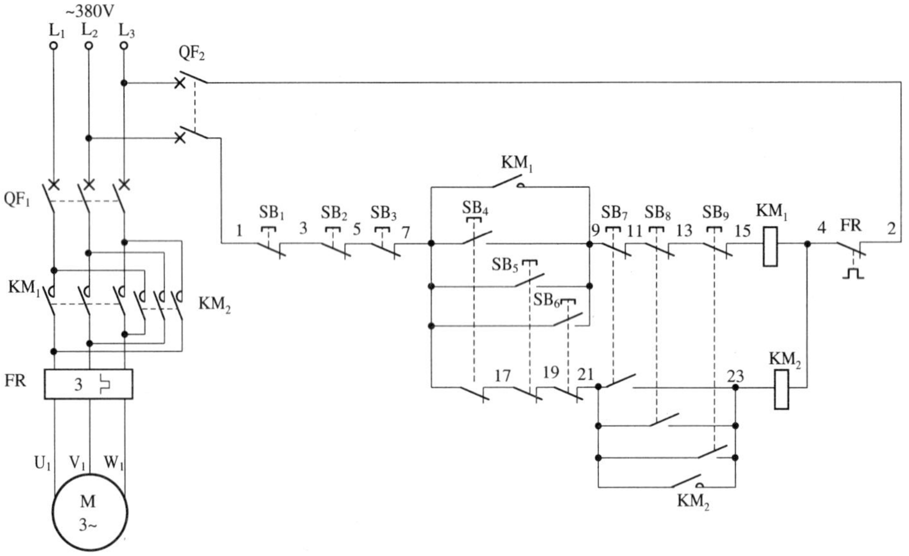

接线图

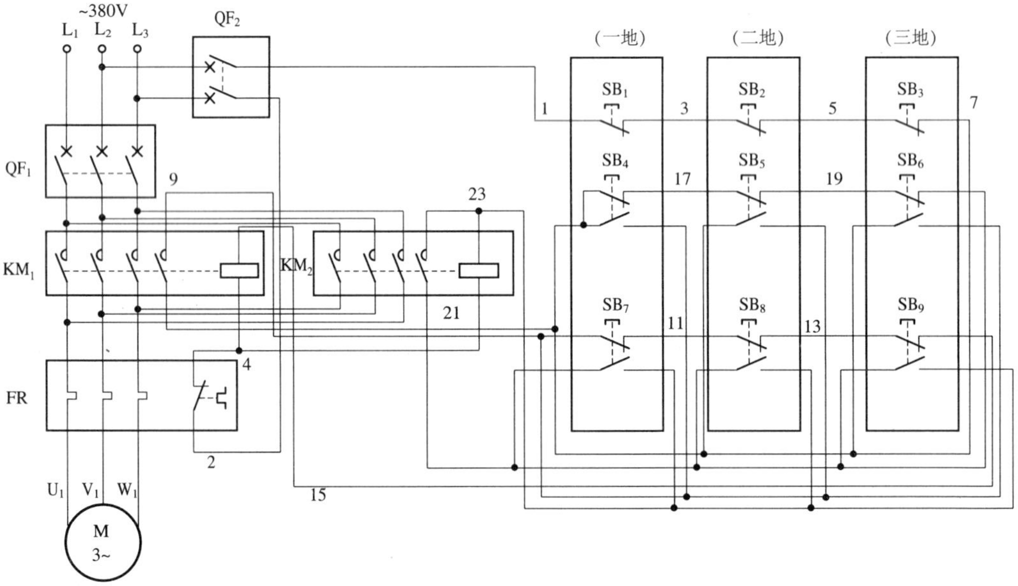

2.6 只有按钮互锁的可逆启停四地控制电路

原理图

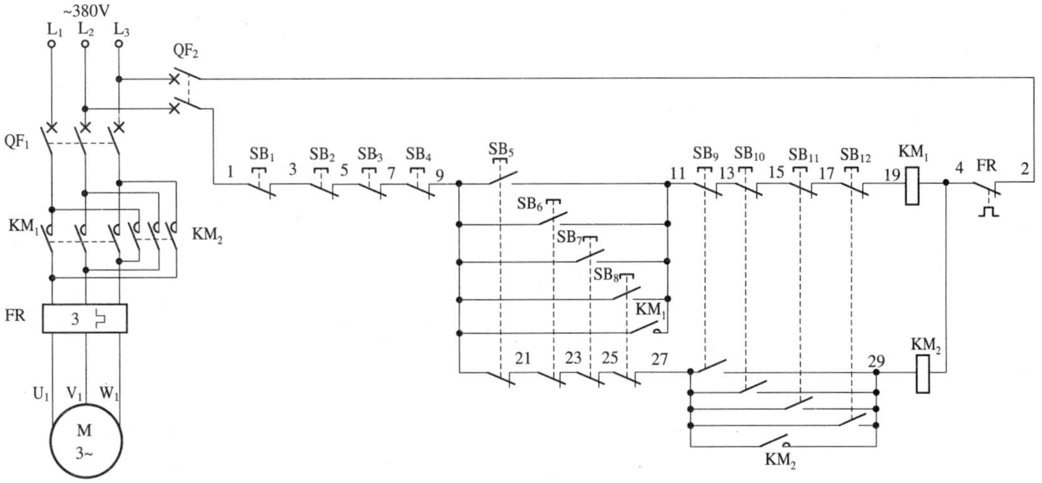

接线图

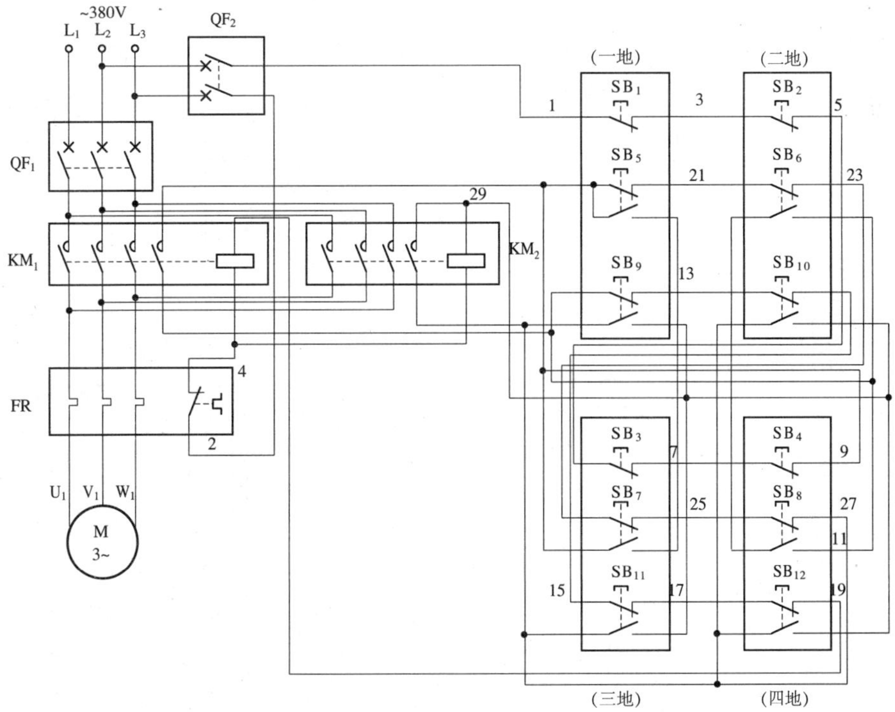

2.7 只有按钮互锁的可逆启停五地控制电路

原理图

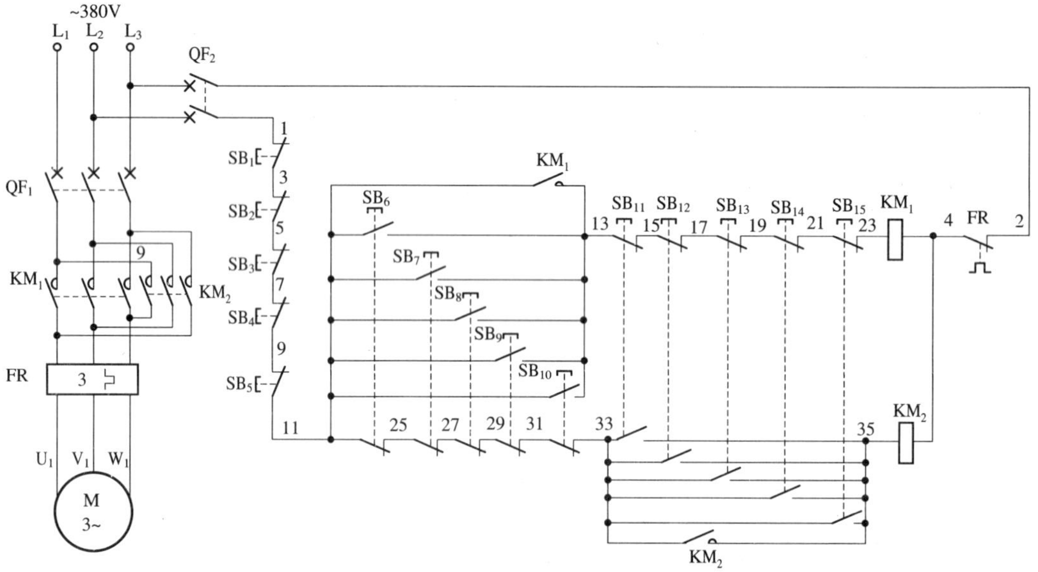

接线图

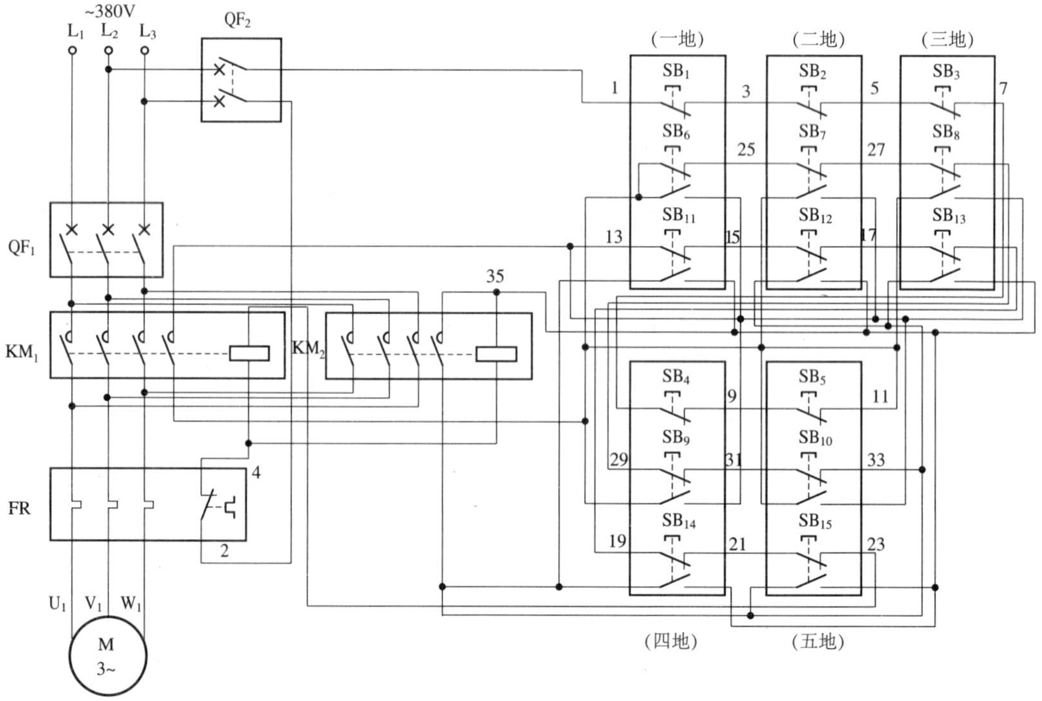

2.8 只有按钮互锁的可逆点动控制电路

原理图

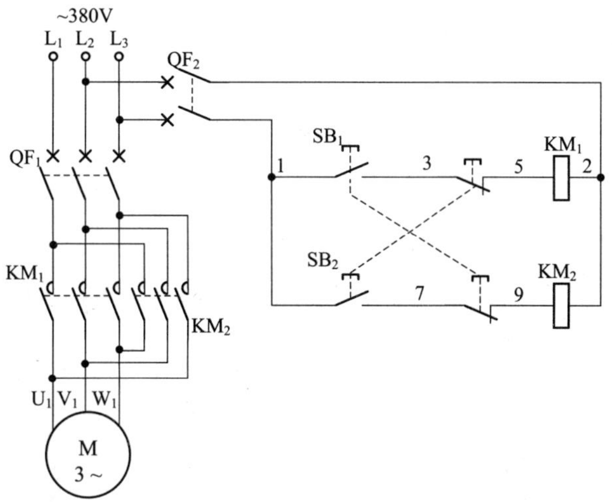

接线图

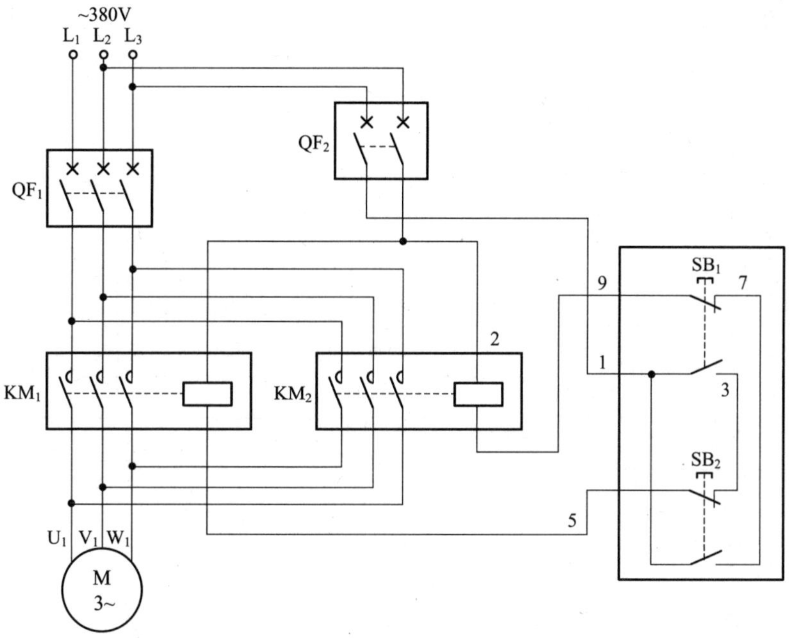

2.9 只有按钮互锁的可逆点动二地控制电路

原理图

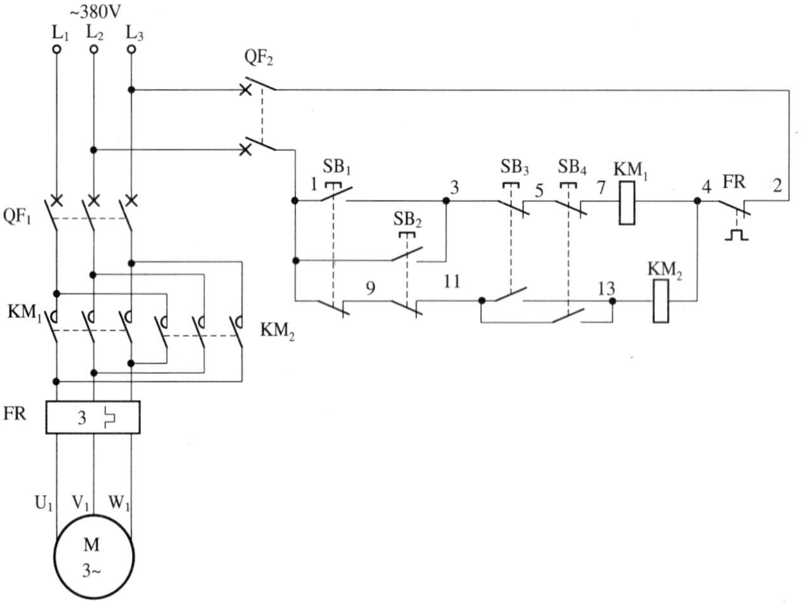

接线图

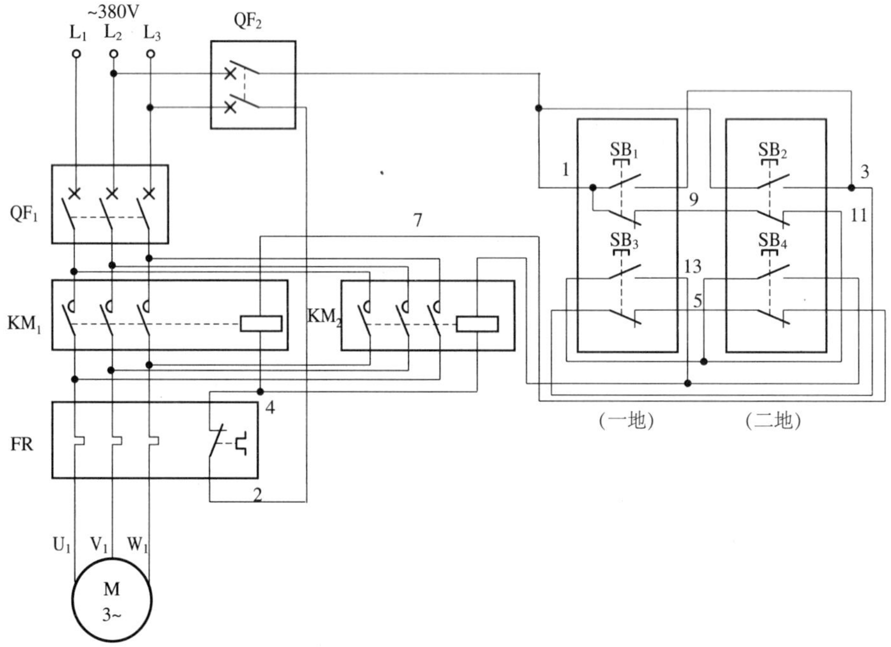

2.10 只有按钮互锁的可逆点动三地控制电路

原理图

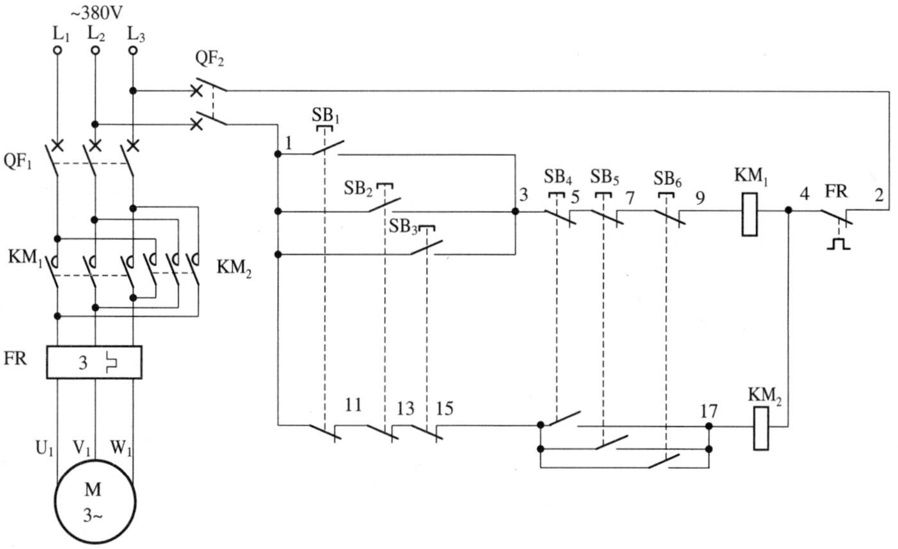

接线图

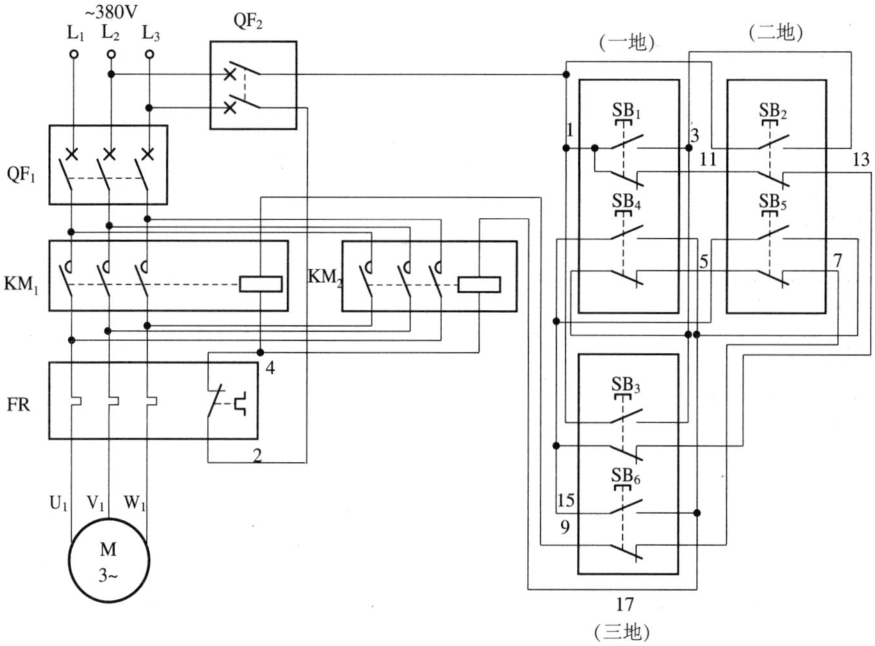

2.11 只有按钮互锁的可逆点动四地控制电路

原理图

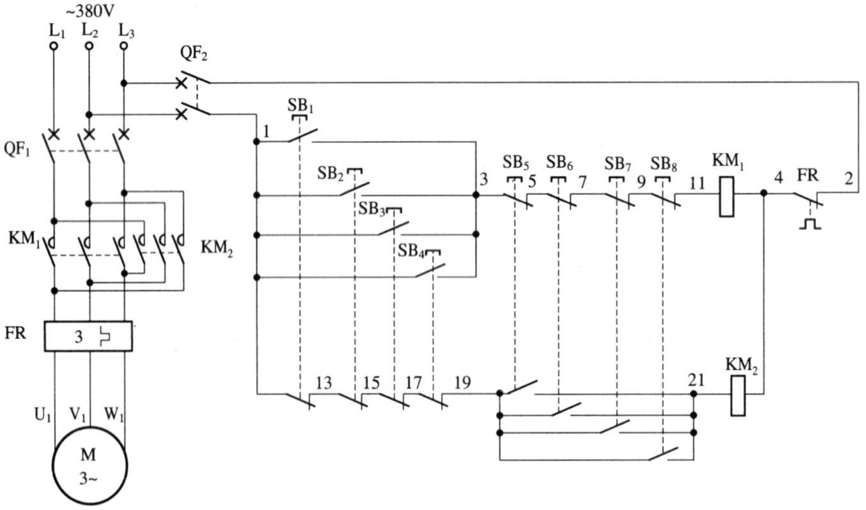

接线图

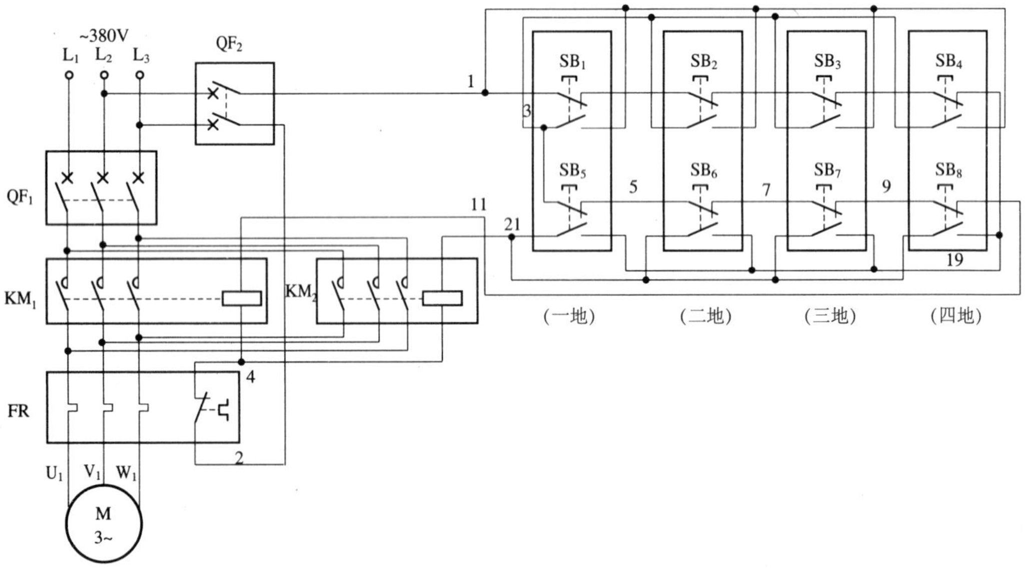

2.12 只有按钮互锁的可逆点动五地控制电路

原理图

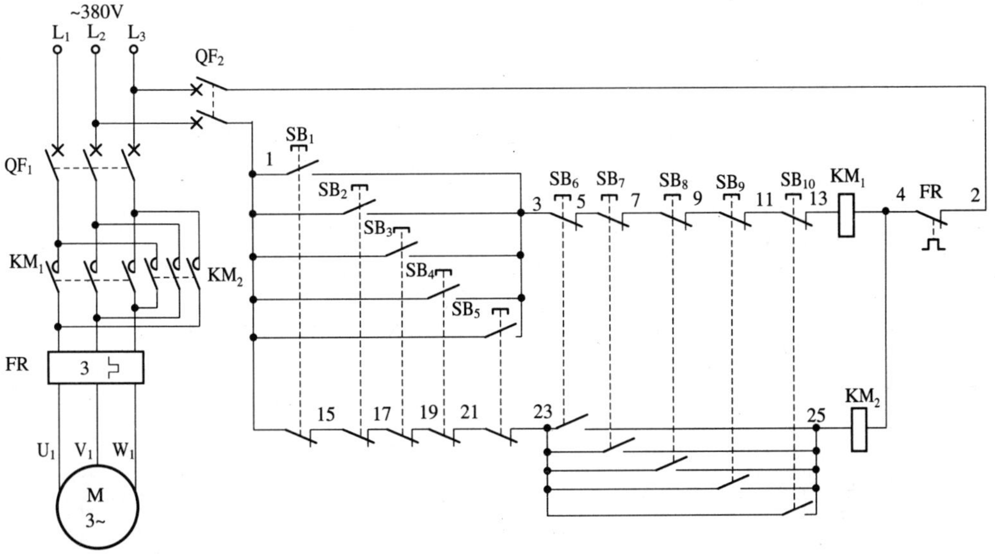

接线图

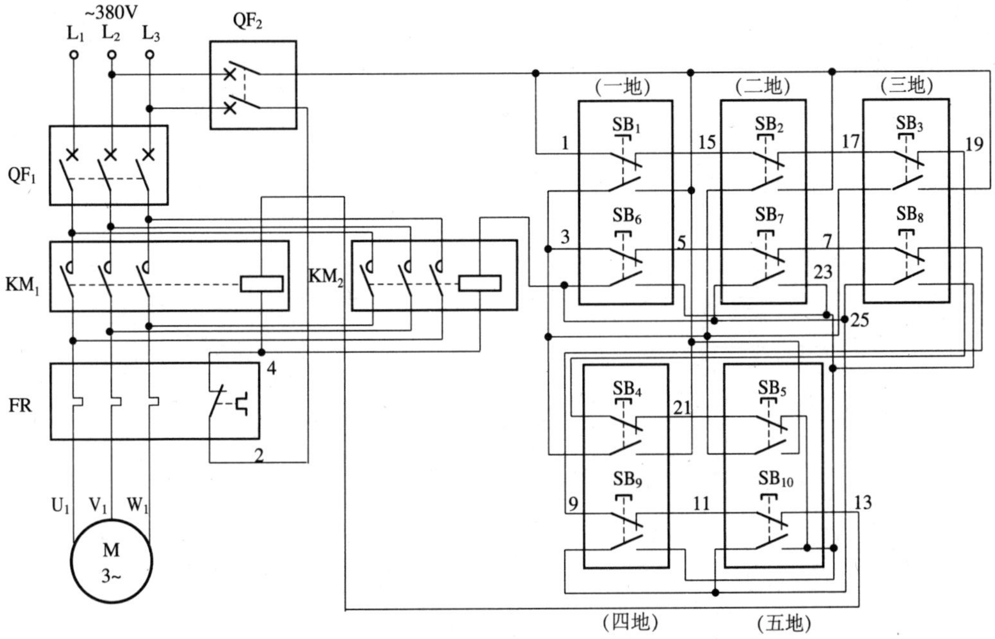

2.13 只有按钮互锁的可逆启动、停止、点动控制电路

原理图

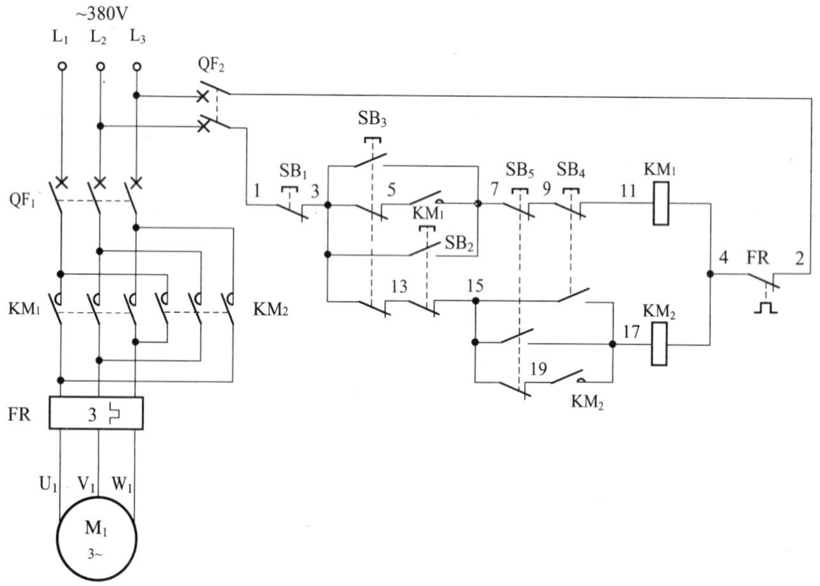

接线图

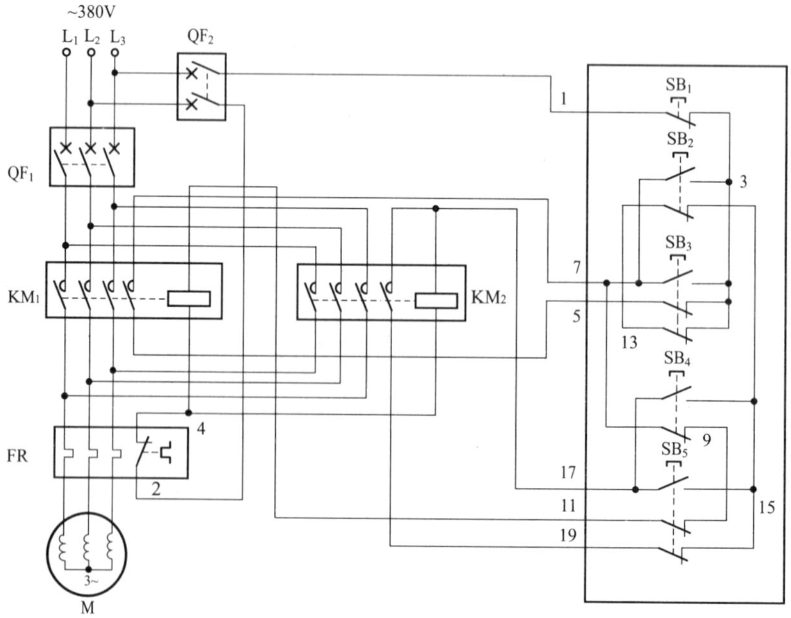

2.14 只有接触器辅助常闭触点互锁的可逆启停控制电路

原理图

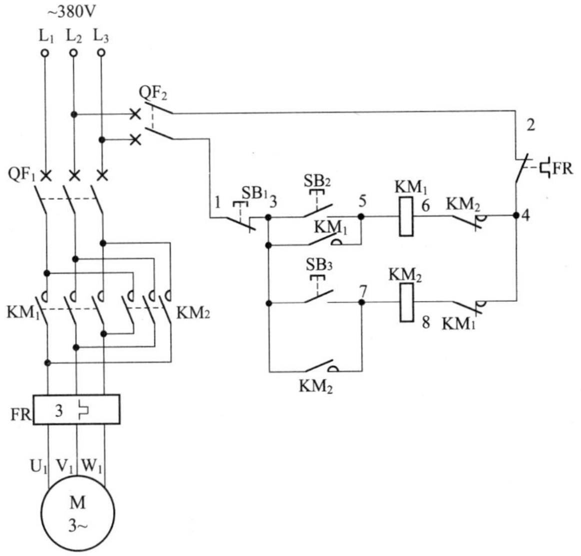

接线图

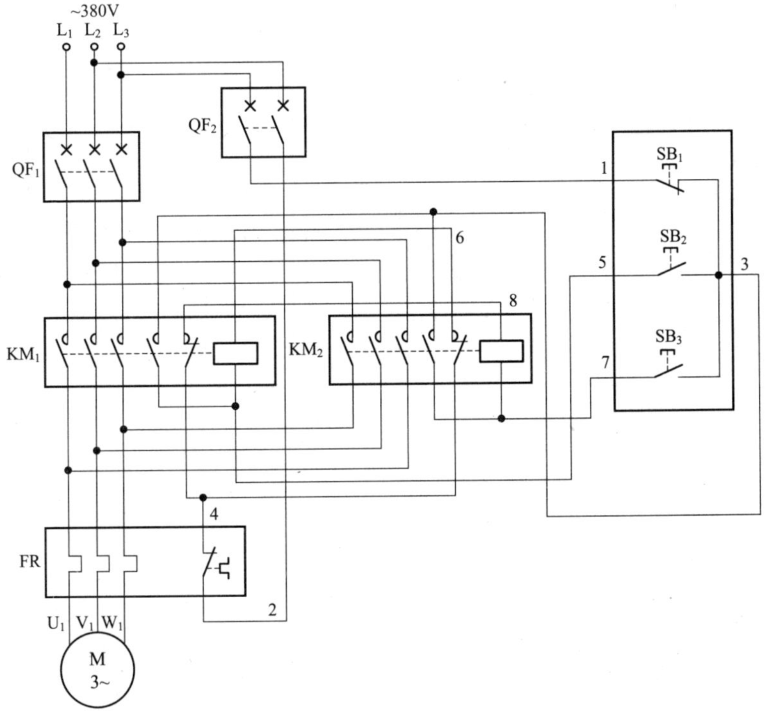

2.15 只有接触器辅助常闭触点互锁的可逆启停二地控制电路

原理图

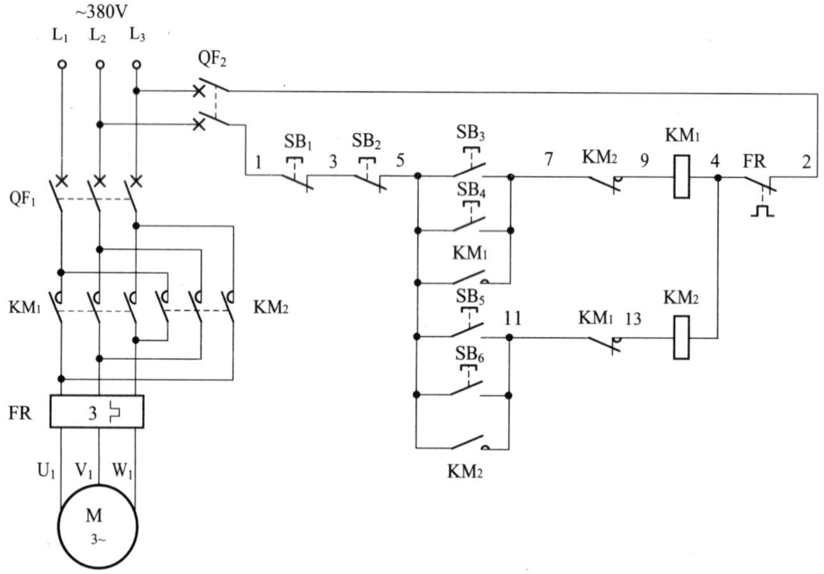

接线图

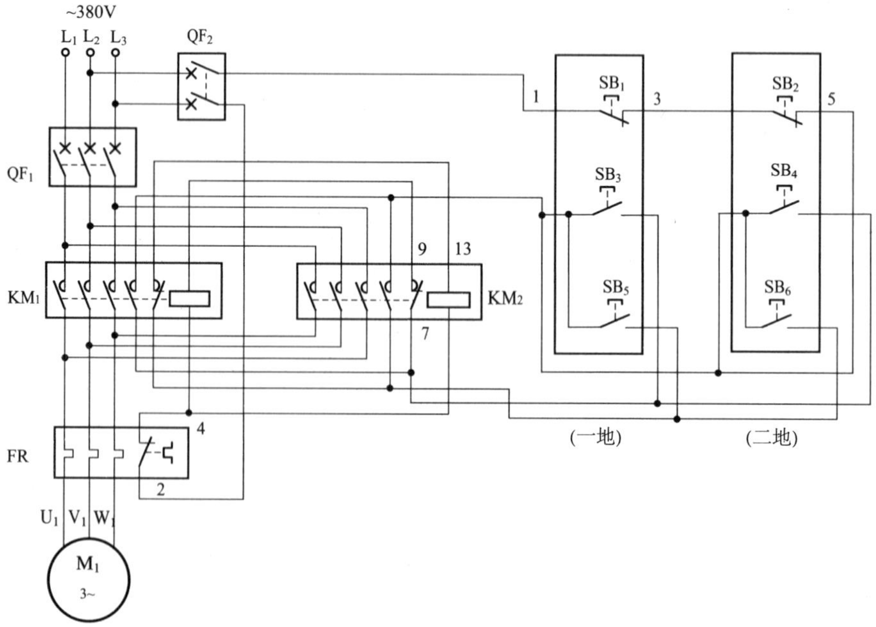

2.16 只有接触器辅助常闭触点互锁的可逆启停三地控制电路

原理图

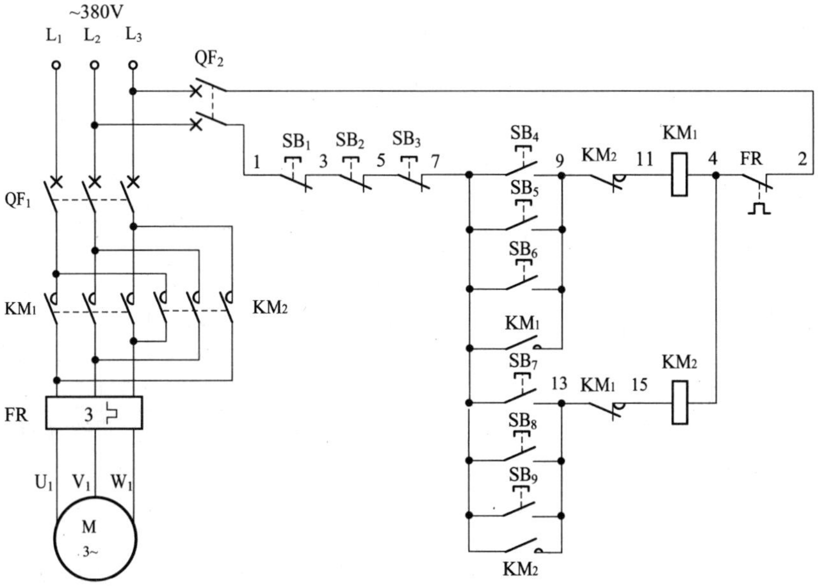

接线图

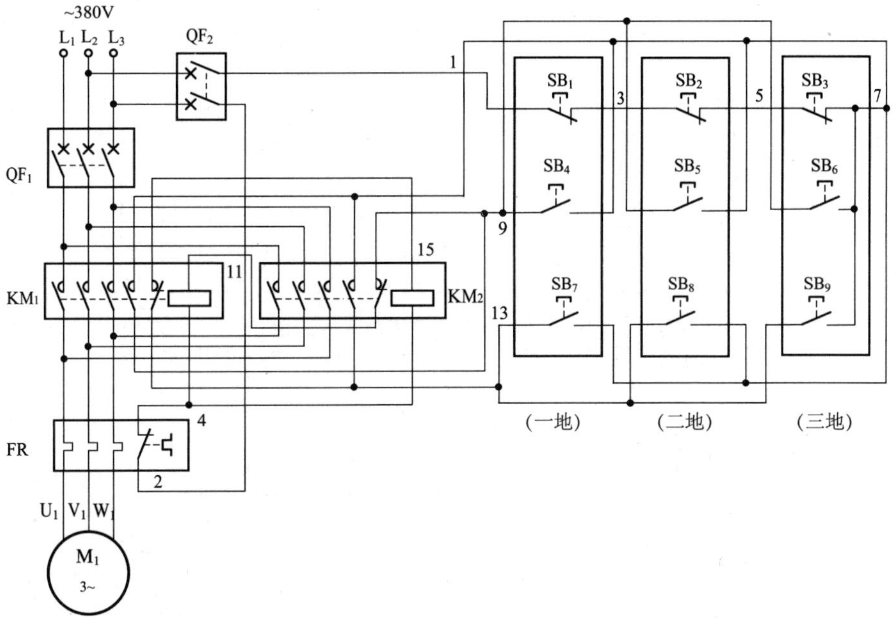

2.17 只有接触器辅助常闭触点互锁的可逆启停四地控制电路

原理图

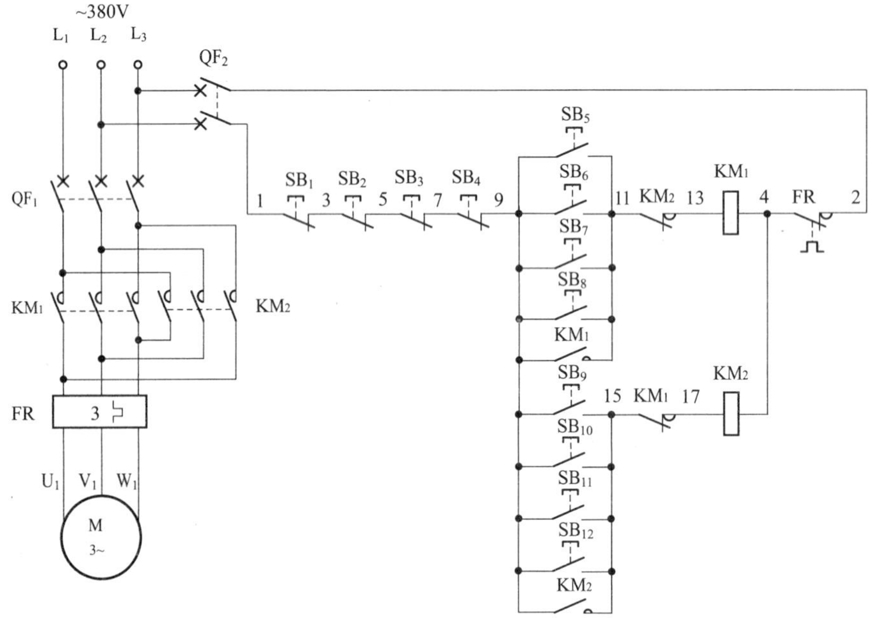

接线图

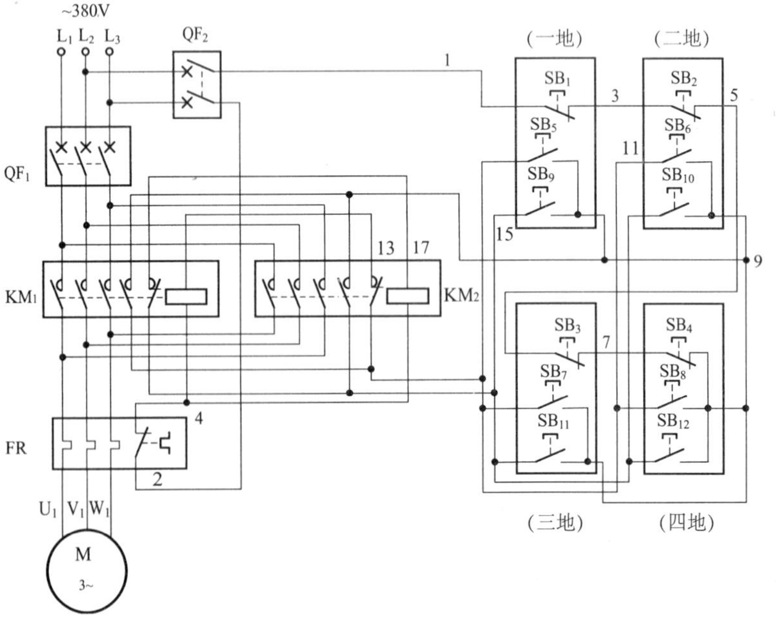

2.18 只有接触器辅助常闭触点互锁的可逆启停五地控制电路

原理图

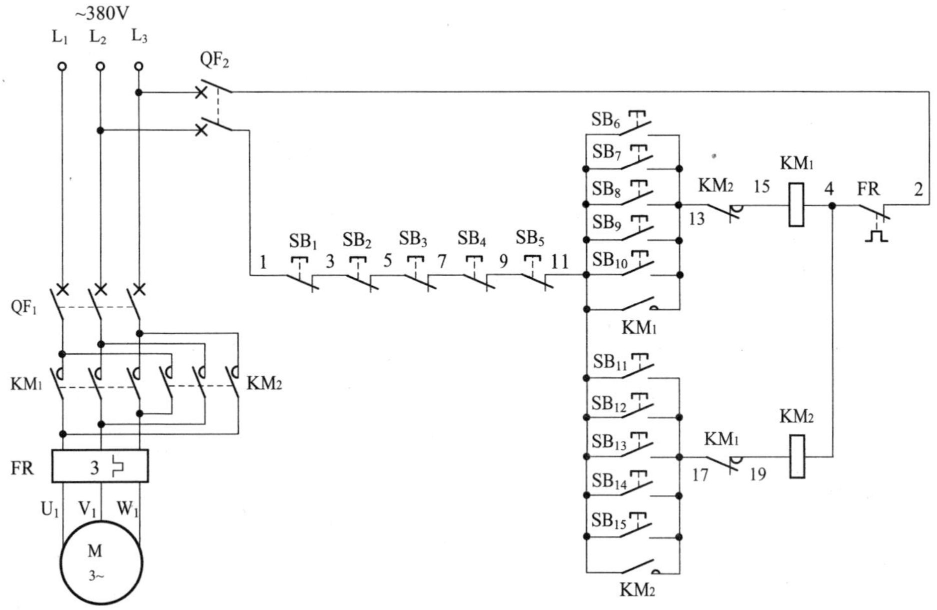

接线图

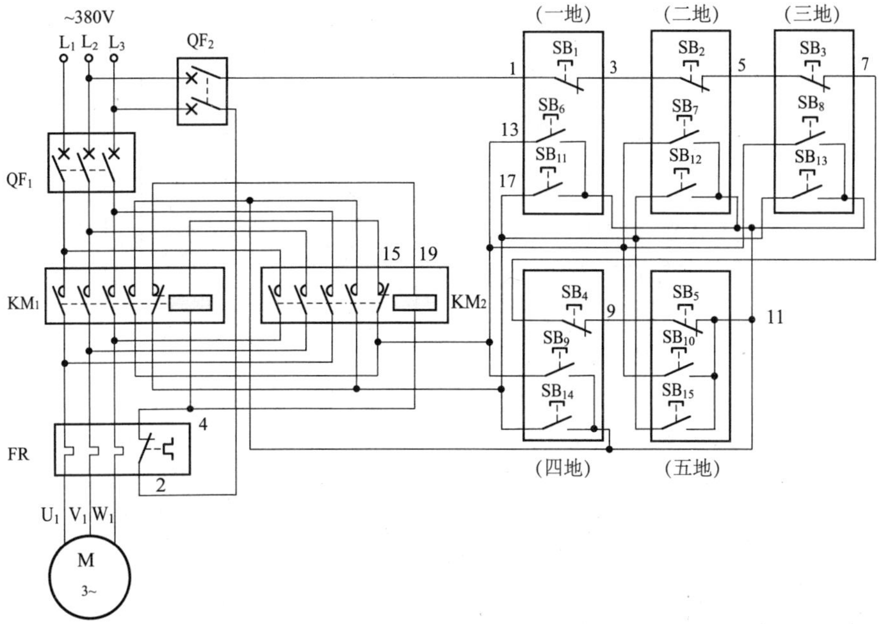

2.19 只有接触器辅助常闭触点互锁的可逆点动控制电路

原理图

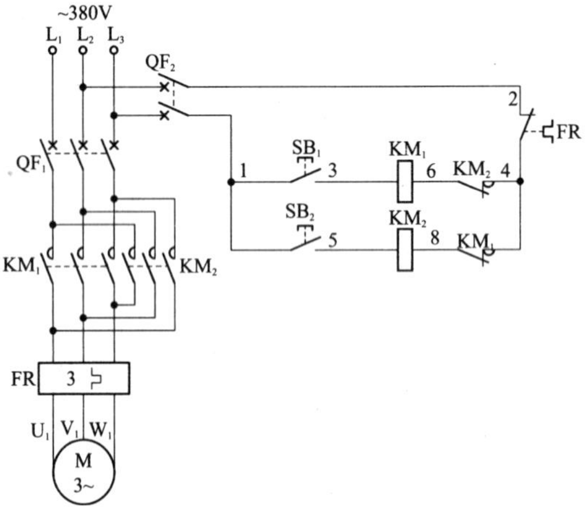

接线图

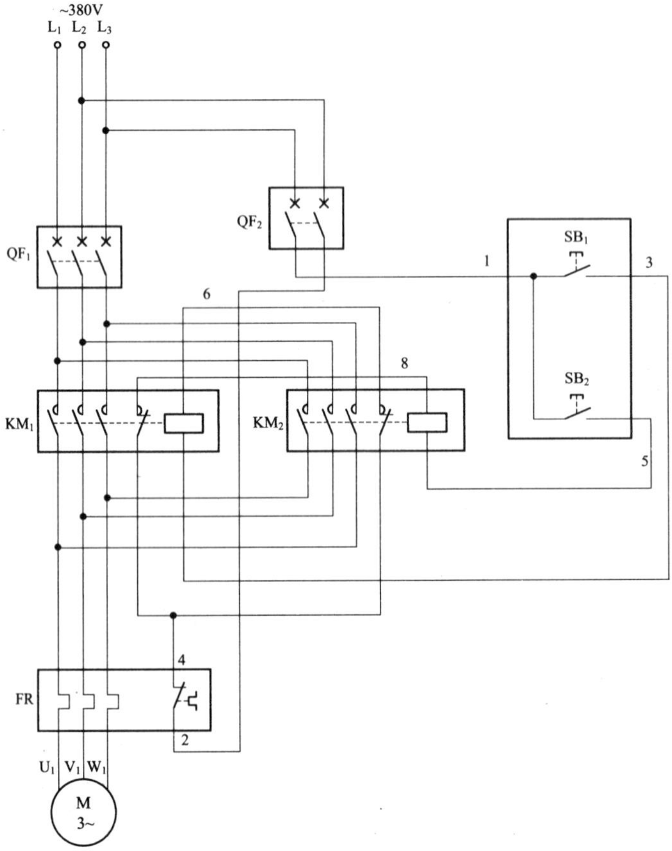

2.20 只有接触器辅助常闭触点互锁的可逆点动二地控制电路

原理图

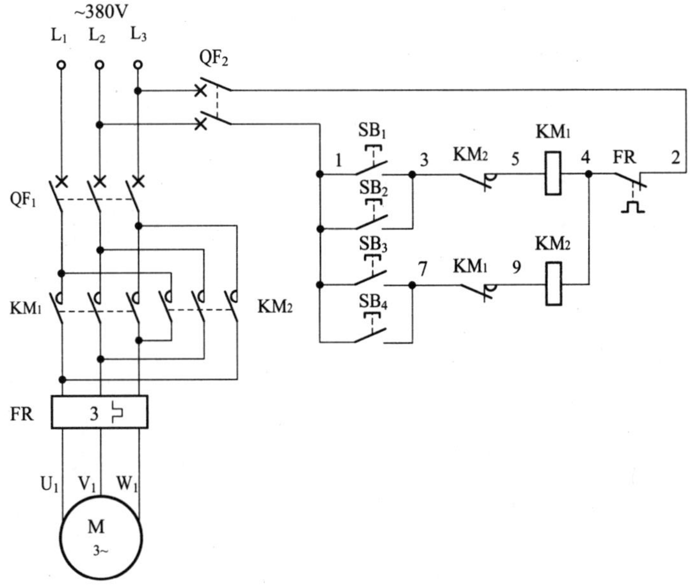

接线图

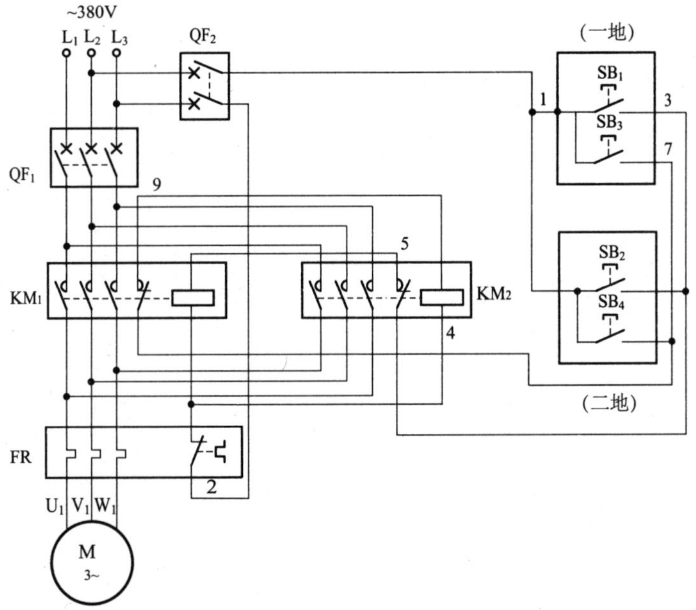

2.21 只有接触器辅助常闭触点互锁的可逆点动三地控制电路

原理图

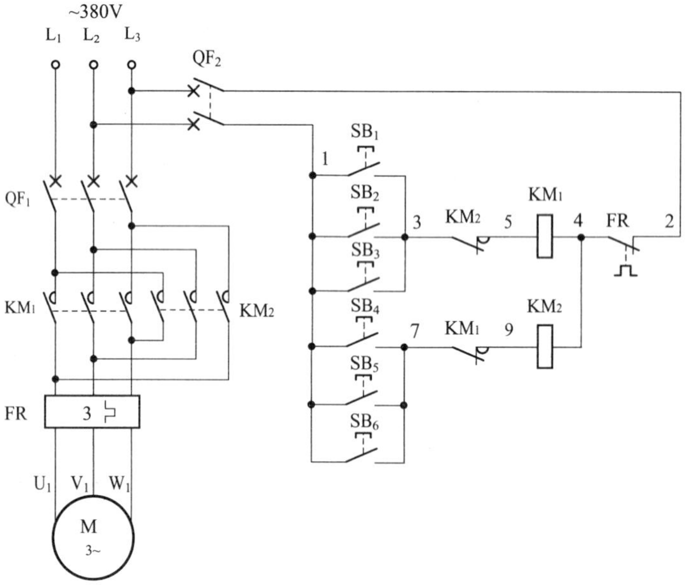

接线图

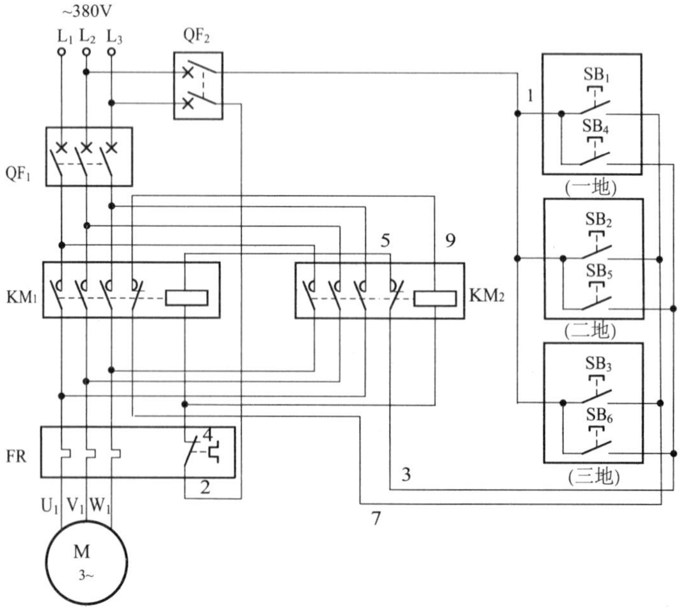

2.22 只有接触器辅助常闭触点互锁的可逆点动四地控制电路

原理图

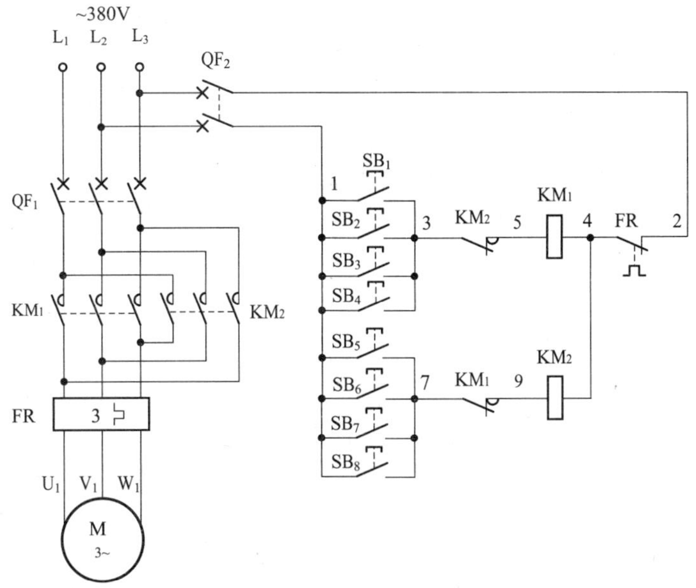

接线图

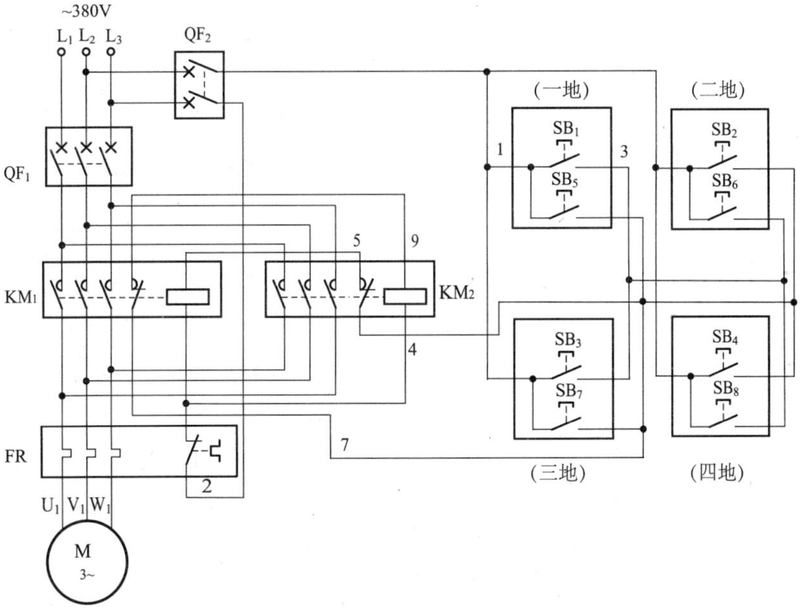

2.23 只有接触器辅助常闭触点互锁的可逆点动五地控制电路

原理图

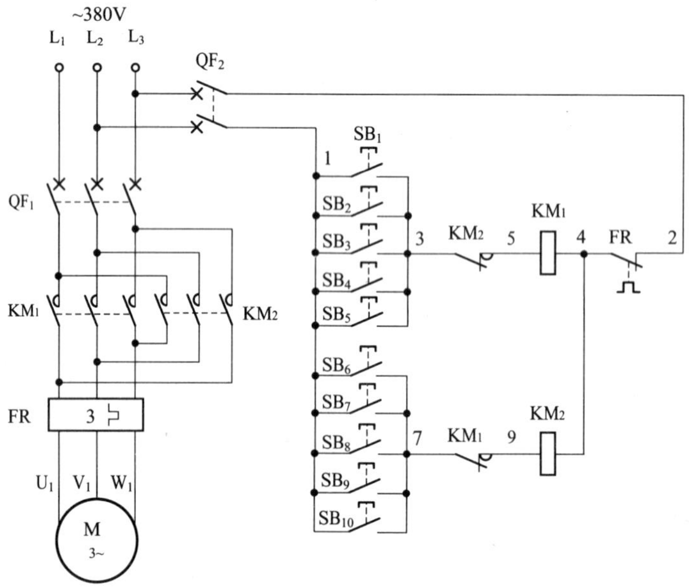

接线图

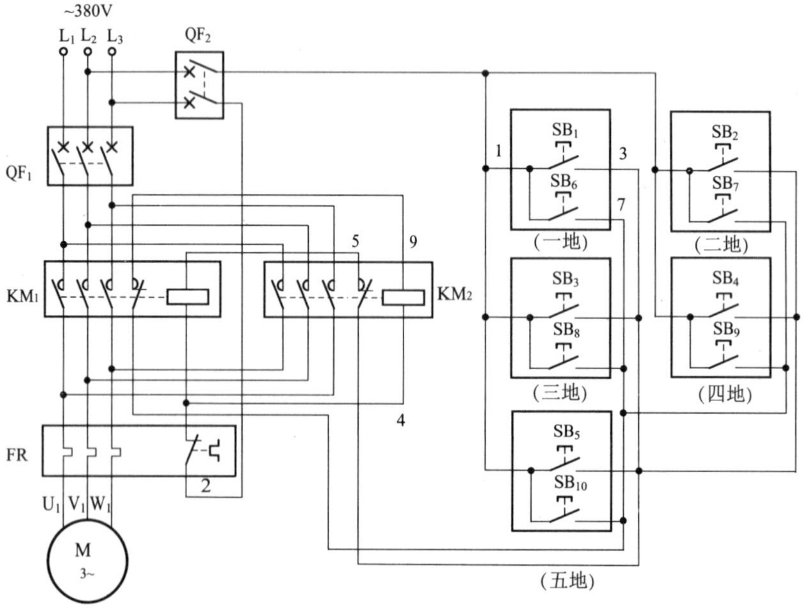

2.24 只有接触器辅助常闭触点互锁的可逆启动、停止、点动控制电路

原理图

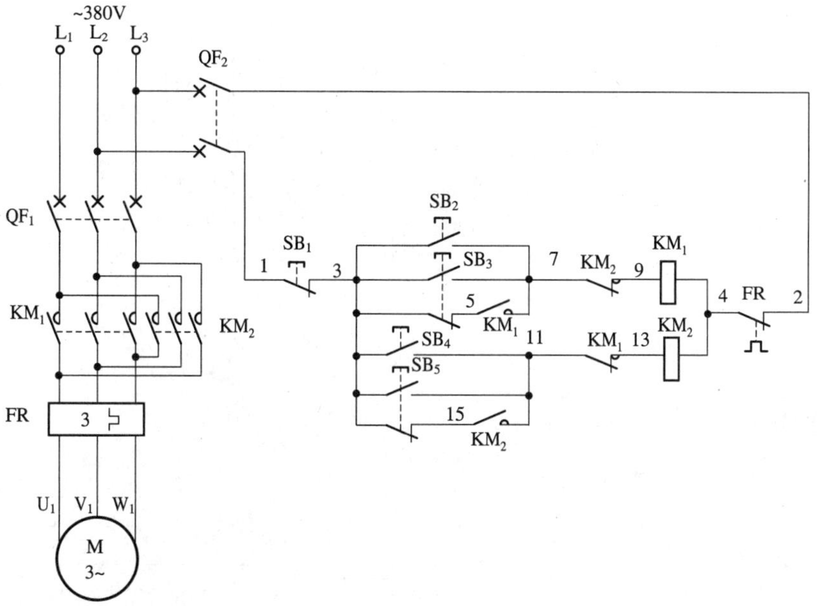

接线图

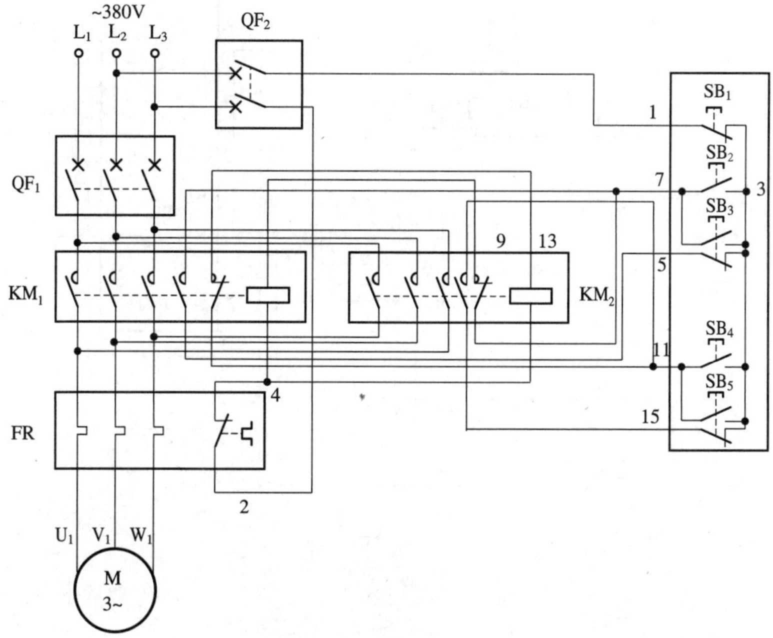

2.25 接触器、按钮双互锁的可逆启停控制电路

原理图

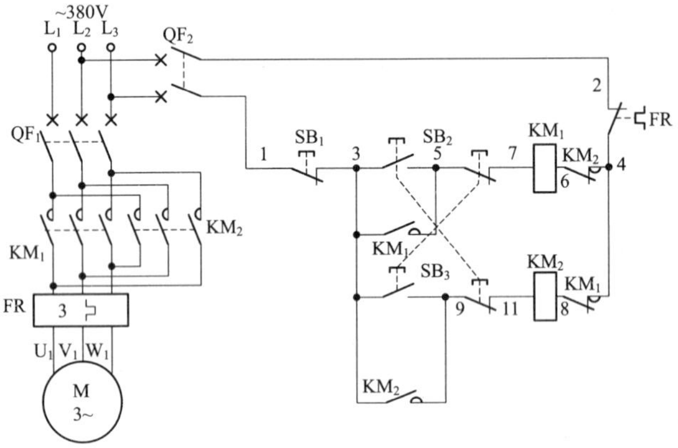

接线图

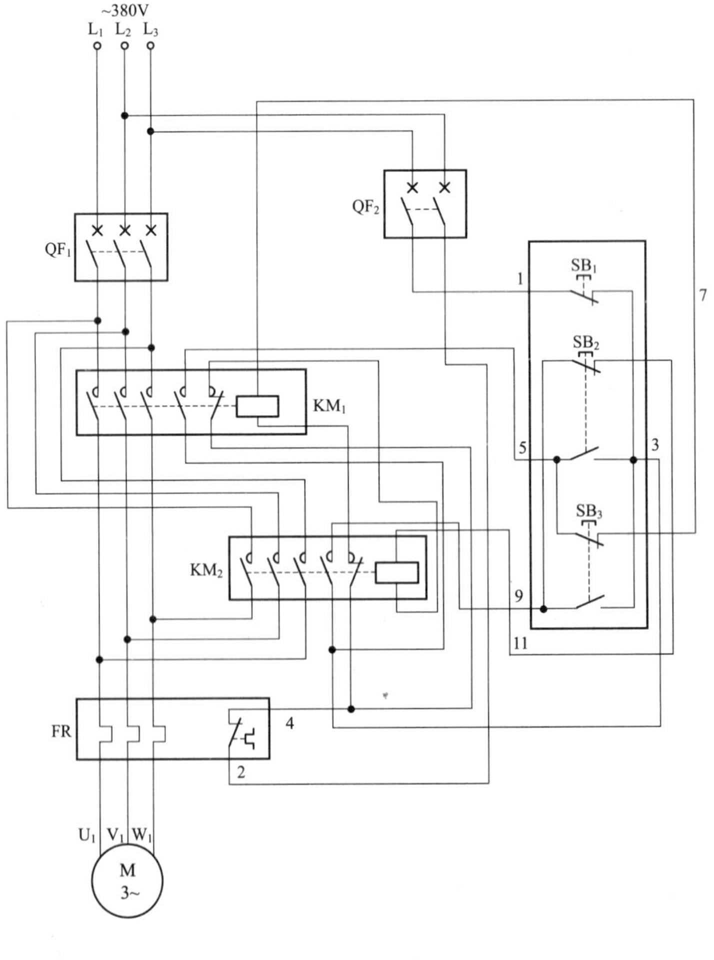

2.26 接触器、按钮双互锁的可逆点动控制电路

原理图

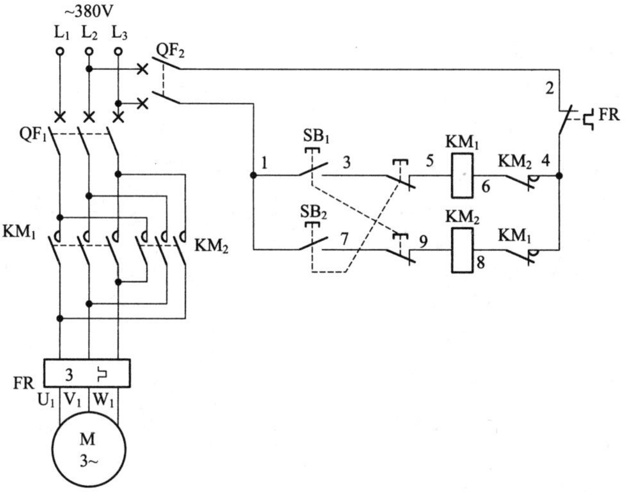

接线图

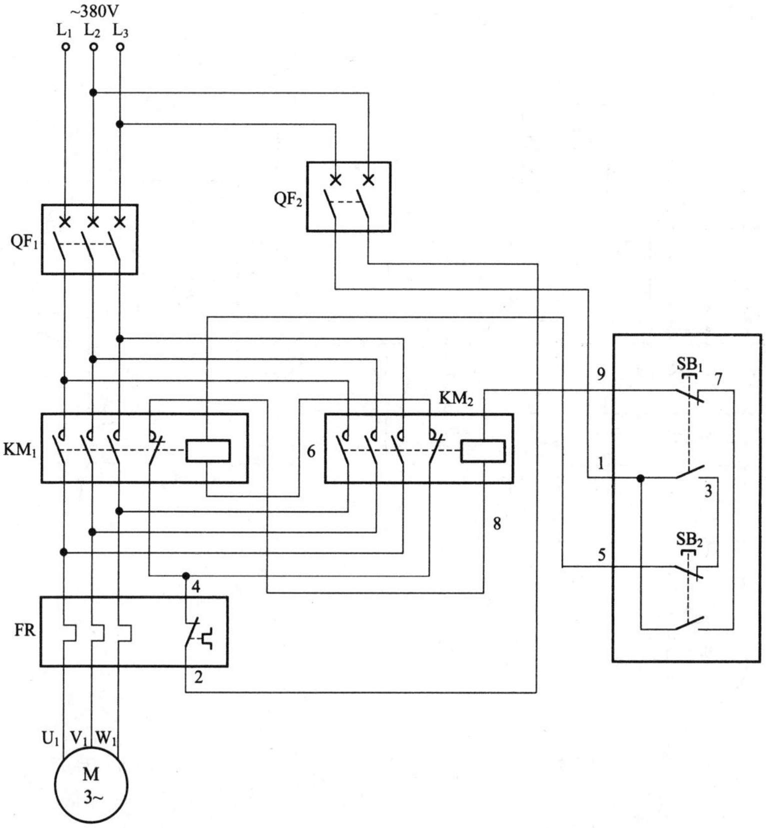

2.27 接触器、按钮双互锁的可逆点动二地控制电路

原理图

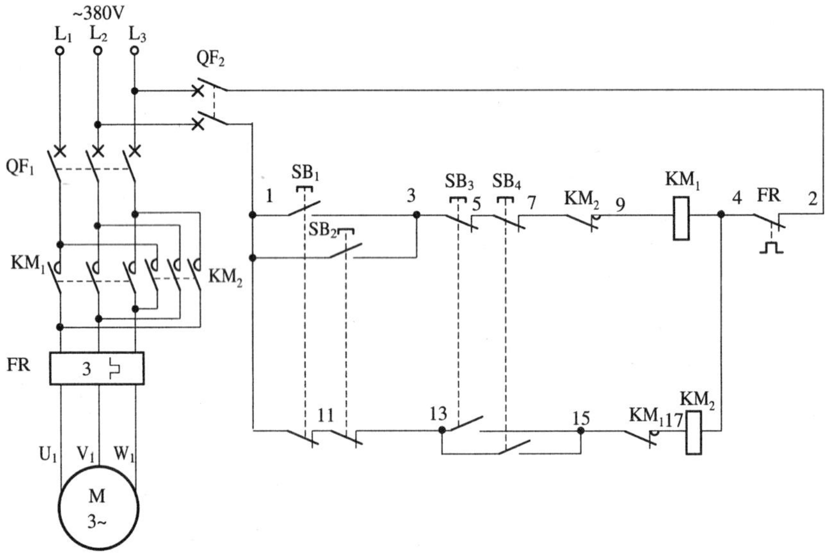

接线图

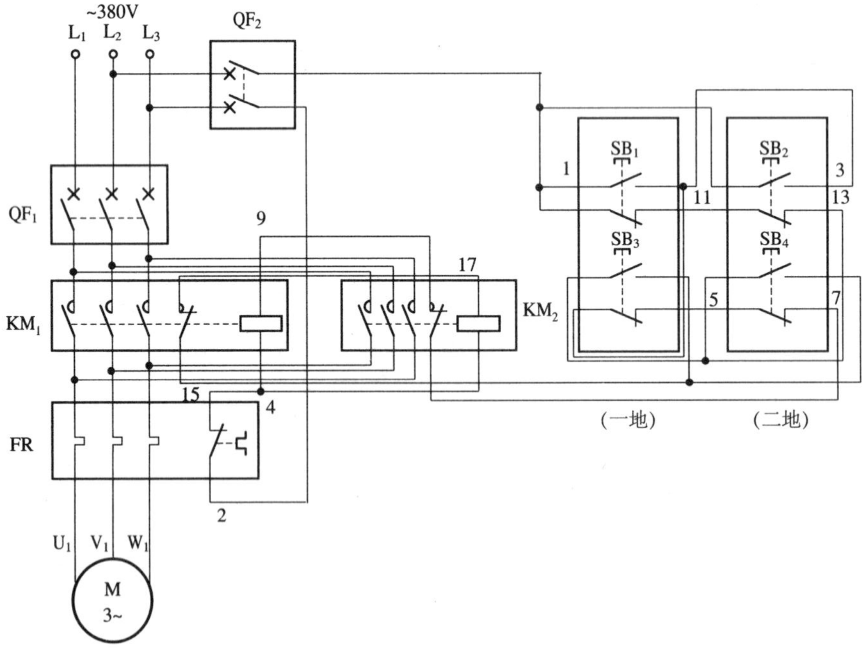

2.28 接触器、按钮双互锁的可逆点动三地控制电路

原理图

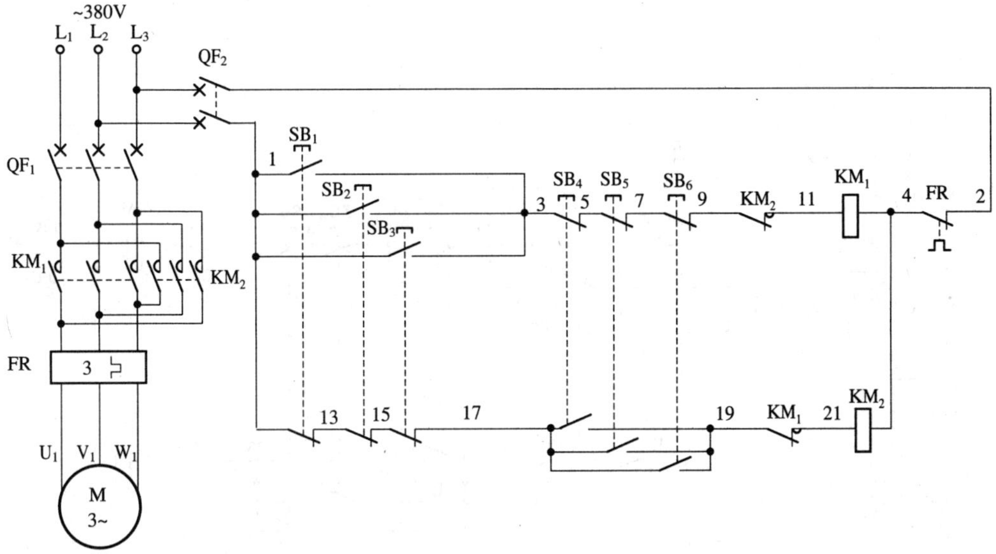

接线图

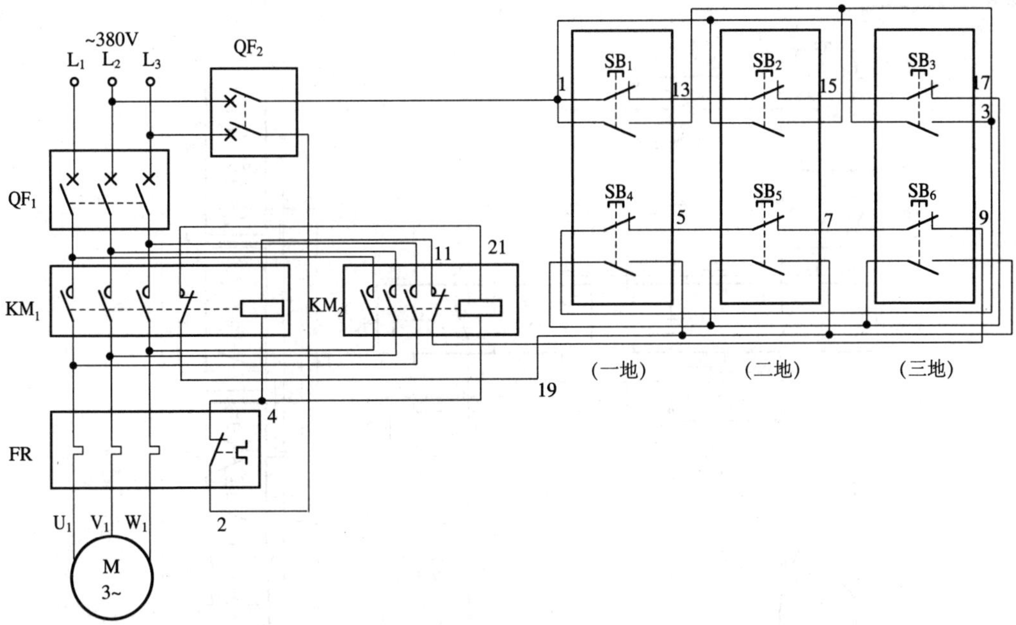

2.29 接触器、按钮双互锁的可逆点动四地控制电路

原理图

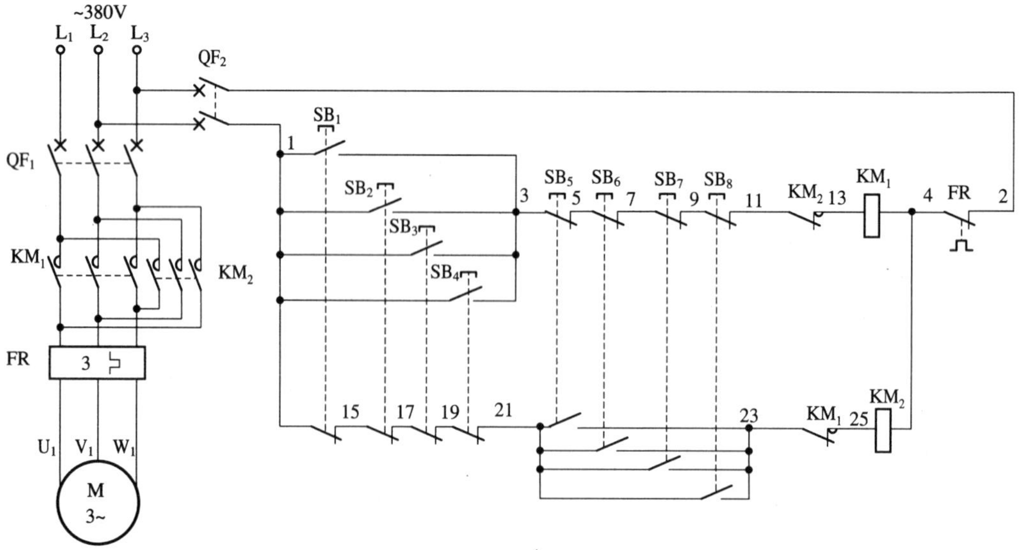

接线图

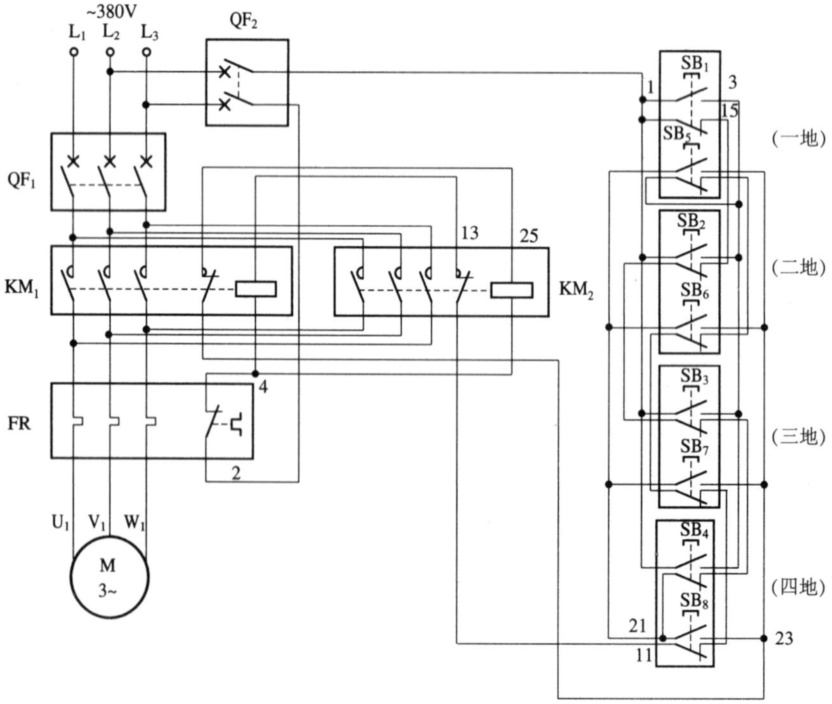

2.30 接触器、按钮双互锁的可逆点动五地控制电路

原理图

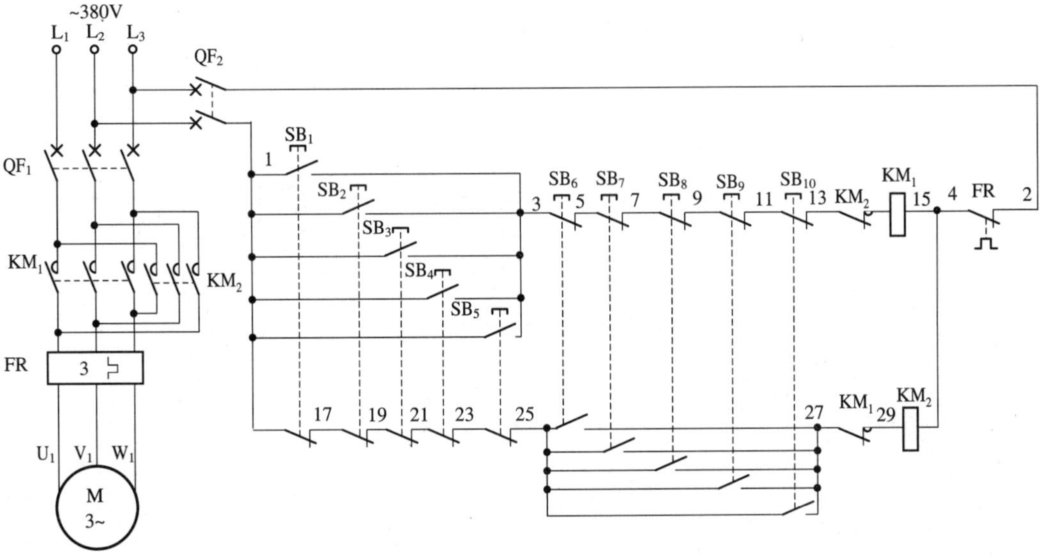

接线图

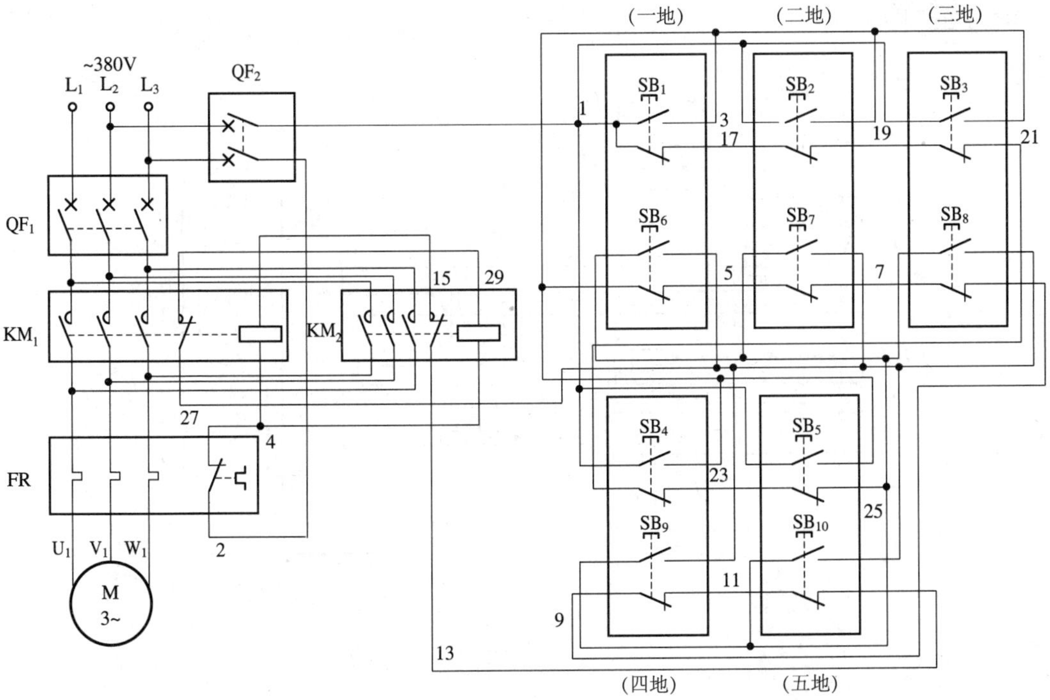

2.31 接触器、按钮双互锁的正反转启停控制电路

原理图

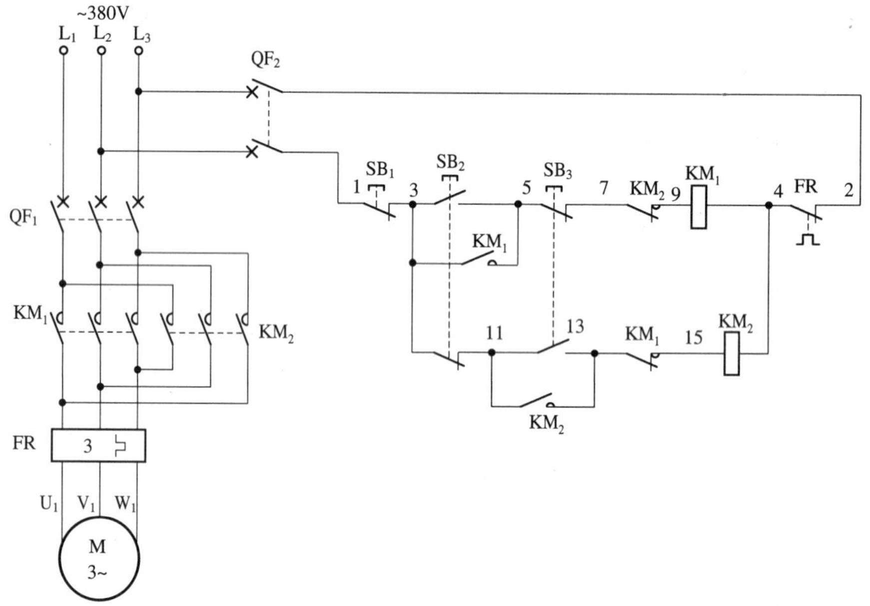

接线图

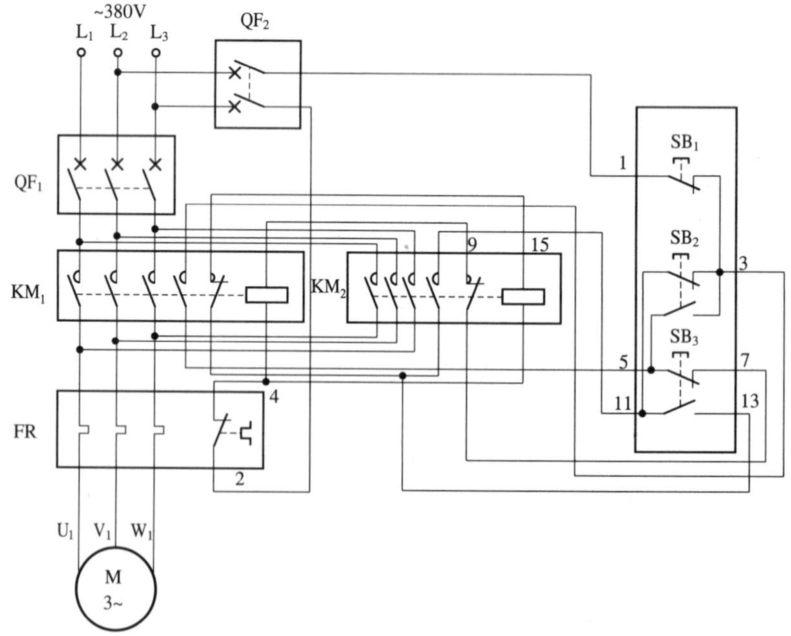

2.32 接触器、按钮双互锁的正反转启停二地控制电路

原理图

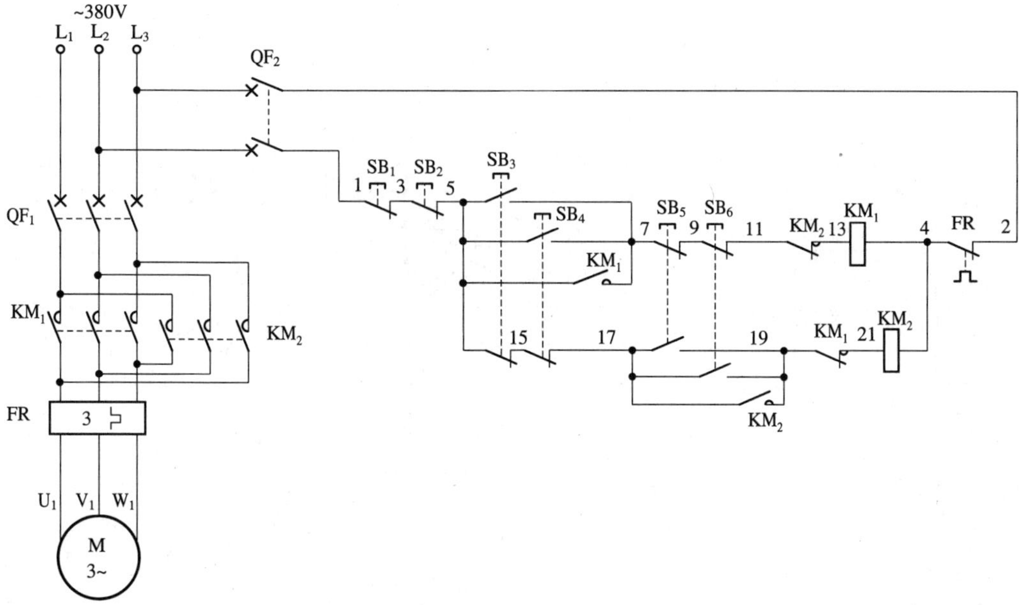

接线图

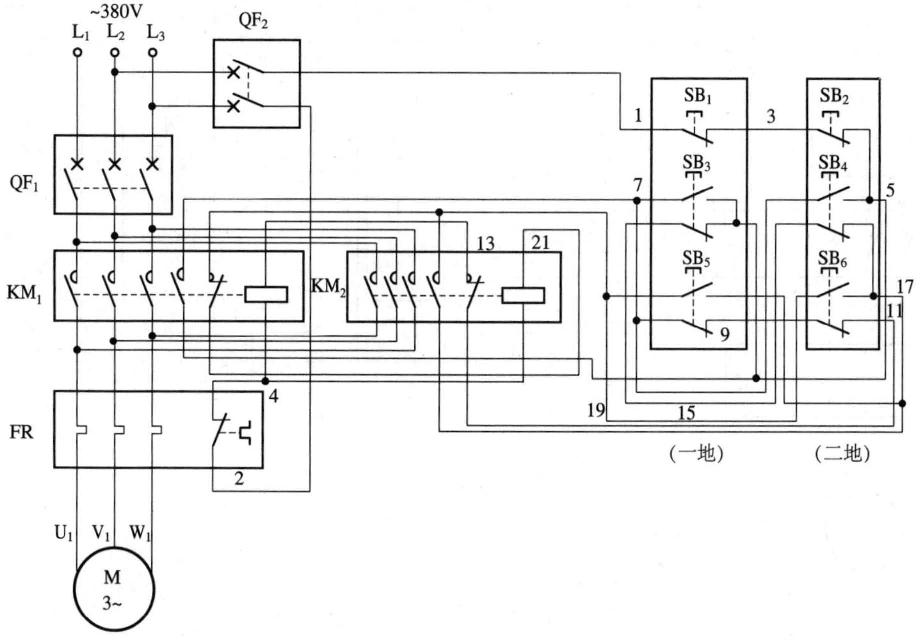

2.33 接触器、按钮双互锁的正反转启停三地控制电路

原理图

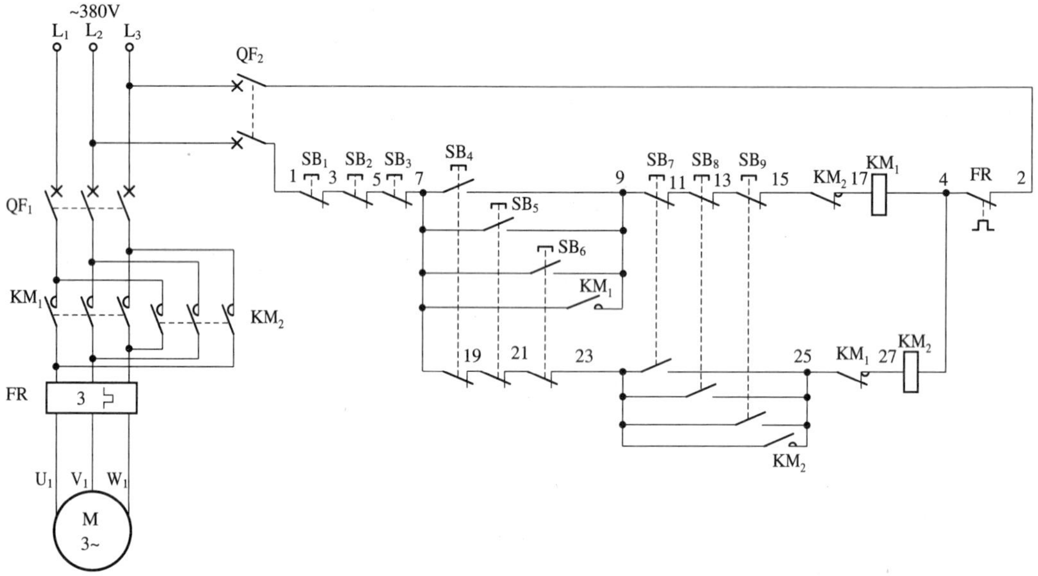

接线图

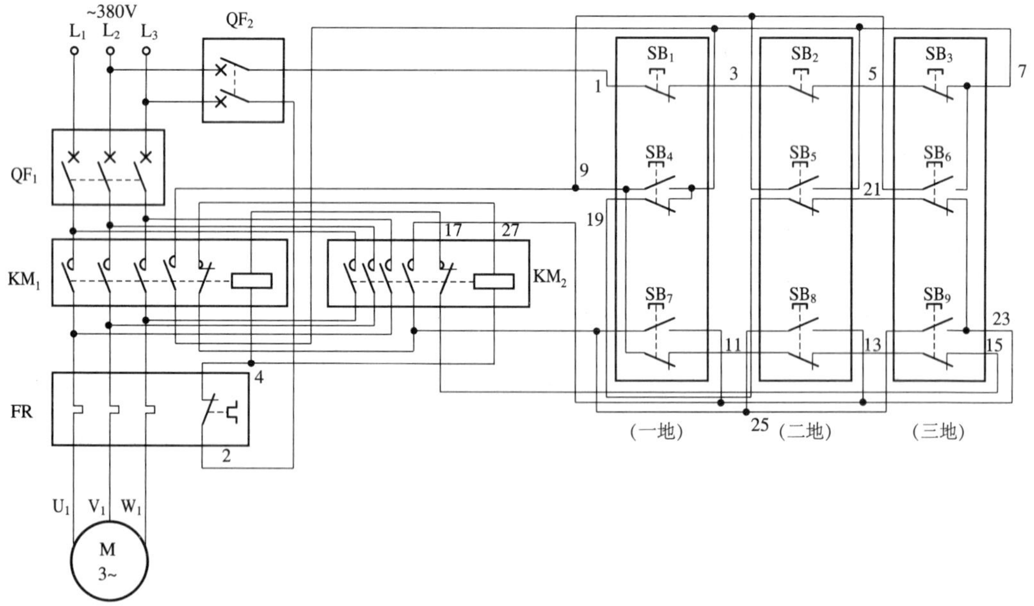

2.34 接触器、按钮双互锁的正反转启停四地控制电路

原理图

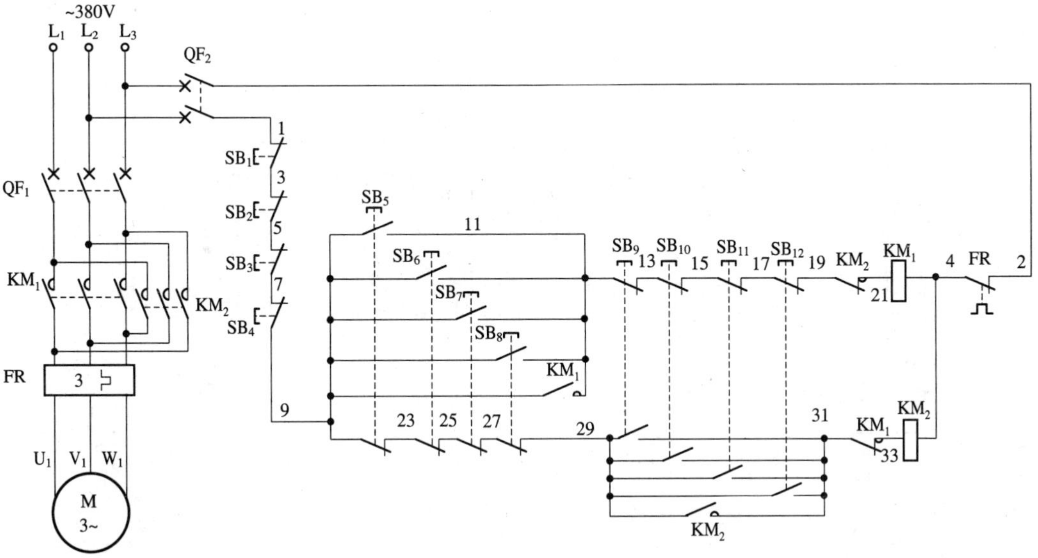

接线图

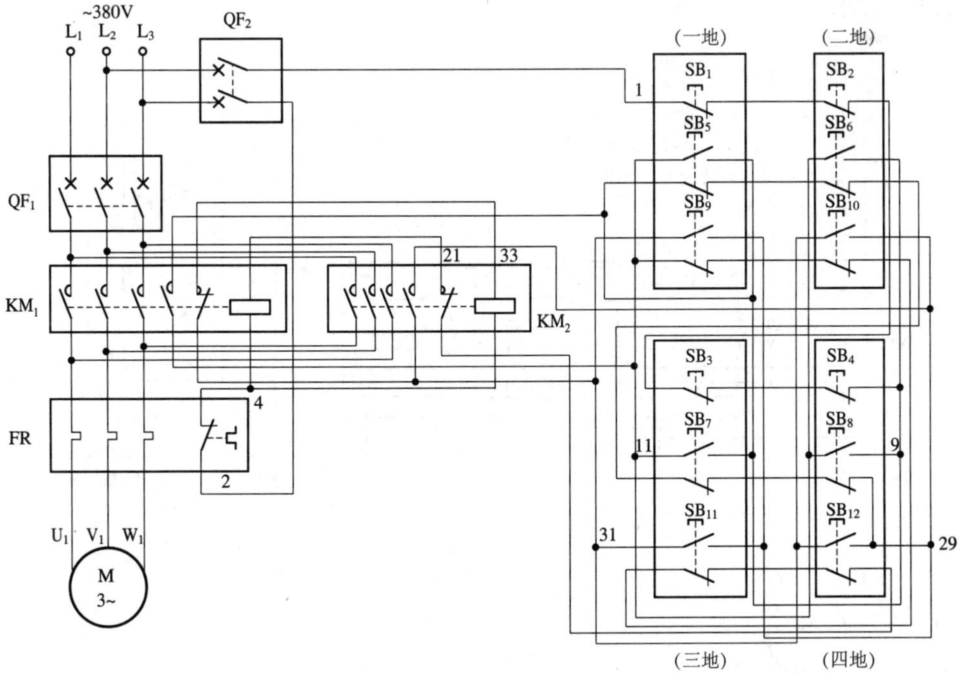

2.35 具有三重互锁保护的正反转控制电路（一）

原理图

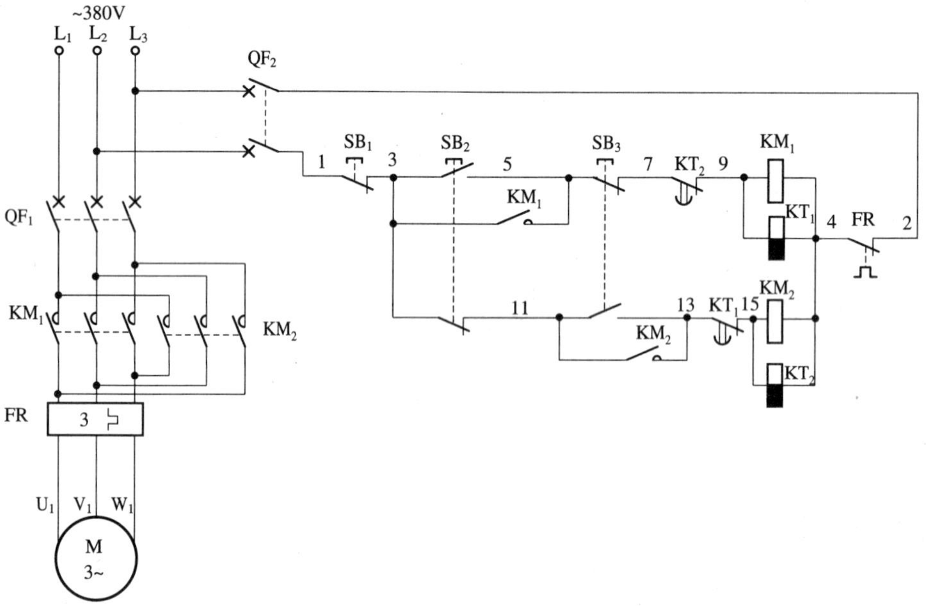

接线图

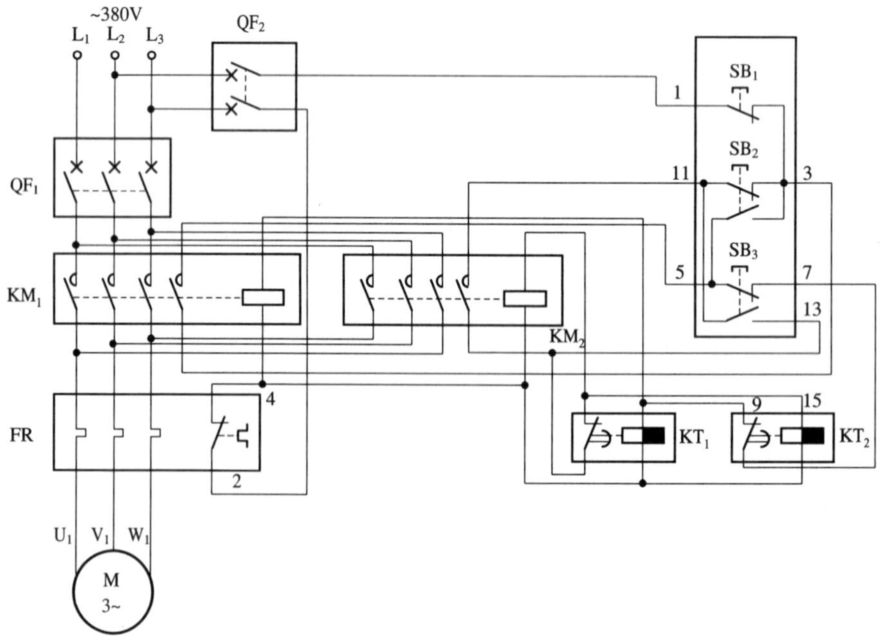

2.36 具有三重互锁保护的正反转控制电路（二）

原理图

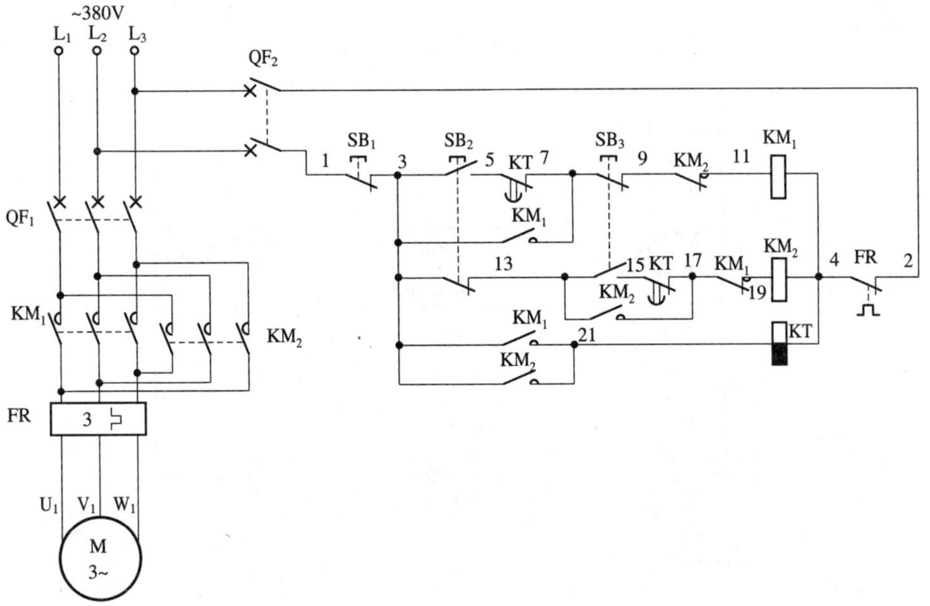

接线图

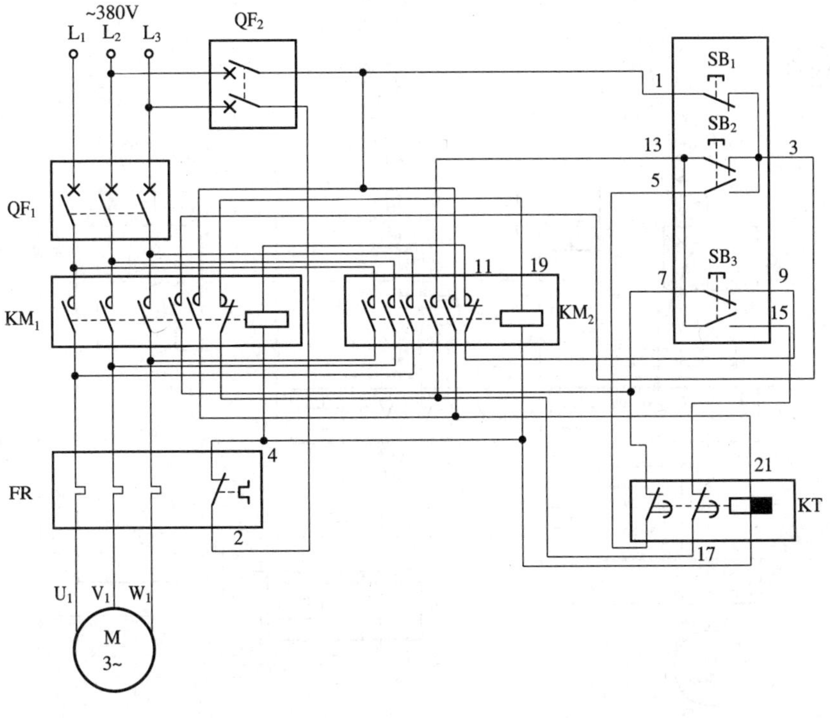

2.37　用电弧联锁继电器延长转换时间的正反转控制电路

原理图

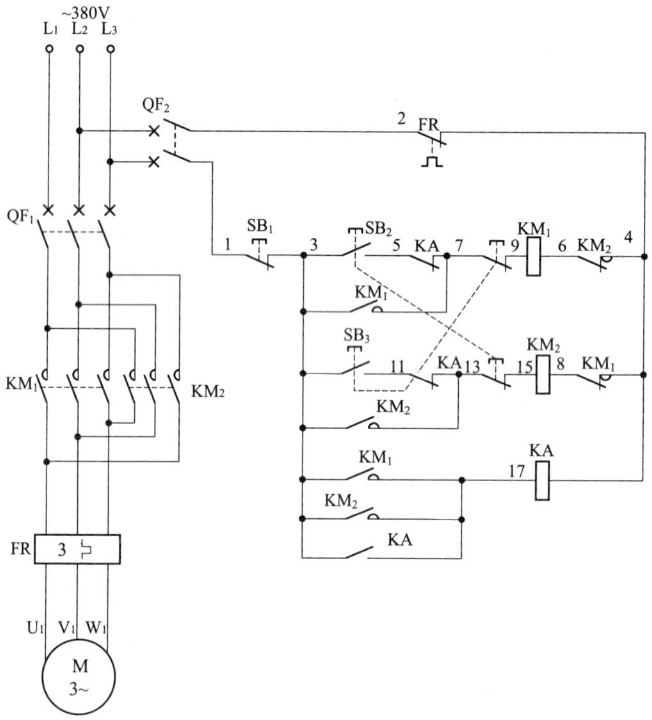

接线图

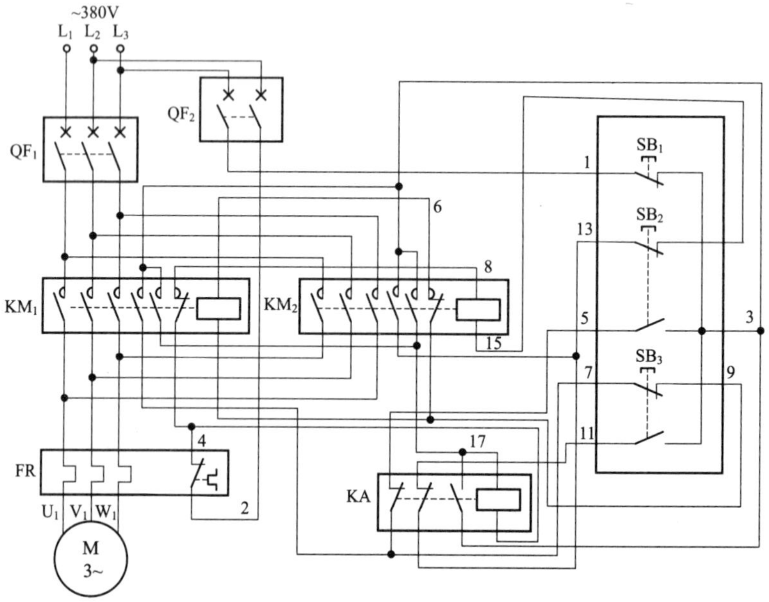

2.38　JZF-01 正反转自动控制器应用电路

原理图

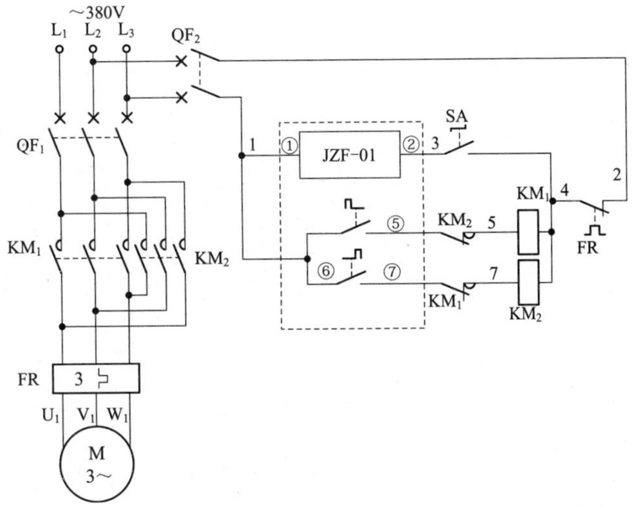

接线图

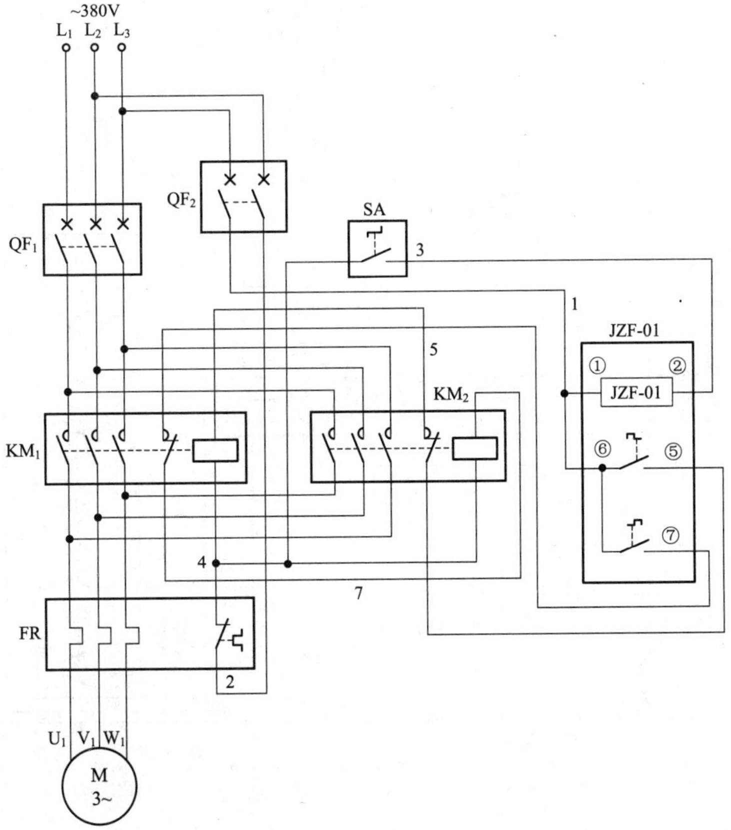

2.39 可逆点动与启动混合控制电路

原理图

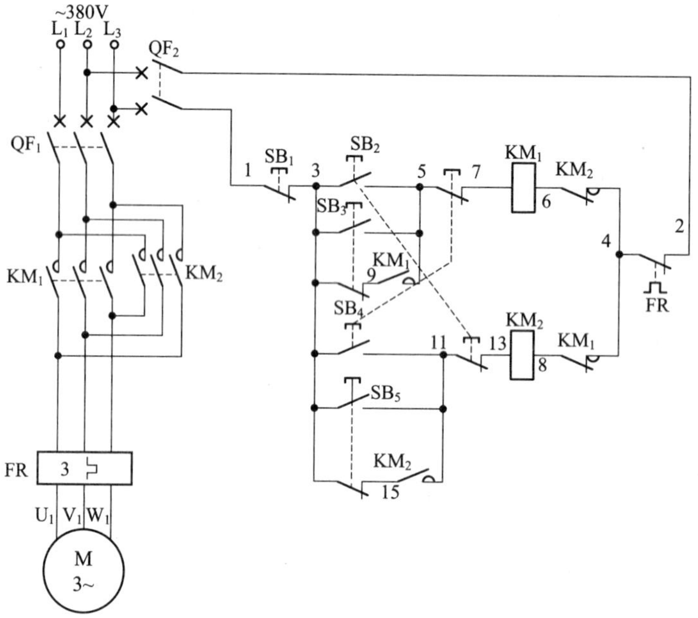

接线图

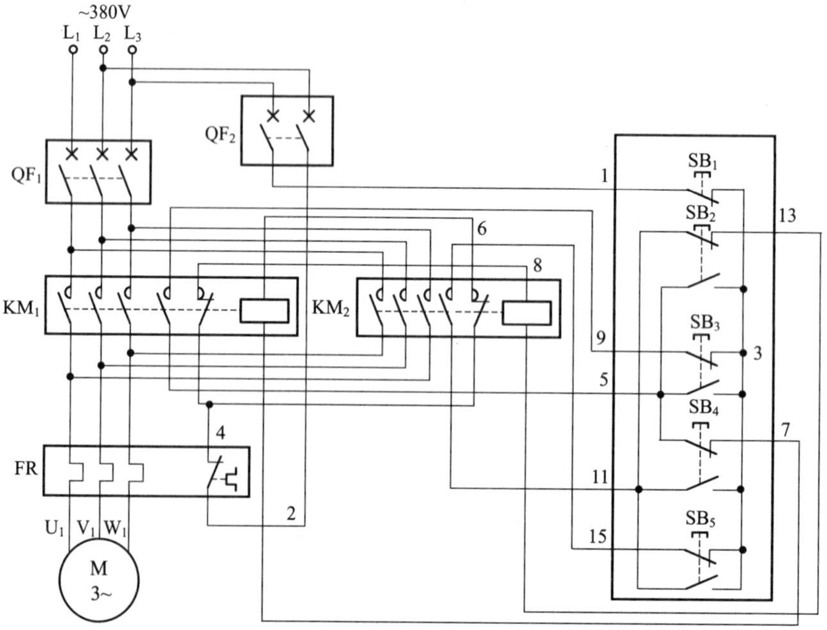

2.40　可逆启动、停止、点动控制电路（一）

原理图

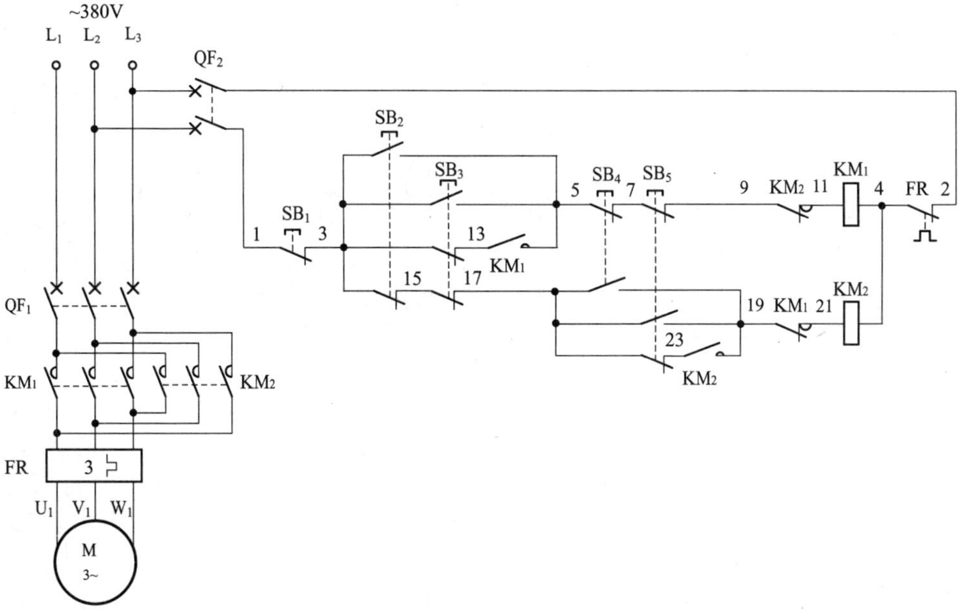

接线图

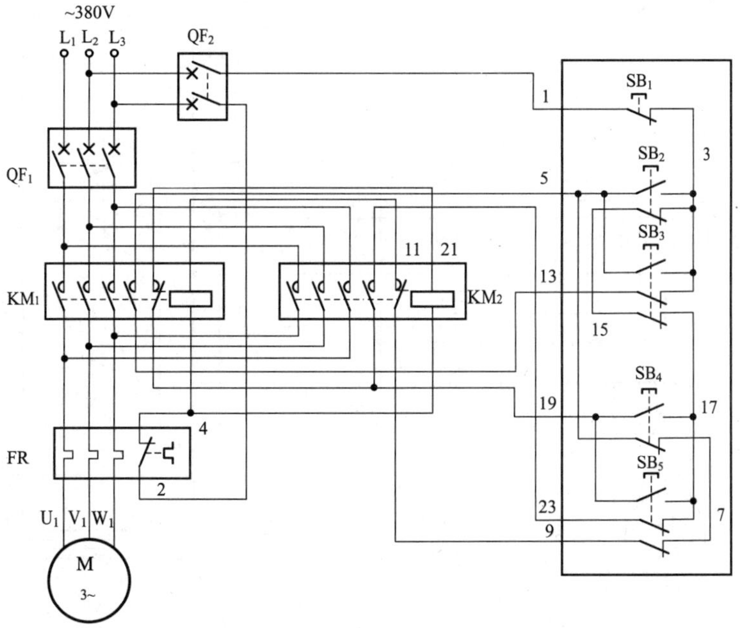

2.41 可逆启动、停止、点动控制电路（二）

原理图

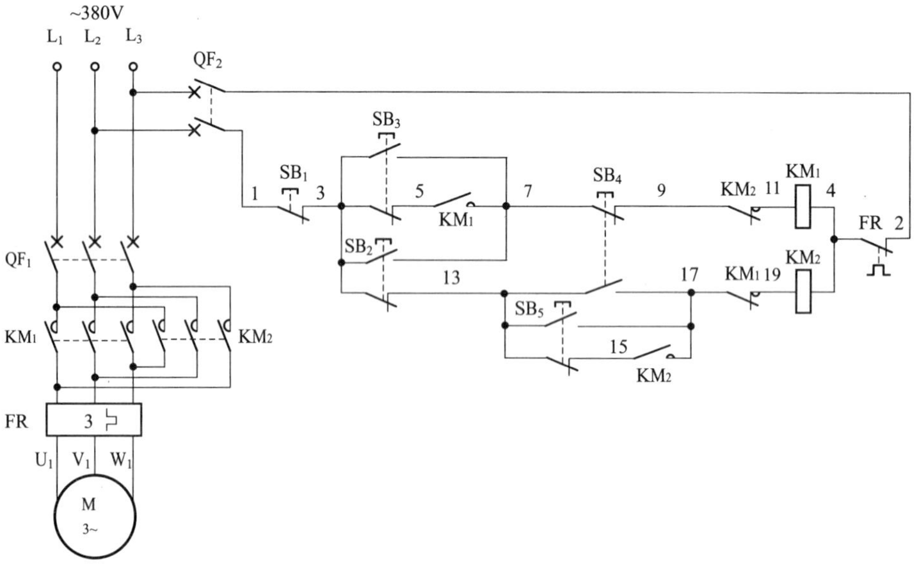

接线图

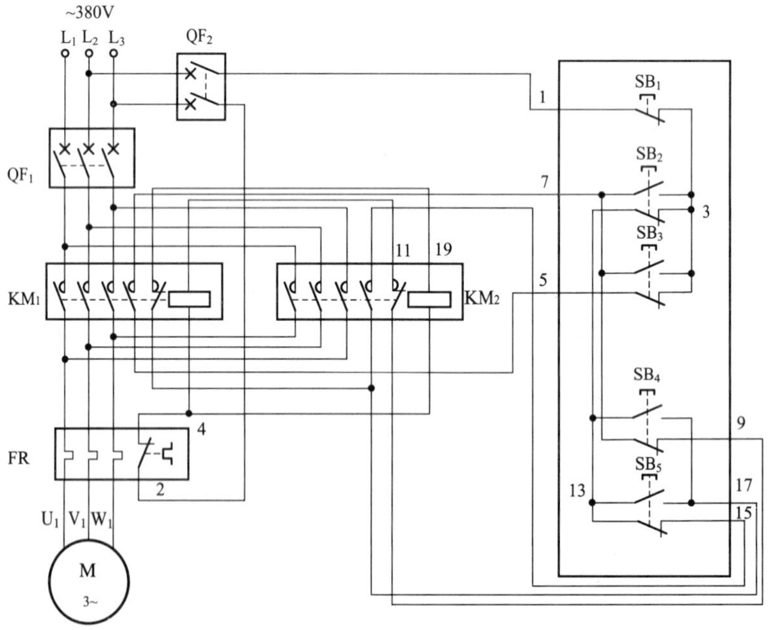

2.42 可逆启动、停止、点动二地控制电路

原理图

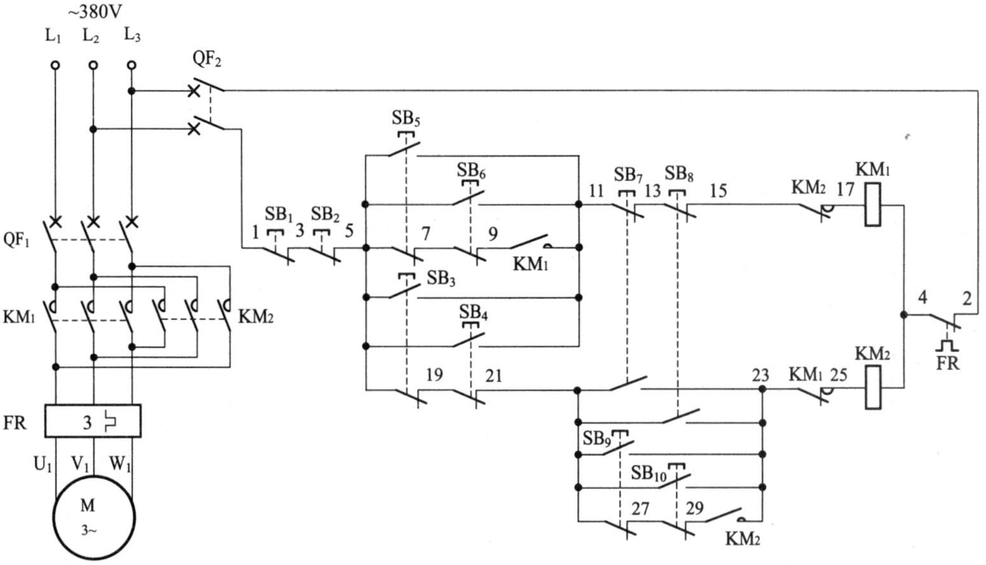

接线图

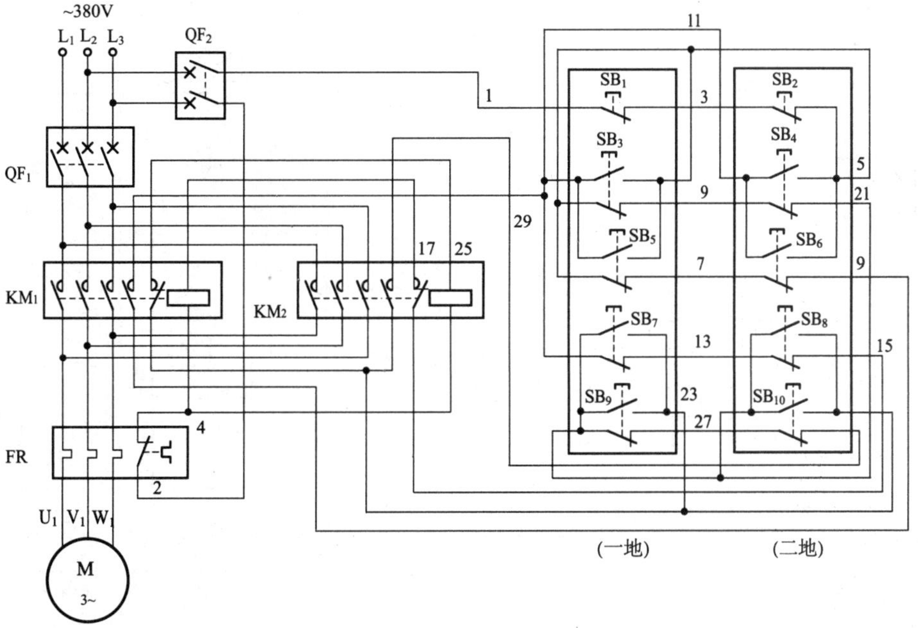

2.43 可逆启动、停止、点动三地控制电路

原理图

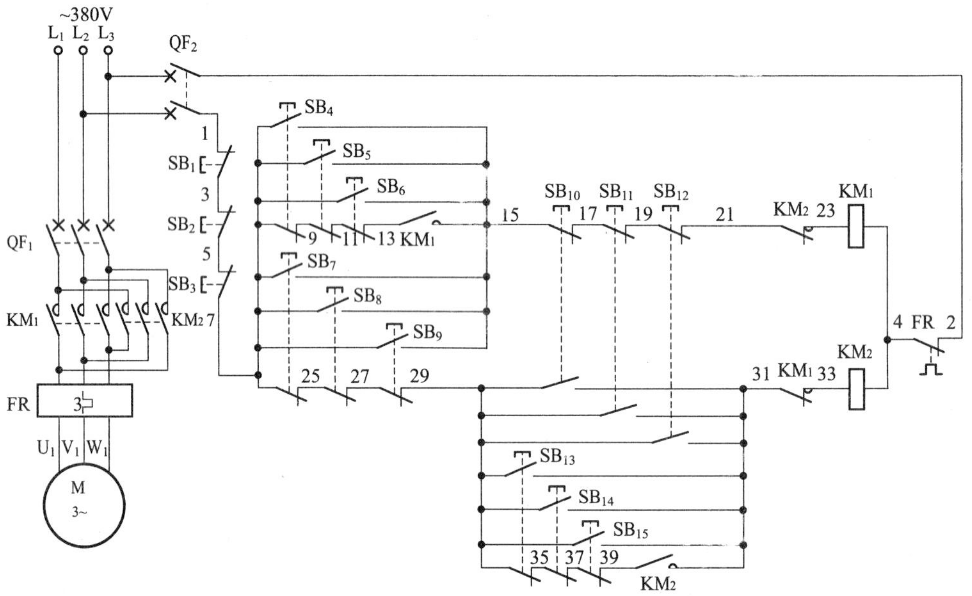

接线图

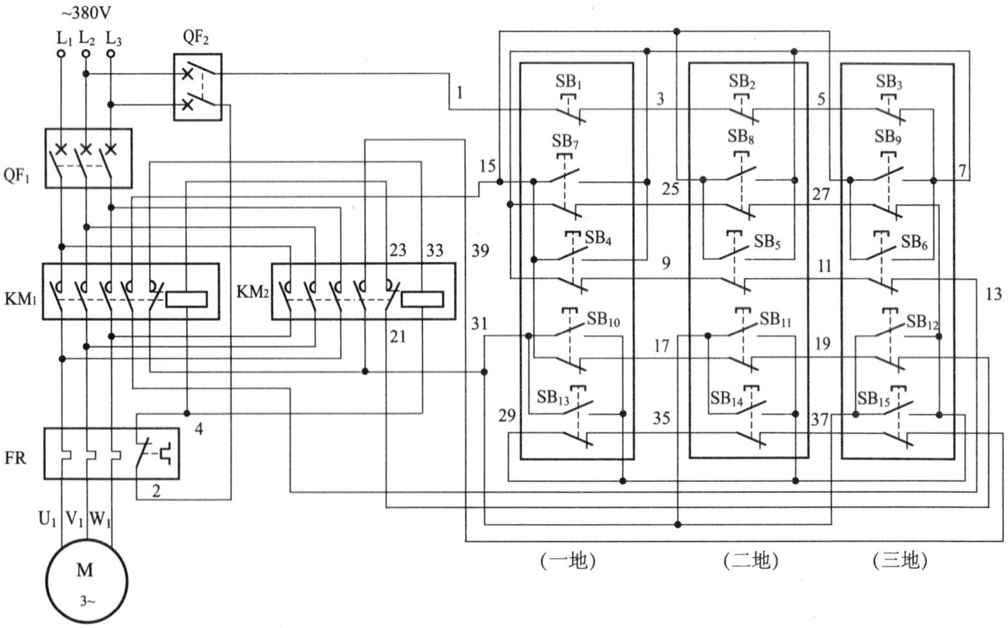

2.44 可逆启动、停止、点动四地控制电路（一）

原理图

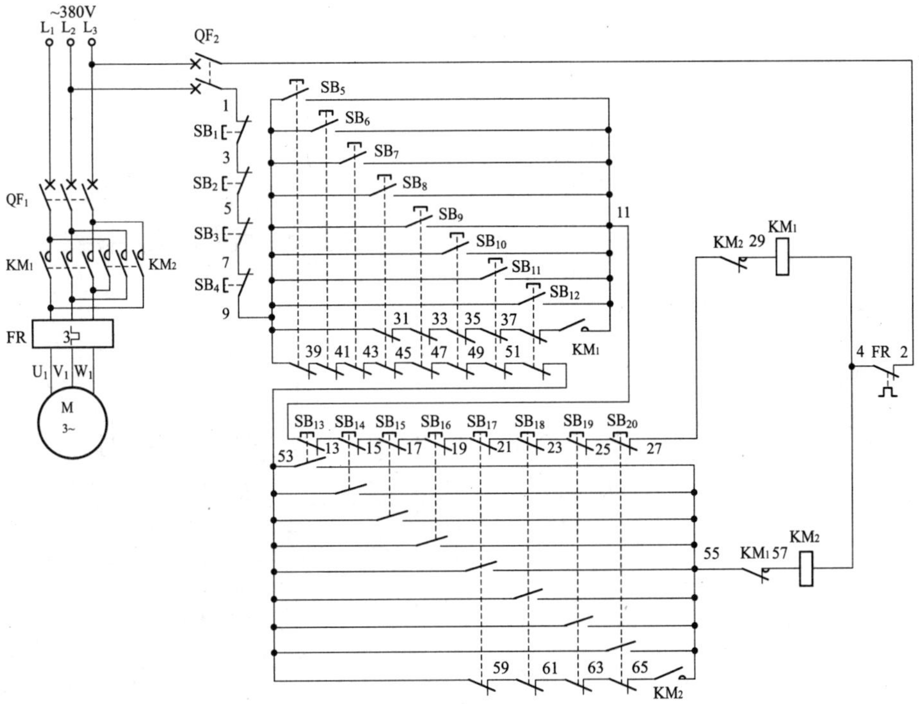

接线图

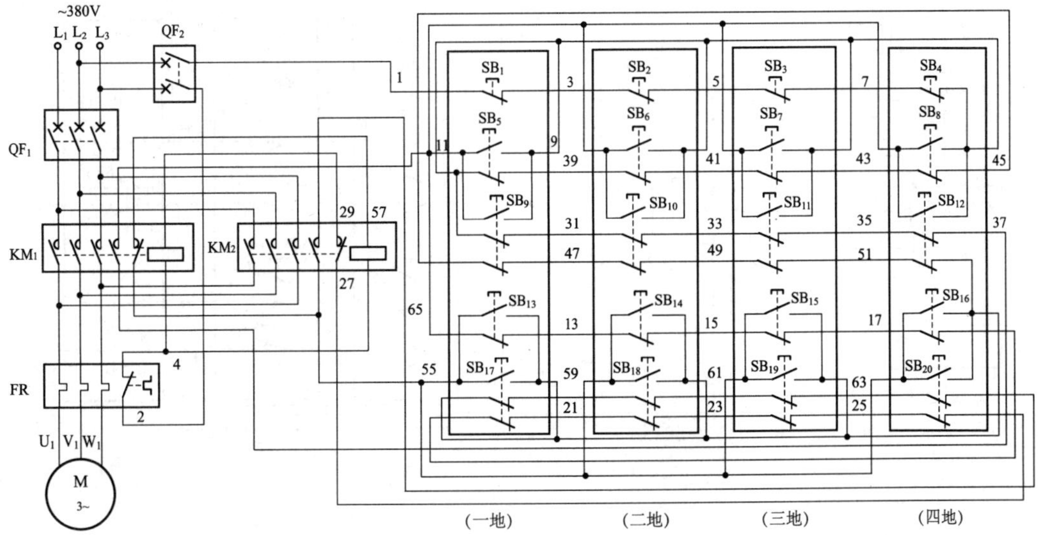

2.45 可逆启动、停止、点动四地控制电路（二）

原理图

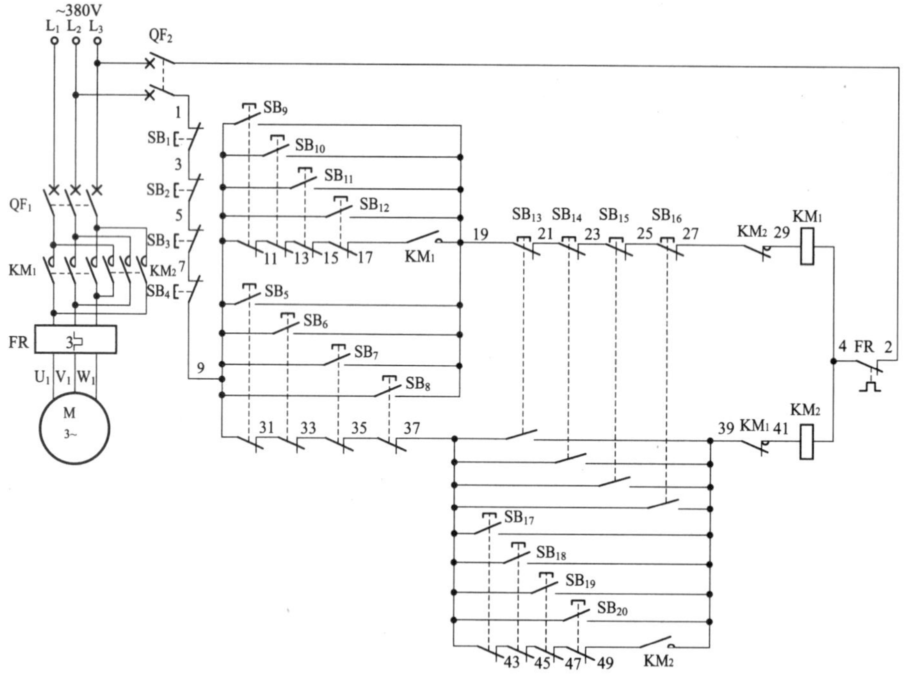

接线图

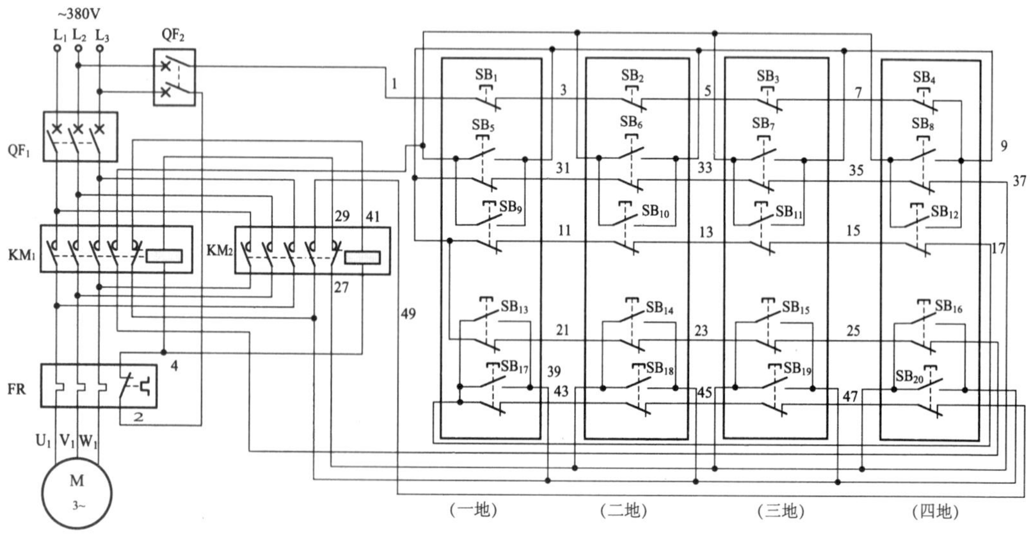

2.46 防止相间短路的正反转控制电路（一）

原理图

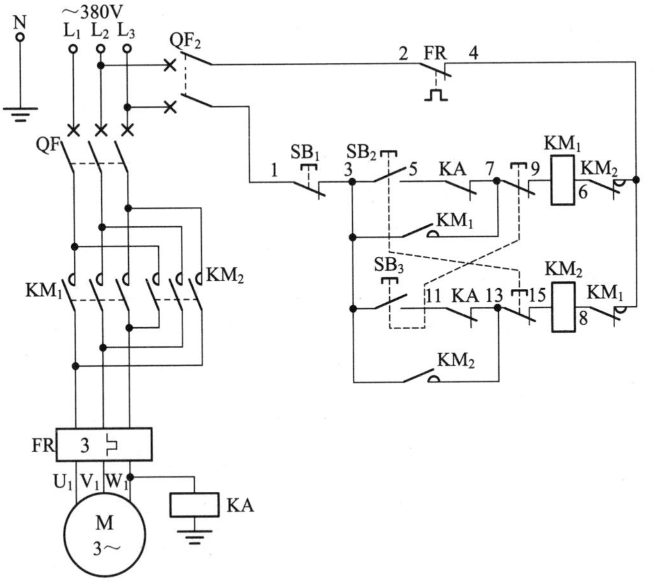

接线图

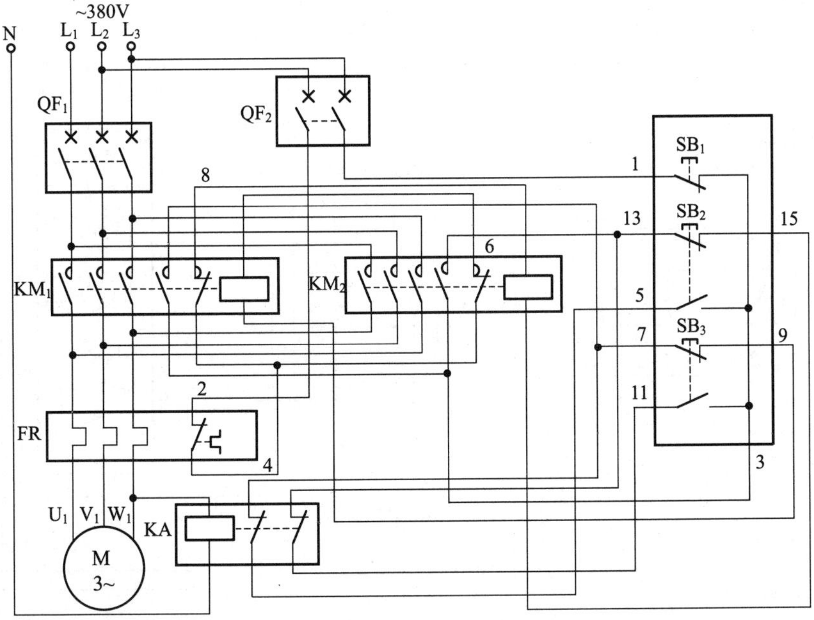

2.47 防止相间短路的正反转控制电路（二）

原理图

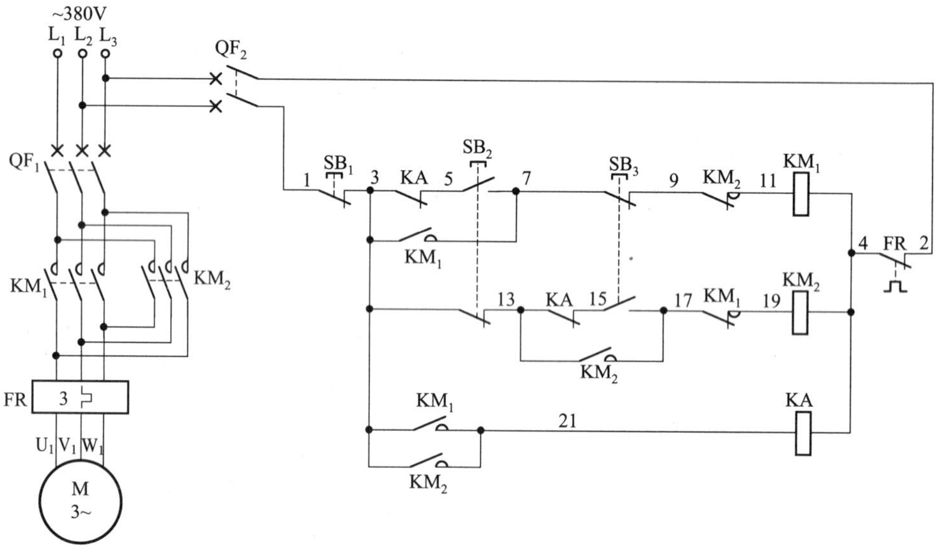

接线图

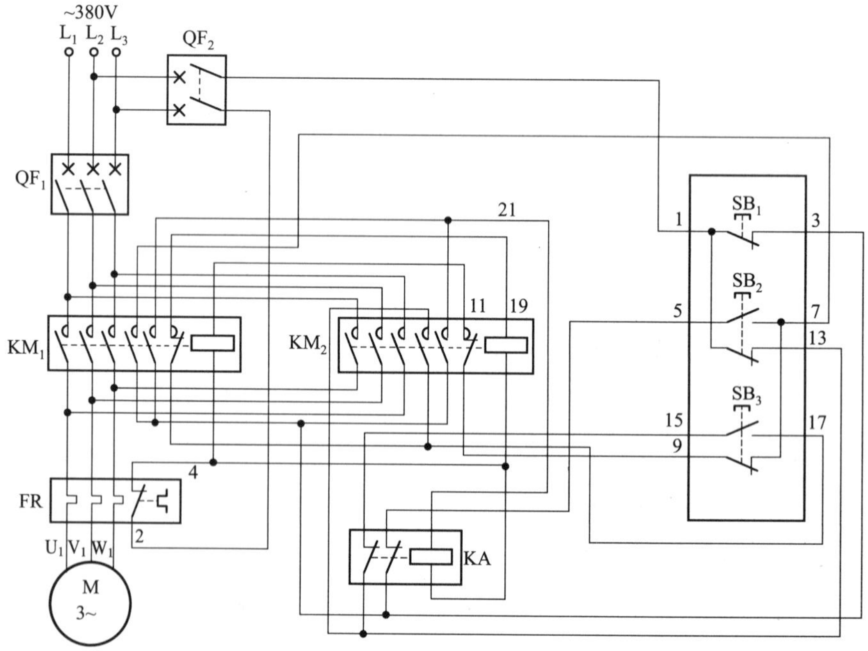

2.48 防止相间短路的正反转控制电路（三）

原理图

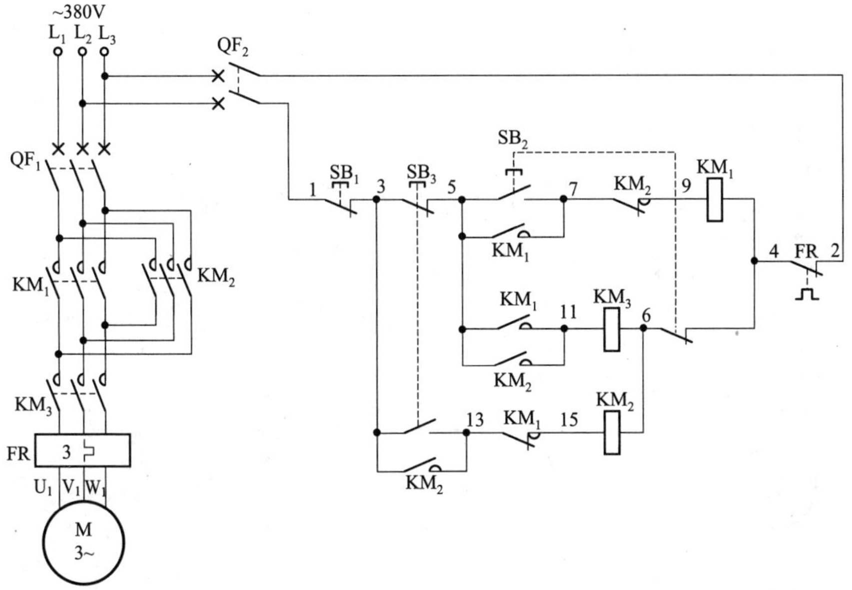

接线图

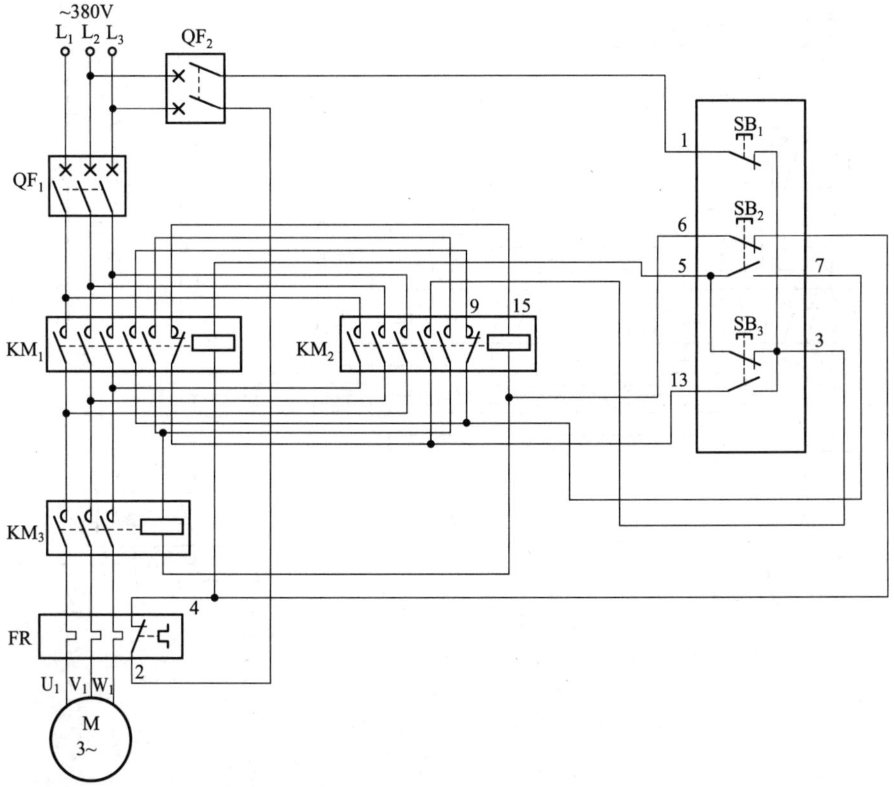

2.49 防止相间短路的正反转控制电路（四）

原理图

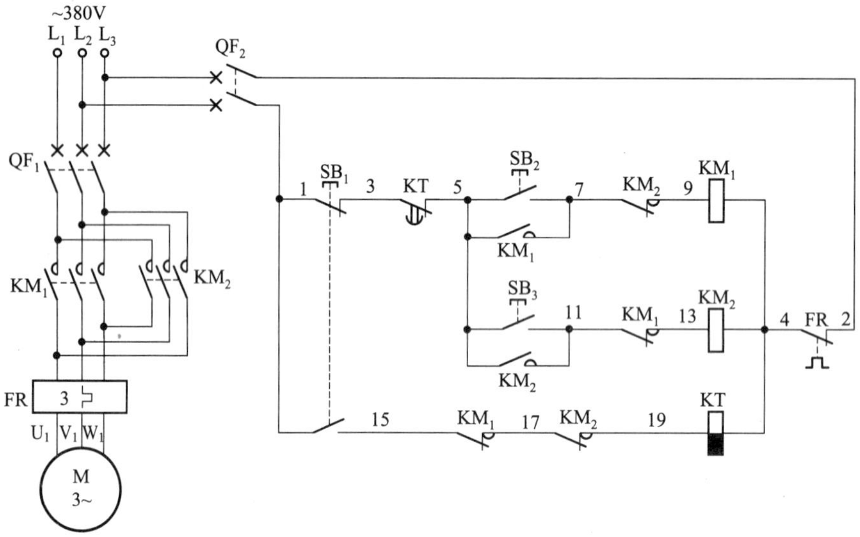

接线图

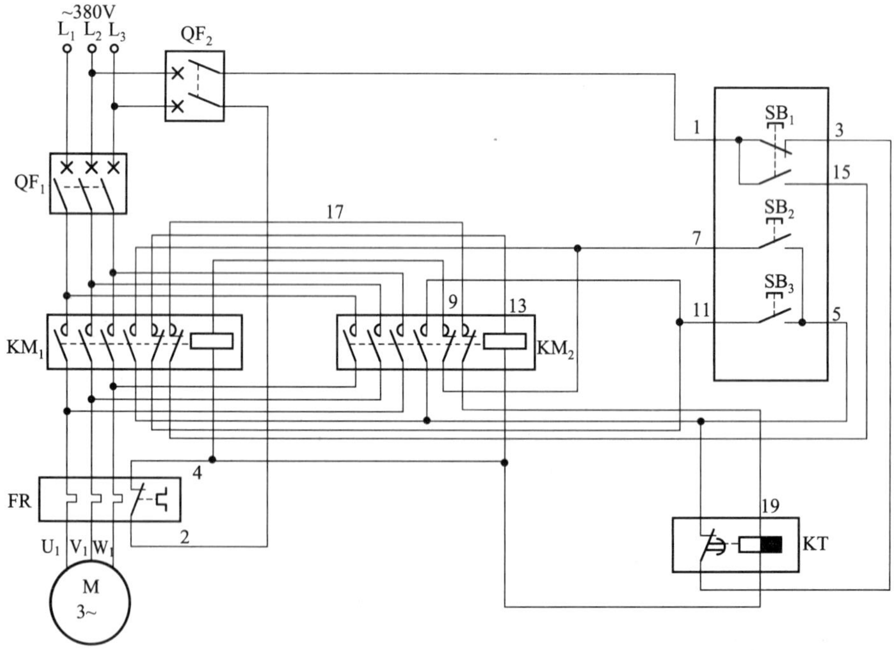

2.50 防止相间短路的正反转控制电路（五）

原理图

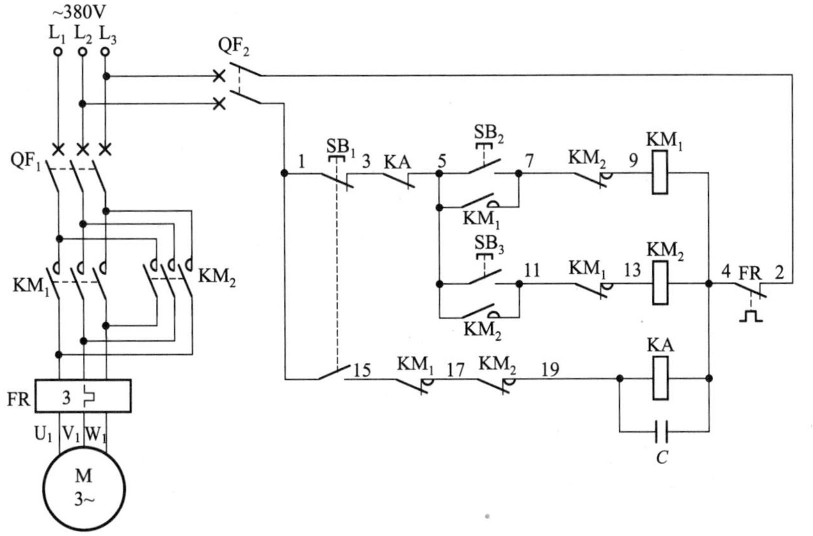

接线图

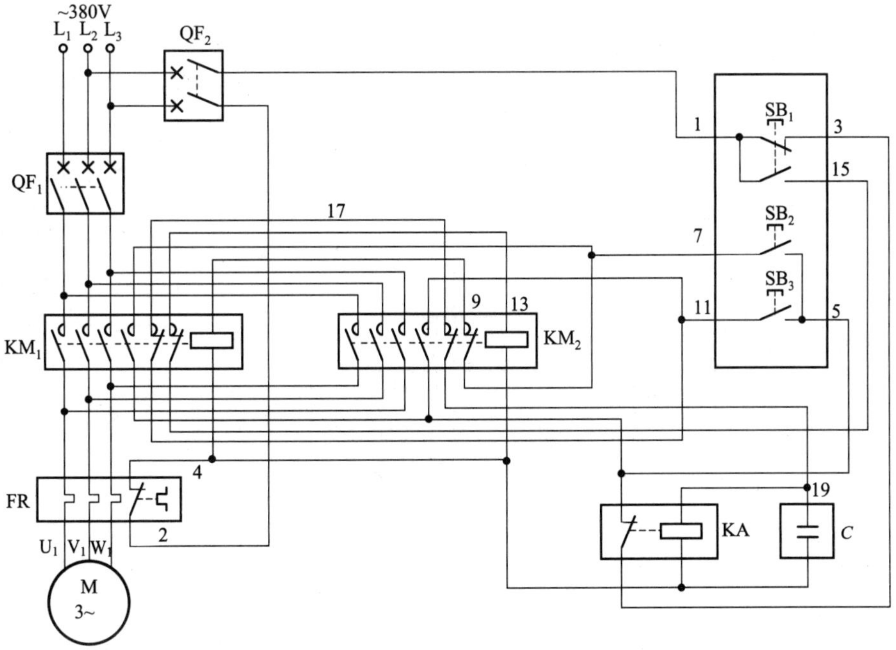

2.51 防止相间短路的正反转控制电路（六）

原理图

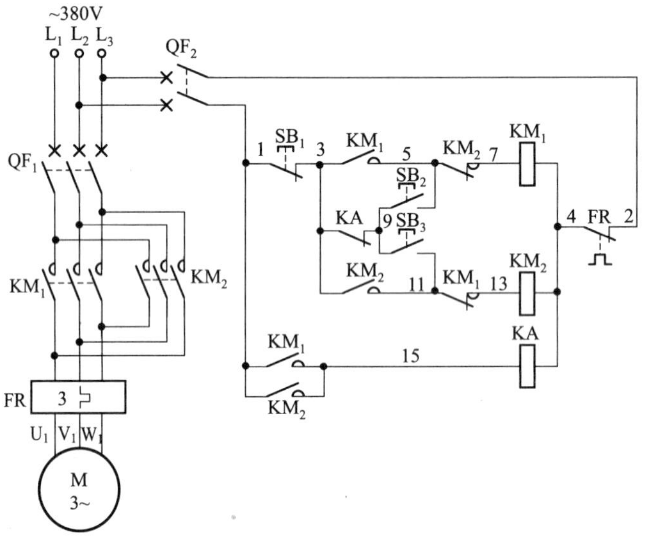

接线图

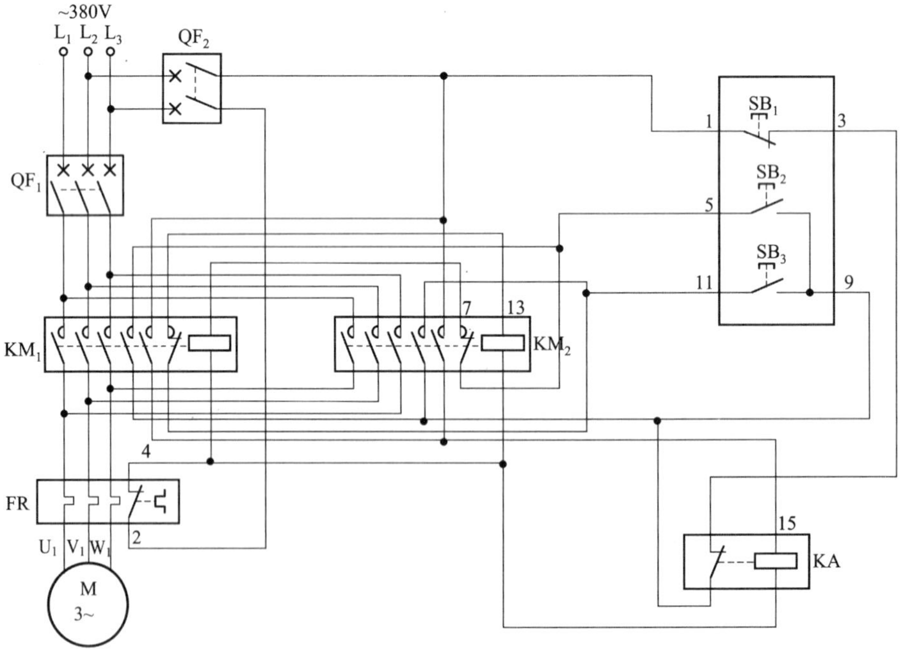

2.52 防止相间短路的正反转控制电路（七）

原理图

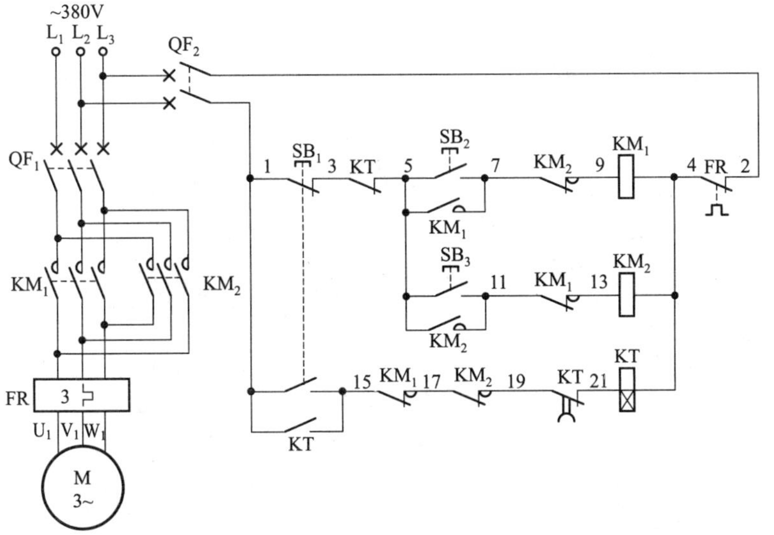

接线图

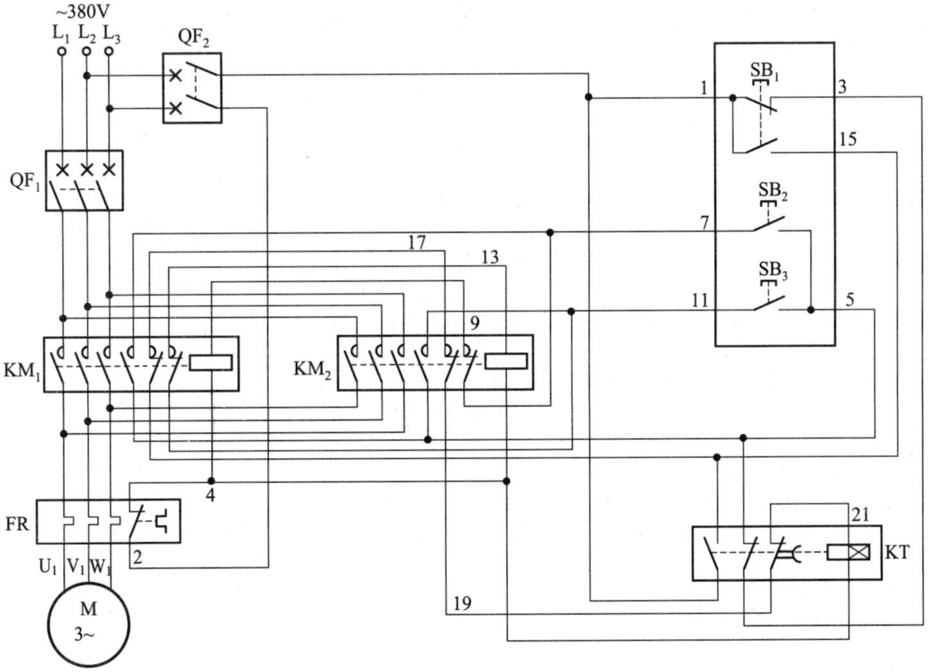

2.53 防止相间短路的正反转控制电路（八）

原理图

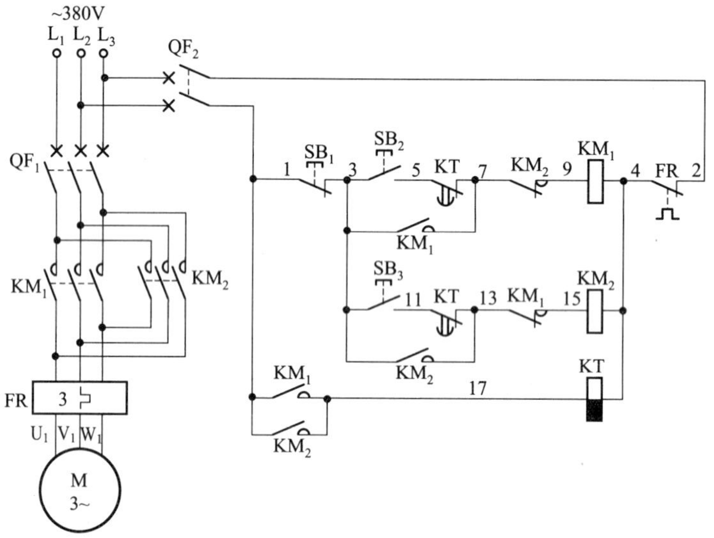

接线图

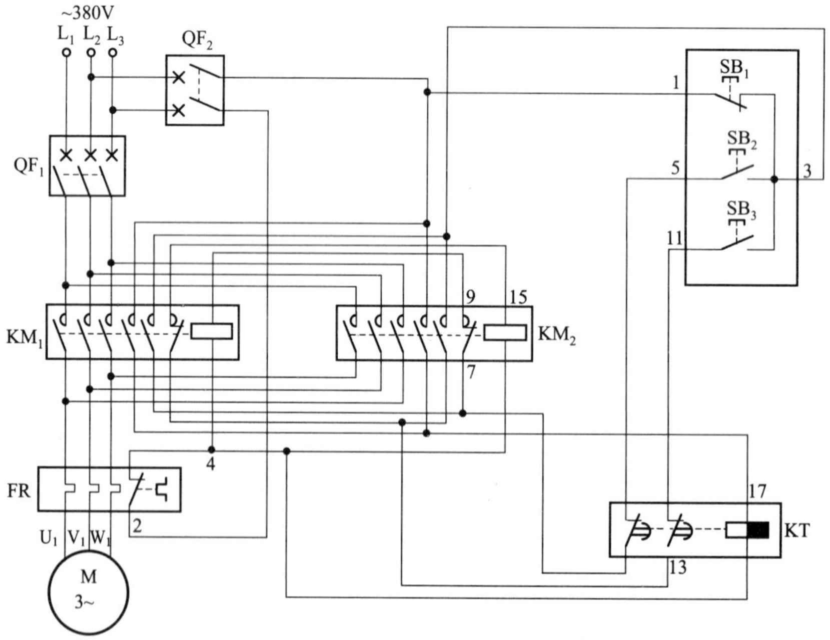

2.54　防止相间短路的正反转控制电路（九）

原理图

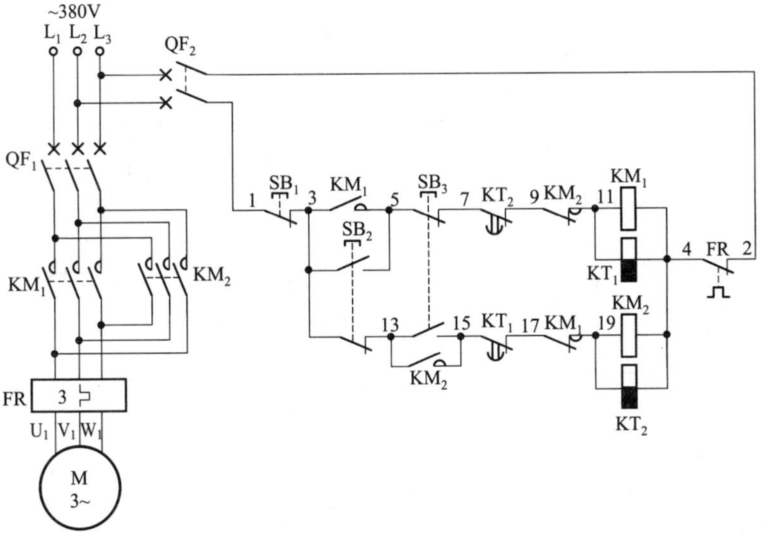

接线图

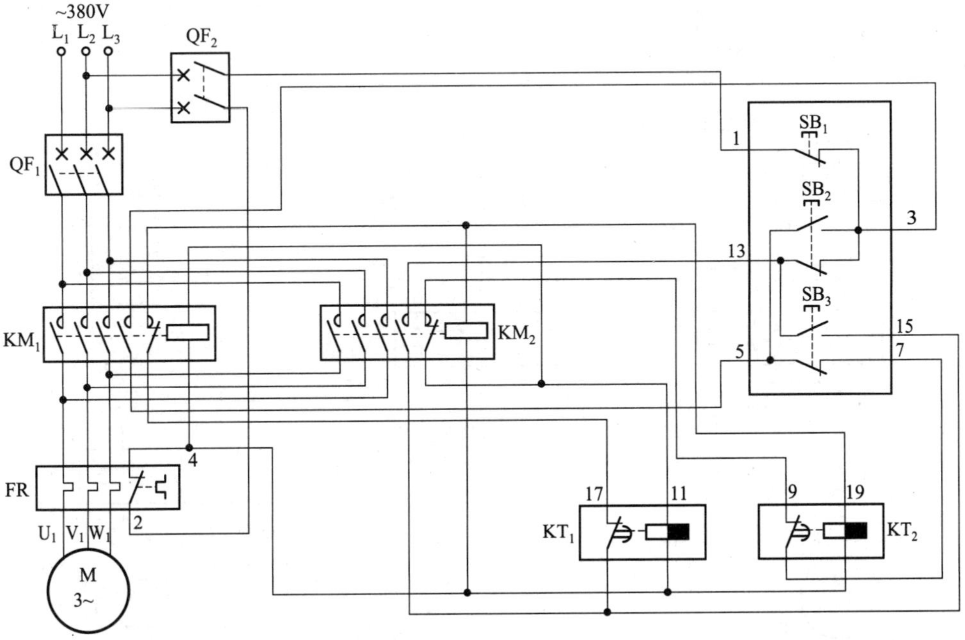

2.55 防止相间短路的正反转控制电路（十）

原理图

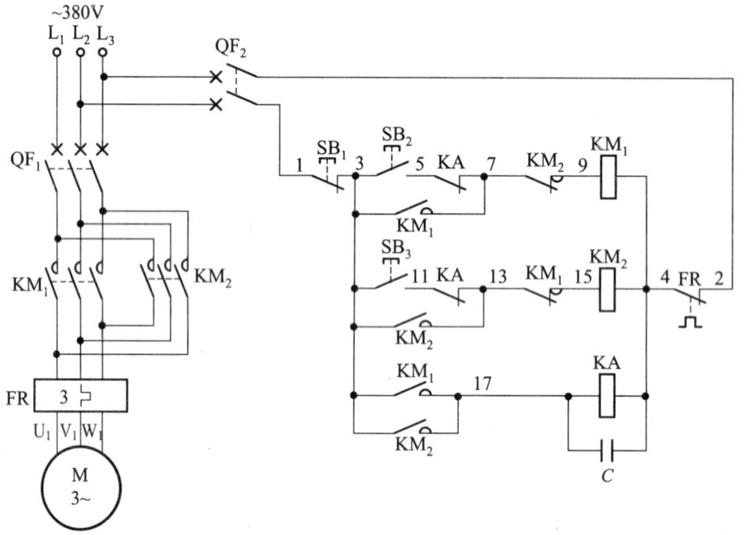

接线图

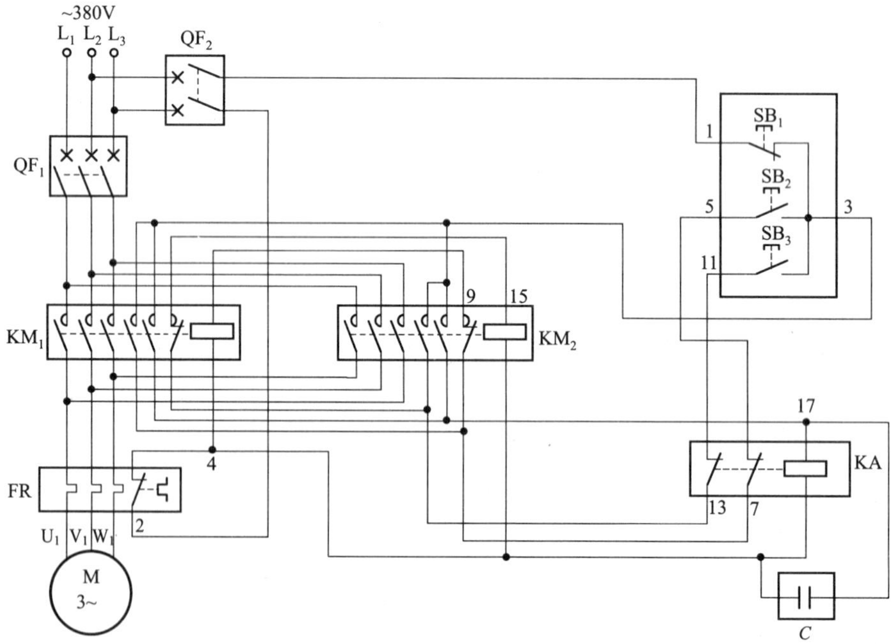

2.56 防止相间短路的正反转控制电路（十一）

原理图

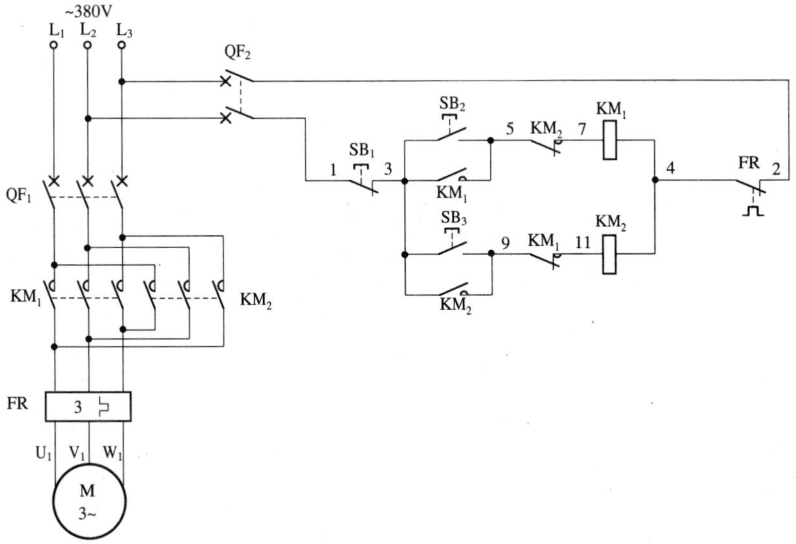

接线图

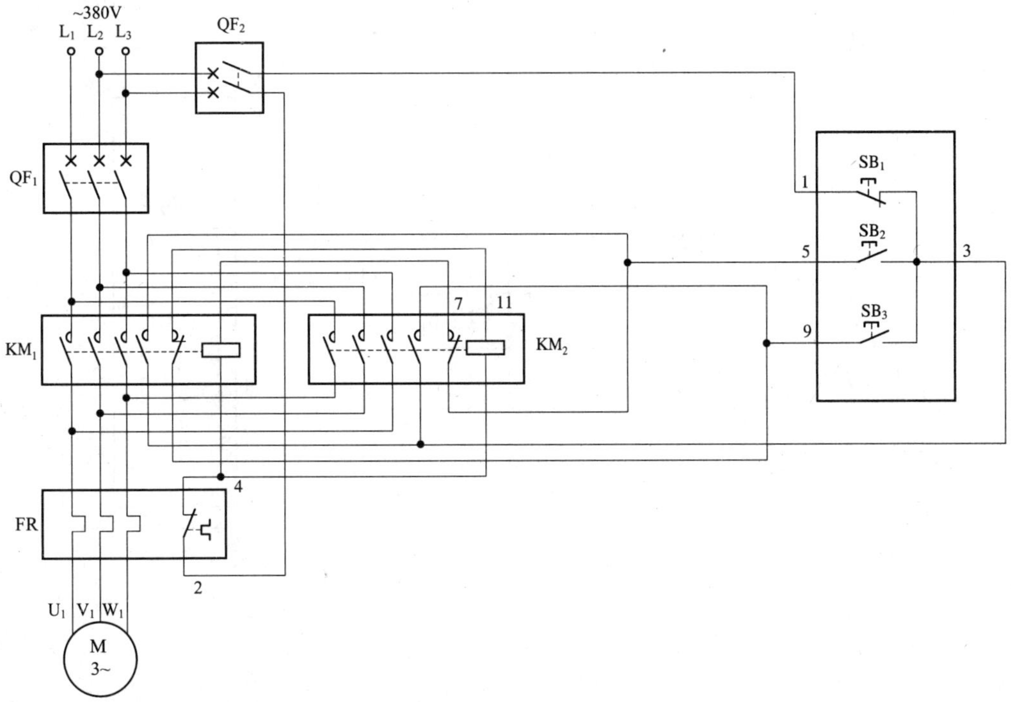

2.57 具有保密操作的可逆启停控制电路

原理图

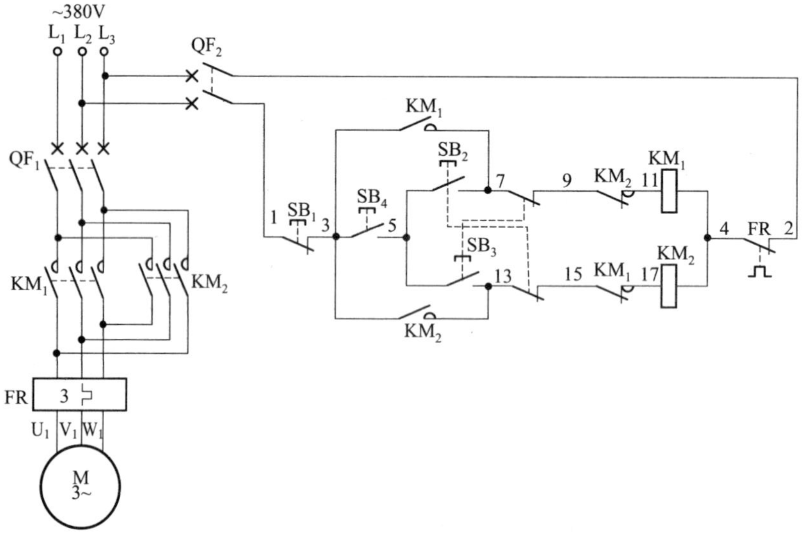

接线图

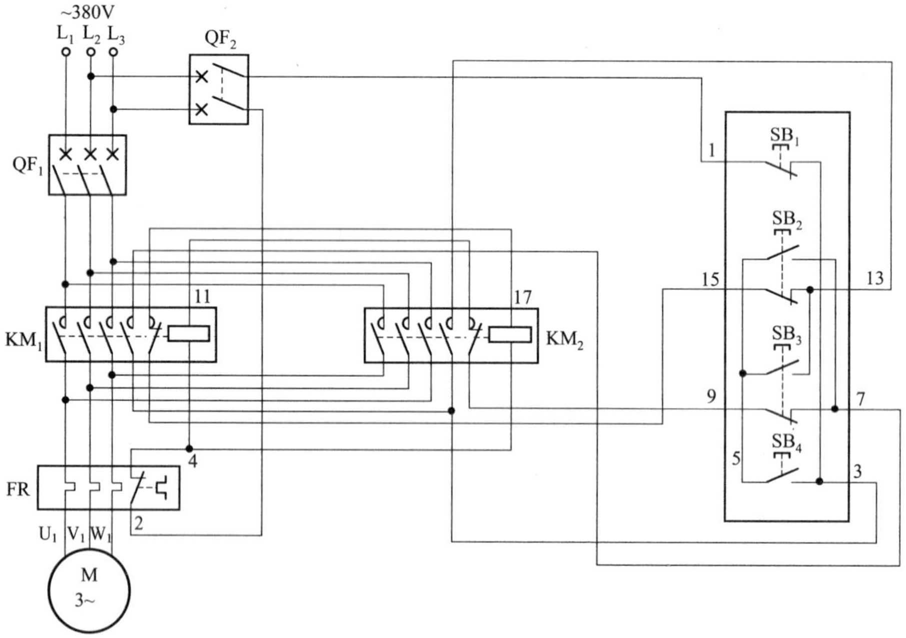

2.58 带有点动功能的自动往返控制电路（一）

原理图

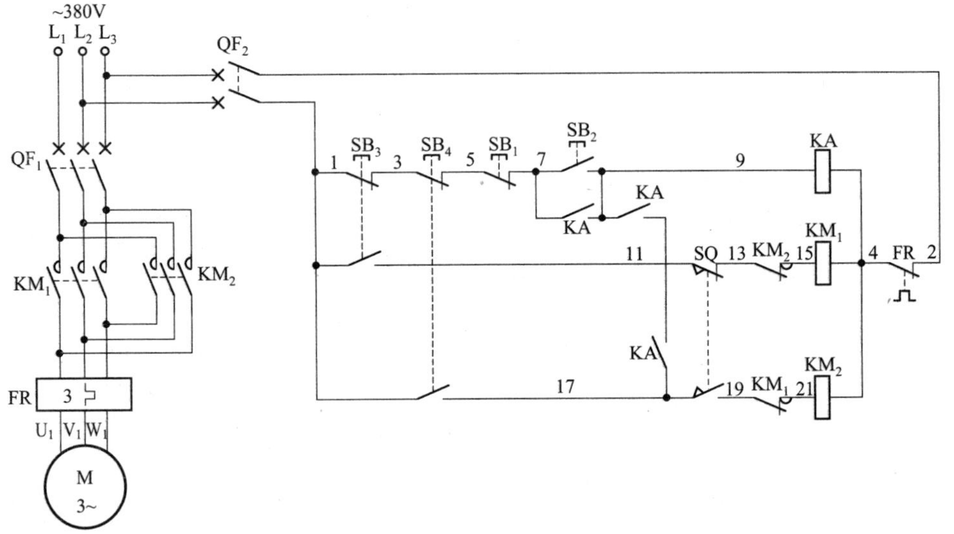

接线图

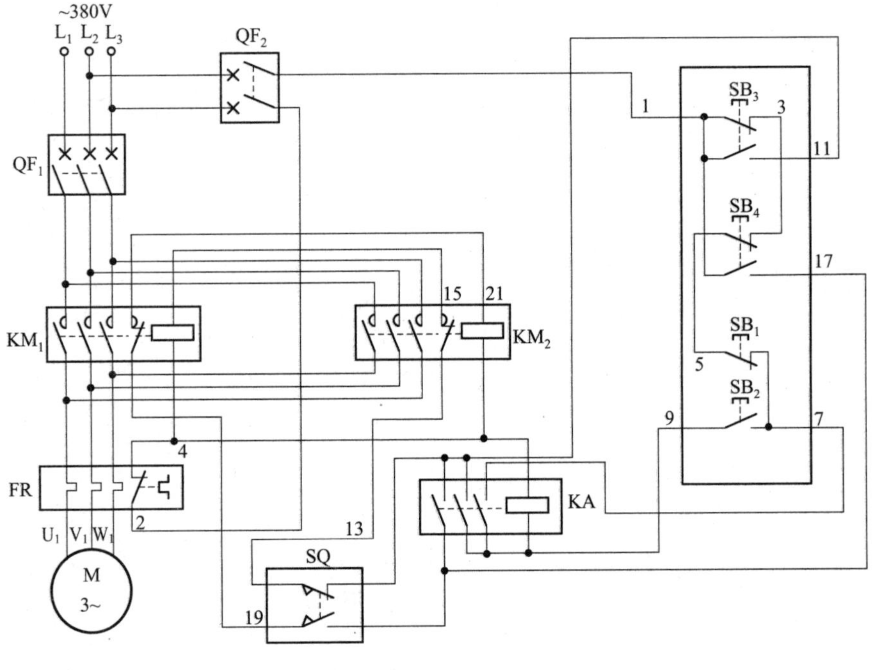

2.59 带有点动功能的自动往返控制电路（二）

原理图

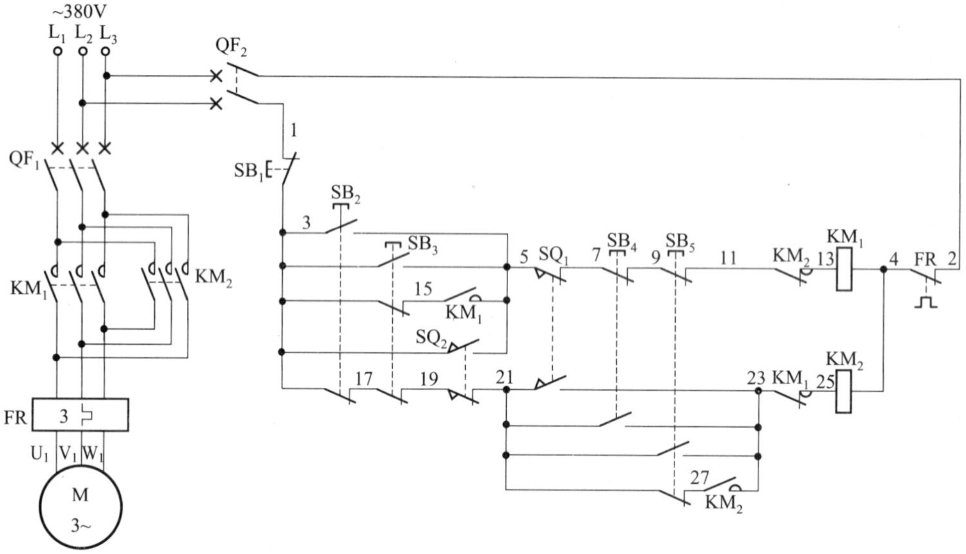

接线图

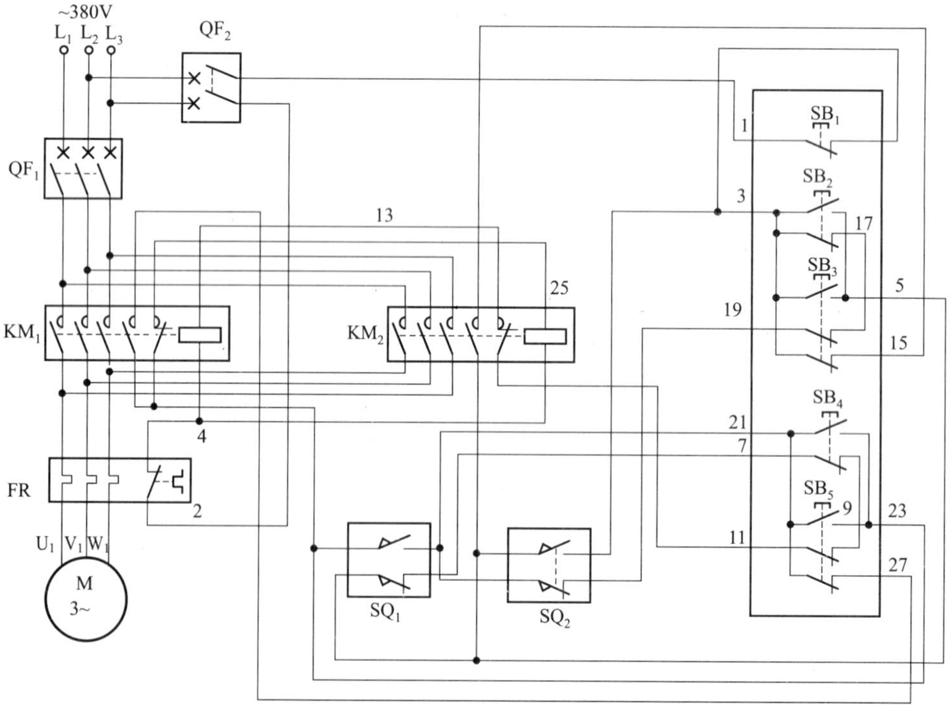

第3章

保护及预警电路

3.1 防止抽水泵空抽保护电路

原理图

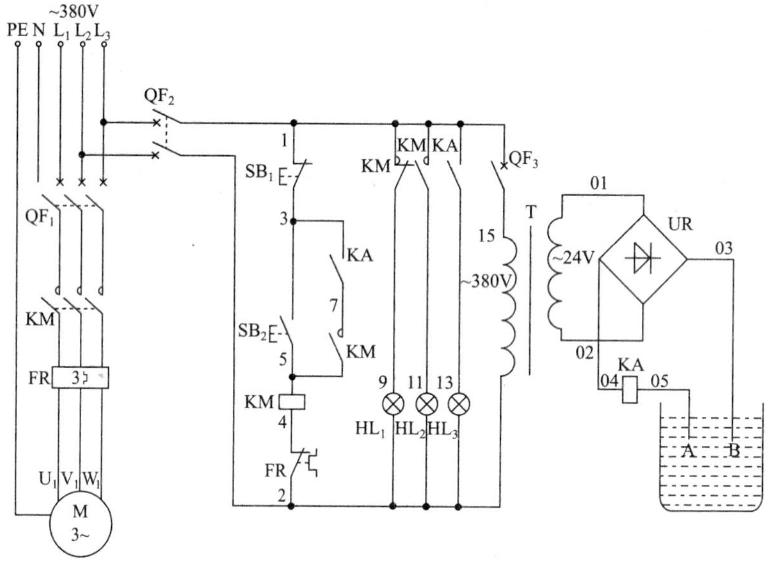

接线图

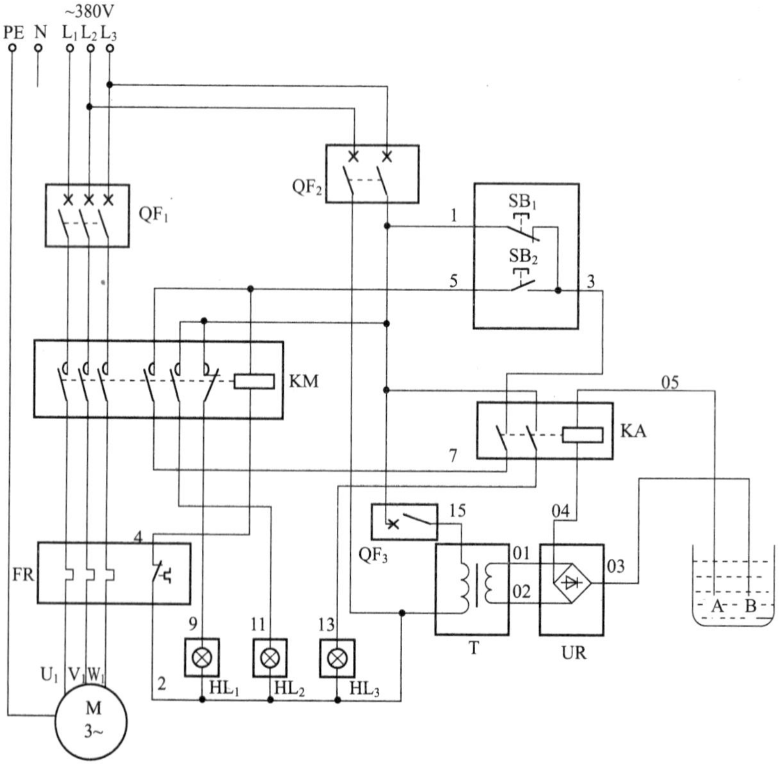

3.2 电动机过电流保护电路

原理图

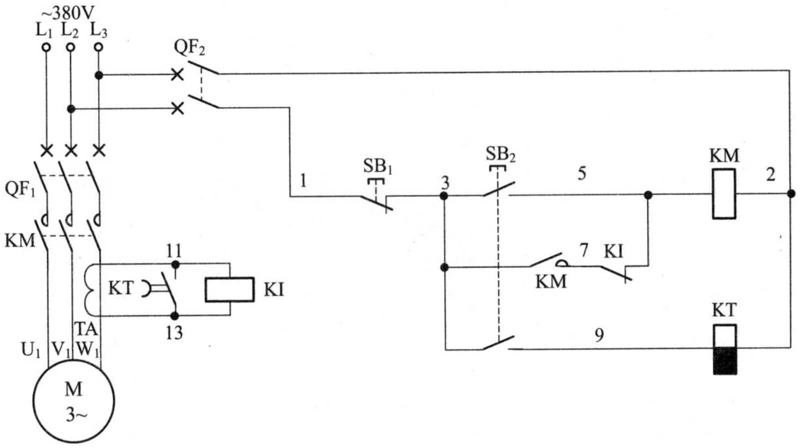

接线图

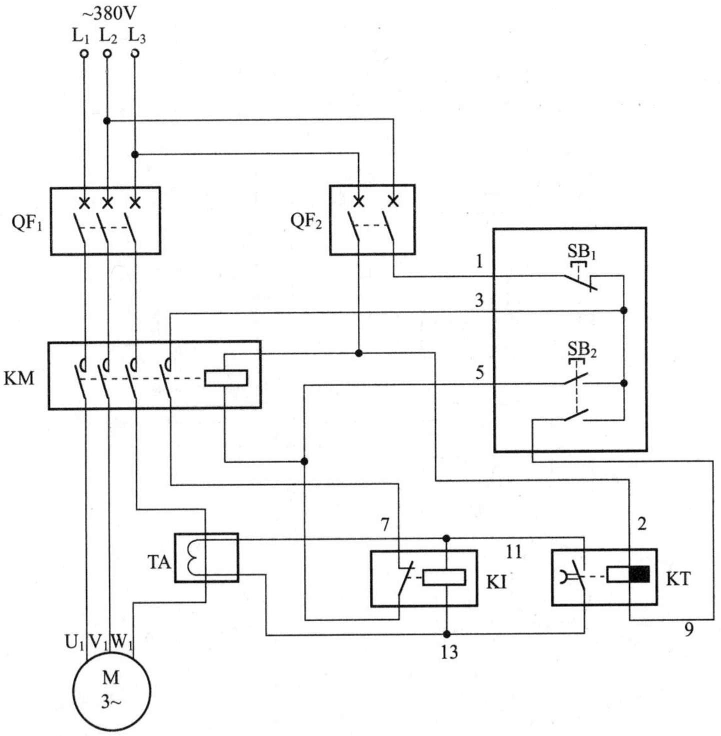

3.3 电动机控制保护电路

原理图

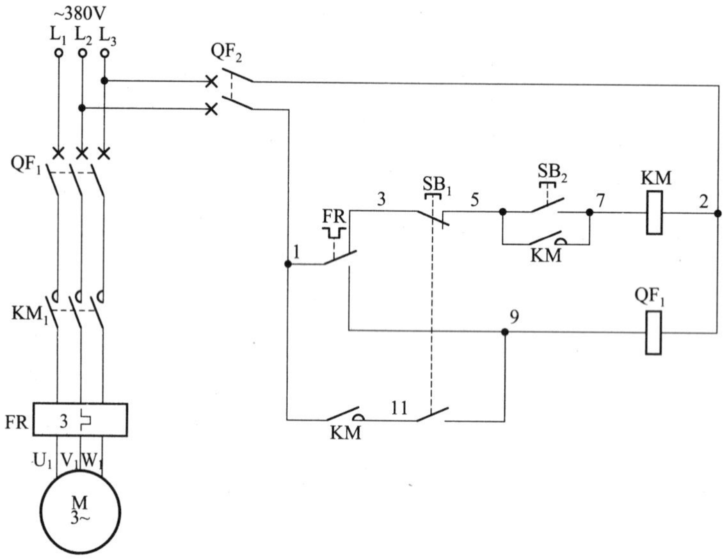

接线图

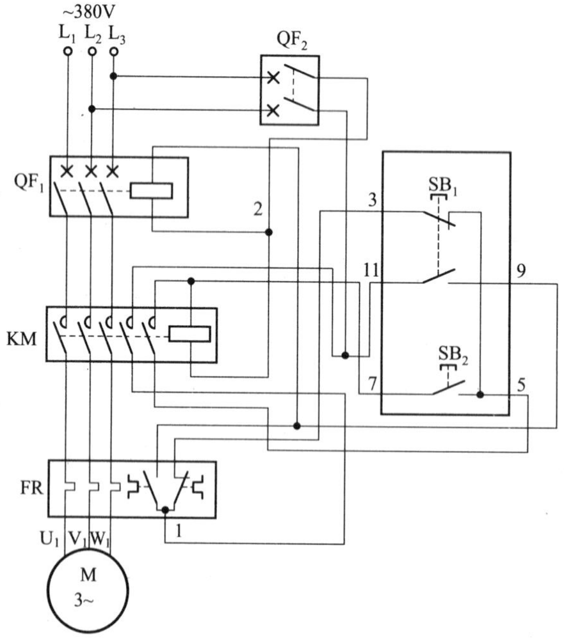

3.4 电动机绕组过热保护电路

原理图

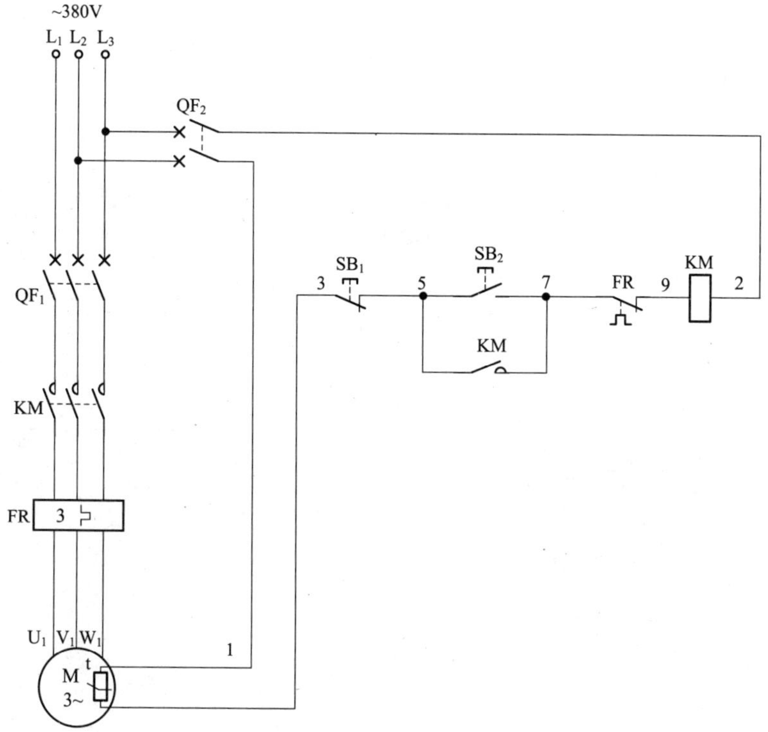

接线图

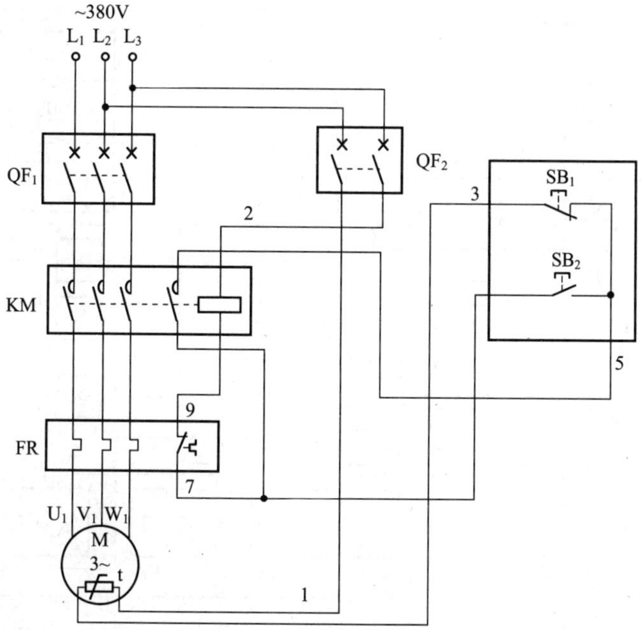

3.5 电动机断相保护电路

原理图

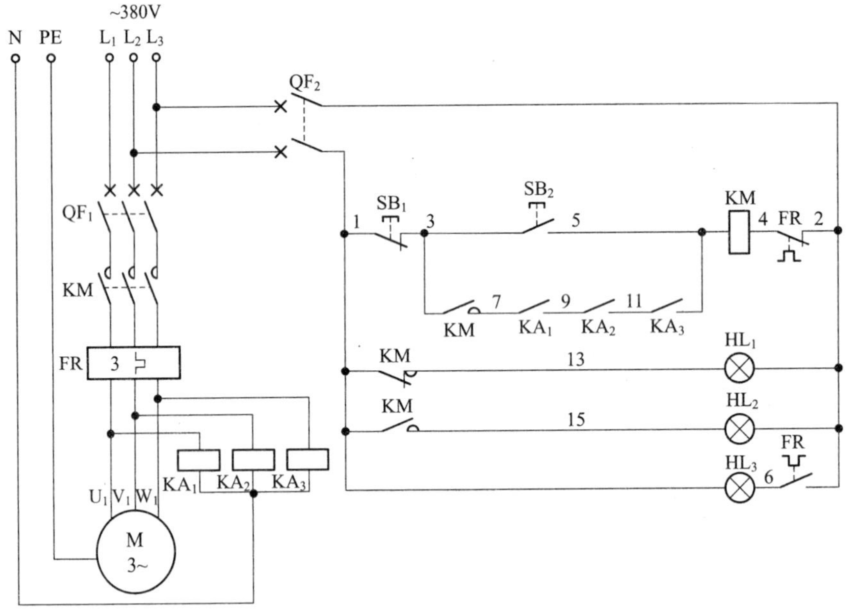

接线图

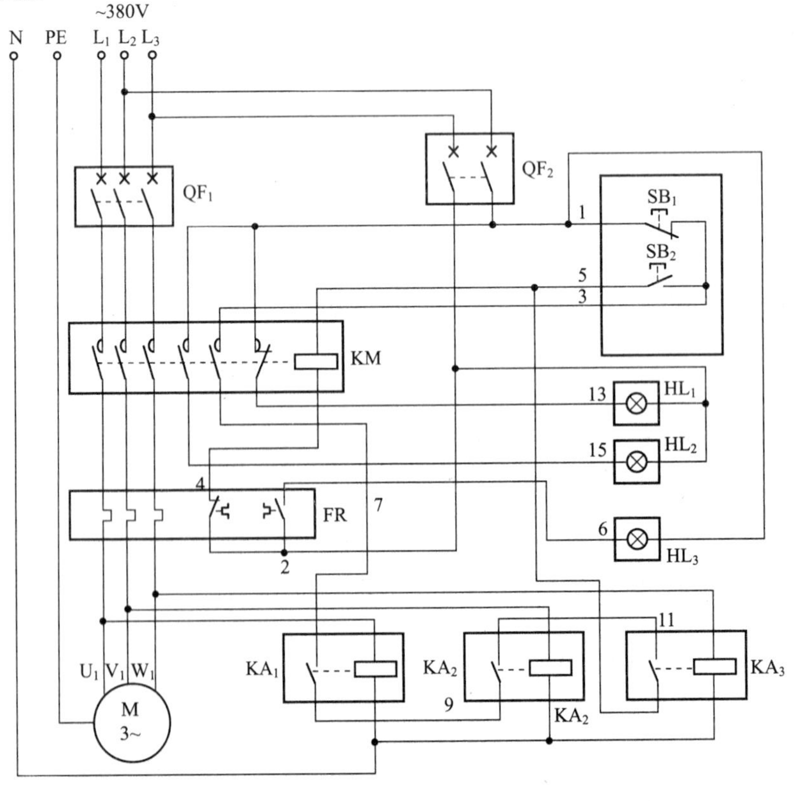

3.6　Y 形接法电动机断相保护电路

原理图

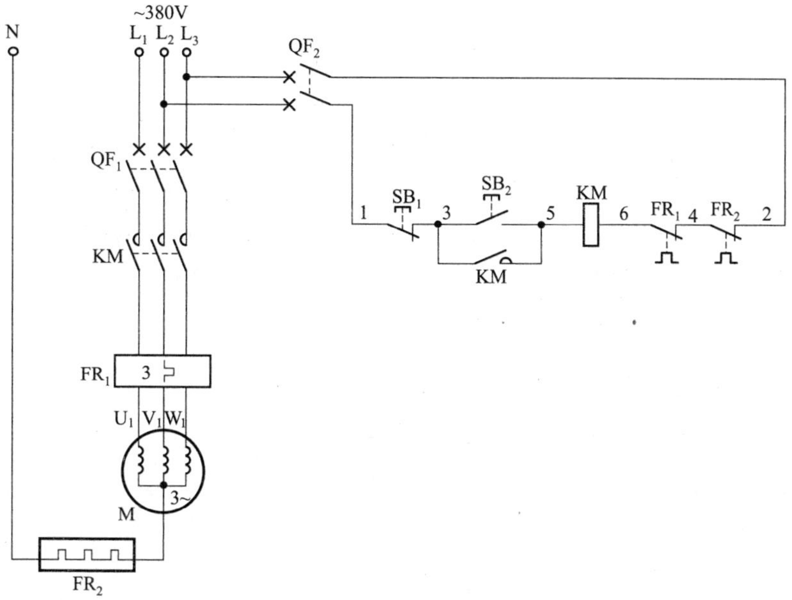

接线图

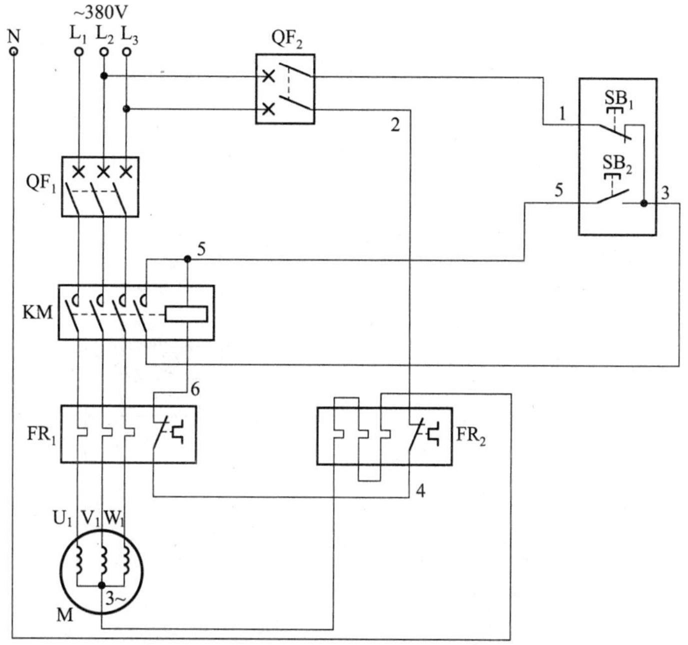

3.7　电动机缺相保护电路（一）

原理图

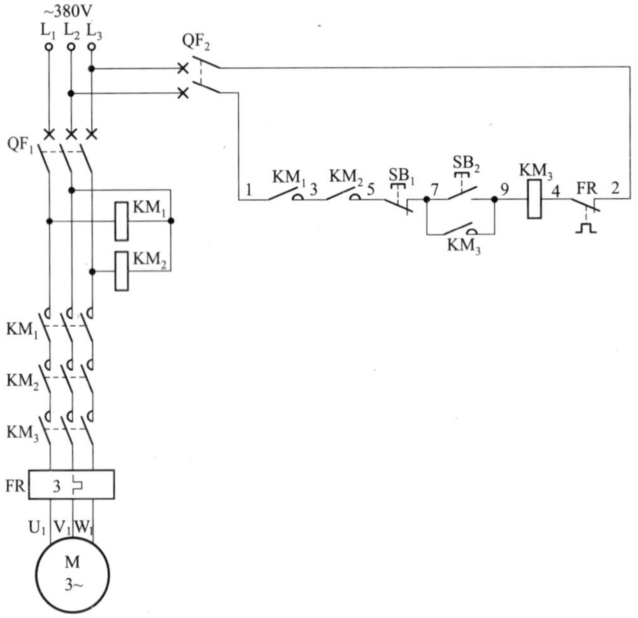

接线图

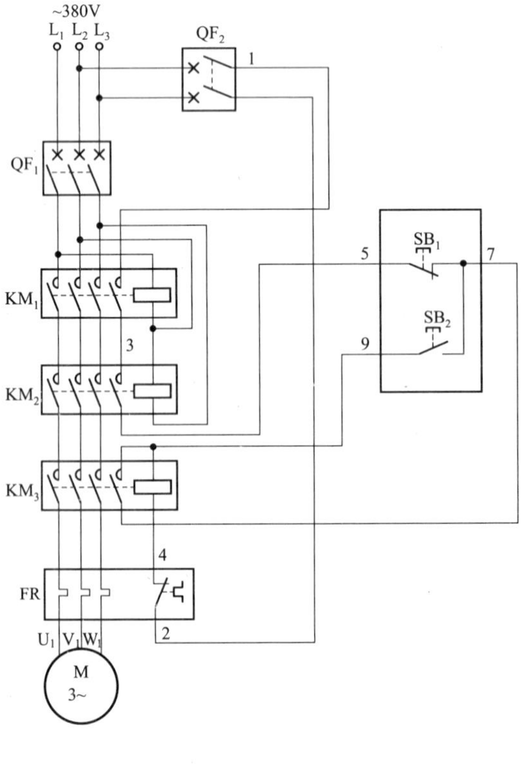

3.8　电动机缺相保护电路（二）

原理图

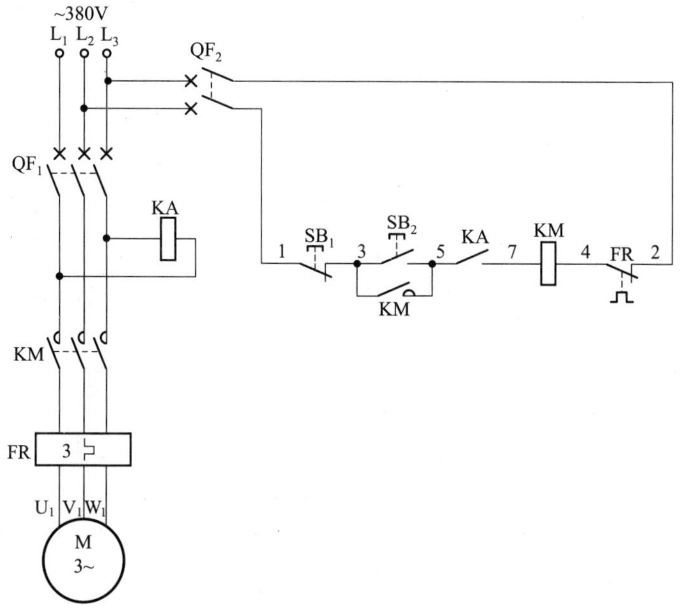

接线图

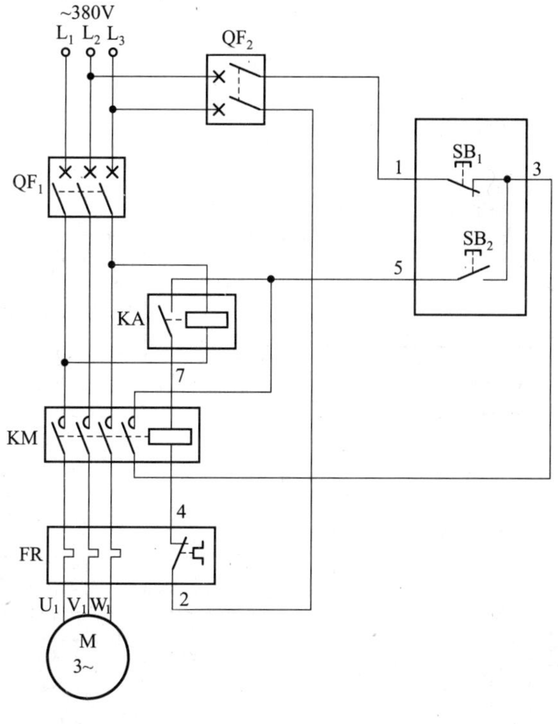

3.9 开机信号预警电路（一）

原理图

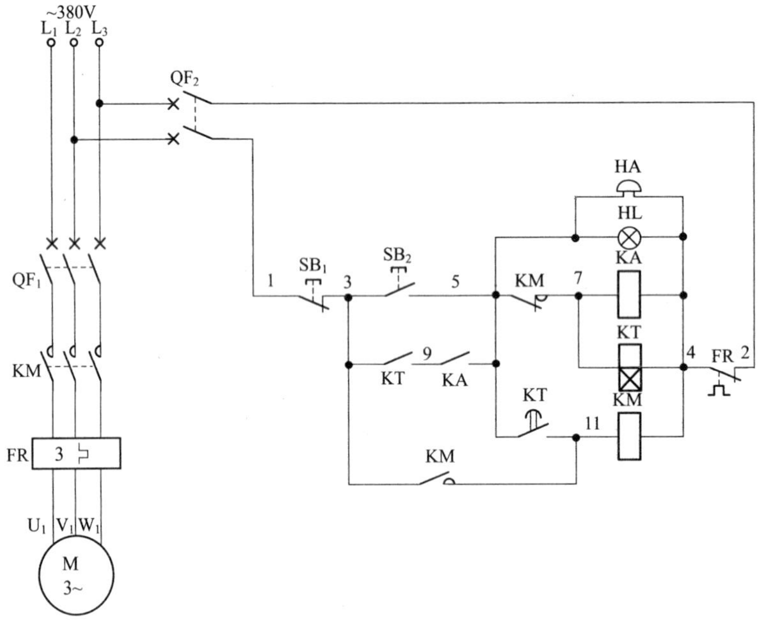

接线图

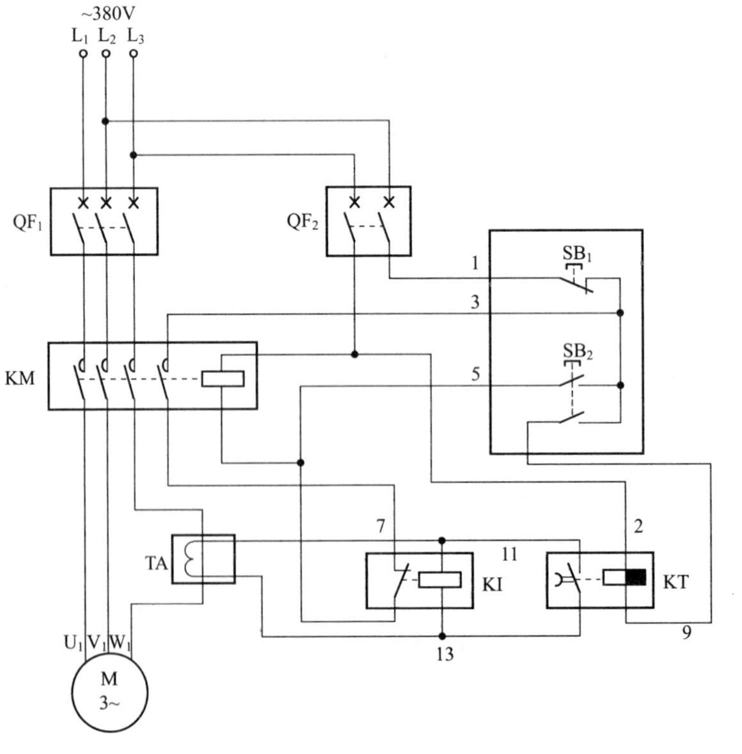

3.10 开机信号预警电路（二）

原理图

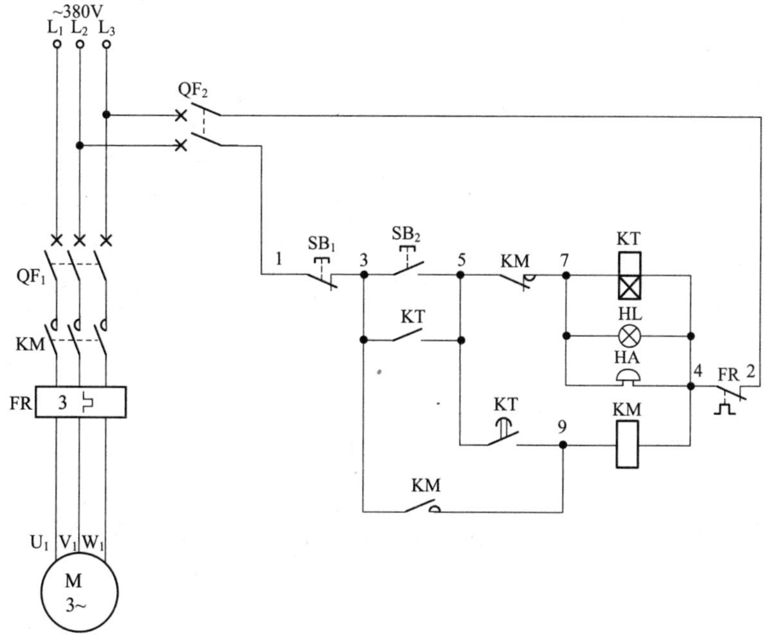

接线图

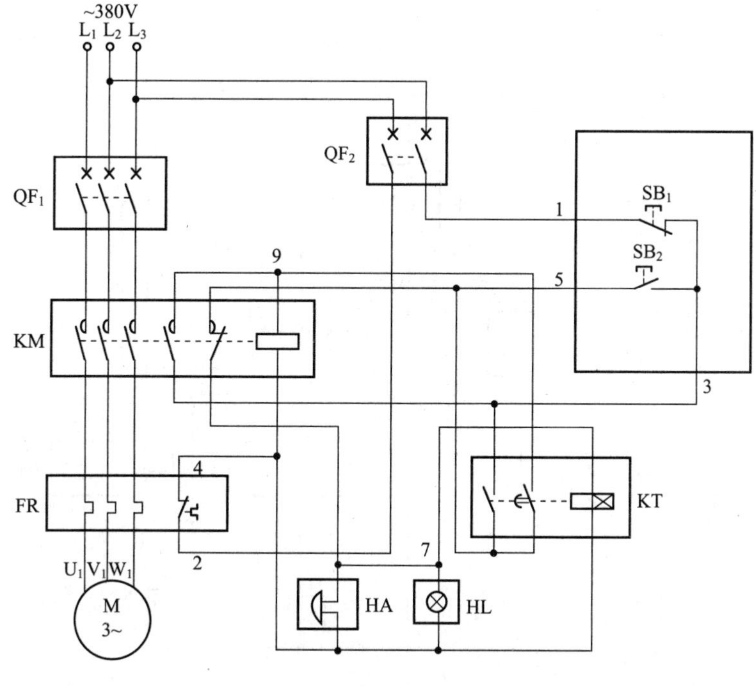

3.11 开机信号预警电路（三）

原理图

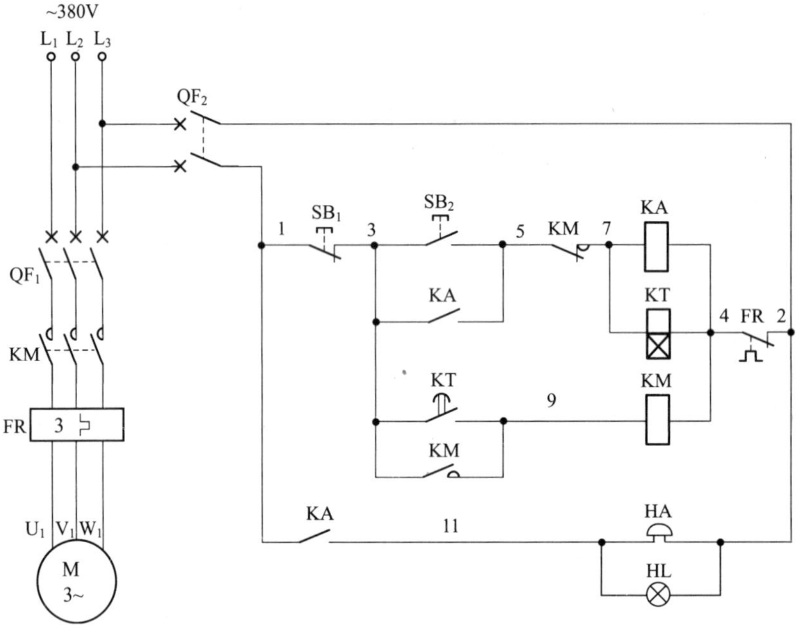

接线图

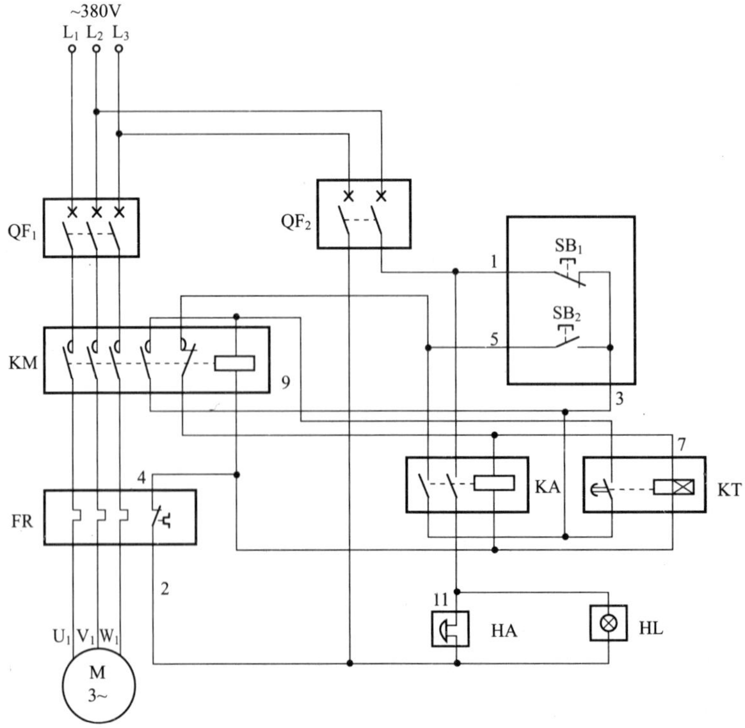

3.12 SSPORR 固态断相继电器保护电路

原理图

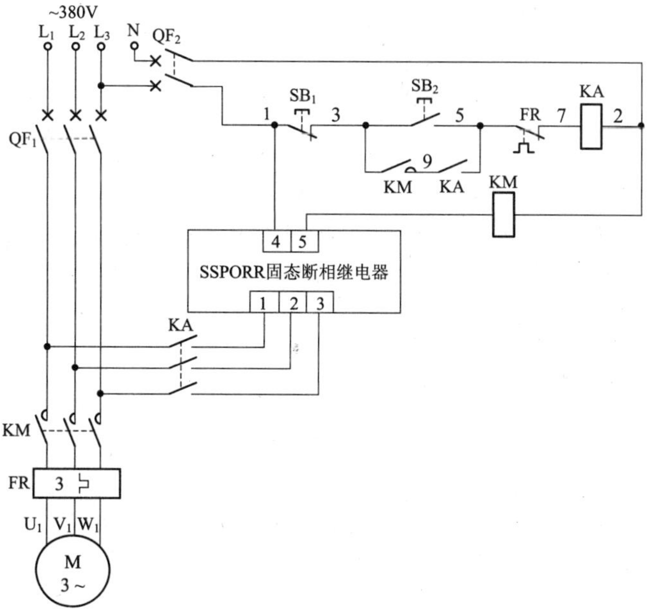

接线图

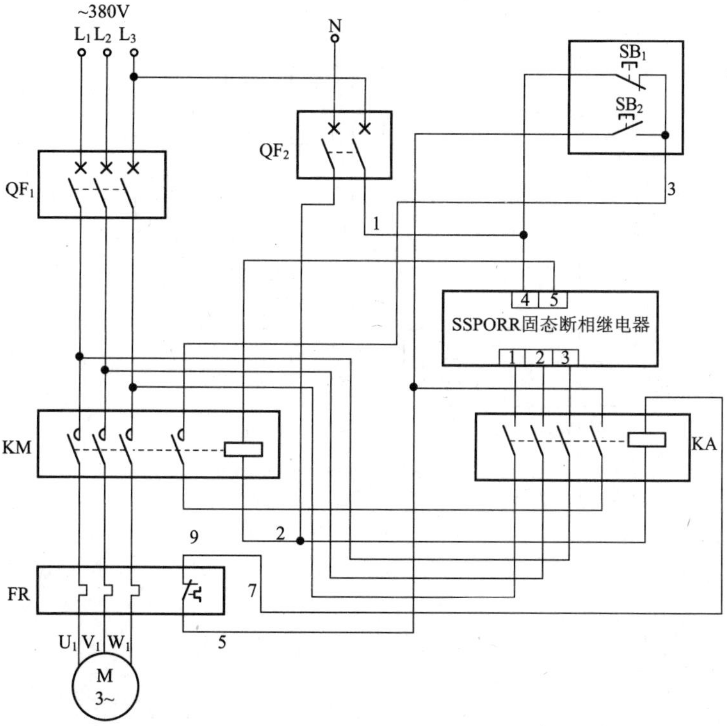

3.13 XJ2系列断相与相序保护继电器应用电路

原理图

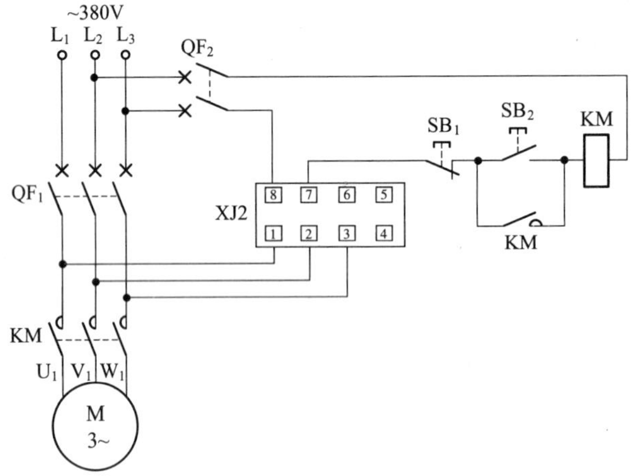

接线图

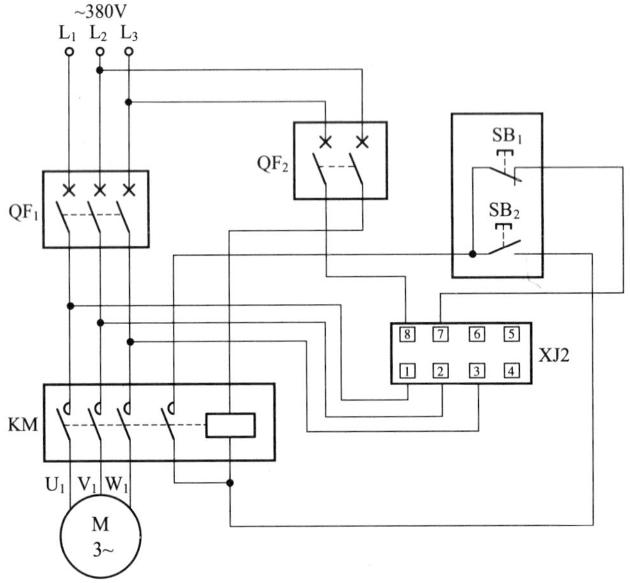

3.14 XJ3 系列断相与相序保护继电器应用电路

原理图

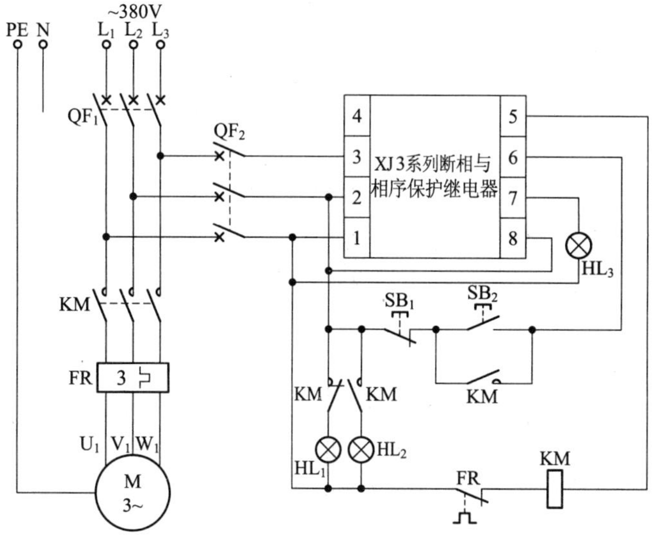

接线图

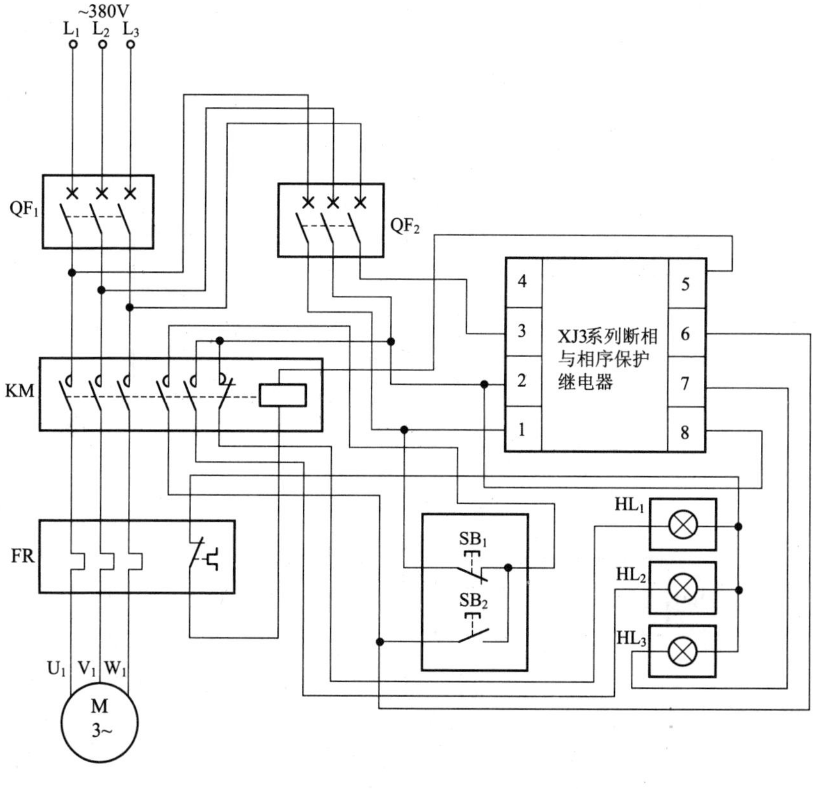

3.15 XJ11系列断相与相序保护继电器应用电路

原理图

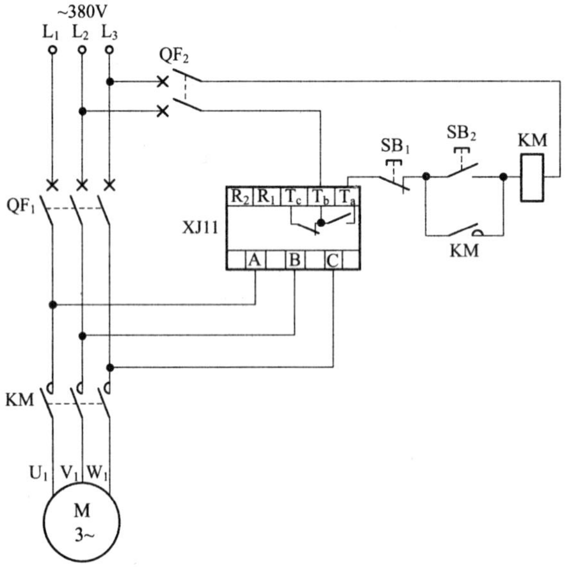

接线图

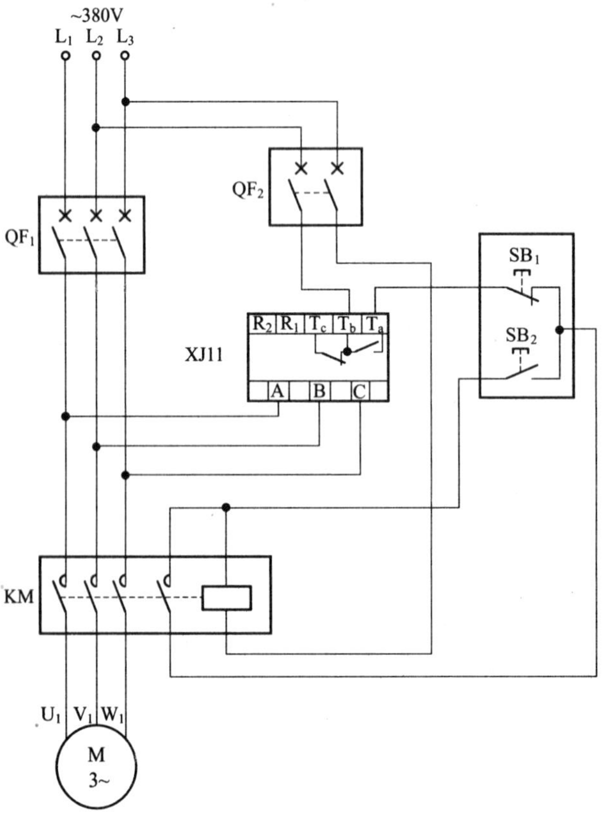

3.16 GT-JDG1（工泰产品）电动机保护器应用电路

原理图

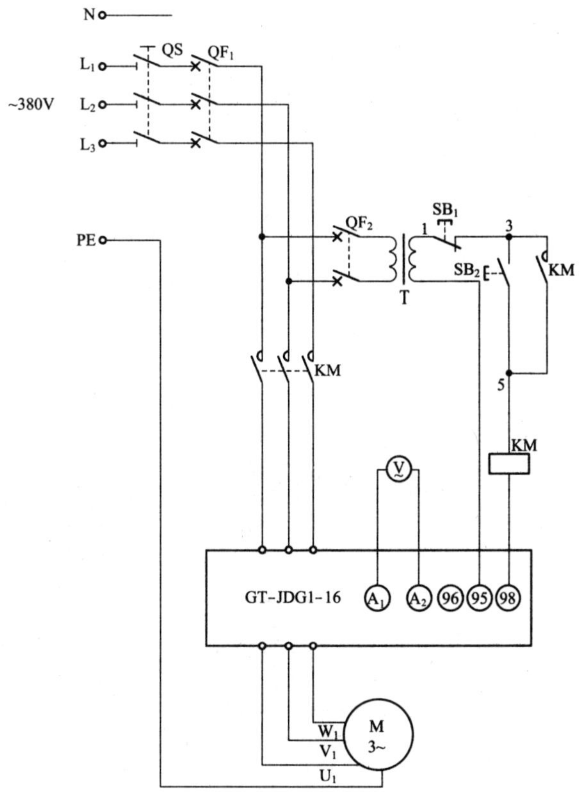

接线图

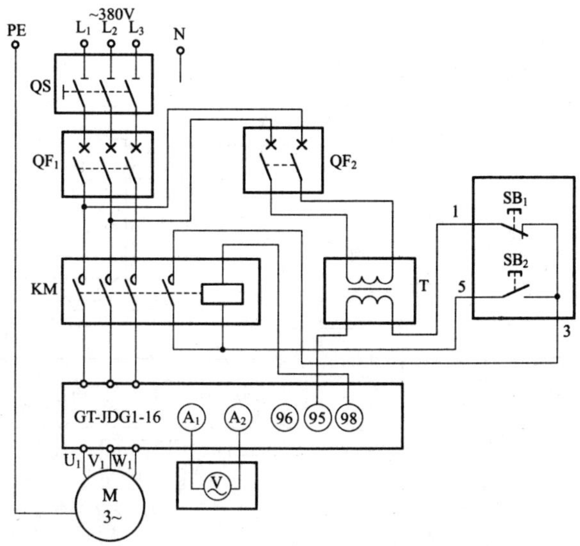

3.17 GT-JDG1（工泰产品）电动机保护器应用电路（配合电流互感器）

原理图

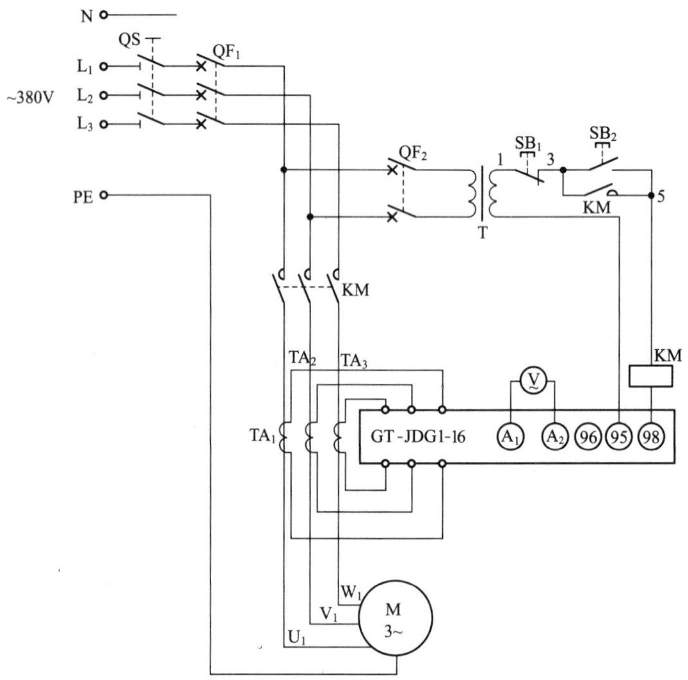

接线图

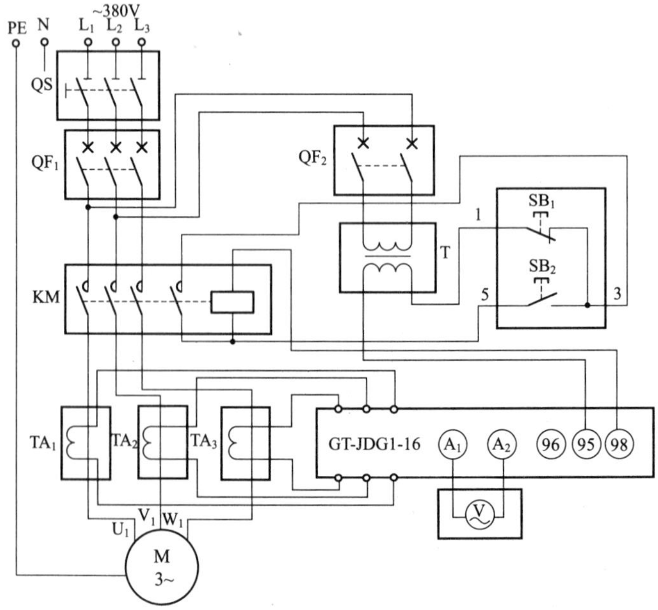

3.18 JD-5 电动机综合保护器应用电路

原理图

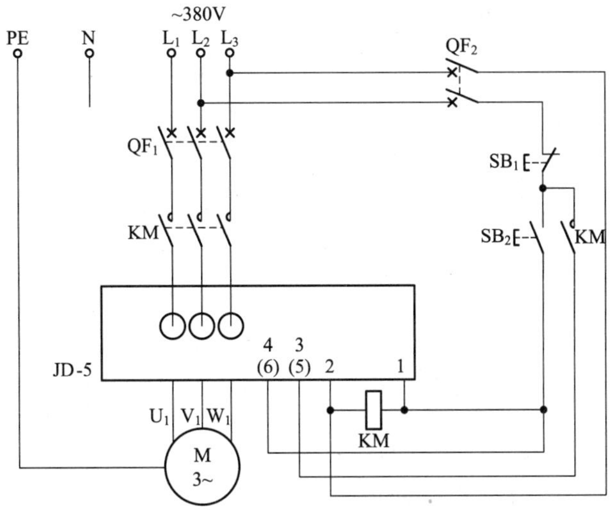

接线图

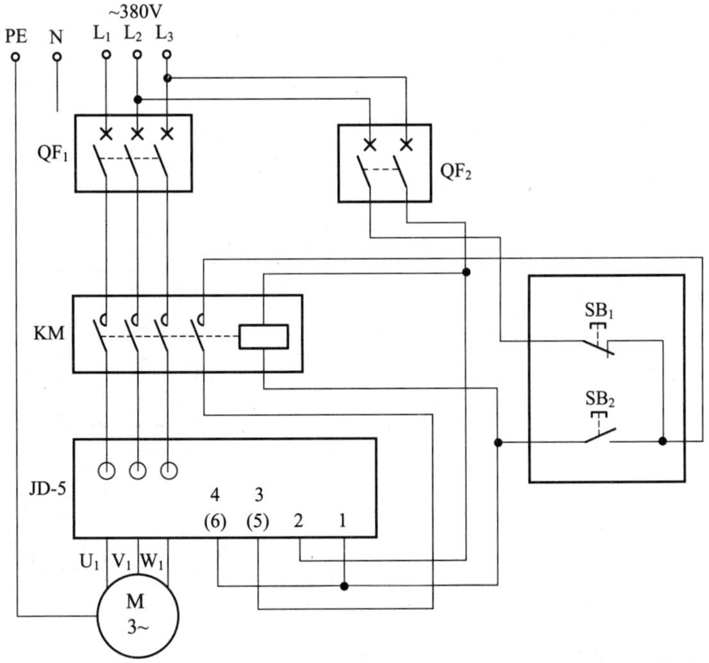

3.19 CDS11系列电动机保护器应用电路

原理图

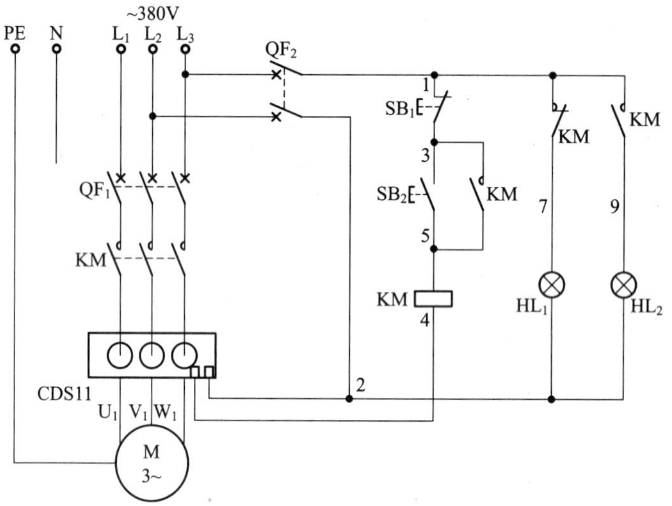

接线图

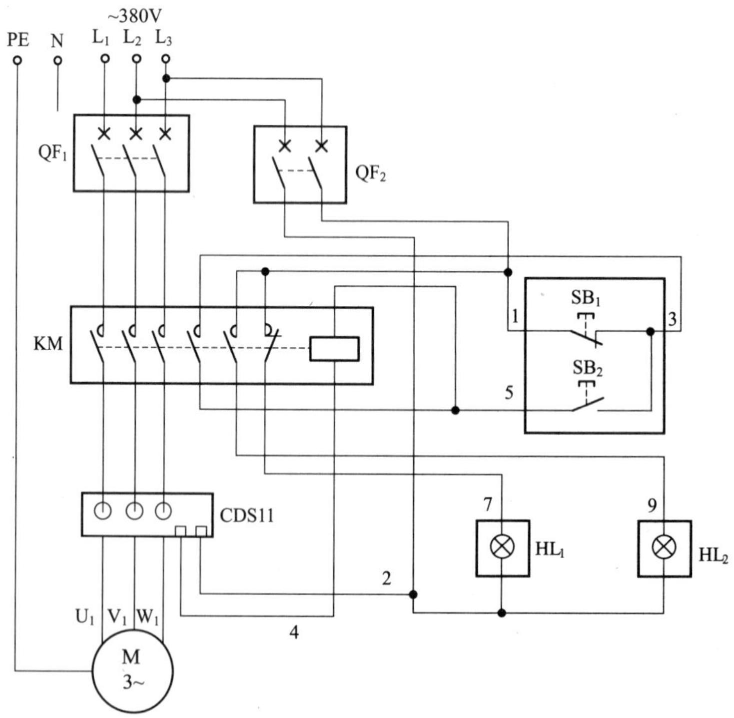

3.20 CDS8 系列电动机保护器应用电路

原理图

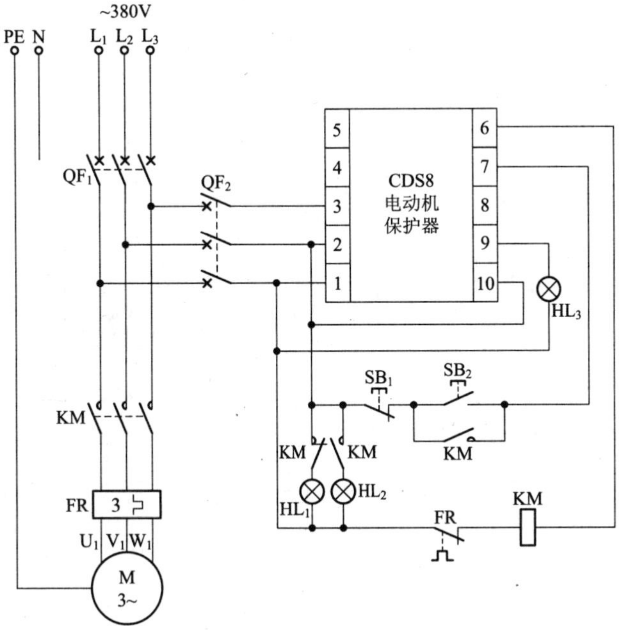

接线图

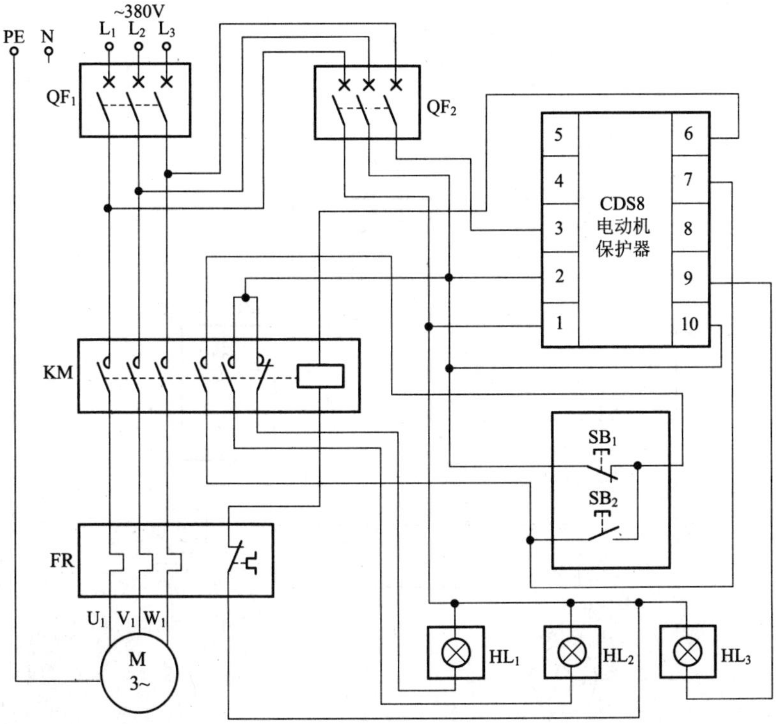

3.21 普乐特 MAM-A 系列电动机微电脑保护器应用电路

原理图

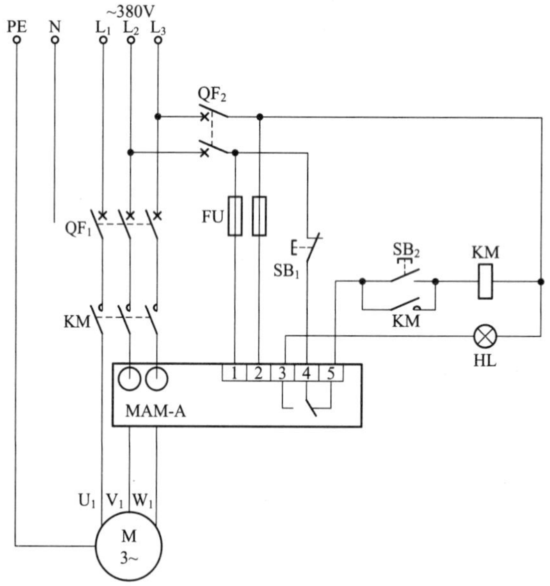

接线图

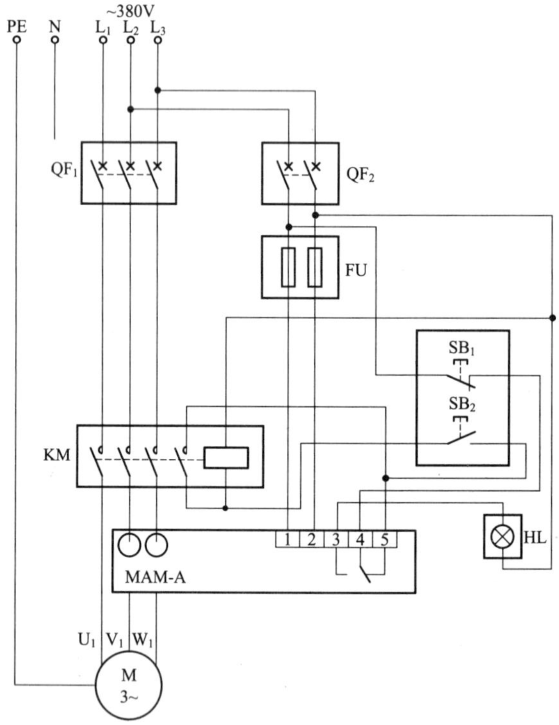

3.22 NJBK2 系列电动机保护继电器应用电路（一）

接线图

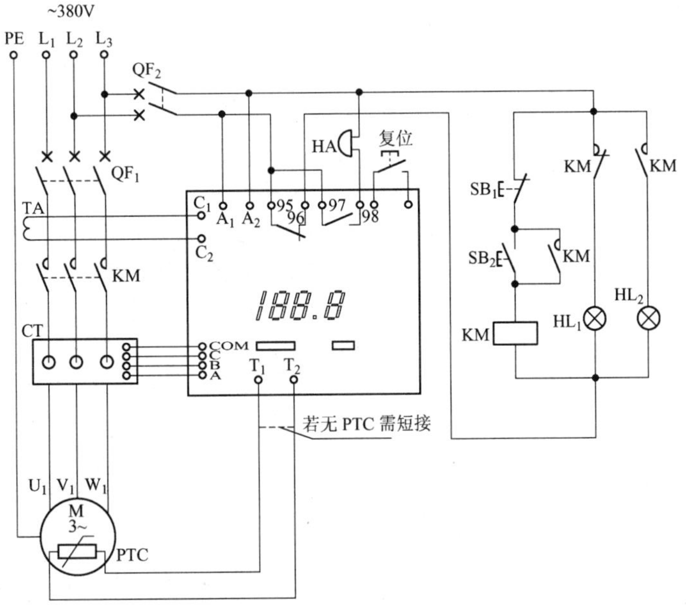

3.23 NJBK2 系列电动机保护继电器应用电路（二）

接线图

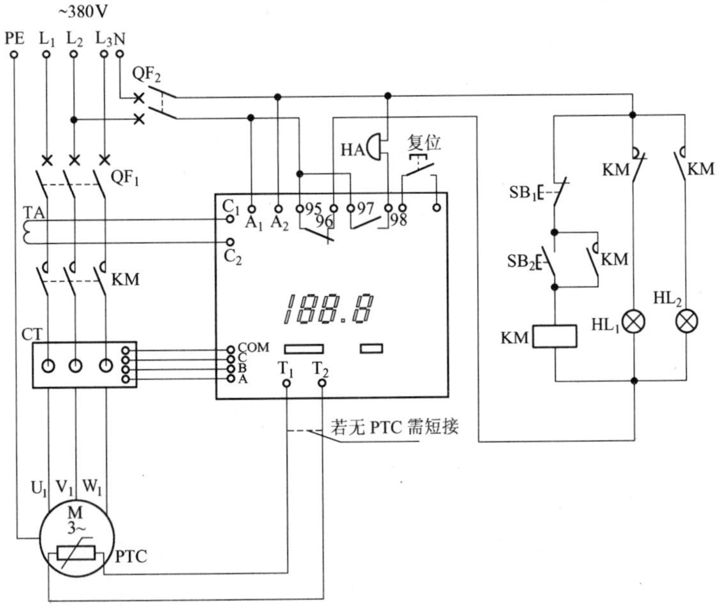

3.24 浪涌保护器在TT接地系统中的安装方式

接线图

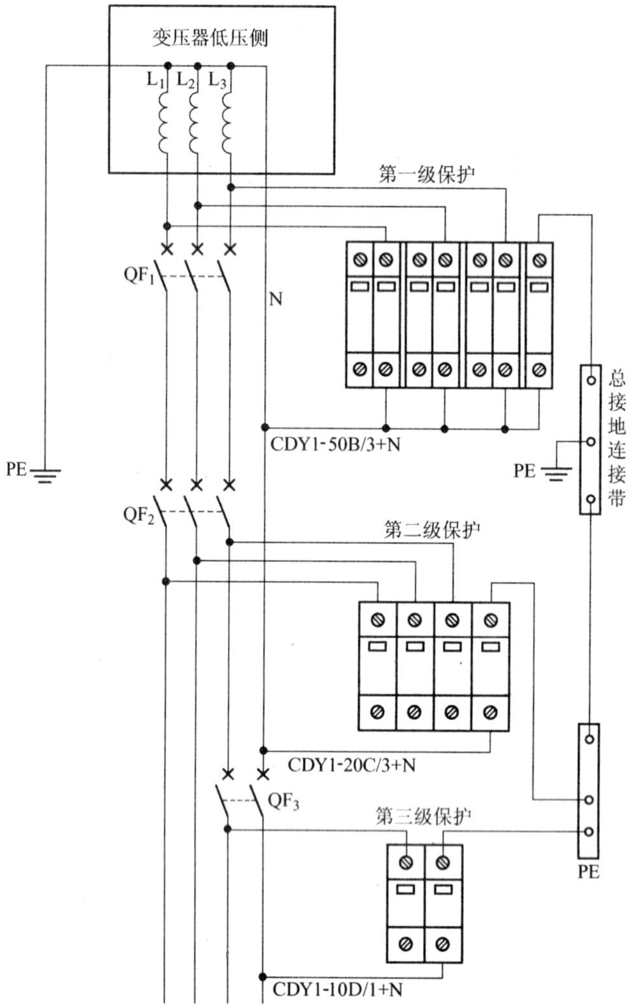

3.25 浪涌保护器在 IT 接地系统中的安装方式

接线图

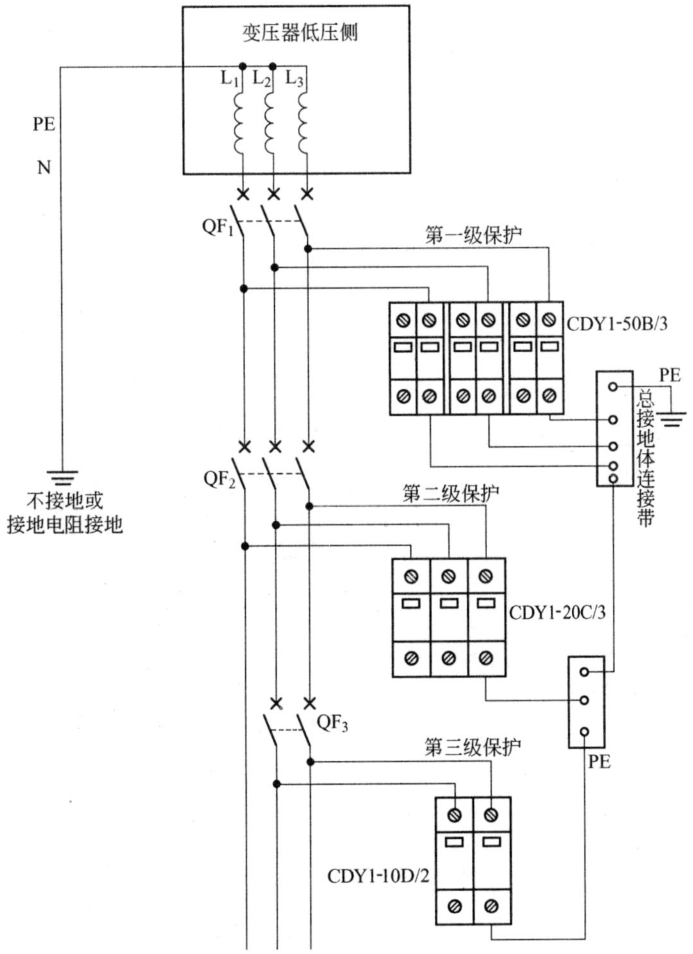

3.26 浪涌保护器在TN-S接地系统中的安装方式

接线图

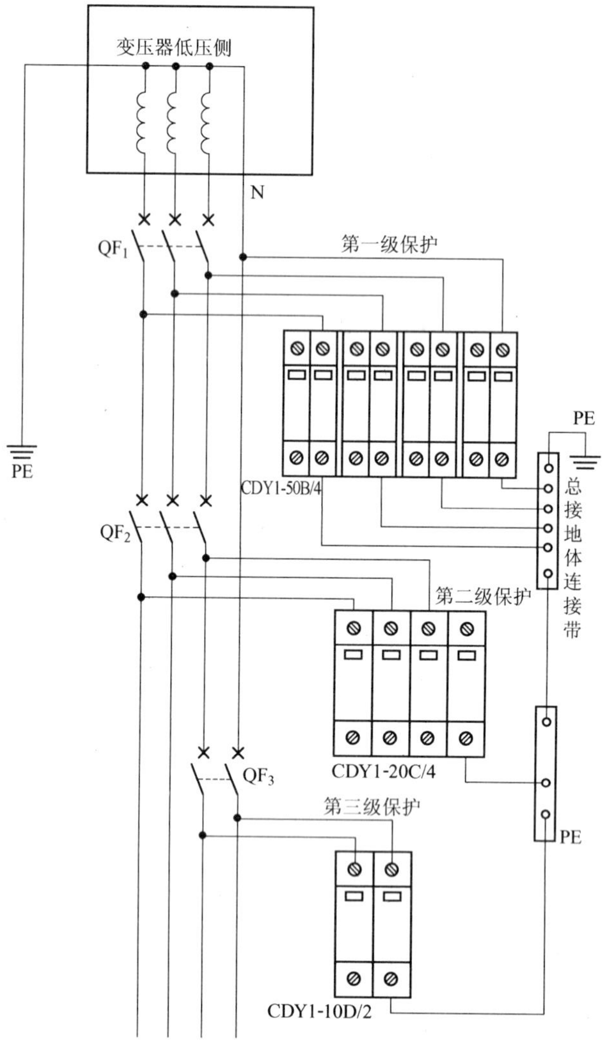

3.27 浪涌保护器在 TN-C-S 接地系统中的安装方式

接线图

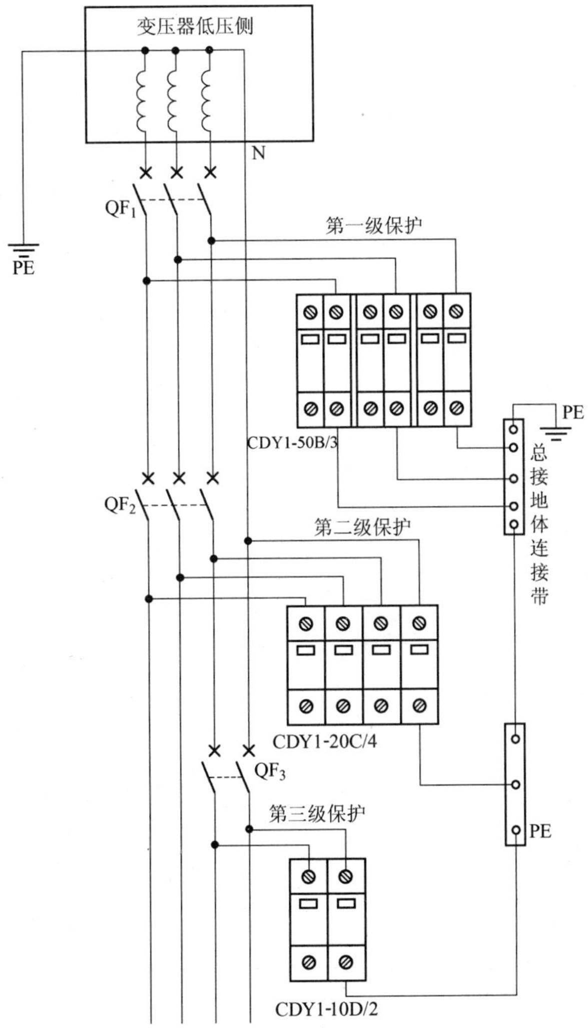

3.28 热继电器过载动作报警控制电路

原理图

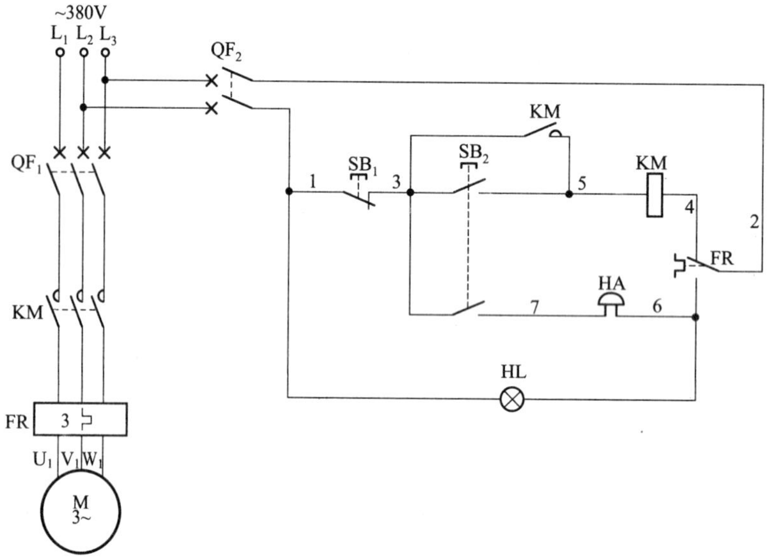

接线图

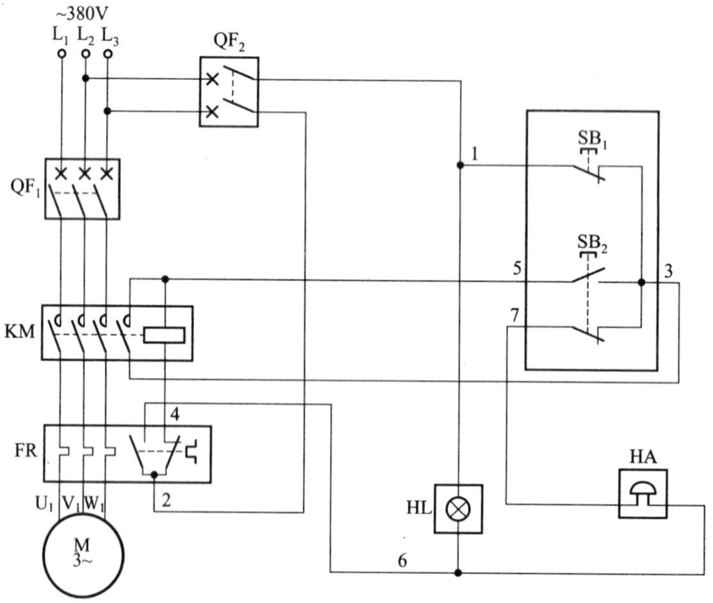

3.29 防止交流接触器主触点粘连断不开的保护电路

原理图

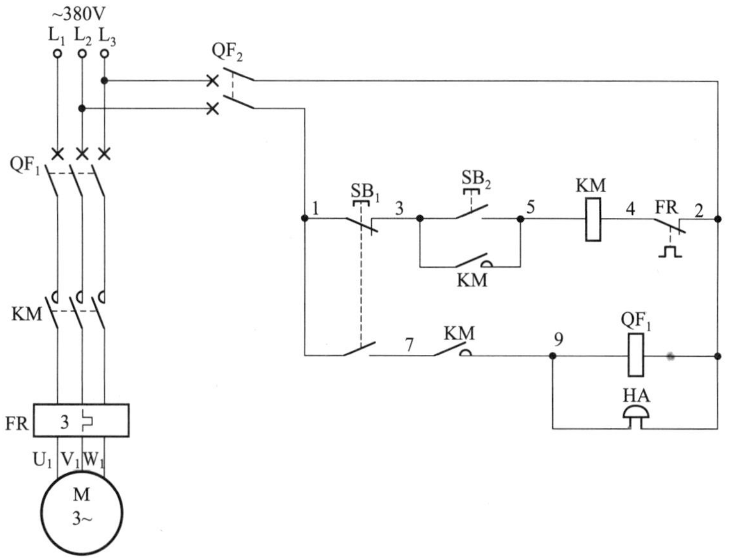

接线图

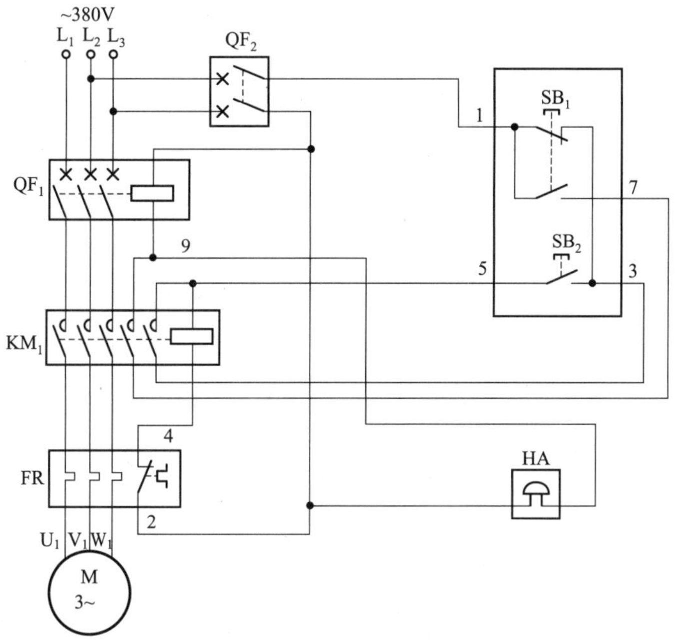

第4章

单按钮控制电动机启停电路

4.1 单按钮控制电动机启停电路（一）

原理图

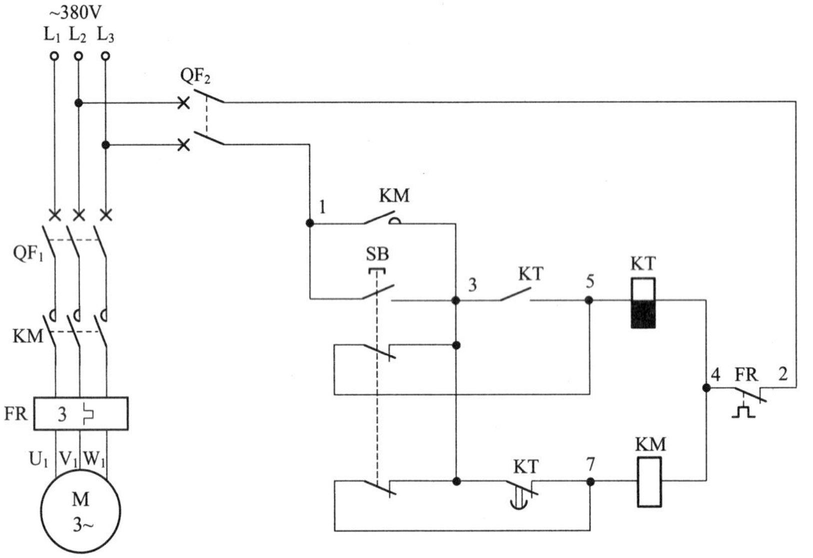

接线图

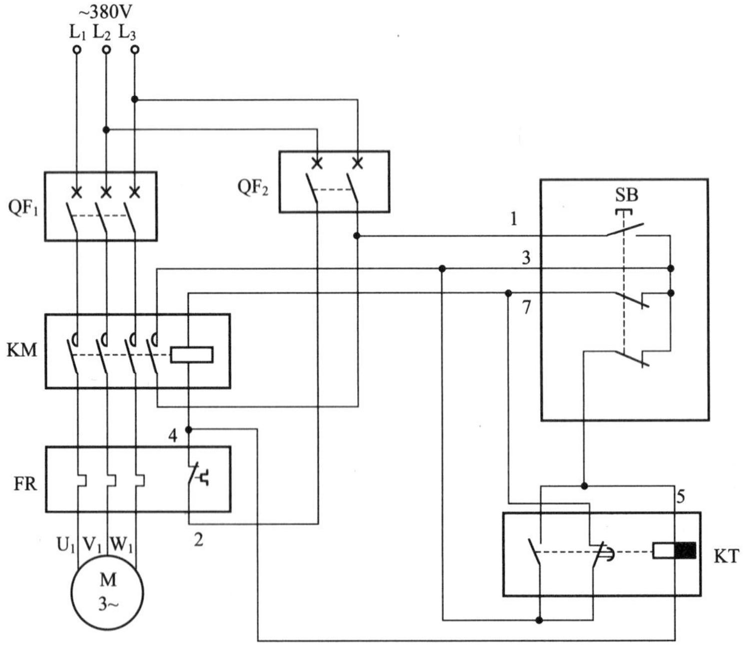

4.2 单按钮控制电动机启停电路（二）

原理图

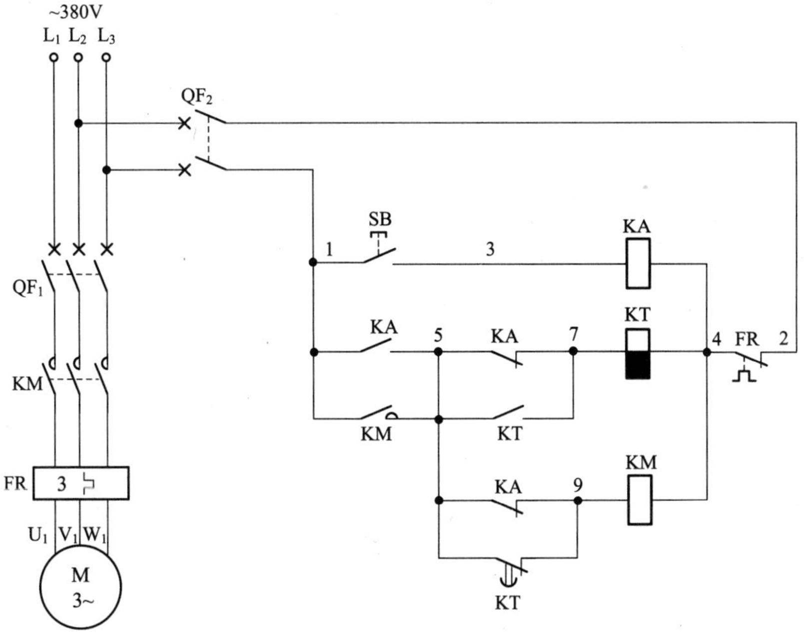

接线图

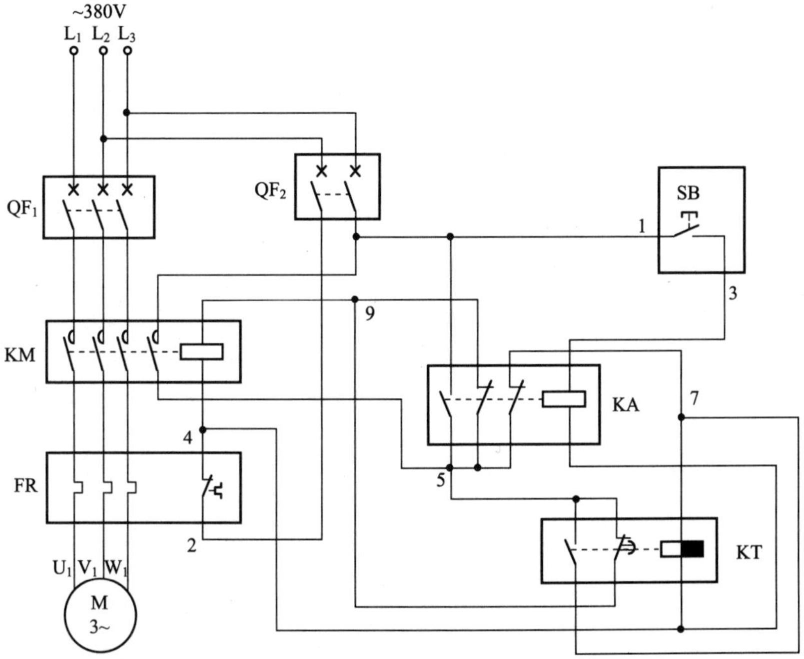

4.3 单按钮控制电动机启停电路（三）

原理图

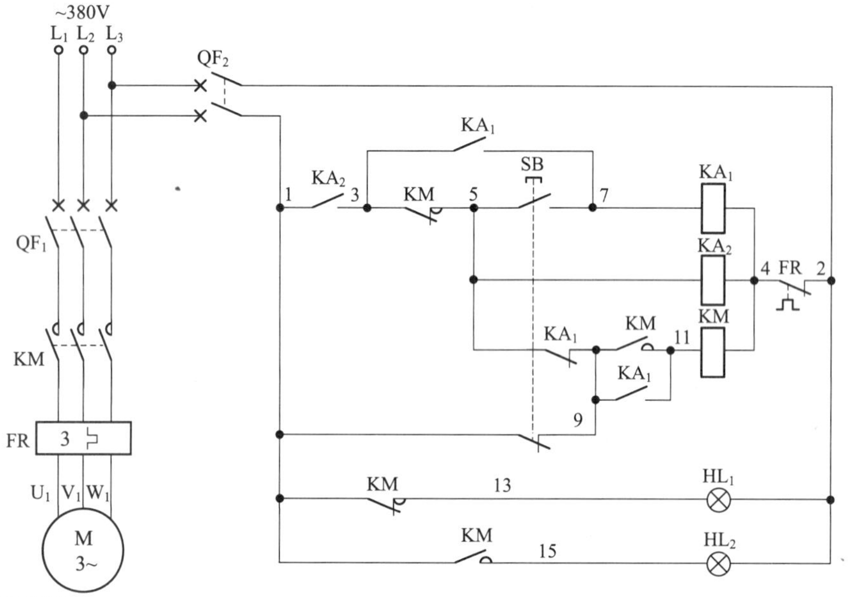

接线图

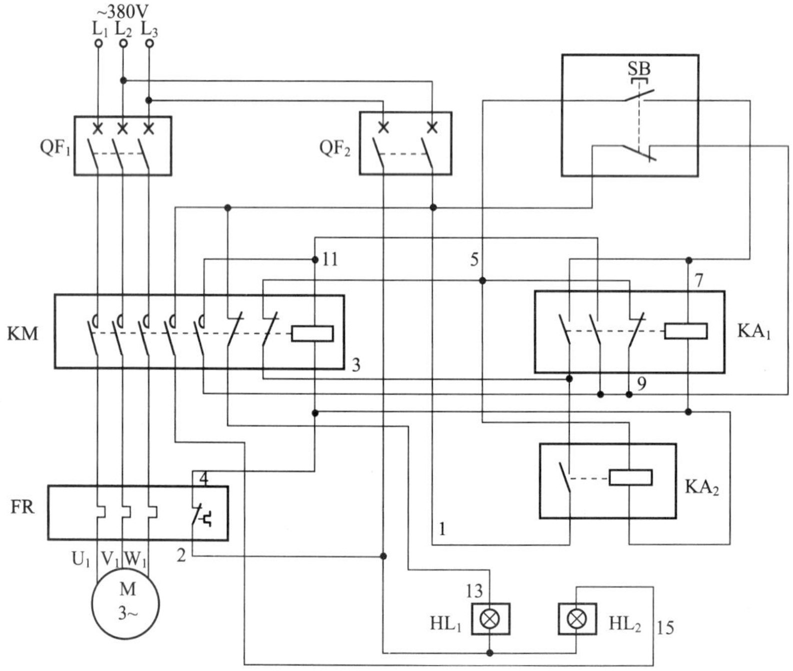

4.4 单按钮控制电动机启停电路（四）

原理图

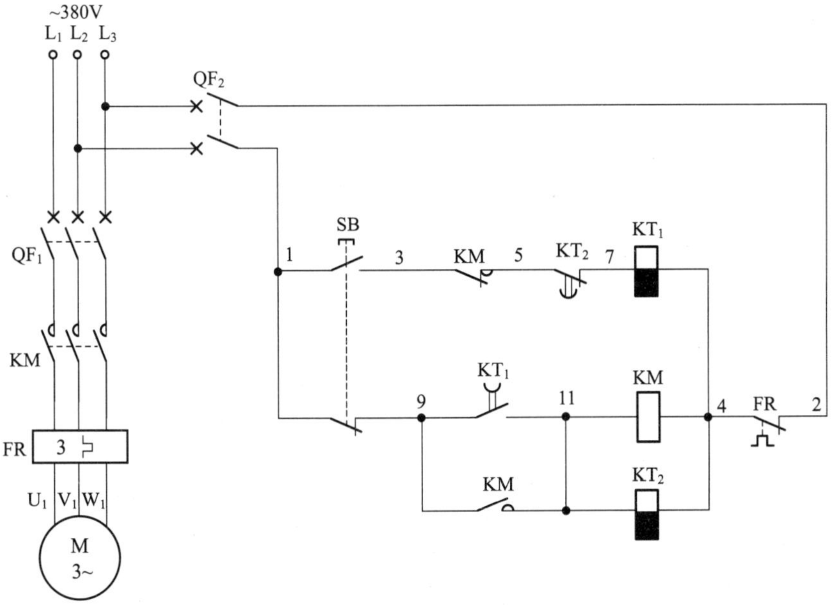

接线图

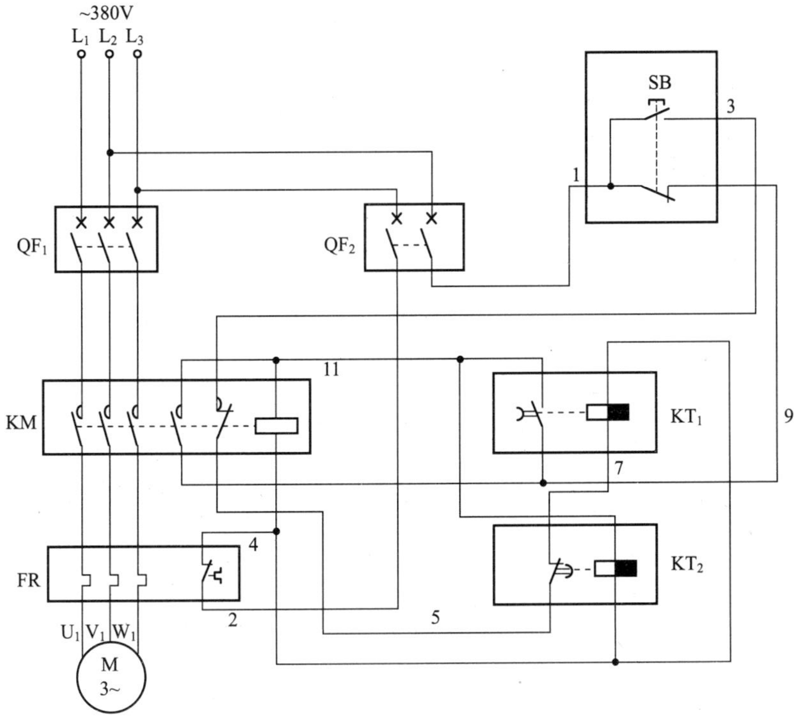

4.5　单按钮控制电动机启停电路（五）

原理图

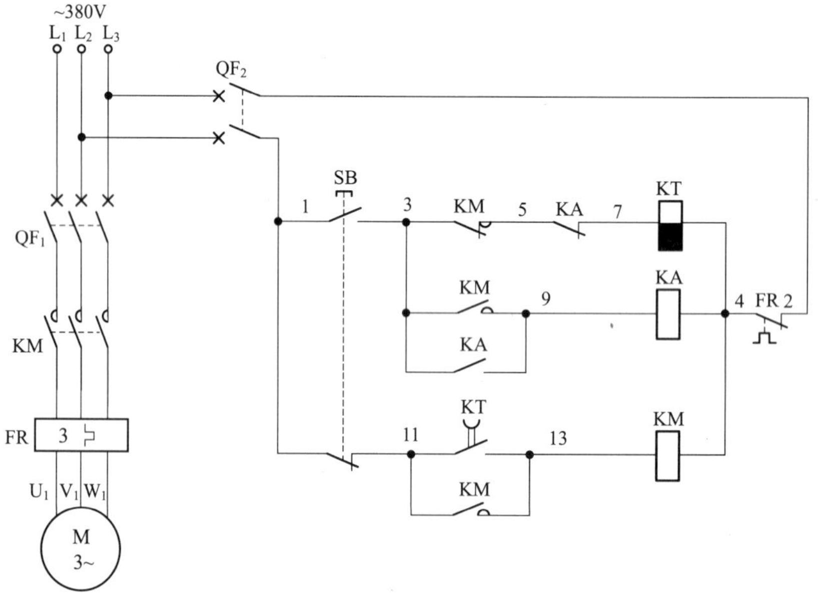

接线图

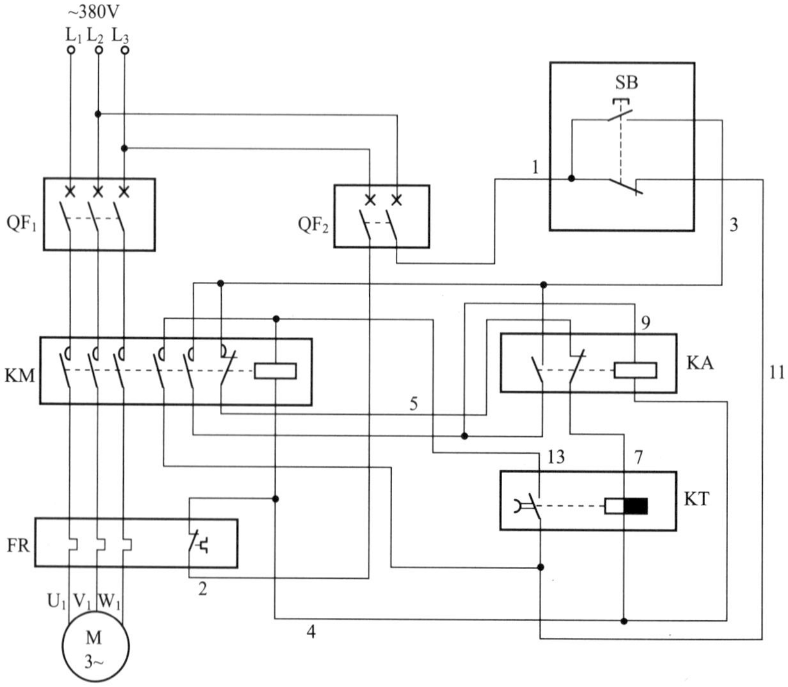

4.6　单按钮控制电动机启停电路（六）

原理图

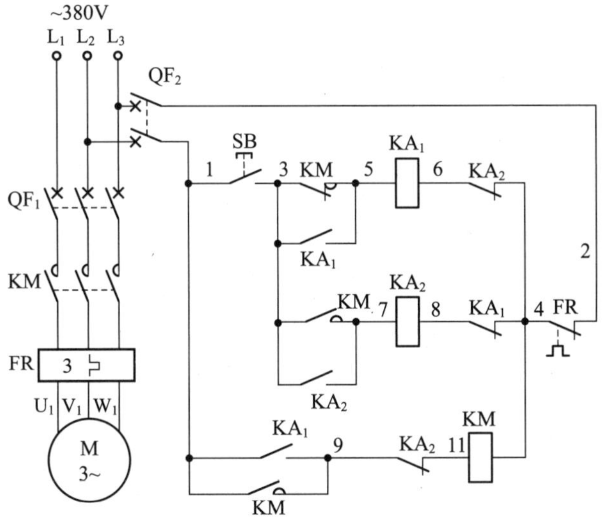

接线图

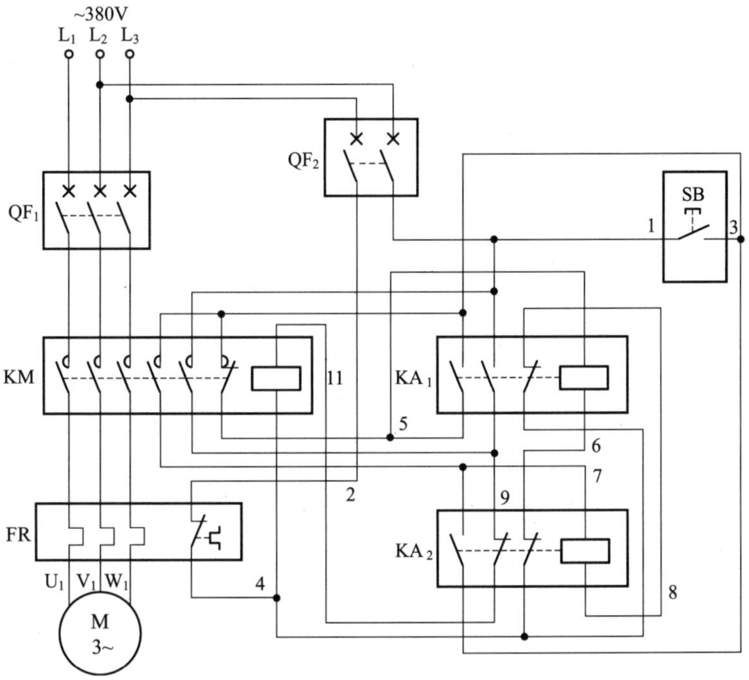

4.7 单按钮控制电动机启停电路（七）

原理图

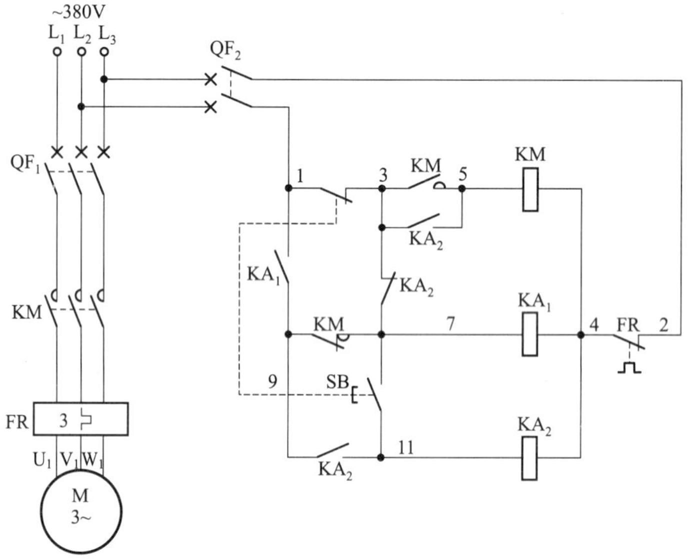

接线图

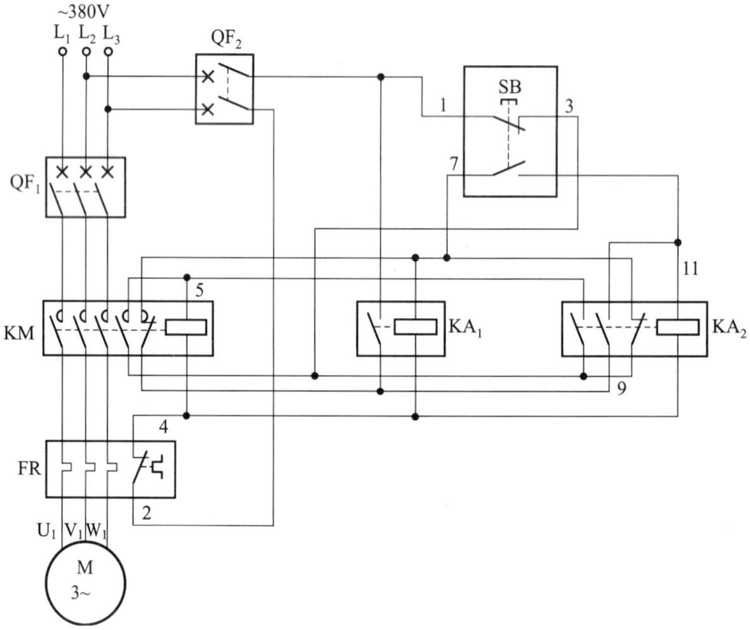

4.8 单按钮控制电动机启停电路（八）

原理图

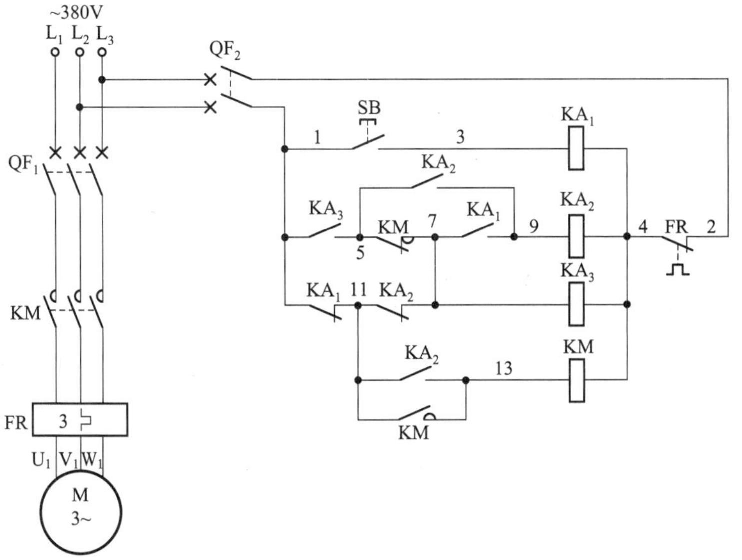

接线图

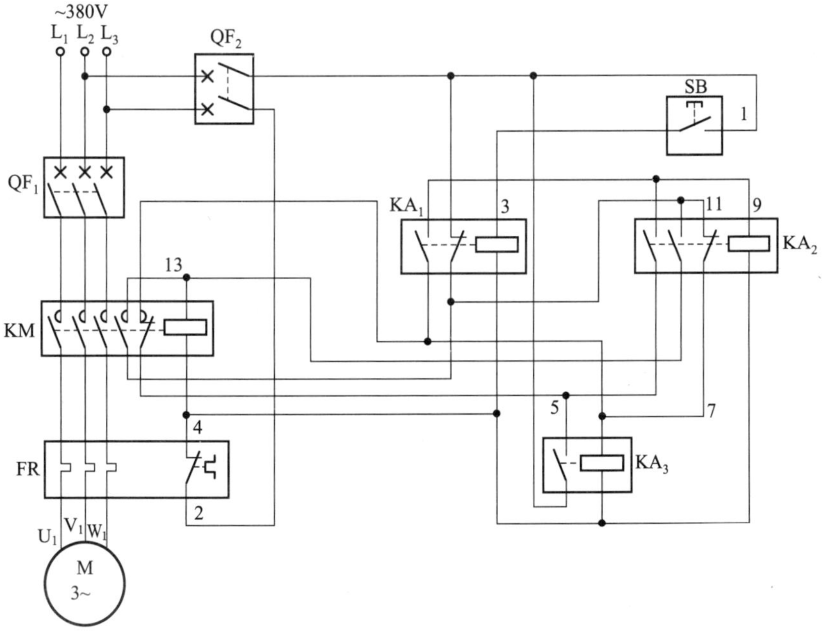

第5章

电动机降压启动控制电路

5.1 电动机串电抗器启动自动控制电路

原理图

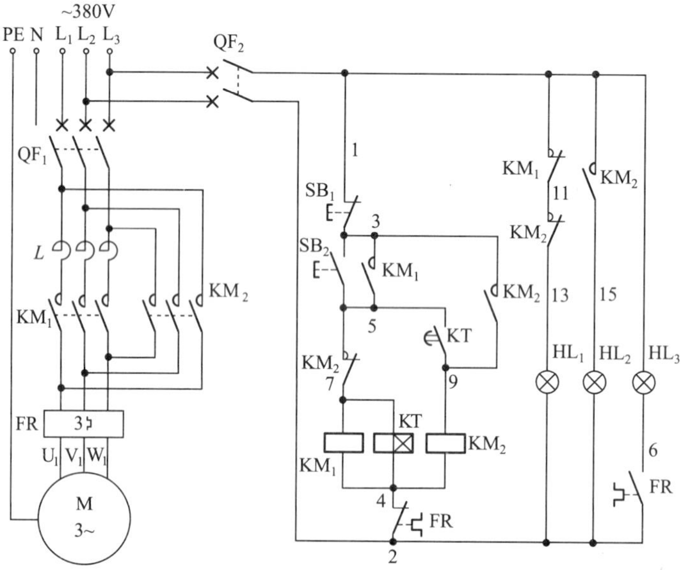

接线图

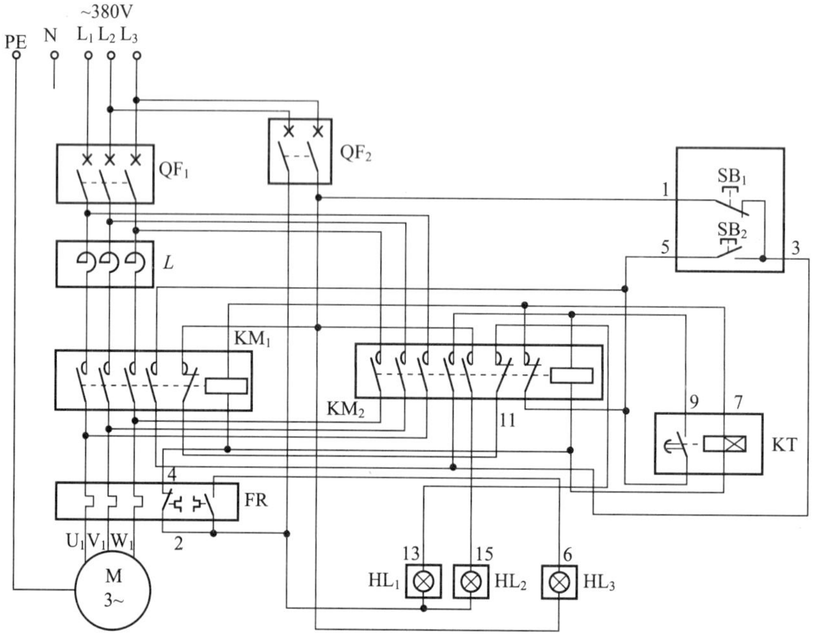

5.2 延边三角形降压启动自动控制电路

原理图

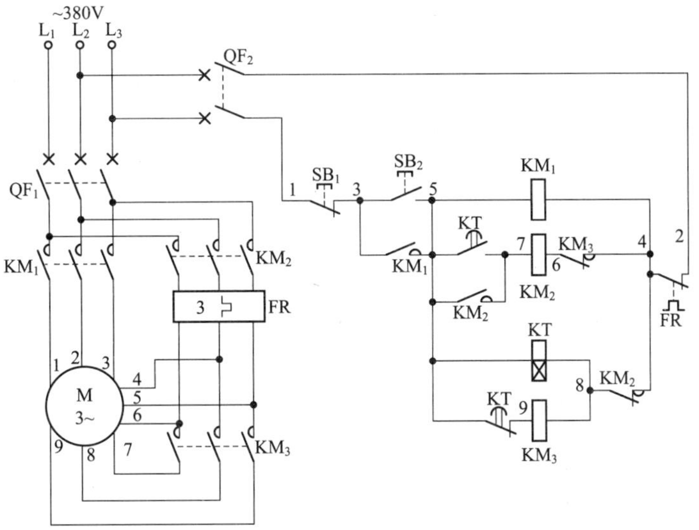

接线图

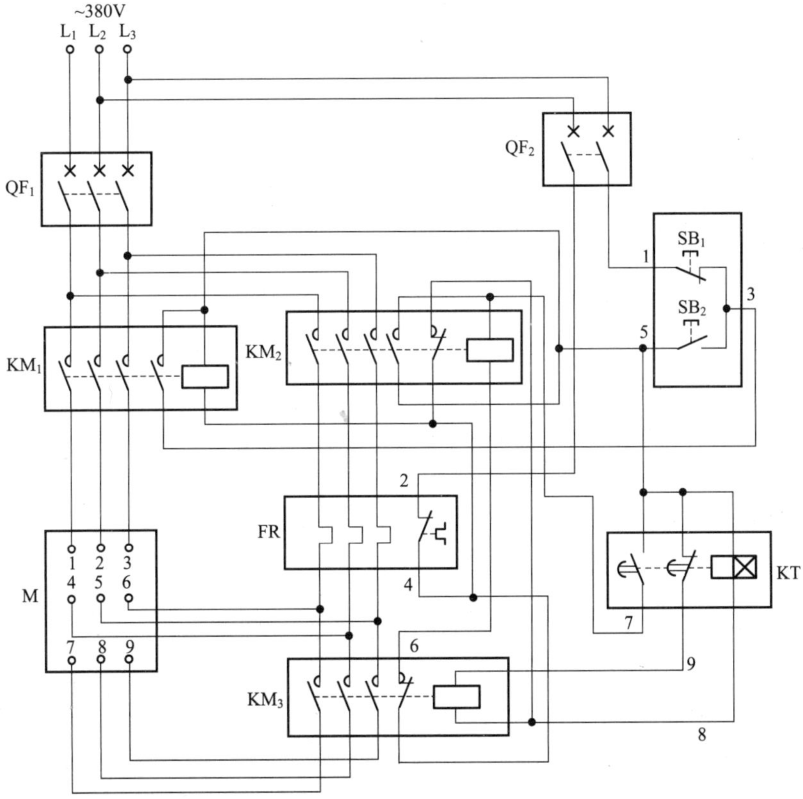

5.3 自耦变压器手动控制降压启动电路

原理图

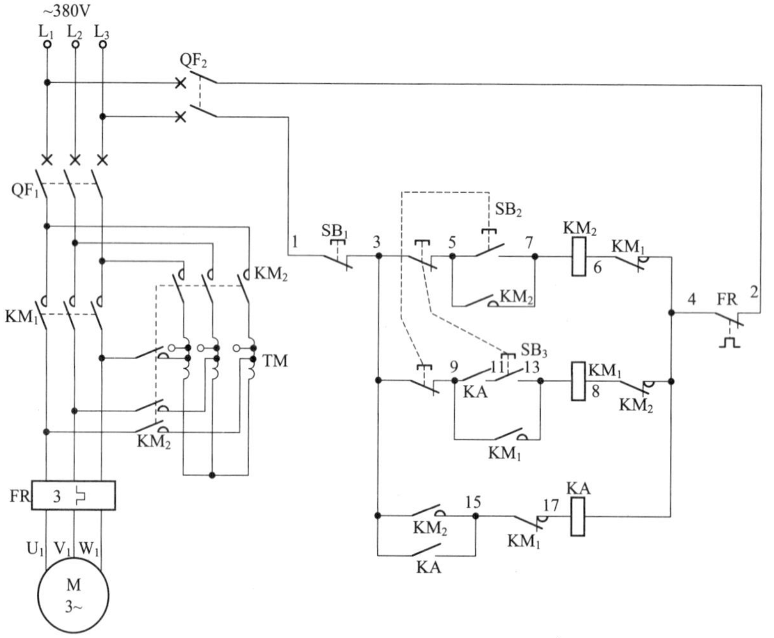

接线图

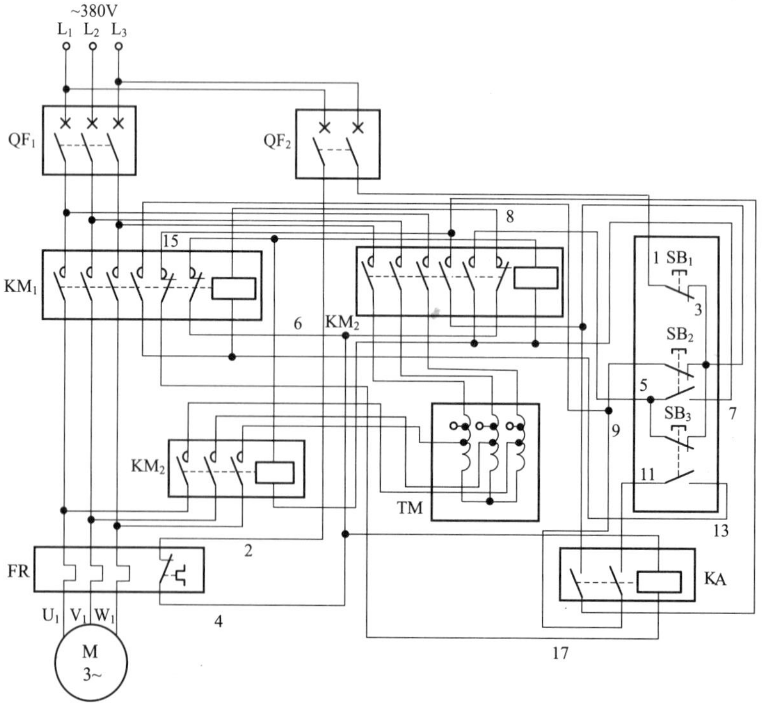

5.4 自耦变压器自动控制降压启动电路

原理图

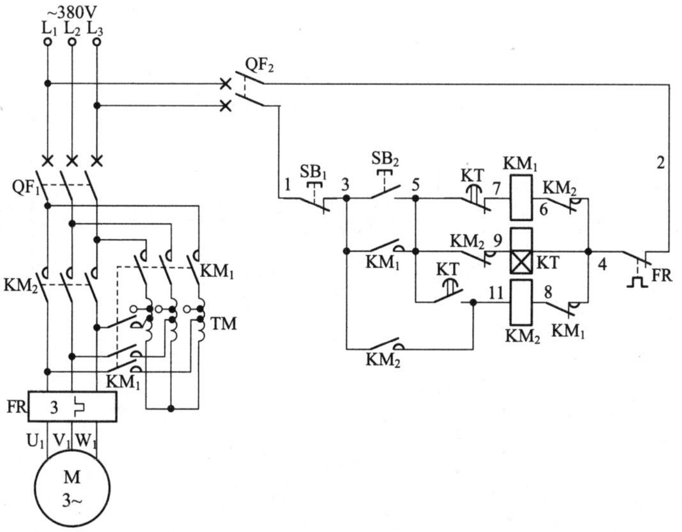

接线图

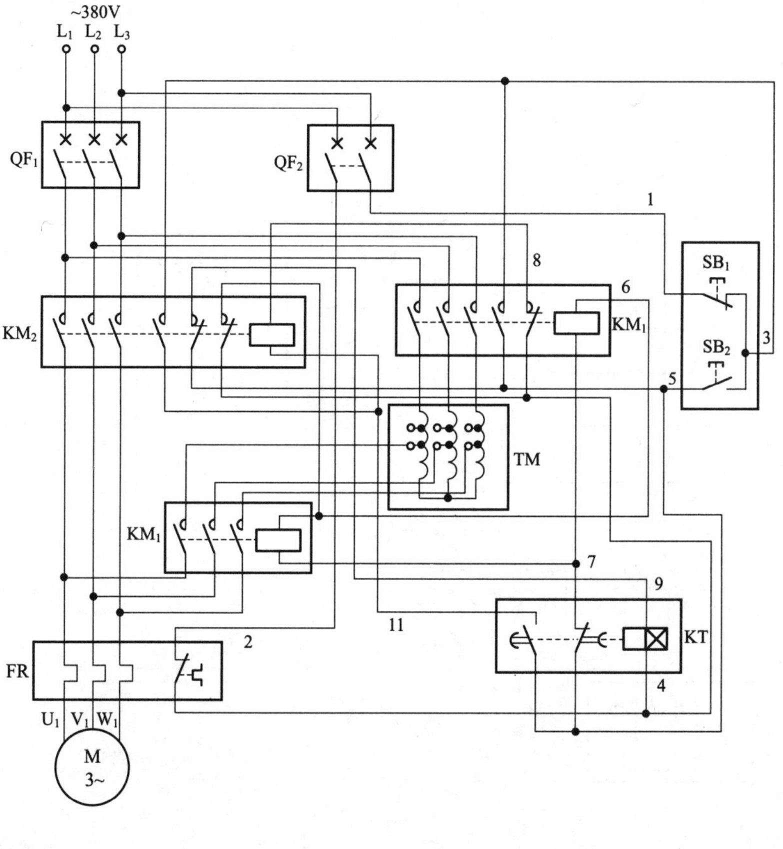

5.5 频敏变阻器手动启动控制电路

原理图

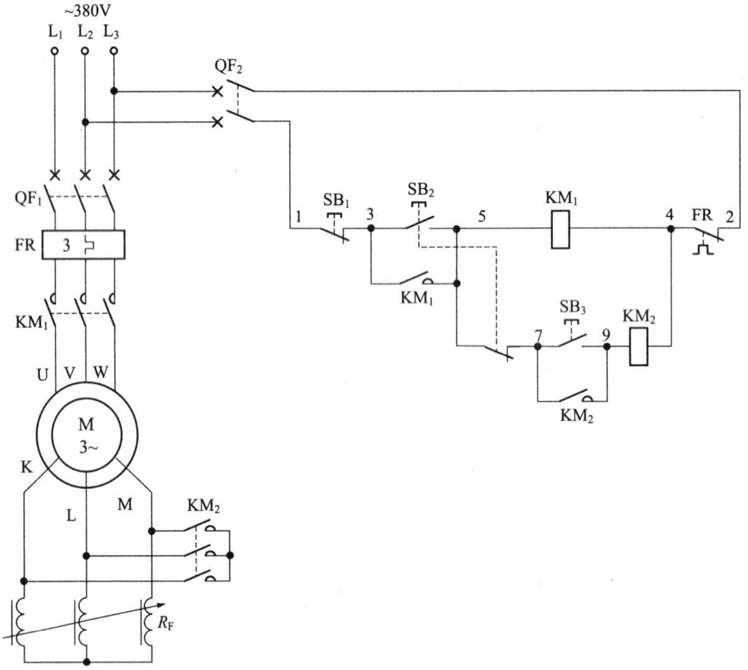

接线图

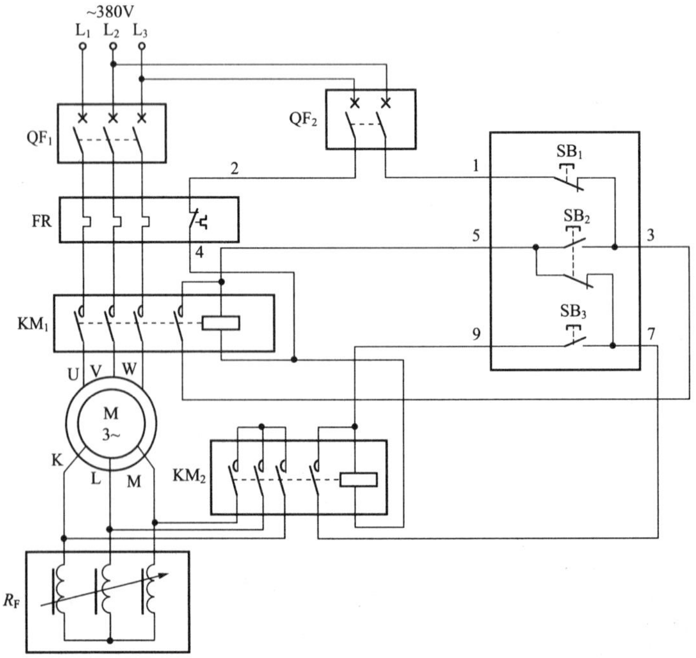

5.6 频敏变阻器自动启动控制电路（一）

原理图

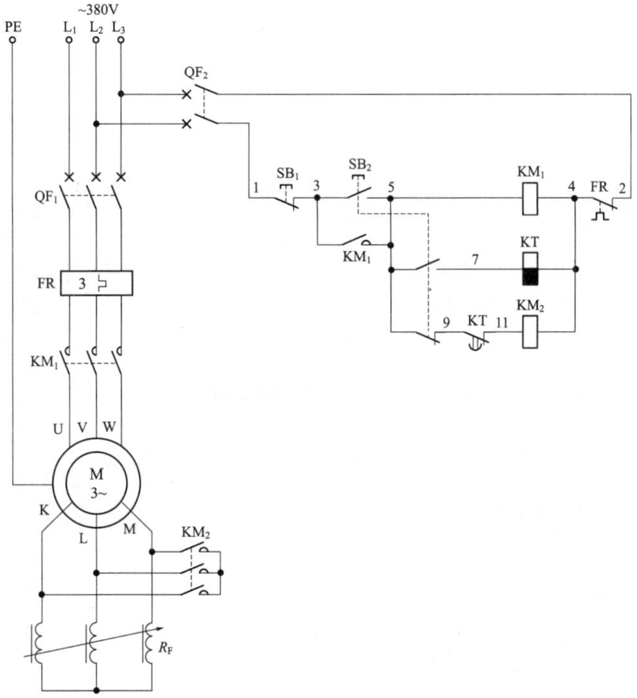

接线图

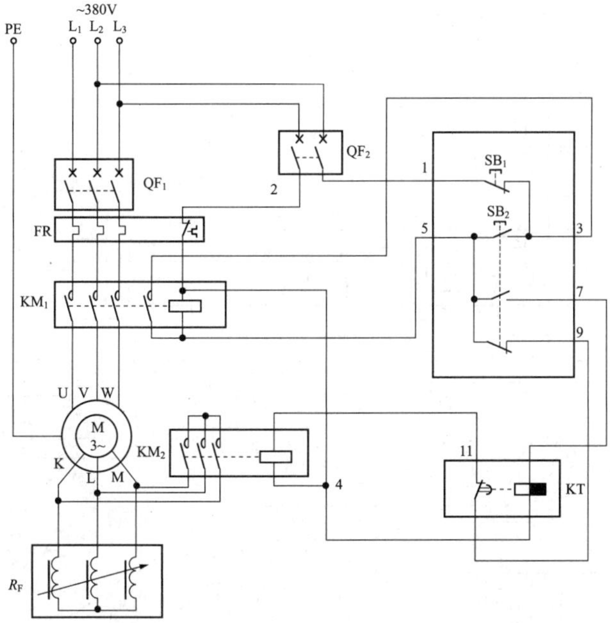

5.7 频敏变阻器自动启动控制电路（二）

原理图

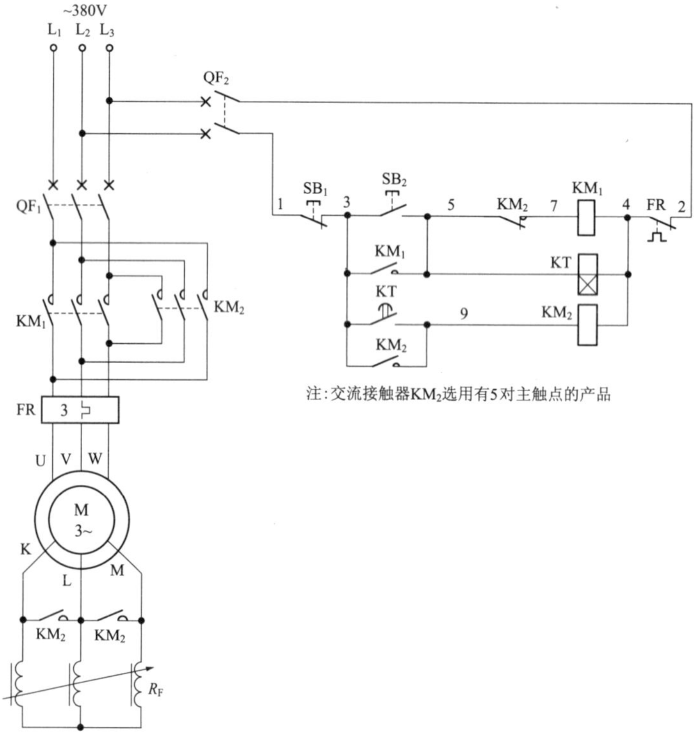

注:交流接触器KM_2选用有5对主触点的产品

接线图

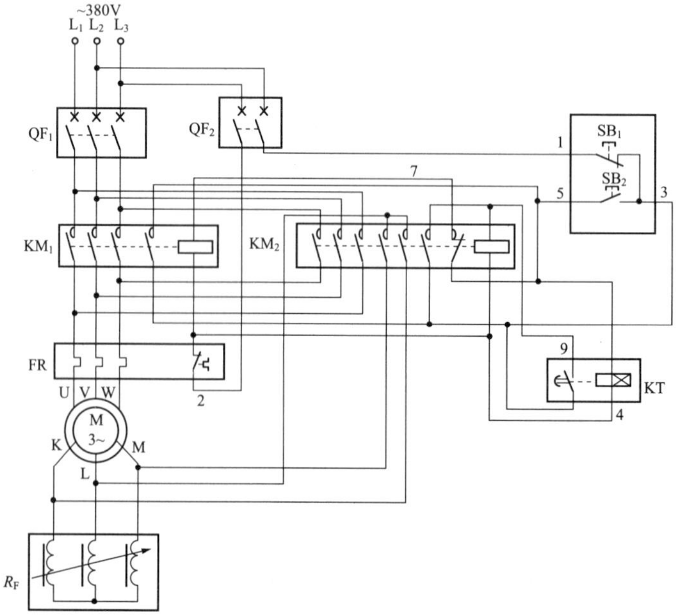

5.8 Y-Δ降压启动手动控制电路

原理图

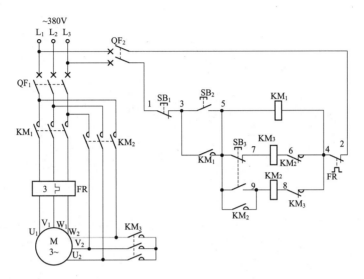

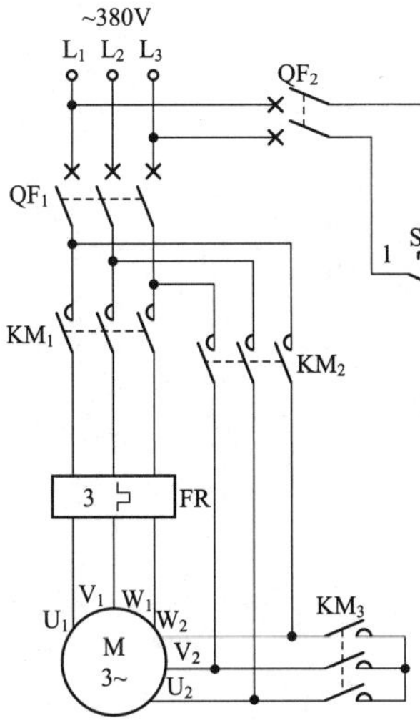

接线图

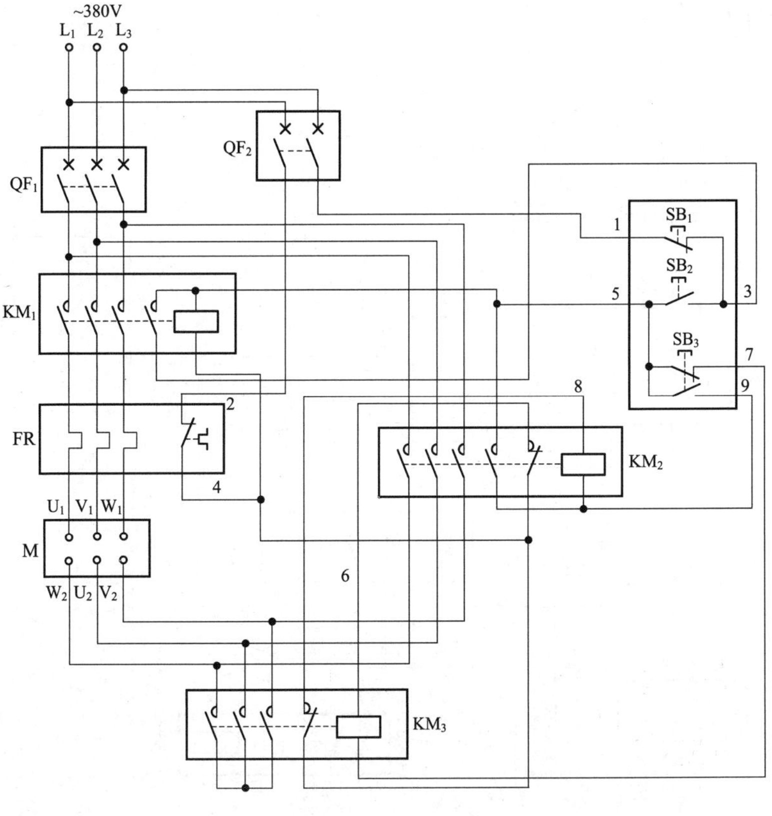

5.9 Y-Δ降压启动自动控制电路

原理图

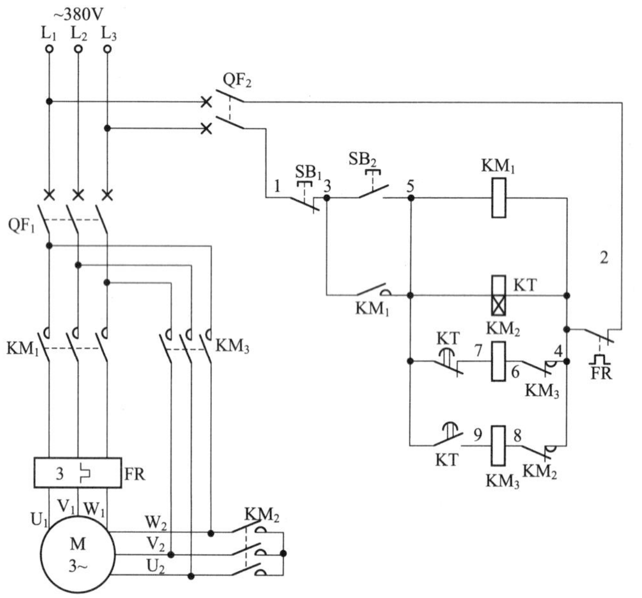

接线图

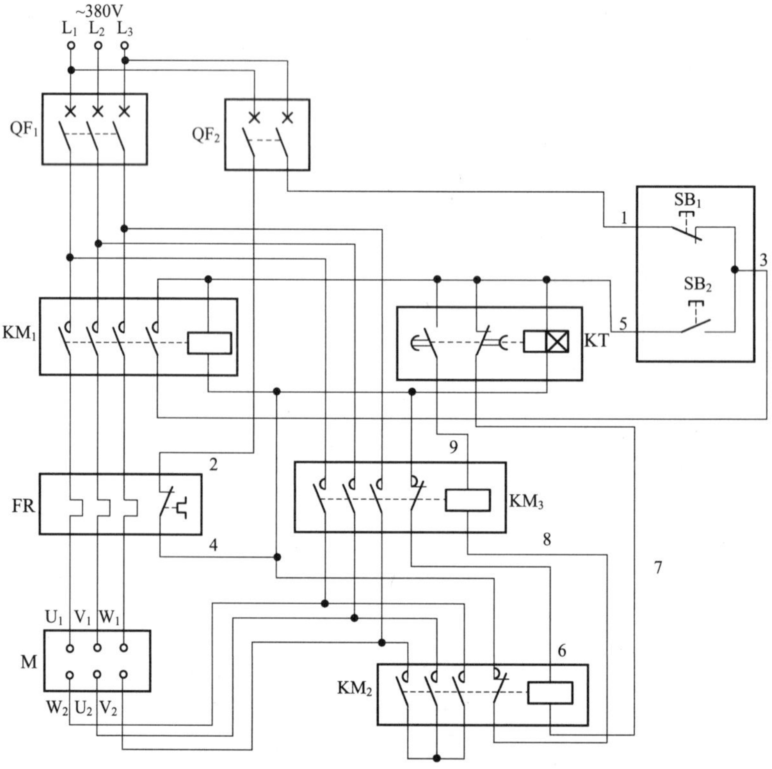

5.10 电动机Δ-Y 启动自动控制电路

原理图

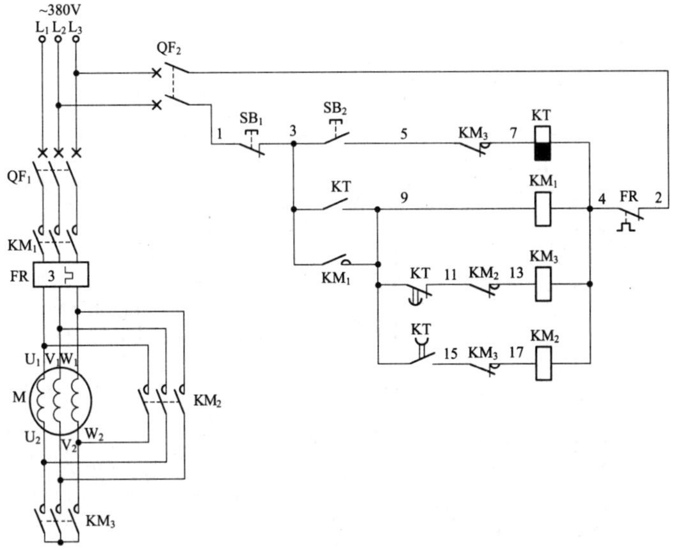

接线图

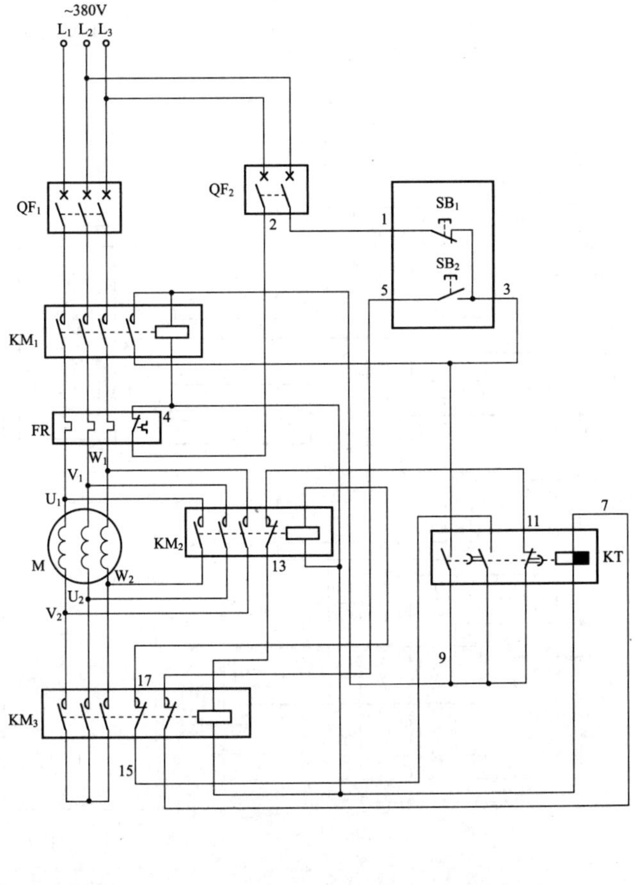

5.11 用两只接触器完成 Y－△降压启动自动控制电路

原理图

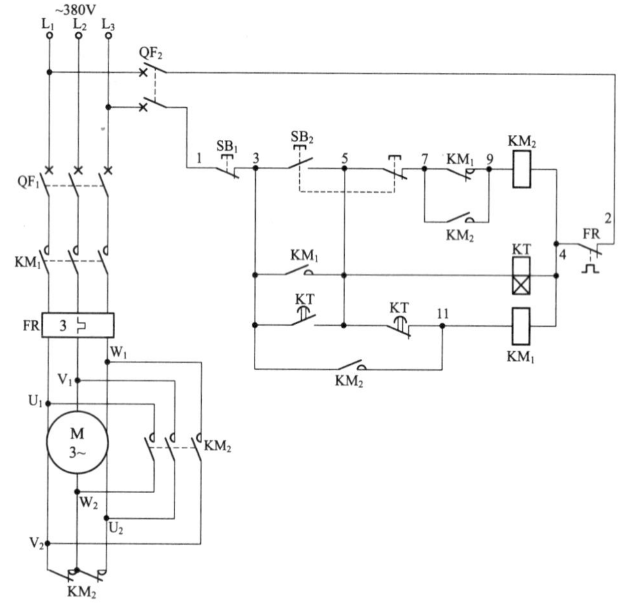

接线图

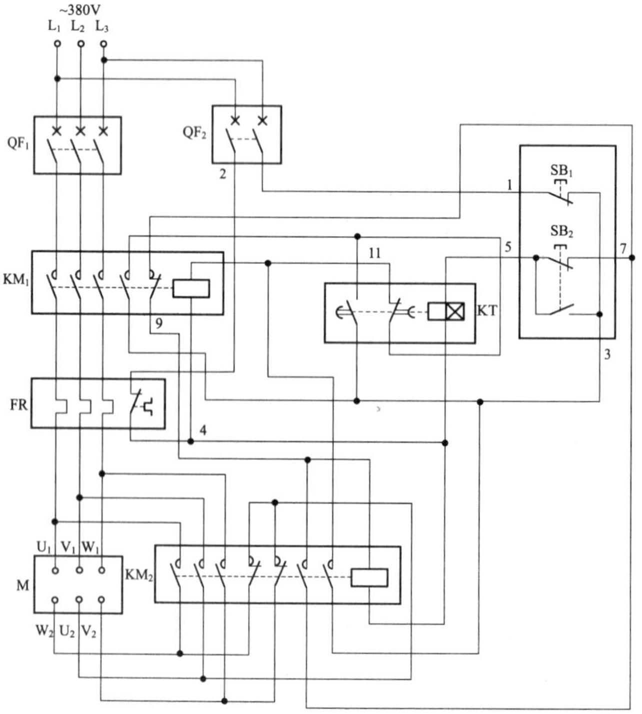

5.12　绕线式电动机自动二级启动控制电路（一）

原理图

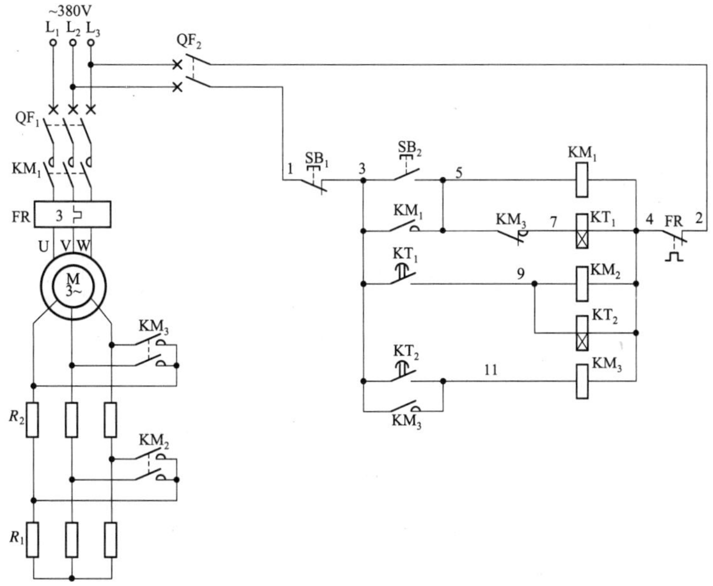

接线图

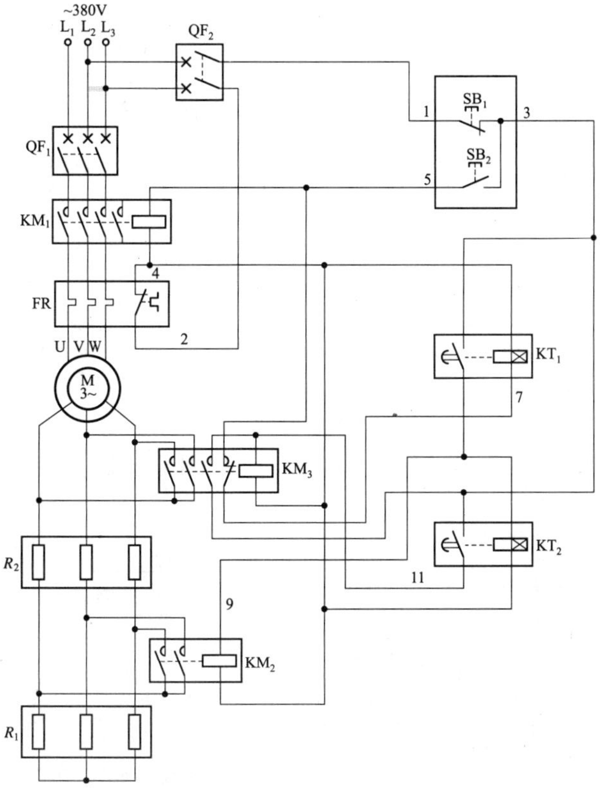

5.13 绕线式电动机自动二级启动控制电路（二）

原理图

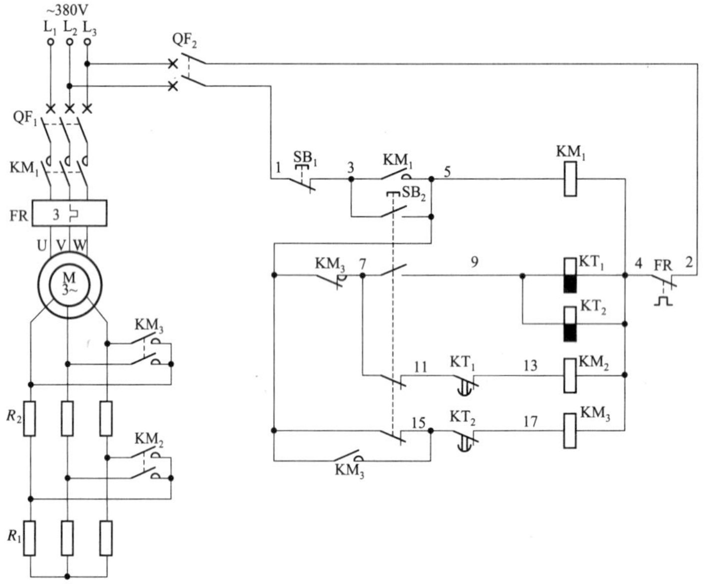

接线图

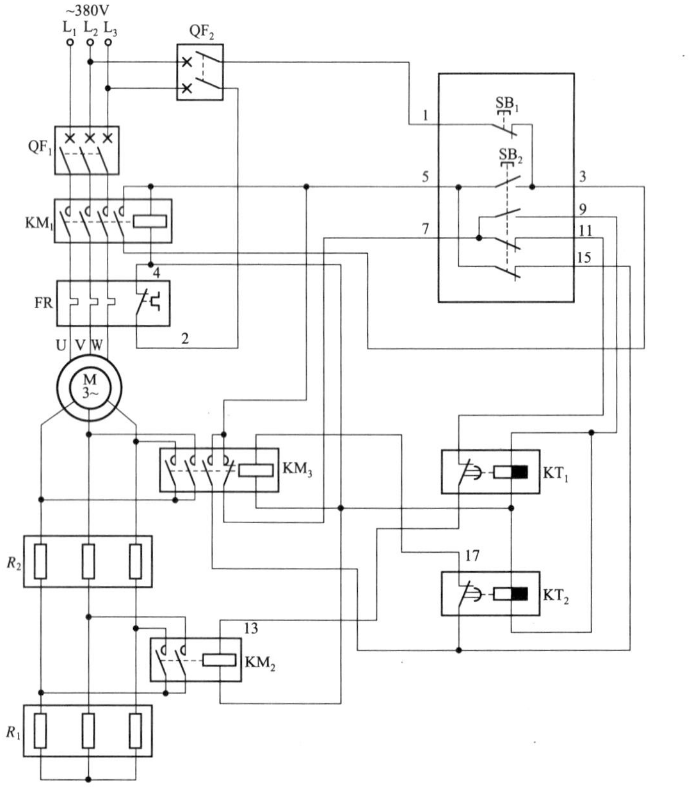

5.14　绕线式电动机自动二级启动控制电路（三）

原理图

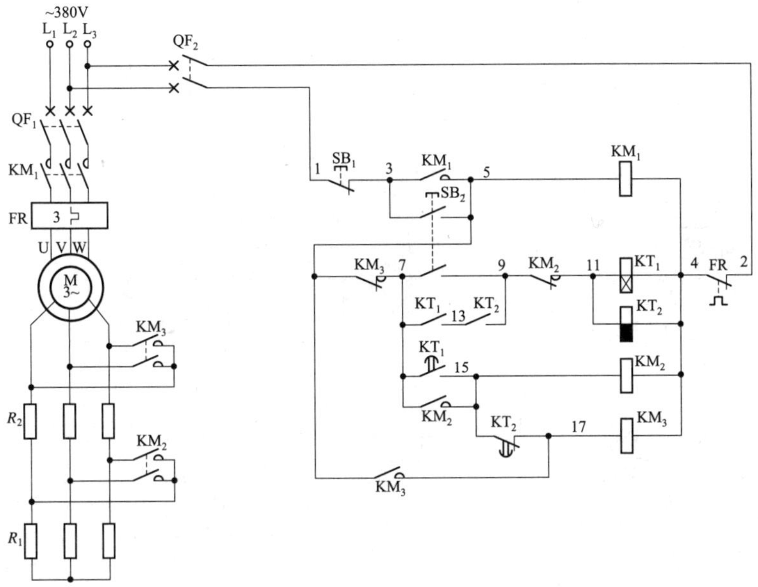

接线图

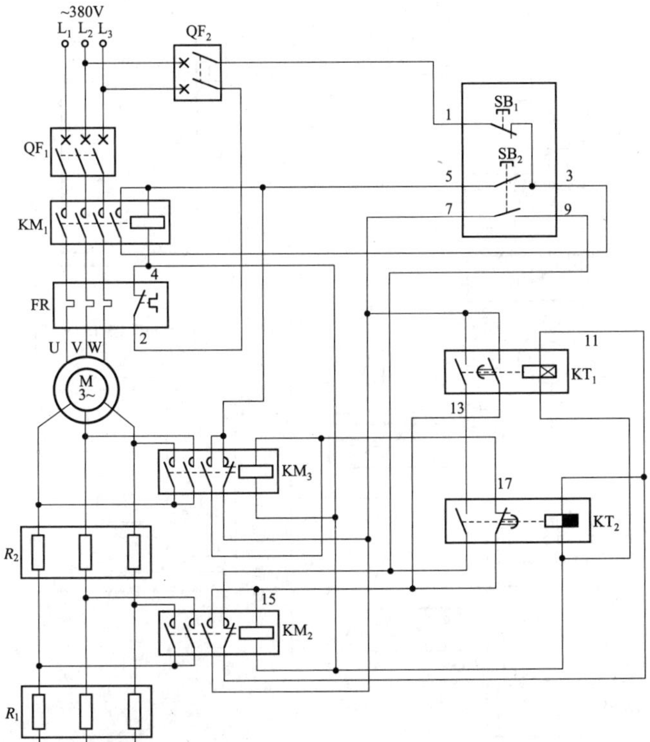

5.15 绕线式电动机自动二级启动控制电路（四）

原理图

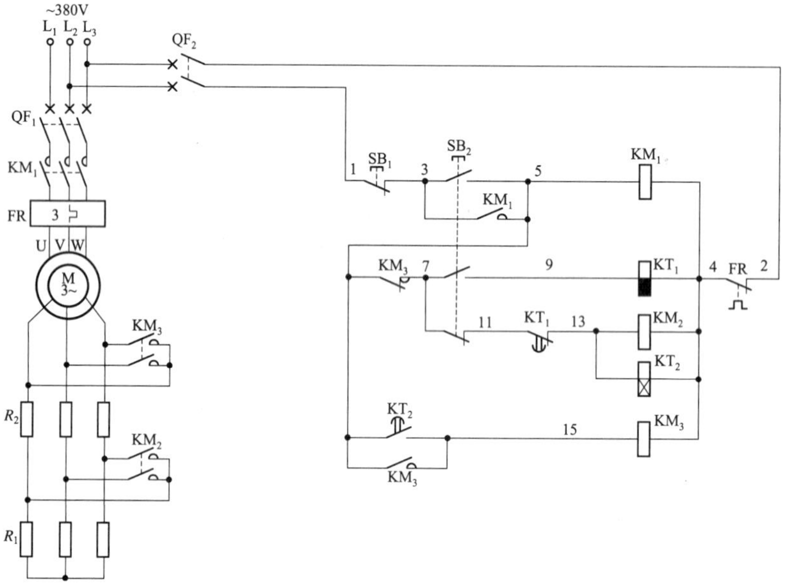

接线图

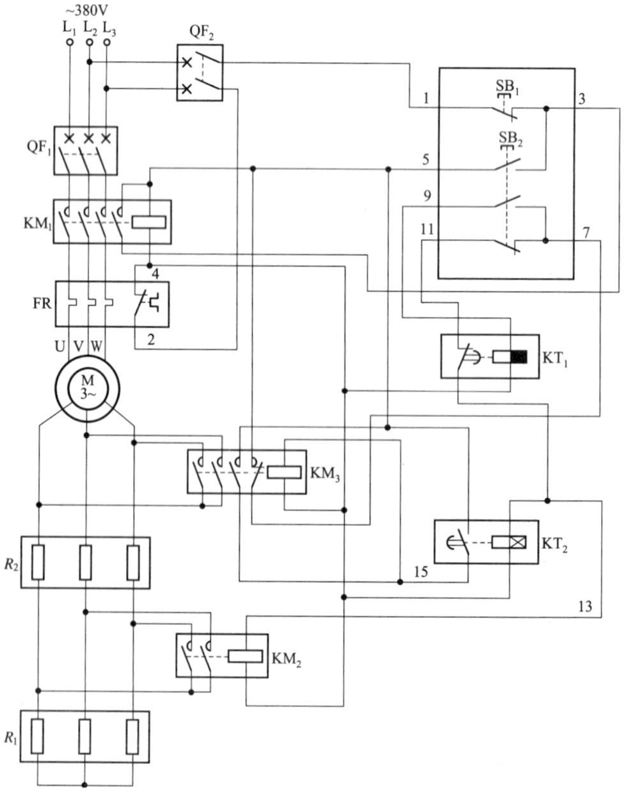

5.16 绕线式电动机手动二级启动控制电路

原理图

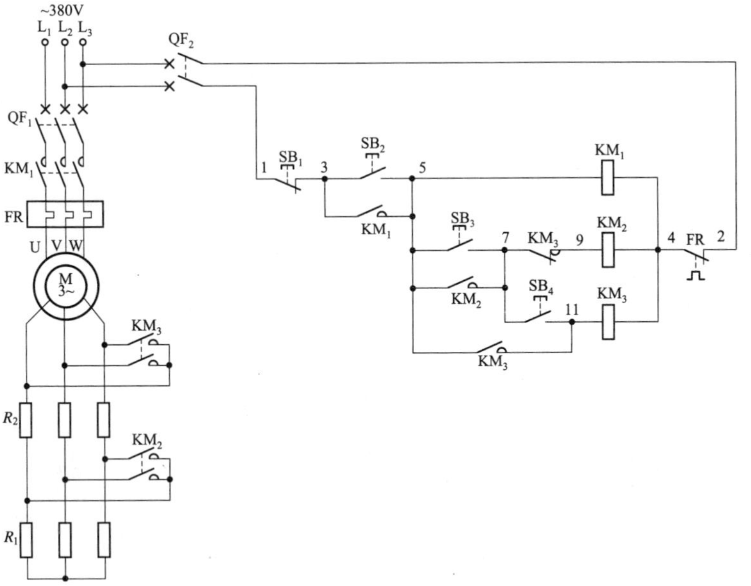

接线图

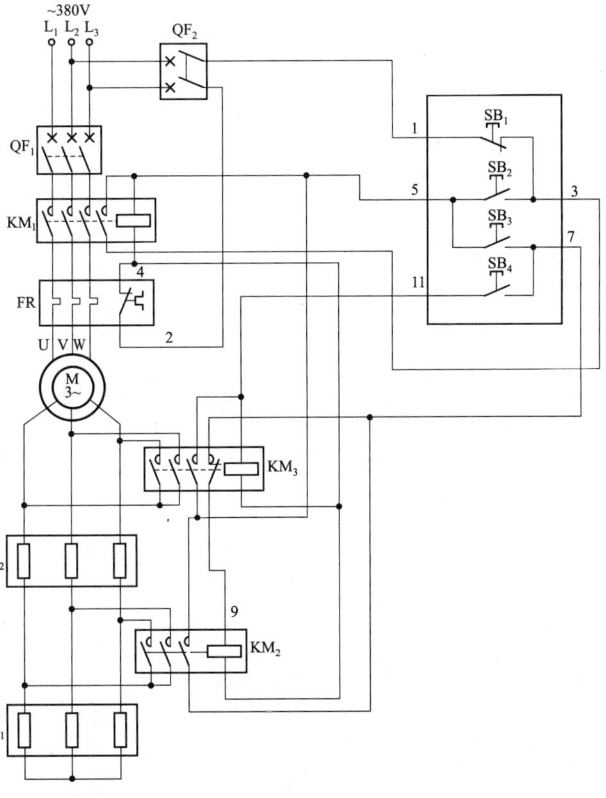

第6章

电动机间歇运转控制电路

6.1 电动机间歇运转控制电路（一）

原理图

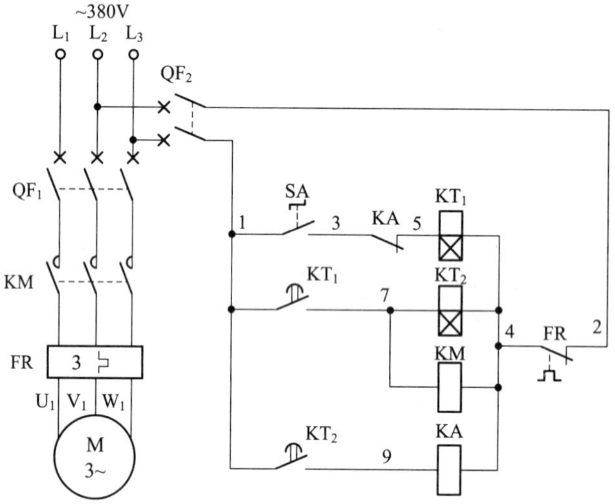

接线图

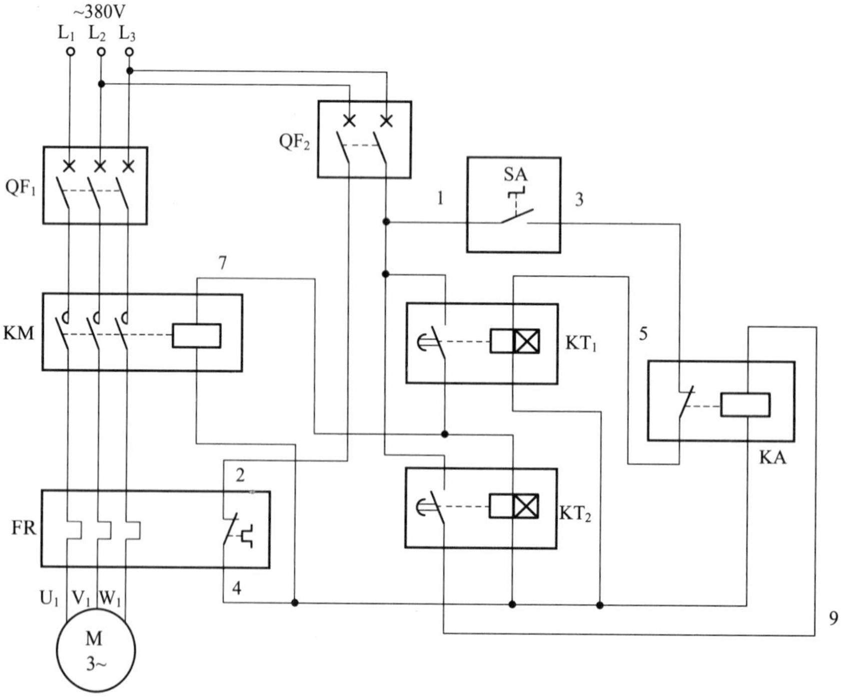

6.2 电动机间歇运转控制电路（二）

原理图

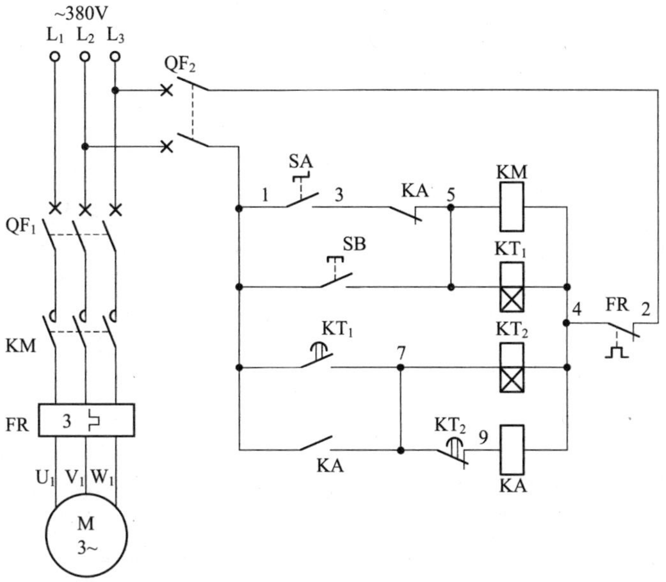

接线图

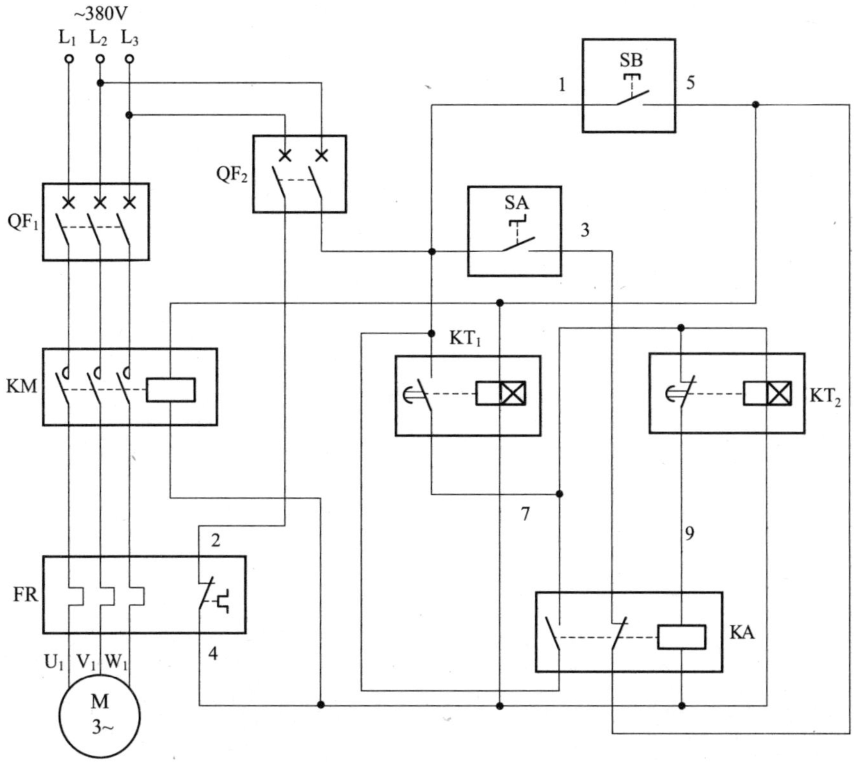

6.3 电动机间歇运转控制电路（三）

原理图

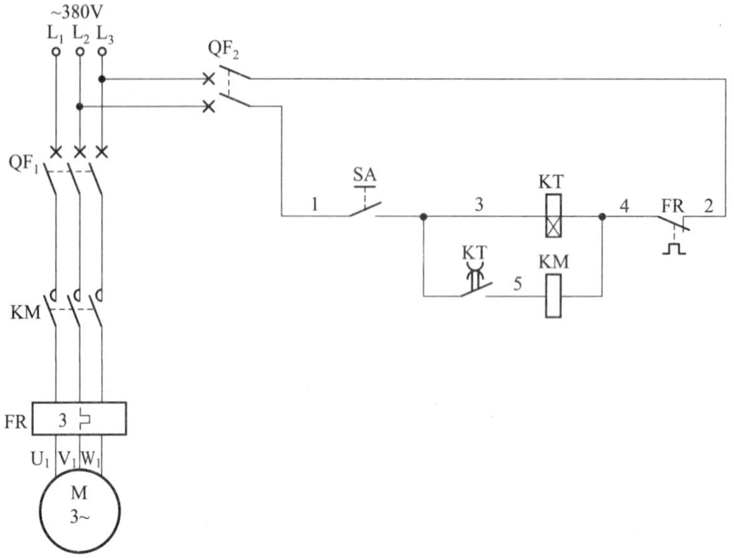

接线图

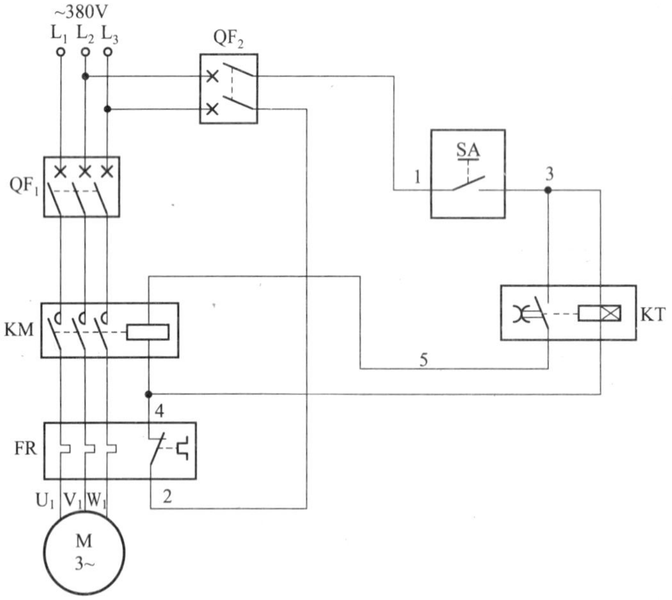

6.4 具有定时功能的电动机单向间歇运转控制电路

原理图

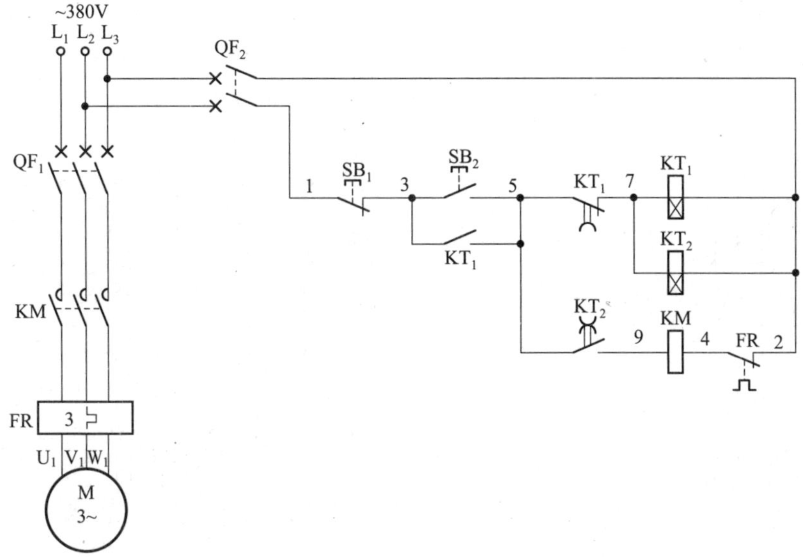

接线图

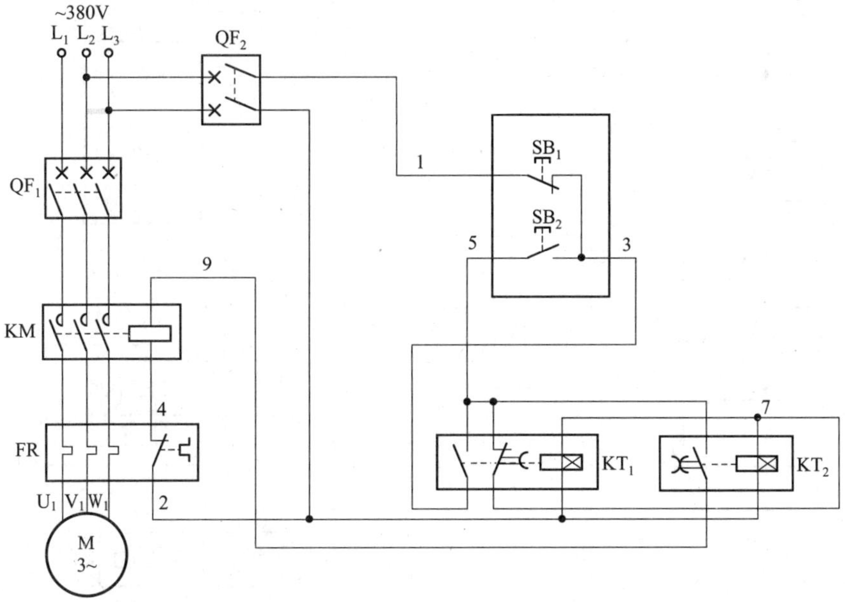

6.5 具有定时功能的电动机可逆间歇运转控制电路

原理图

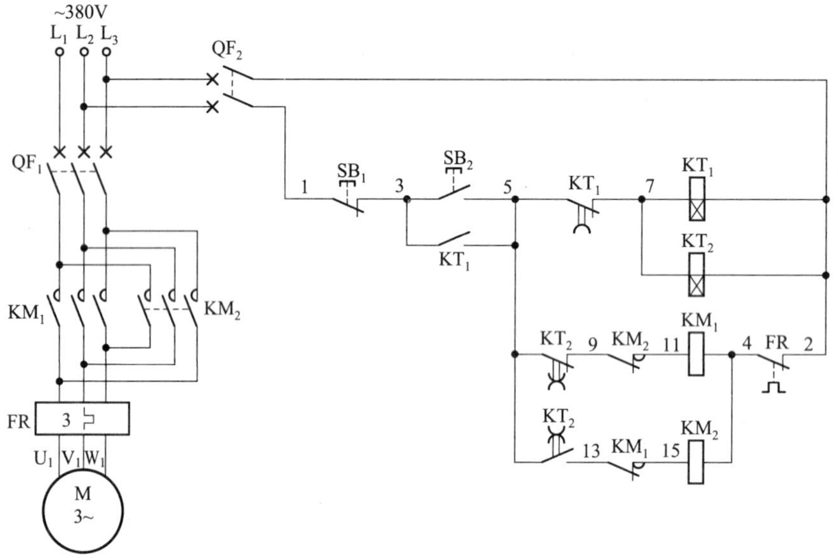

接线图

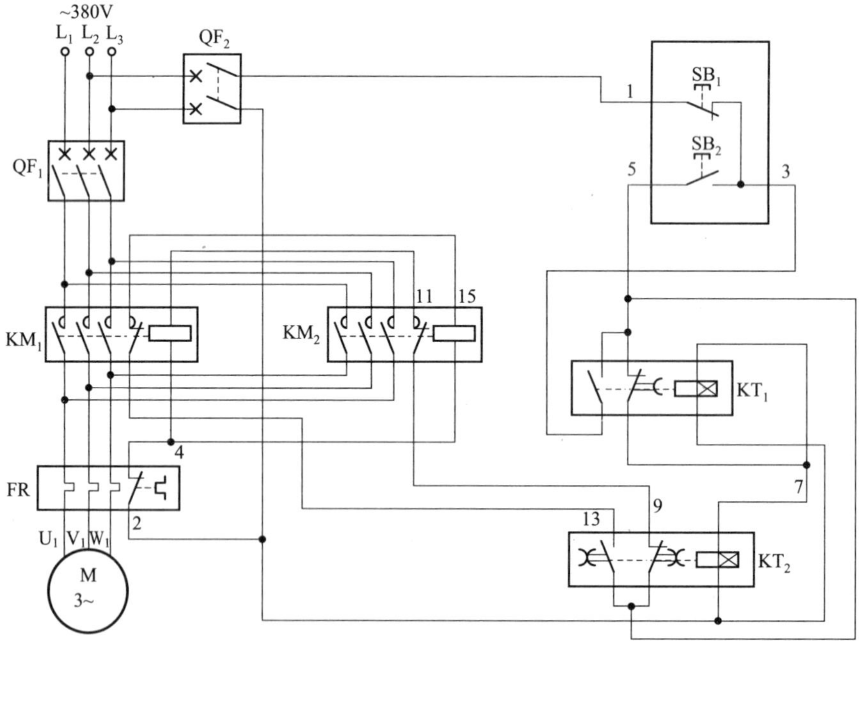

6.6 用循环时间继电器实现的电动机单向间歇运转控制电路

原理图

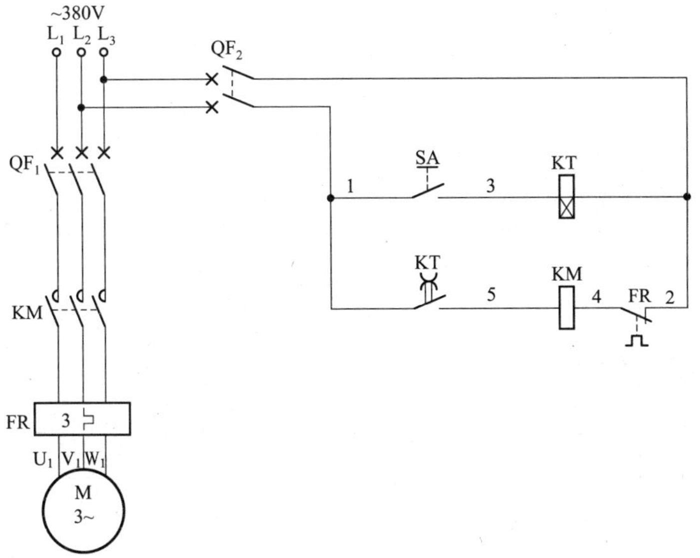

接线图

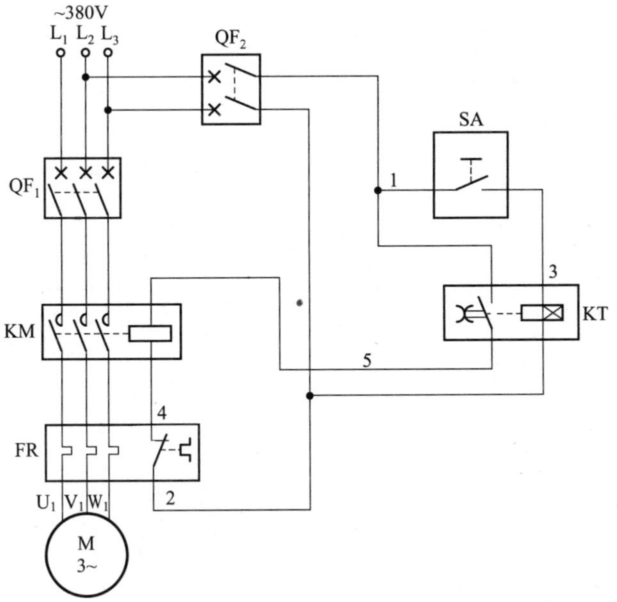

6.7 用循环时间继电器实现的电动机可逆间歇运转控制电路

原理图

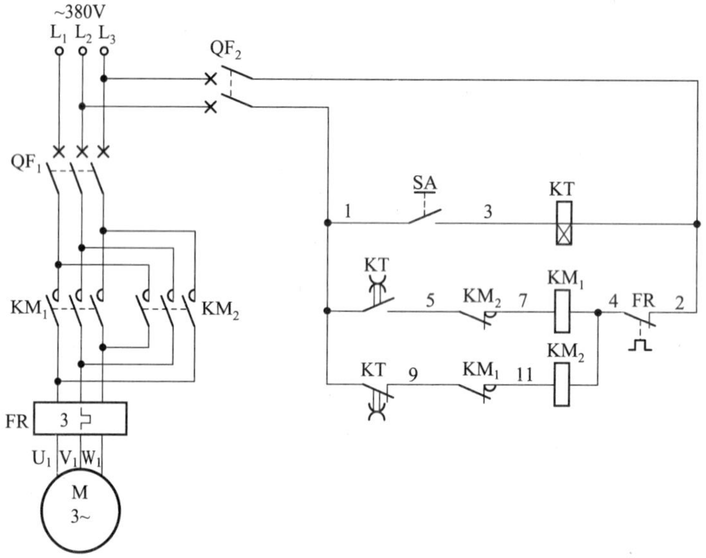

接线图

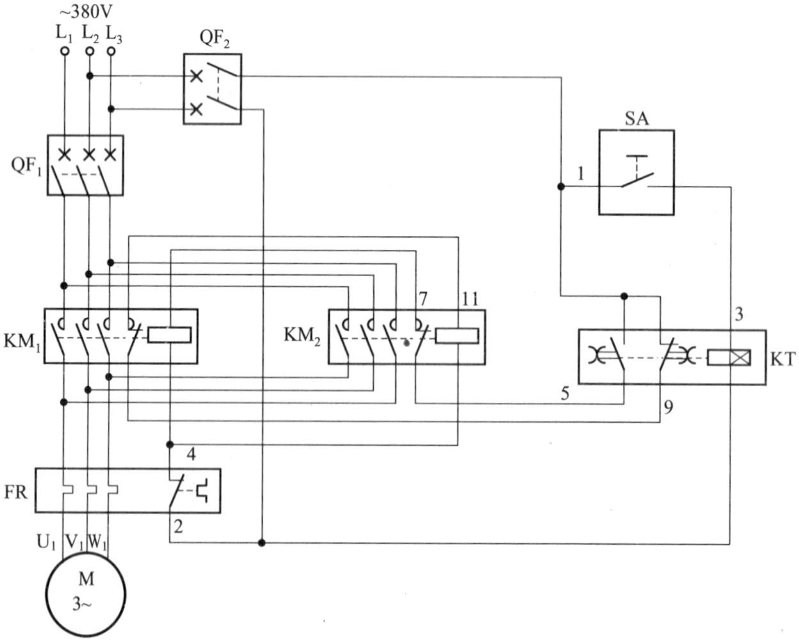

第7章

顺序控制电路

7.1 效果理想的顺序自动控制电路

原理图

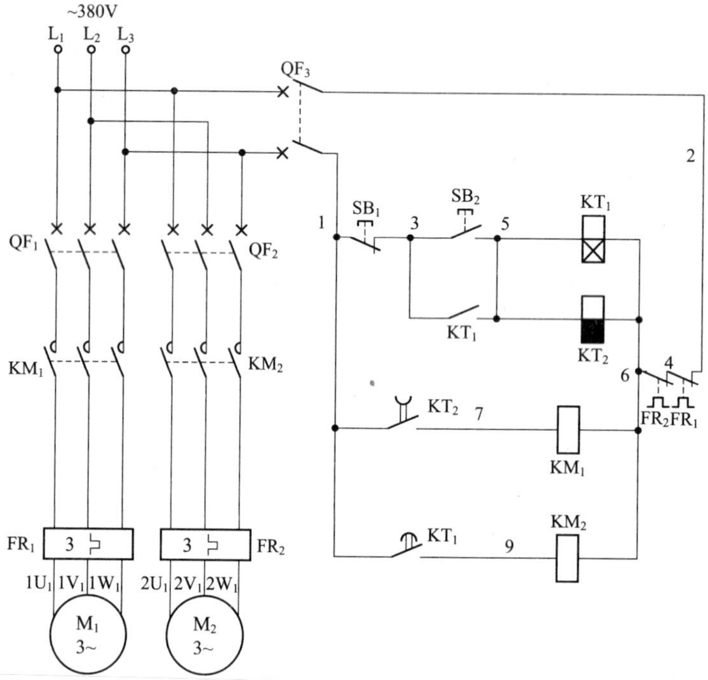

接线图

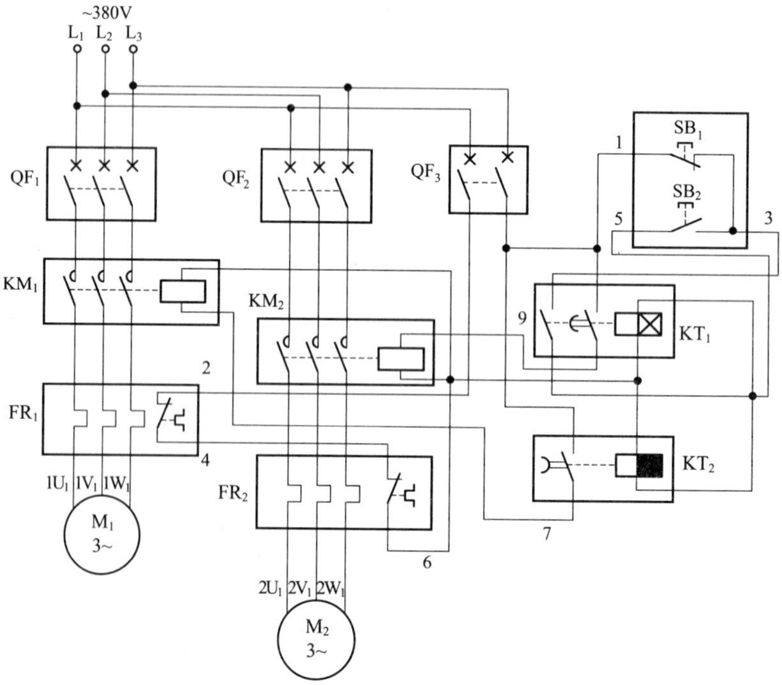

7.2 两台电动机顺序启动、任意停止控制电路(一)

原理图

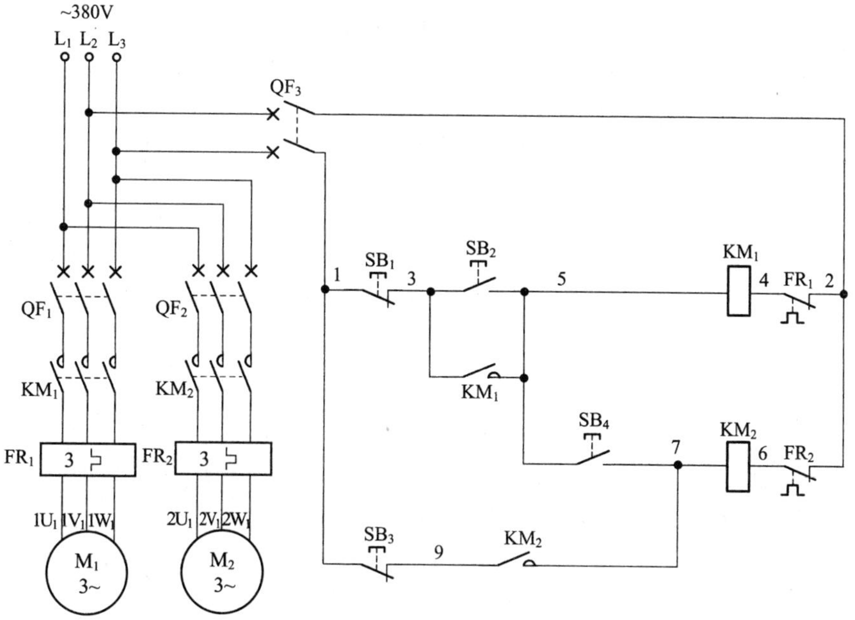

接线图

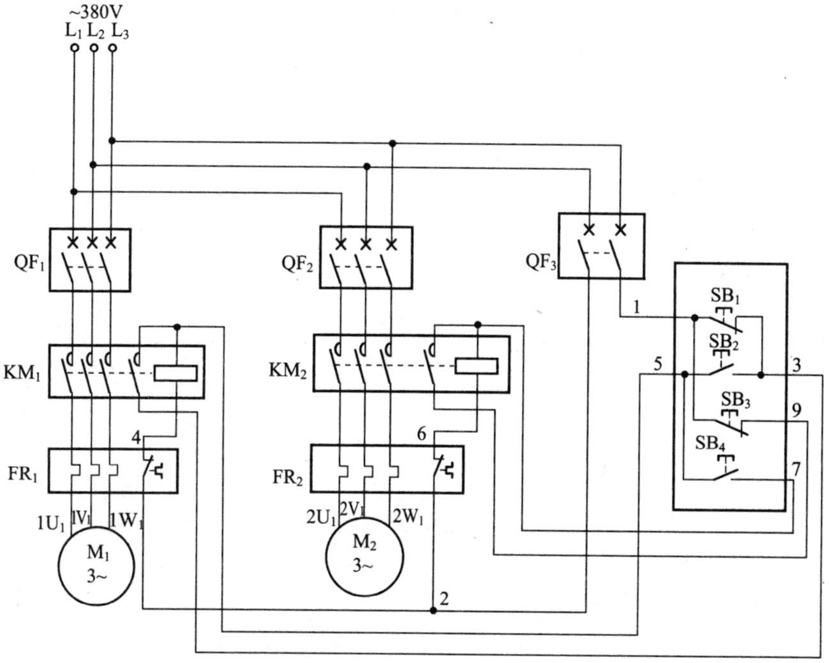

7.3　两台电动机顺序启动、任意停止控制电路（二）

原理图

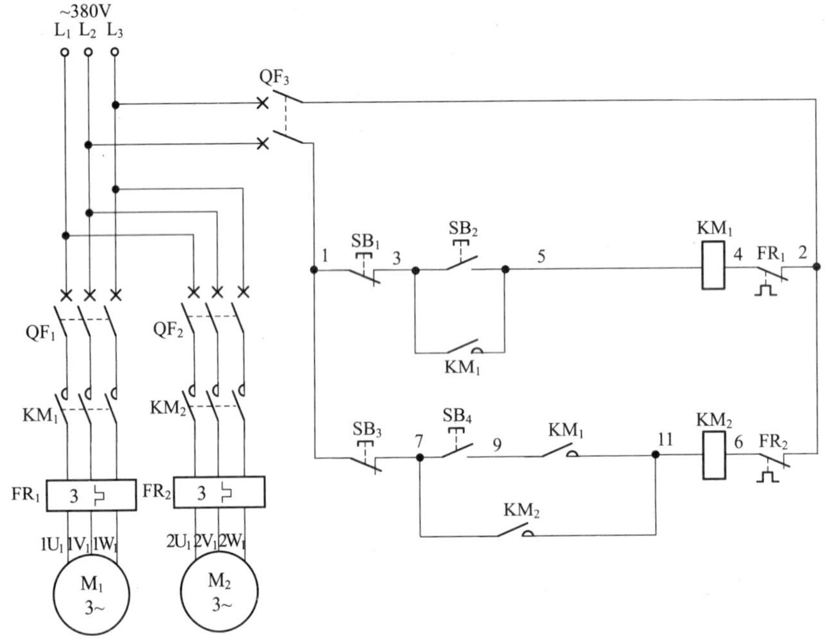

接线图

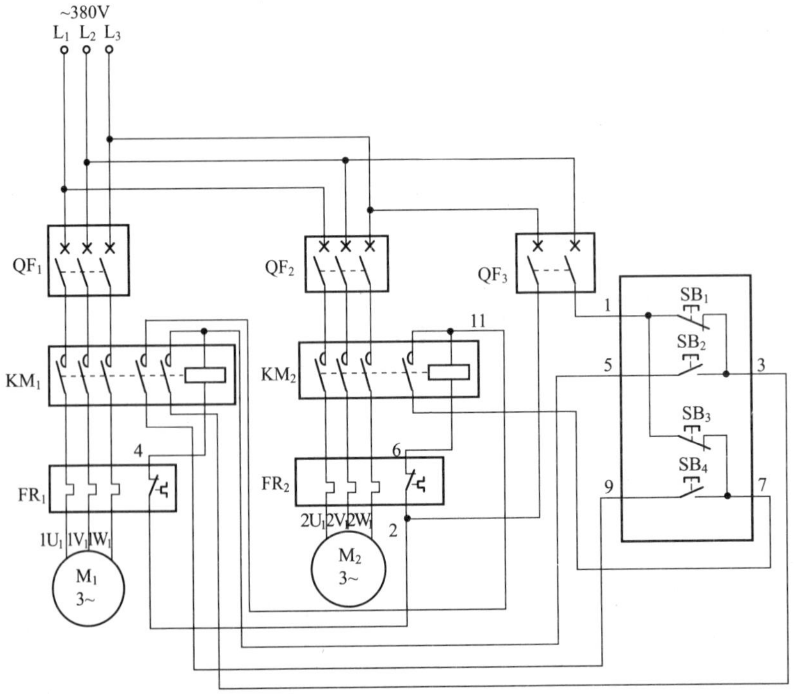

7.4 两台电动机顺序启动、任意停止控制电路(三)

原理图

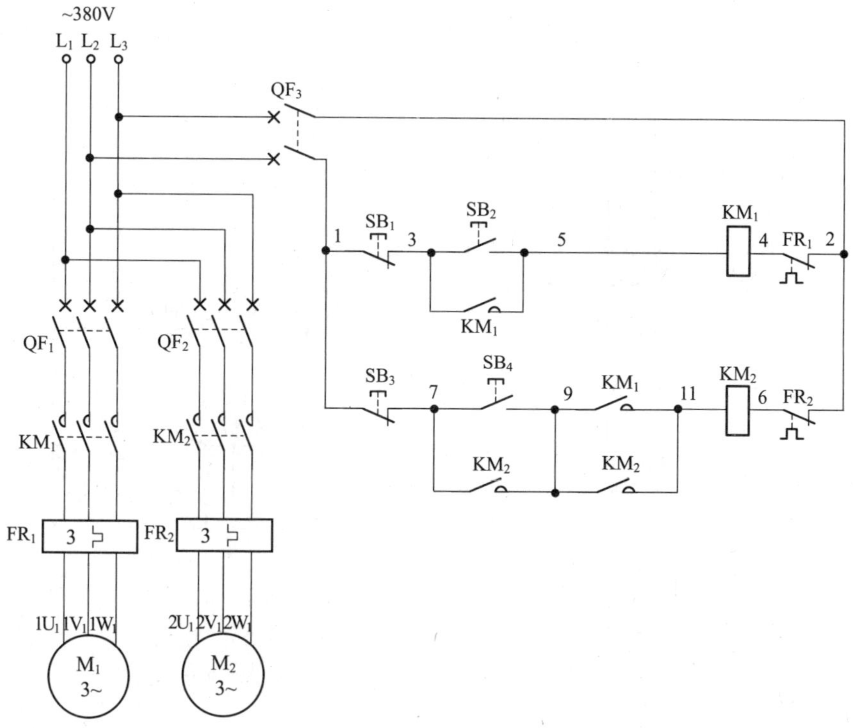

接线图

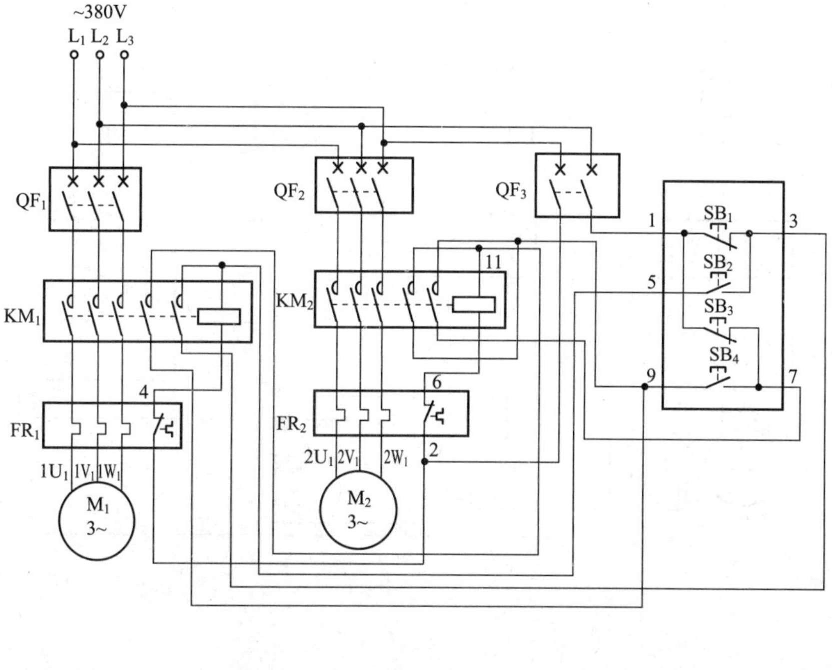

7.5 两台电动机联锁控制电路

原理图

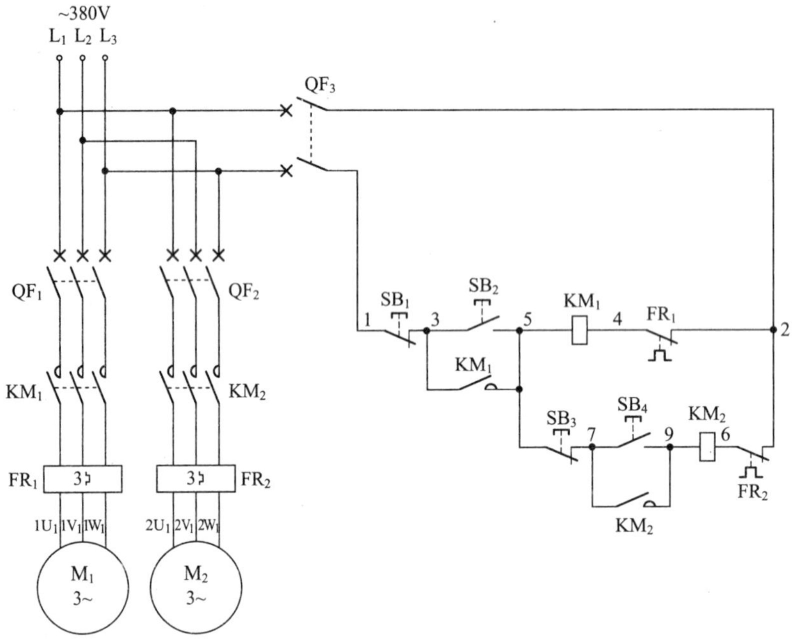

接线图

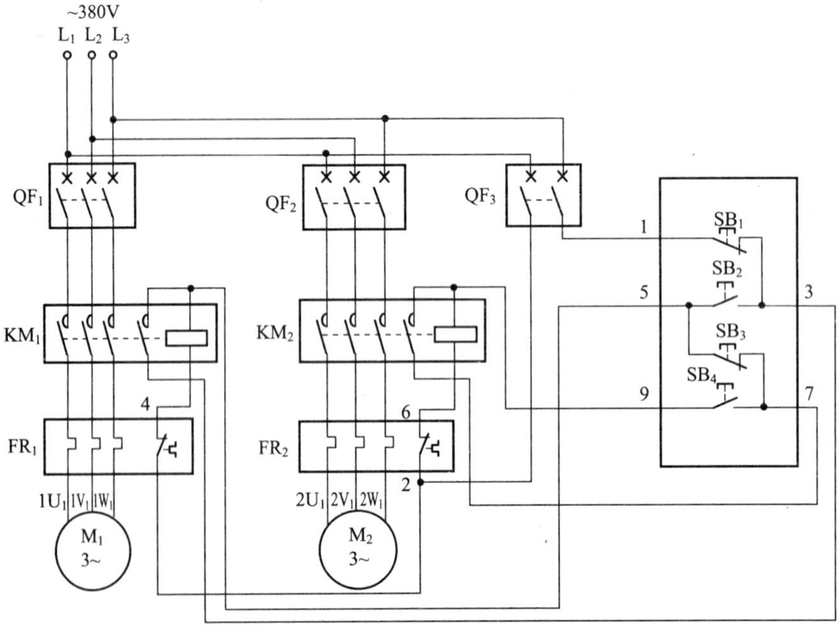

7.6 两台电动机顺序自动启动、逆序自动停止控制电路

原理图

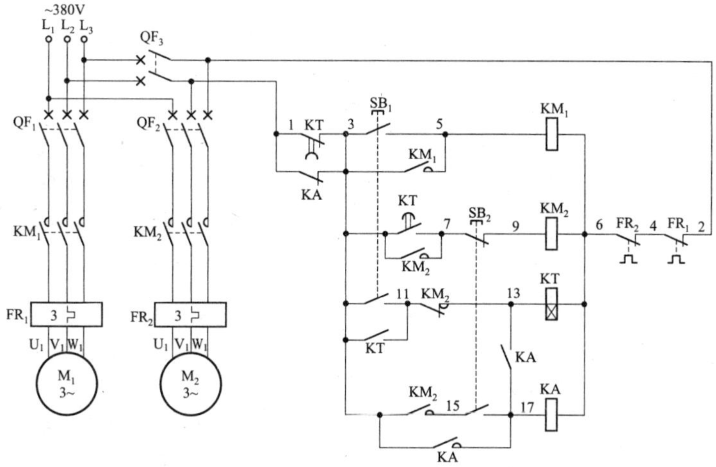

接线图

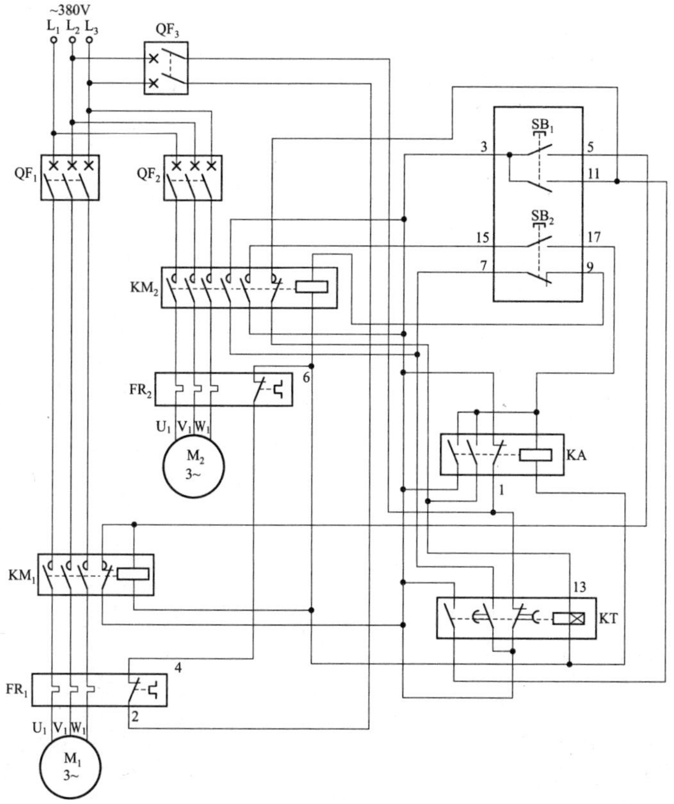

7.7 可靠度极高的两台电动机手动顺序启动、逆序停止控制电路

原理图

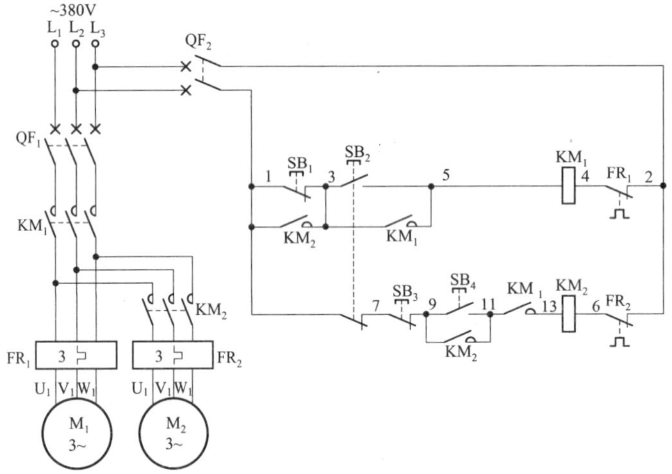

接线图

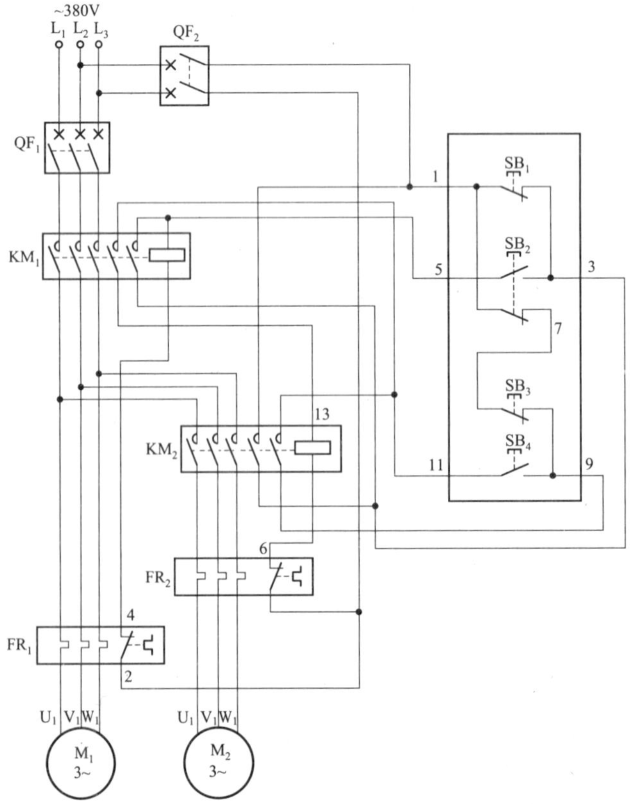

7.8 两台电动机任意手动启动、顺序停止控制电路

原理图

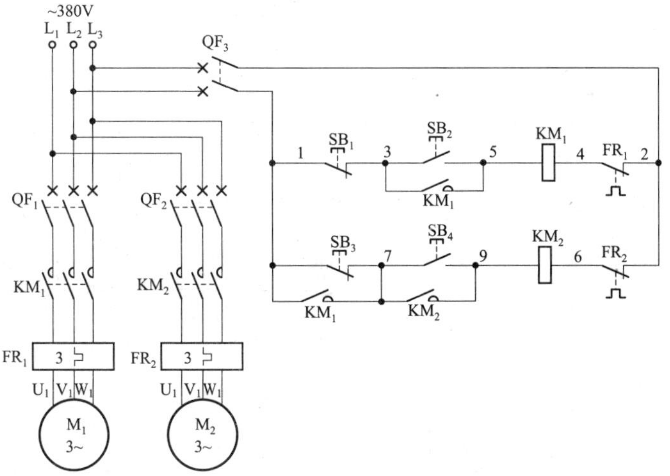

接线图

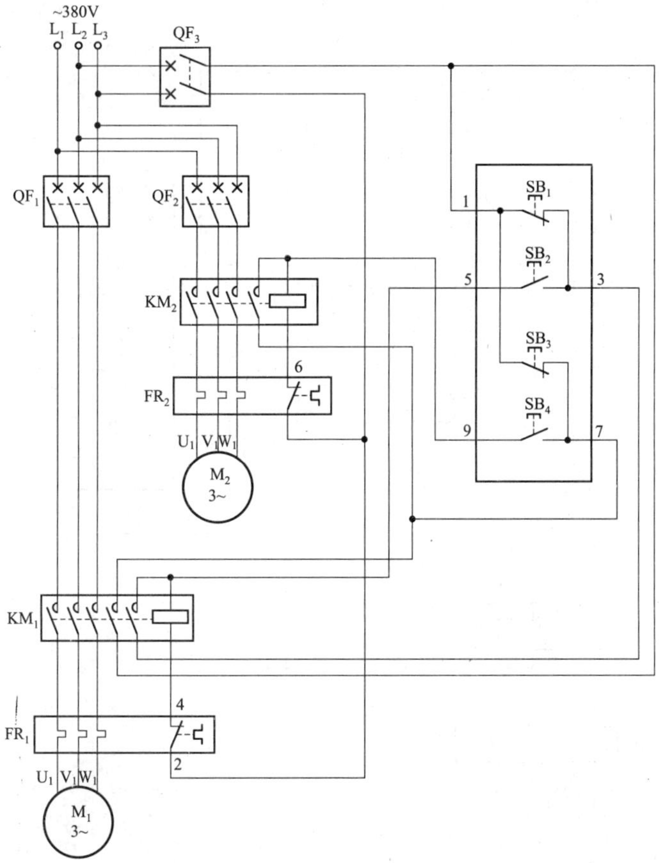

7.9 两台电动机任意手动启动、逆序停止控制电路

原理图

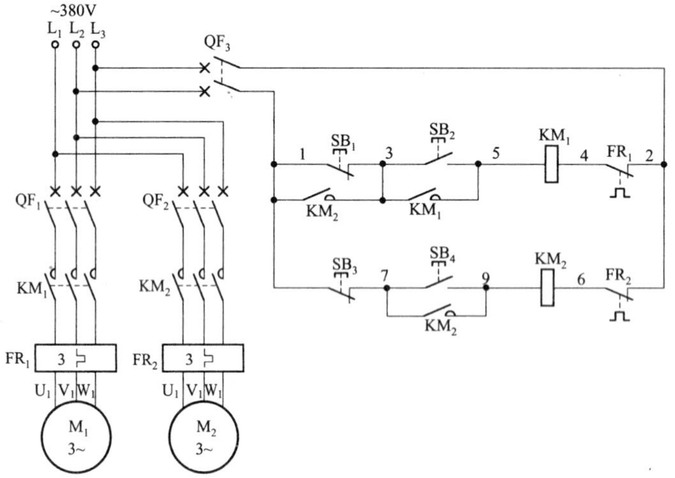

接线图

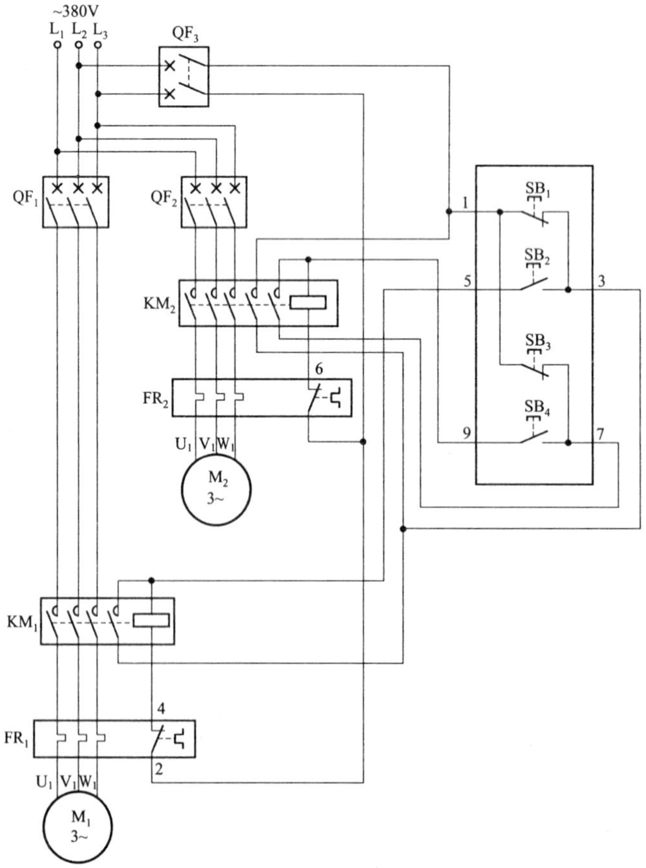

7.10 两台电动机手动顺序启动、手动顺序停止控制电路

原理图

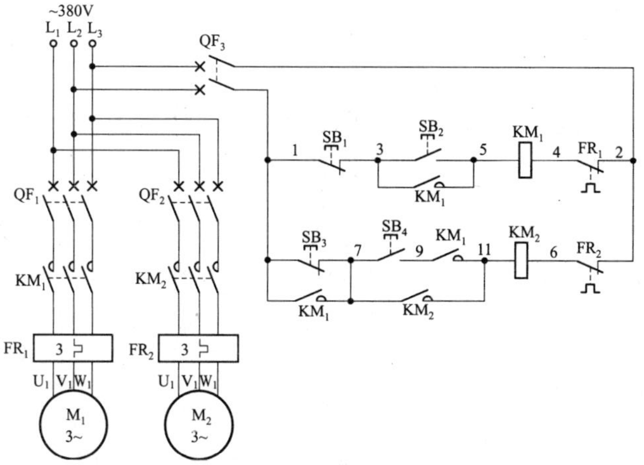

接线图

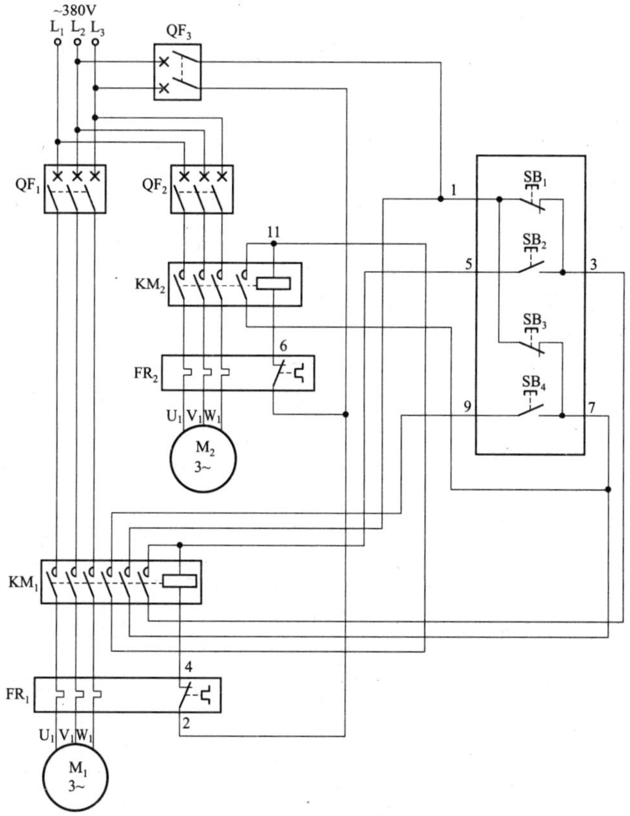

7.11 两台电动机顺序自动启动、顺序自动停止，逆序自动启动、逆序自动停止控制电路

原理图

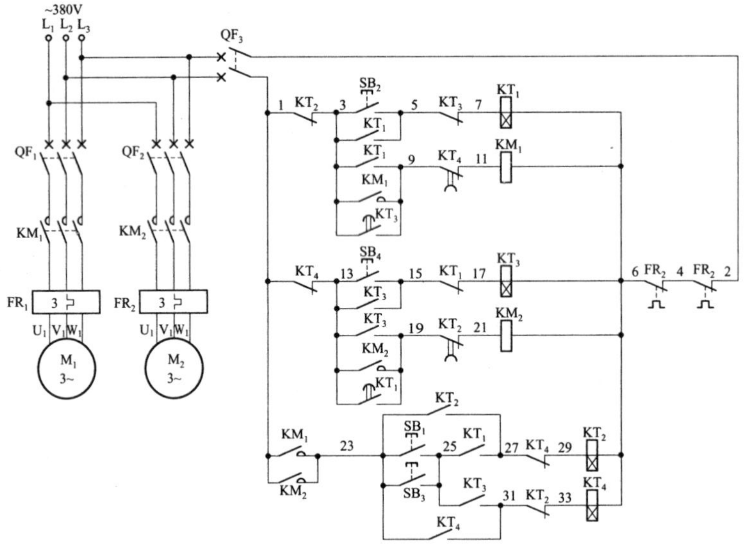

接线图

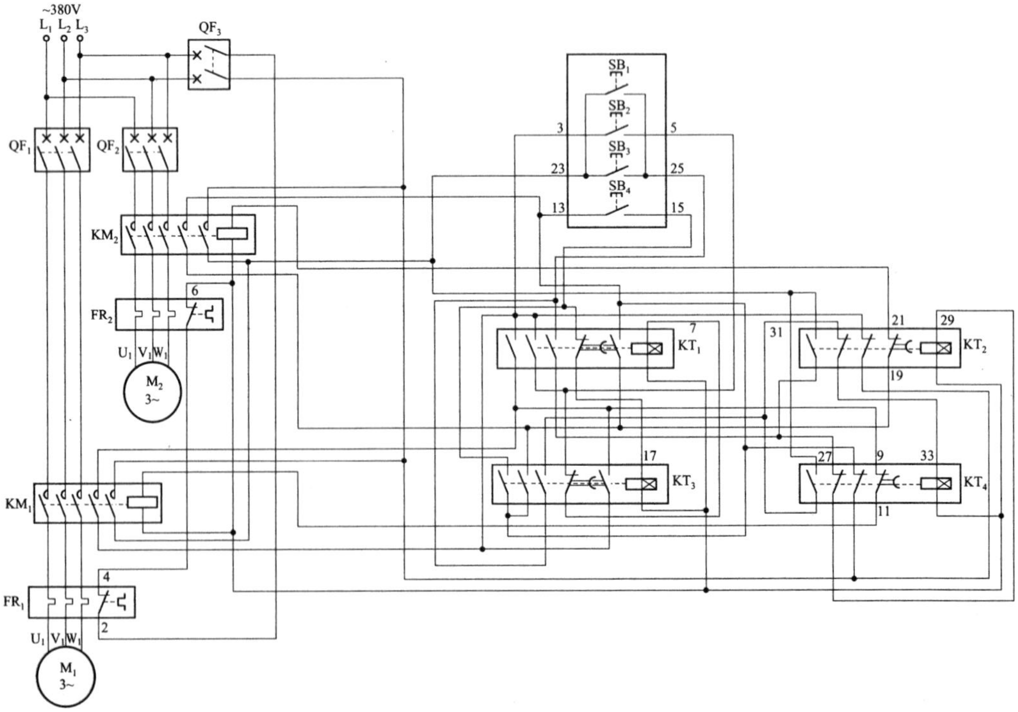

7.12 两台电动机任意手动启动，停止时可根据需求顺序或逆序延时自动逐台停止控制电路

原理图

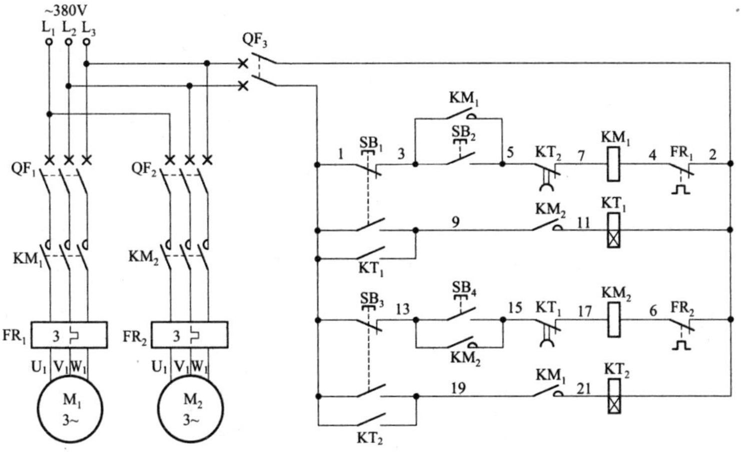

接线图

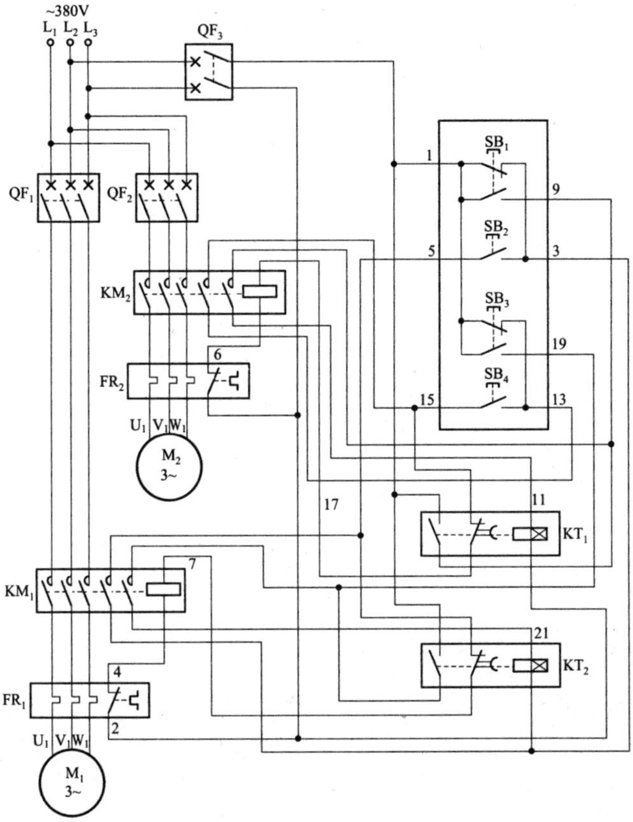

第 8 章

电动机制动控制电路

8.1 反接制动控制电路

原理图

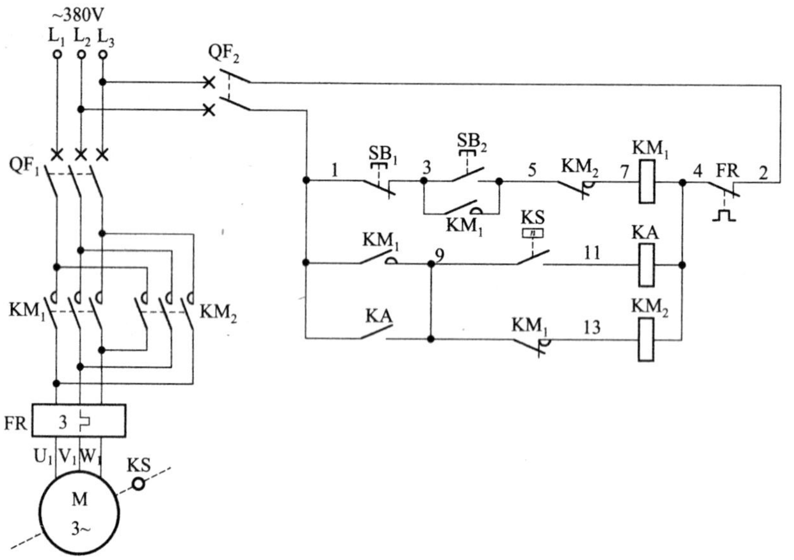

接线图

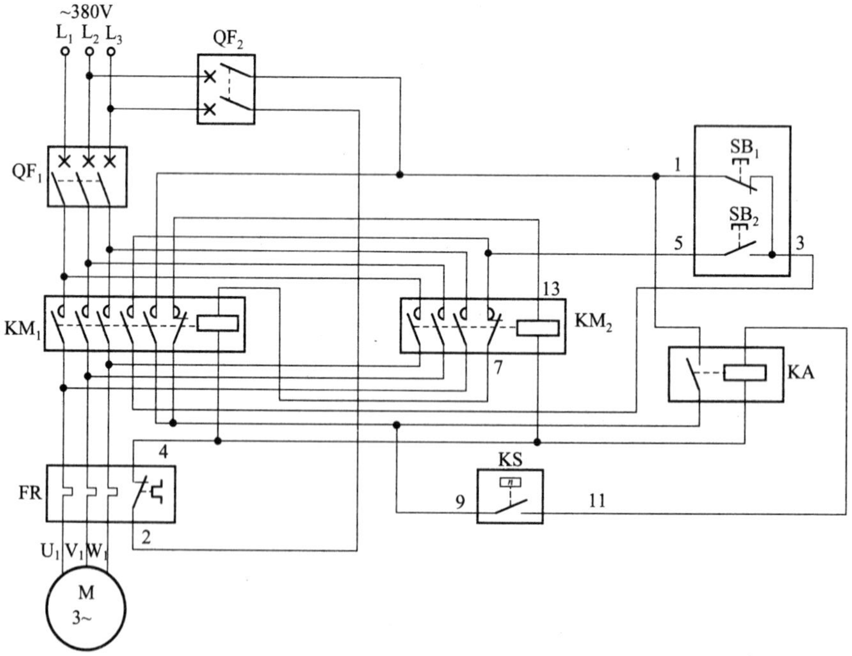

8.2 单向运转反接制动控制电路（一）

原理图

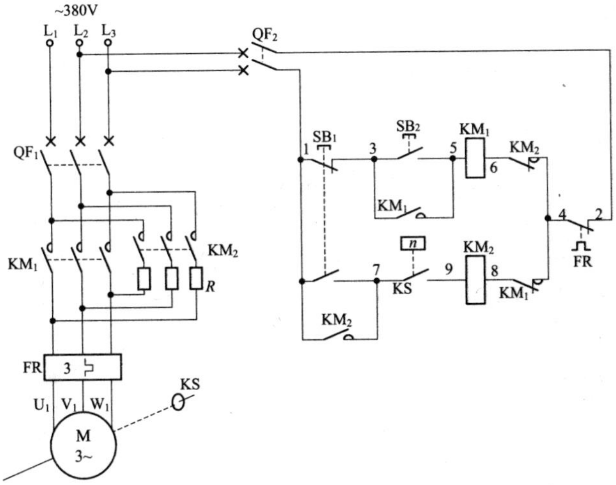

接线图

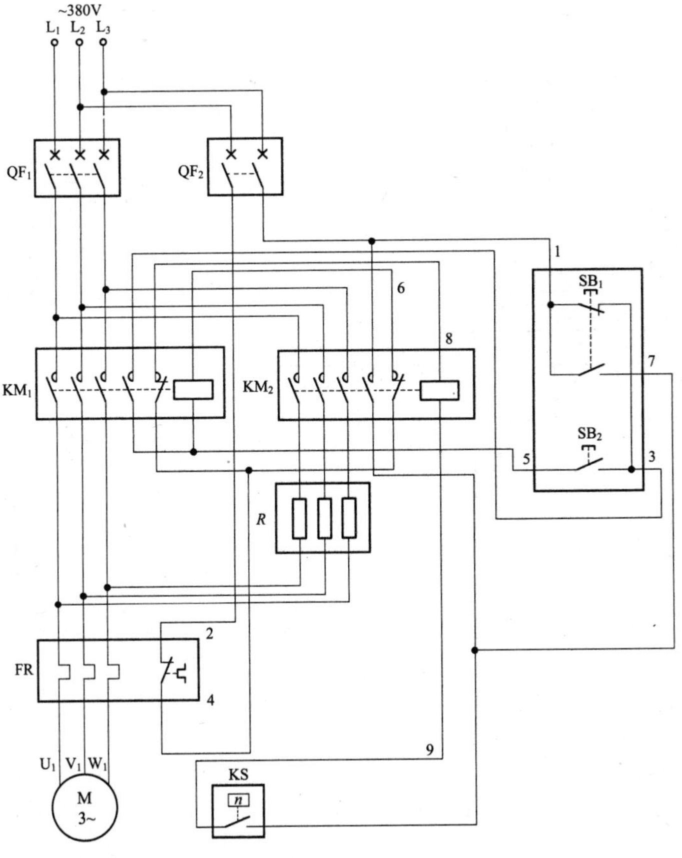

8.3 单向运转反接制动控制电路（二）

原理图

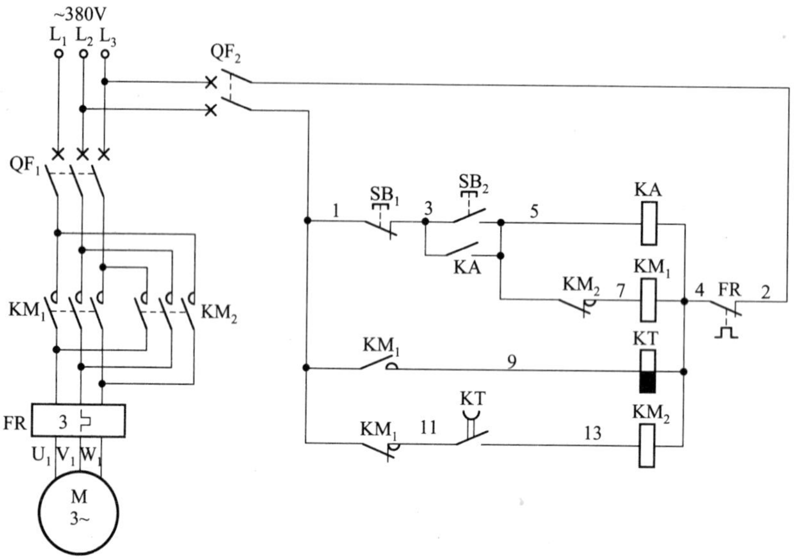

接线图

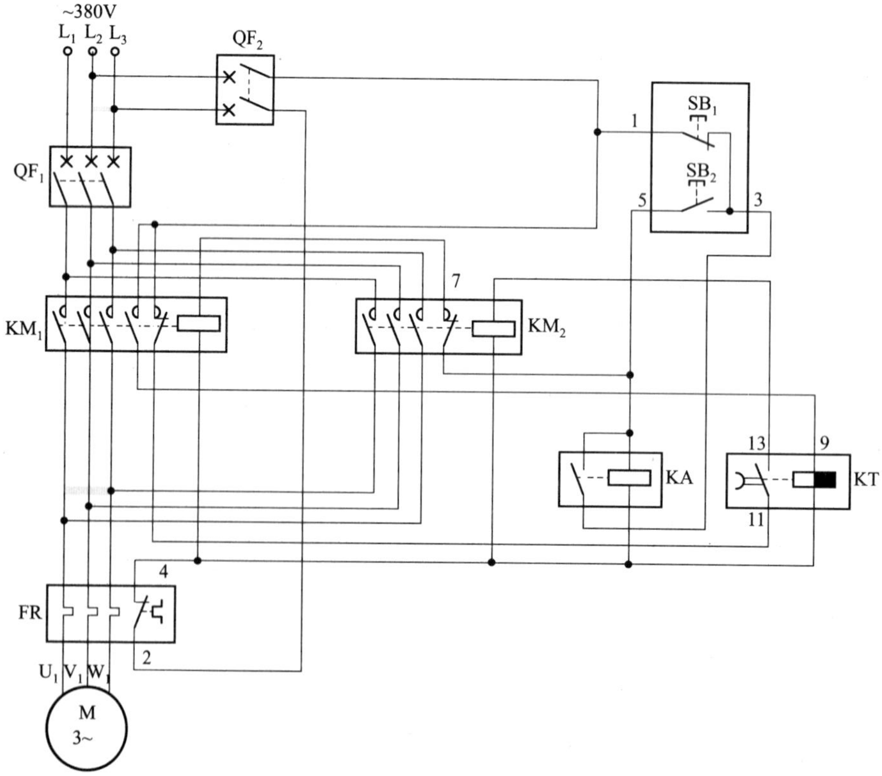

8.4 降压启动反接制动控制电路

原理图

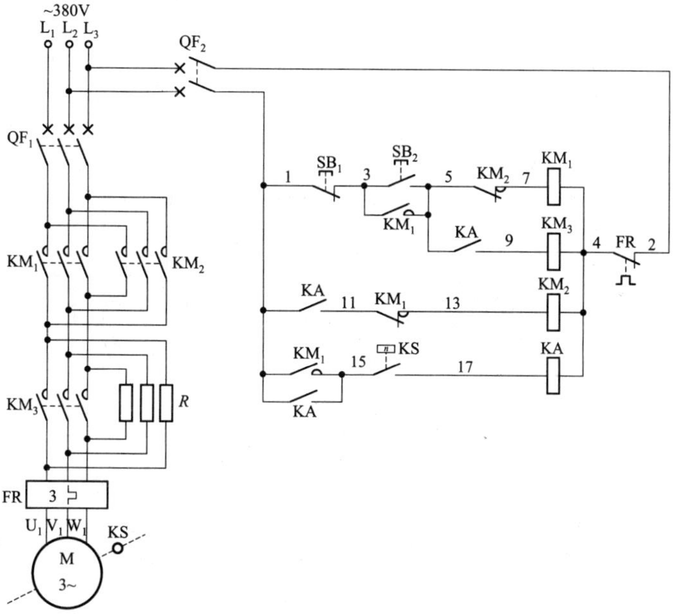

接线图

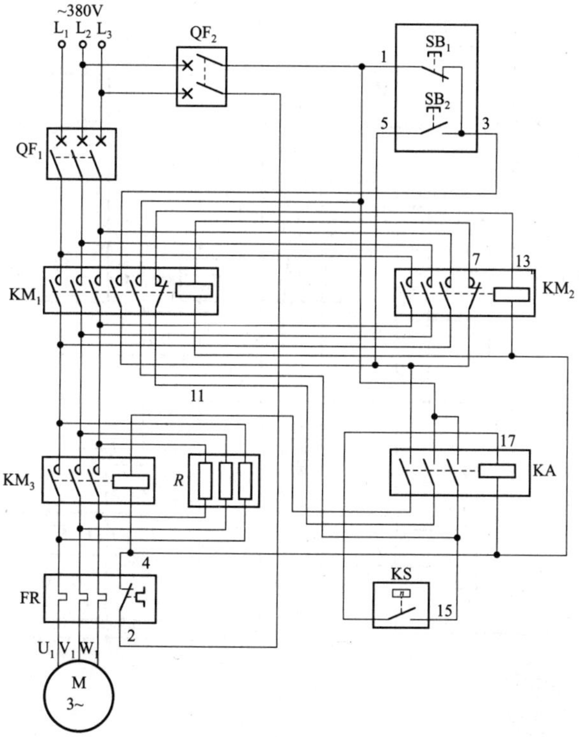

8.5 不用速度继电器的单向运转反接制动控制电路（一）

原理图

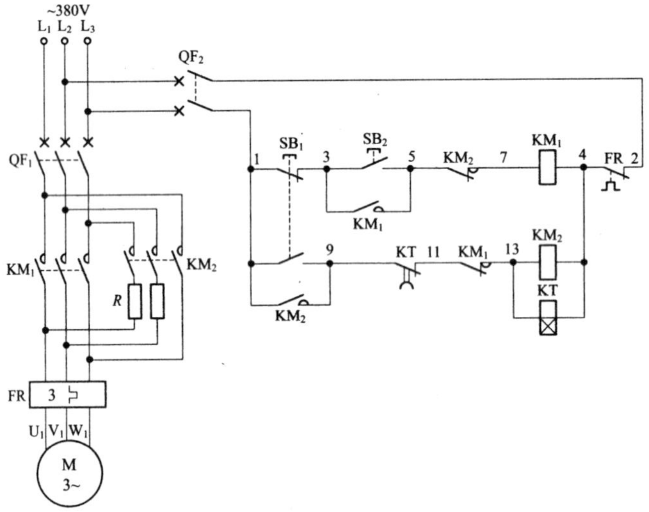

接线图

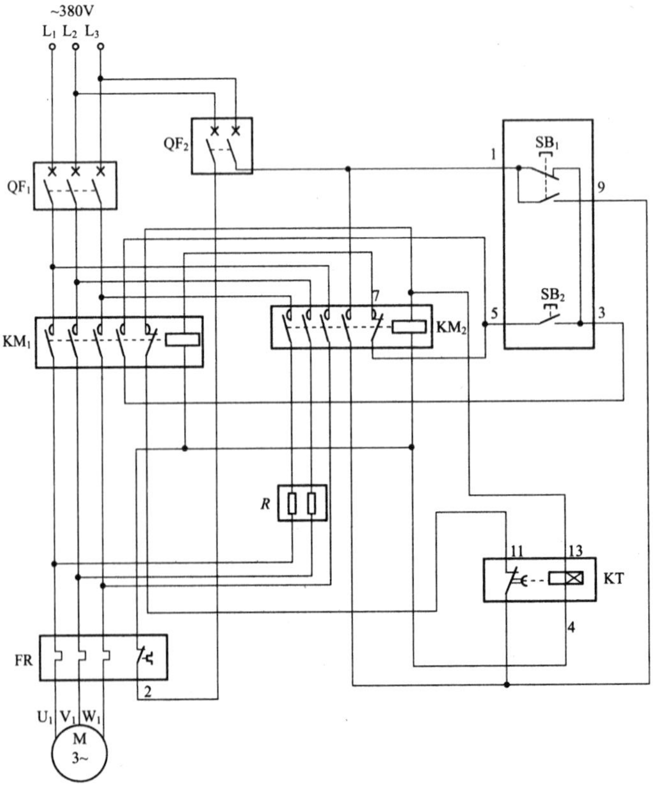

8.6 不用速度继电器的单向运转反接制动控制电路（二）

原理图

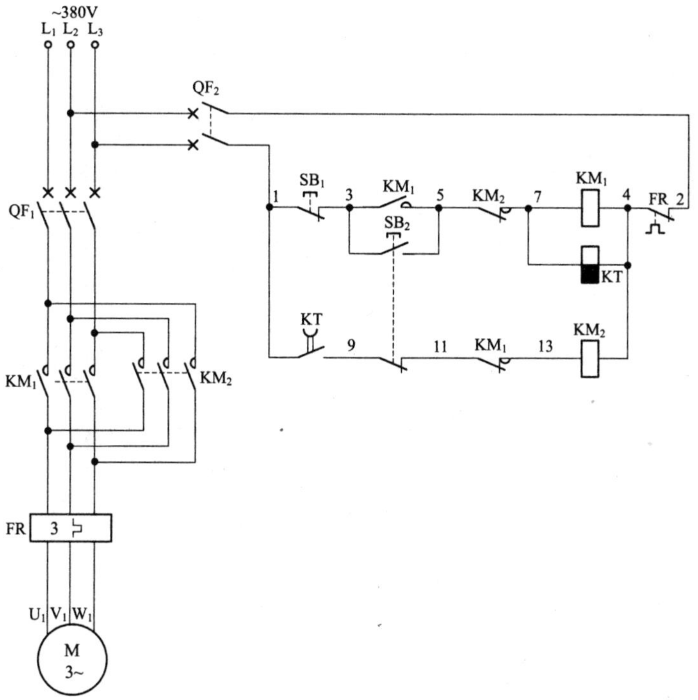

接线图

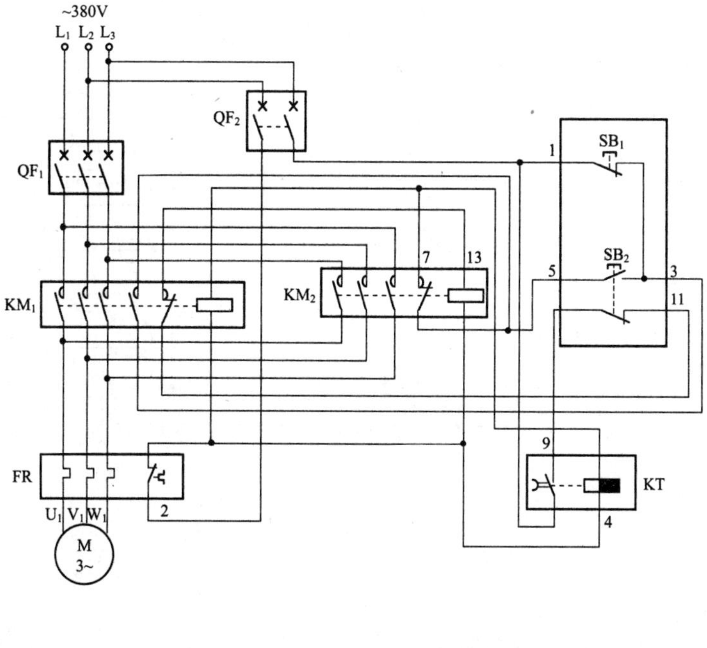

8.7 不用速度继电器的双向运转反接制动控制电路

原理图

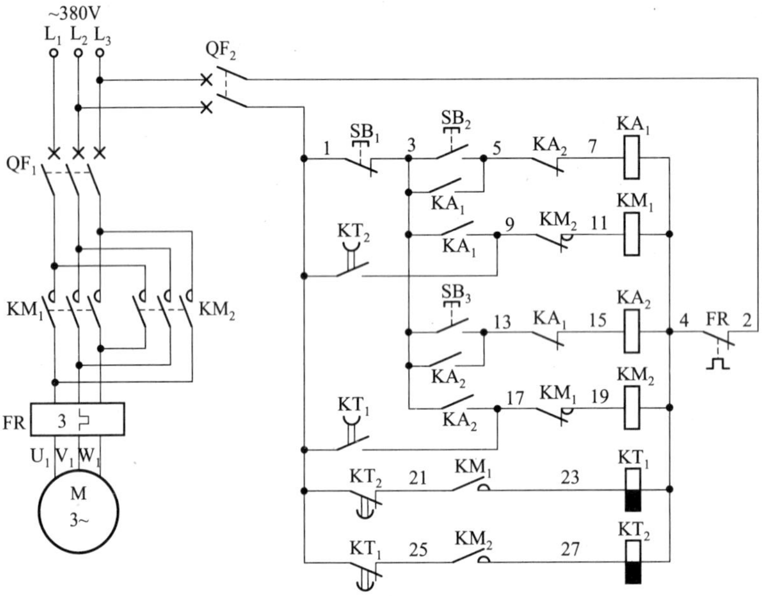

接线图

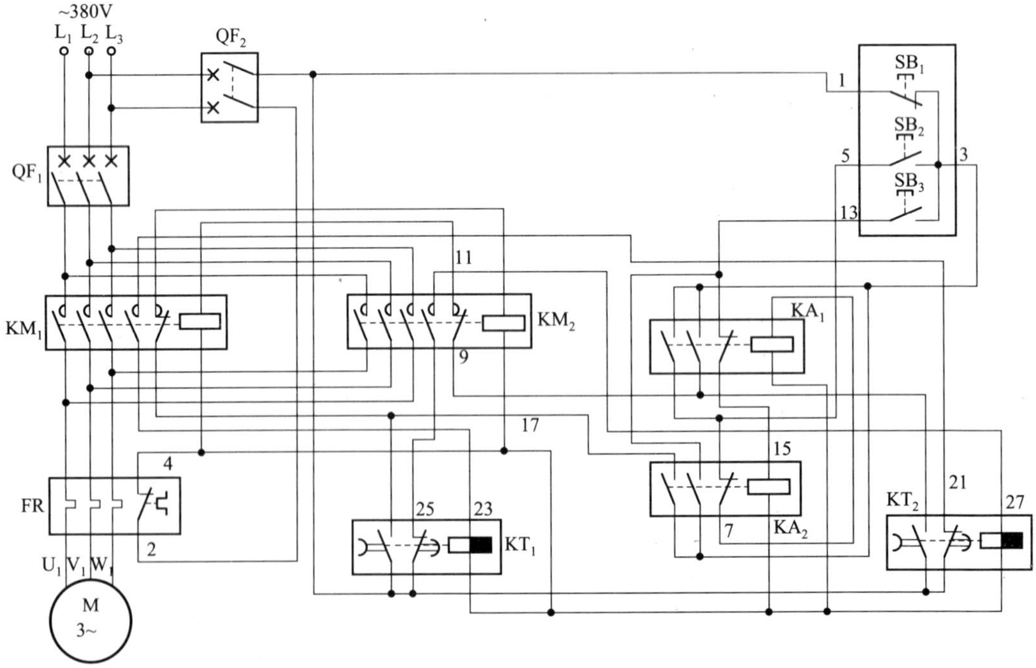

8.8 单向运转短接制动控制电路（一）

原理图

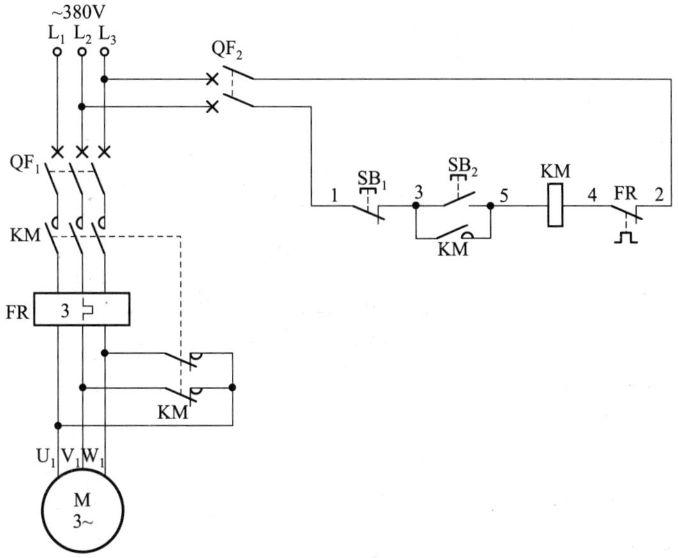

接线图

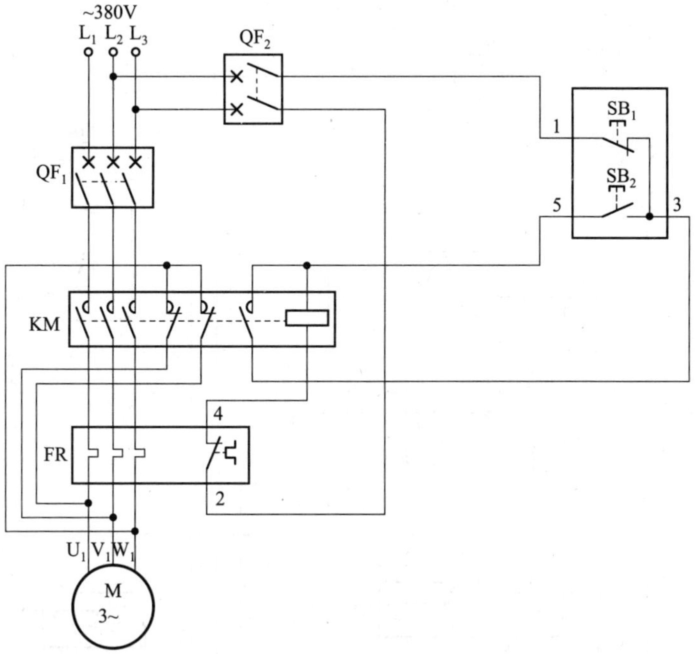

8.9 单向运转短接制动控制电路（二）

原理图

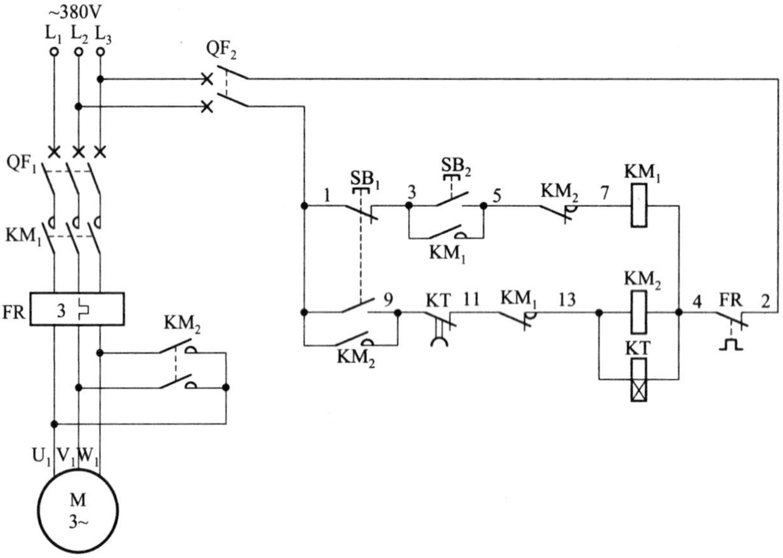

接线图

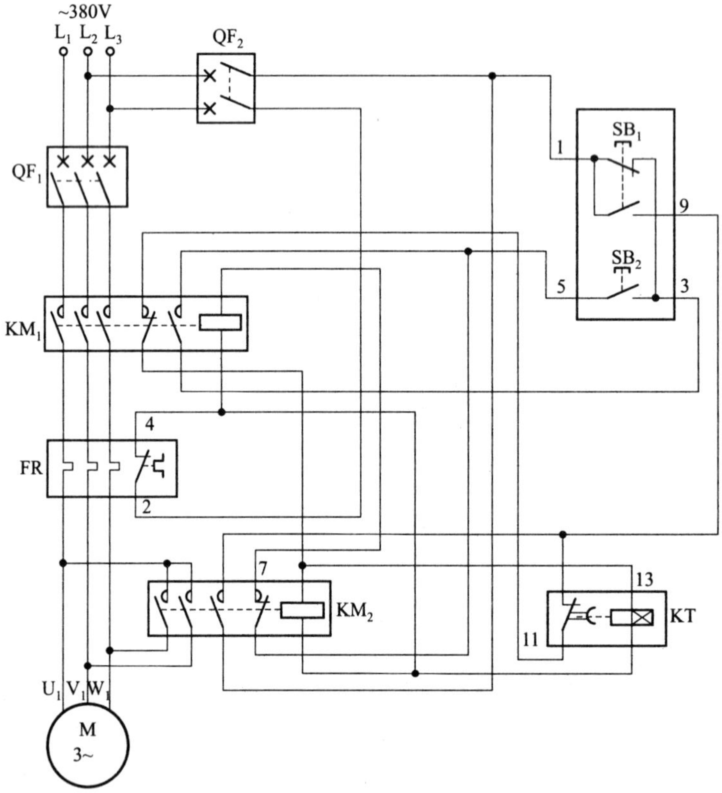

8.10 单向运转短接制动控制电路（三）

原理图

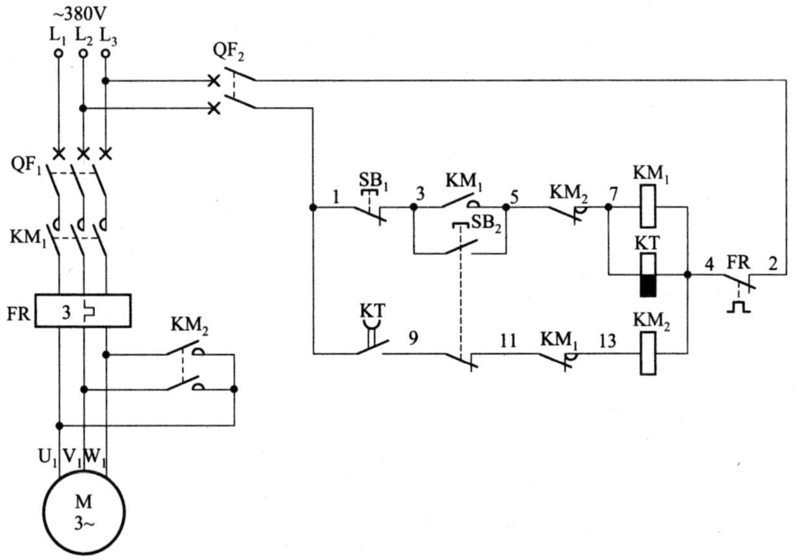

接线图

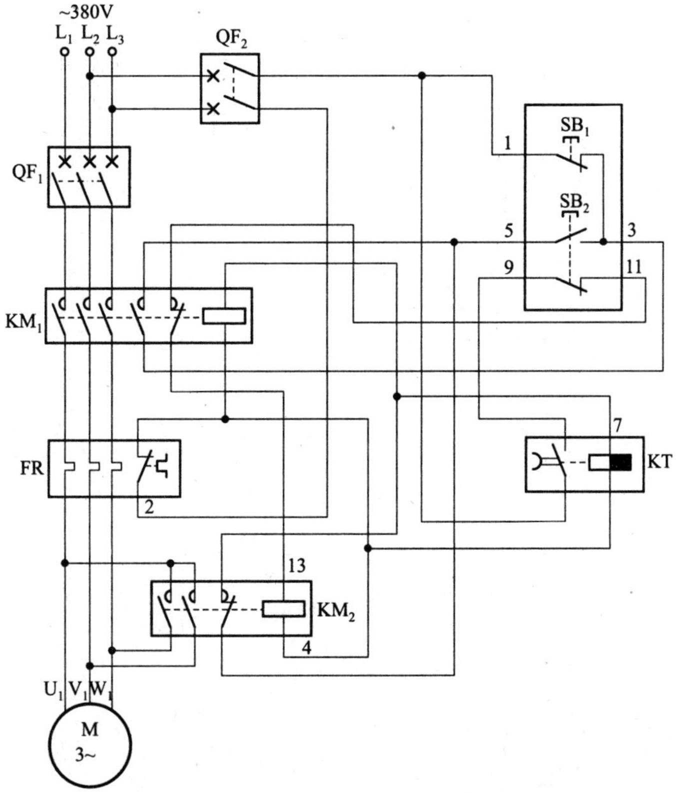

8.11 单向运转短接制动控制电路（四）

原理图

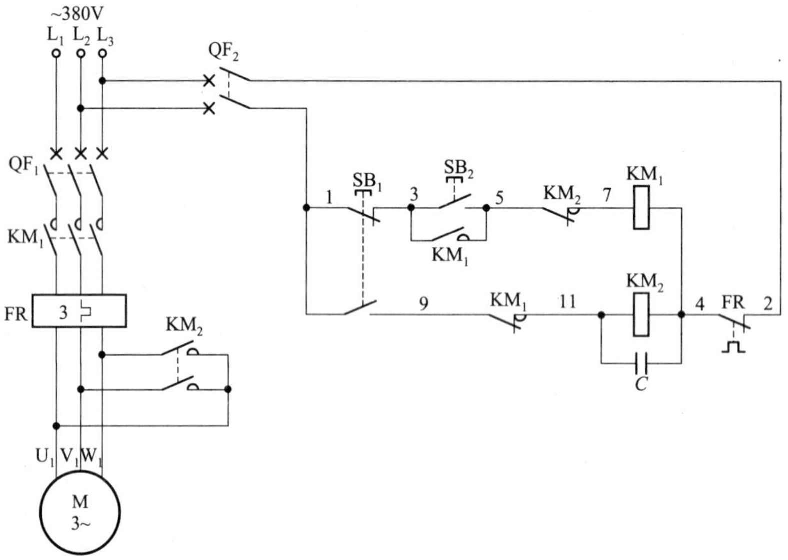

接线图

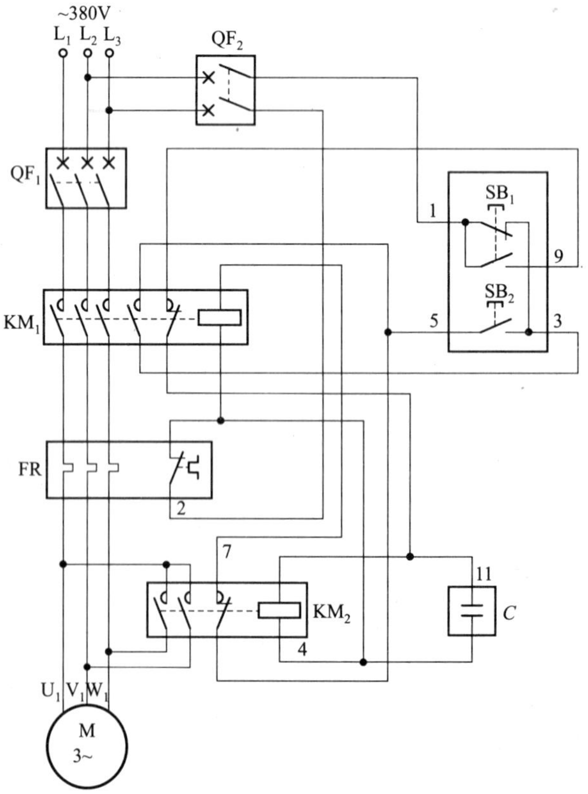

8.12 单管整流能耗制动控制电路

原理图

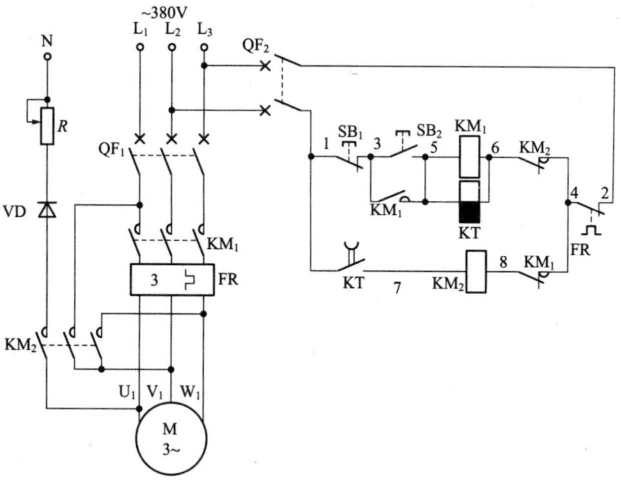

接线图

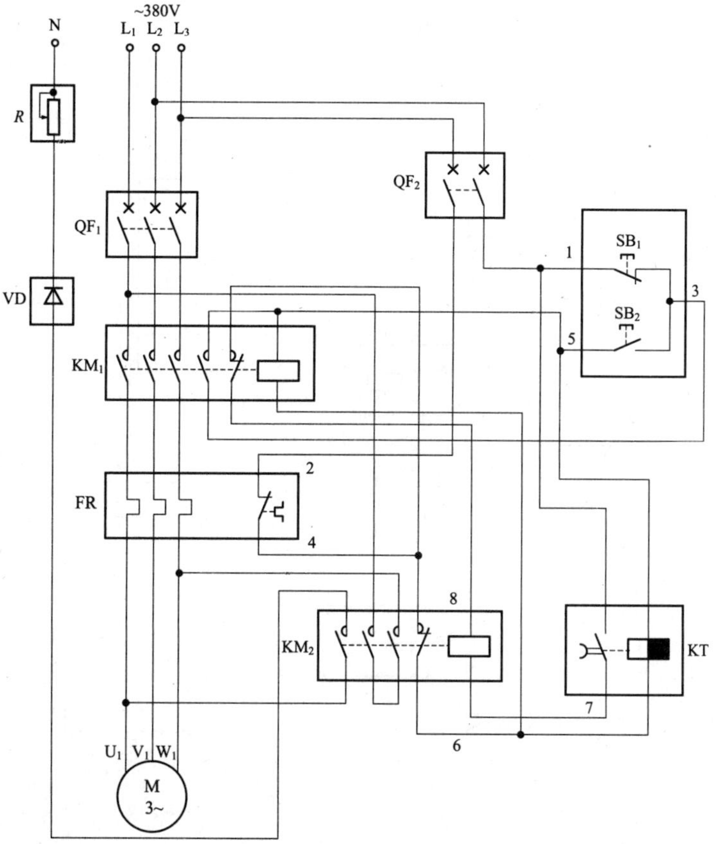

8.13 全波整流单向能耗制动控制电路

原理图

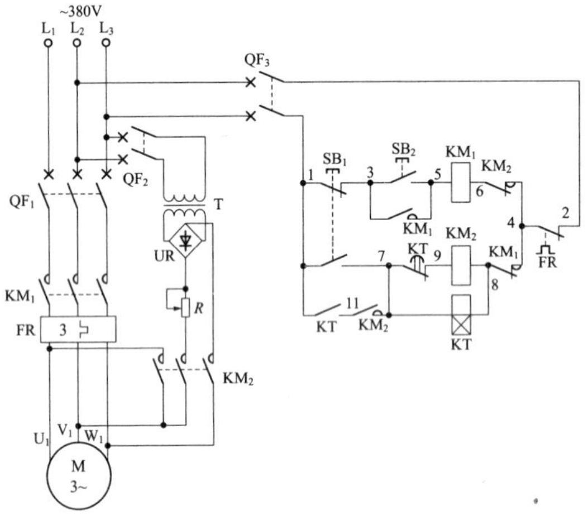

接线图

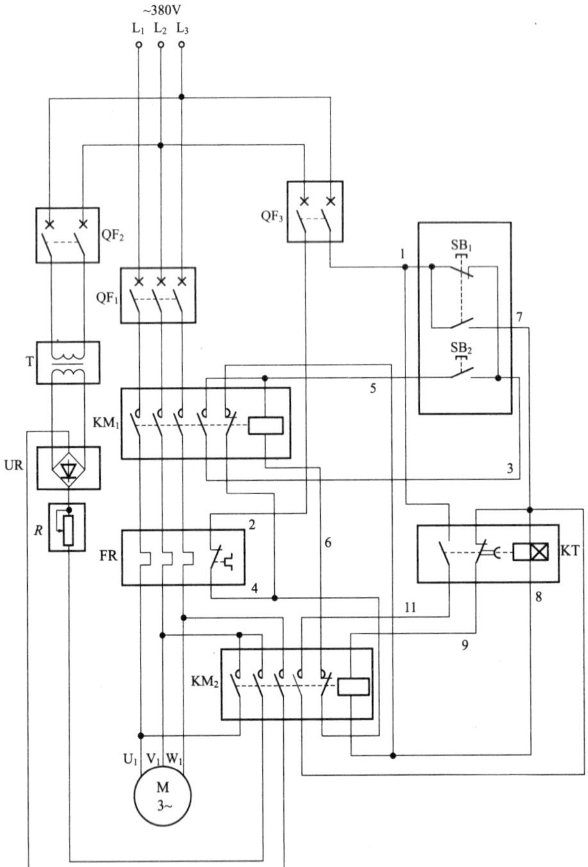

8.14 用手动按钮控制制动时间的单向能耗制动控制电路

原理图

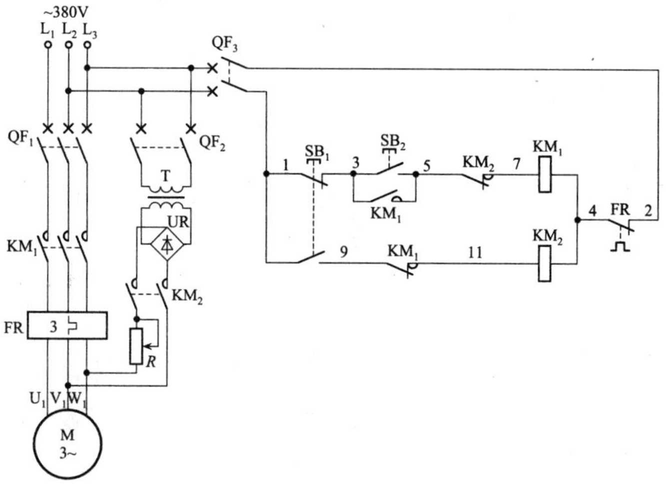

接线图

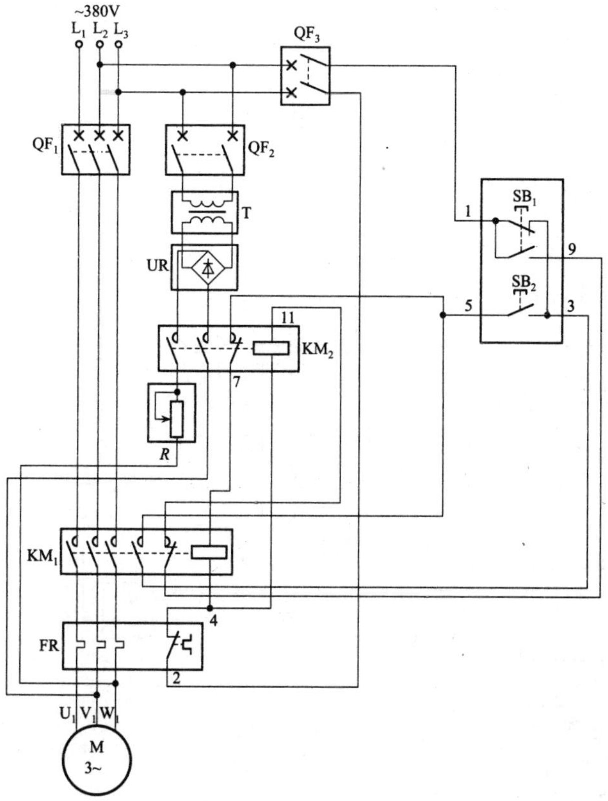

8.15 采用不对称电阻的单向运转反接制动控制电路

原理图

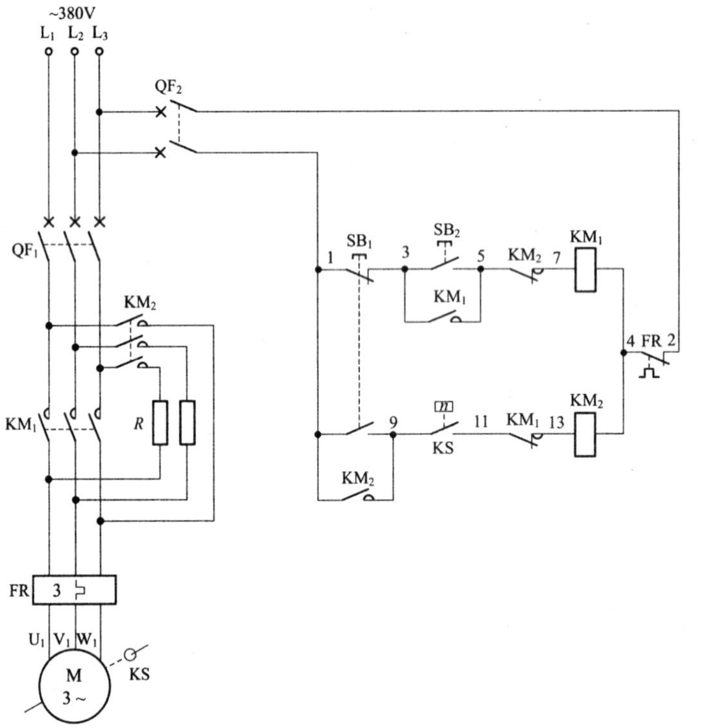

接线图

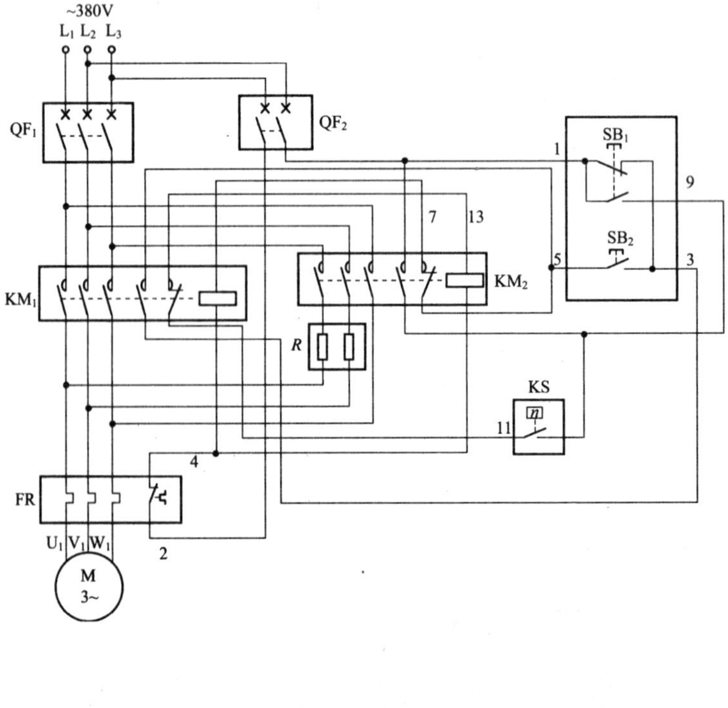

8.16 用电磁离合器进行单向启停的制动控制电路

原理图

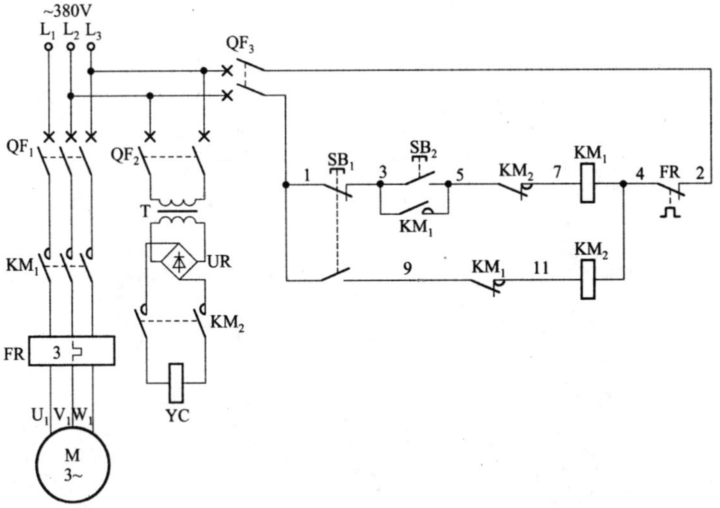

接线图

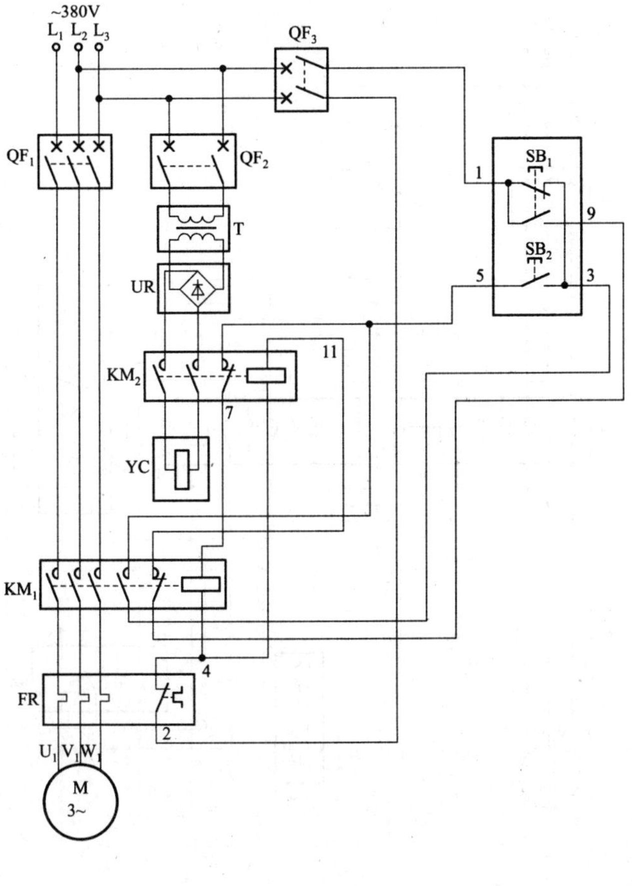

8.17 双向运转反接制动控制电路

原理图

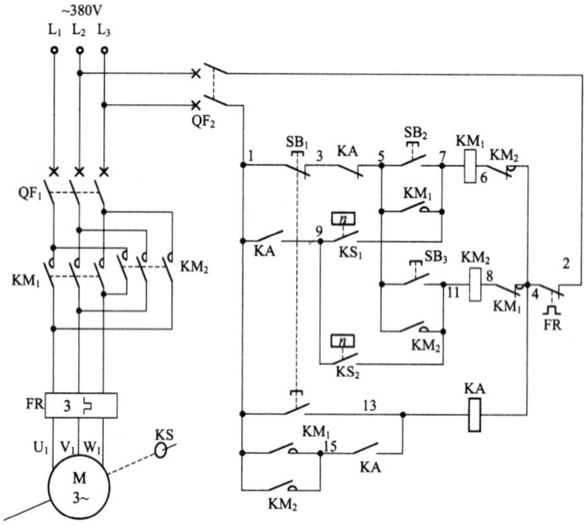

接线图

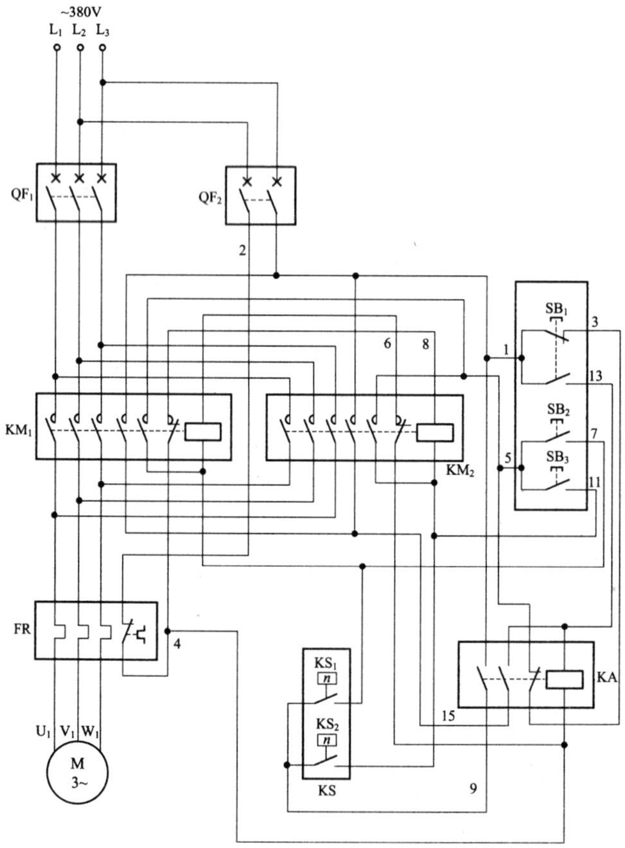

8.18 电磁抱闸制动控制电路（一）

原理图

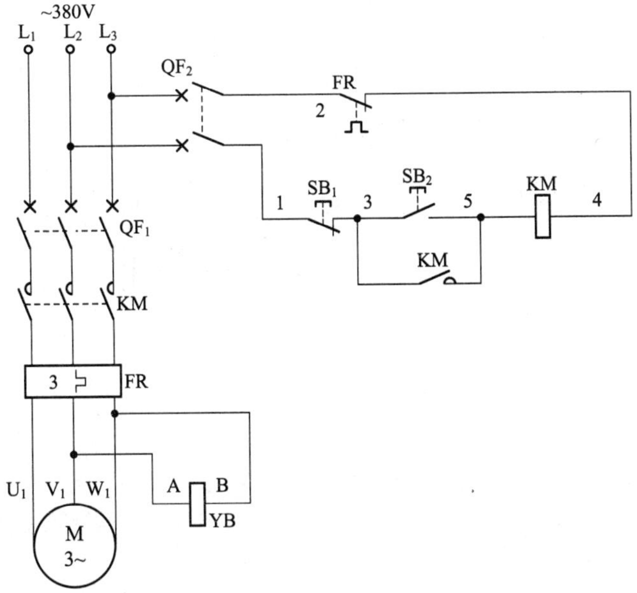

接线图

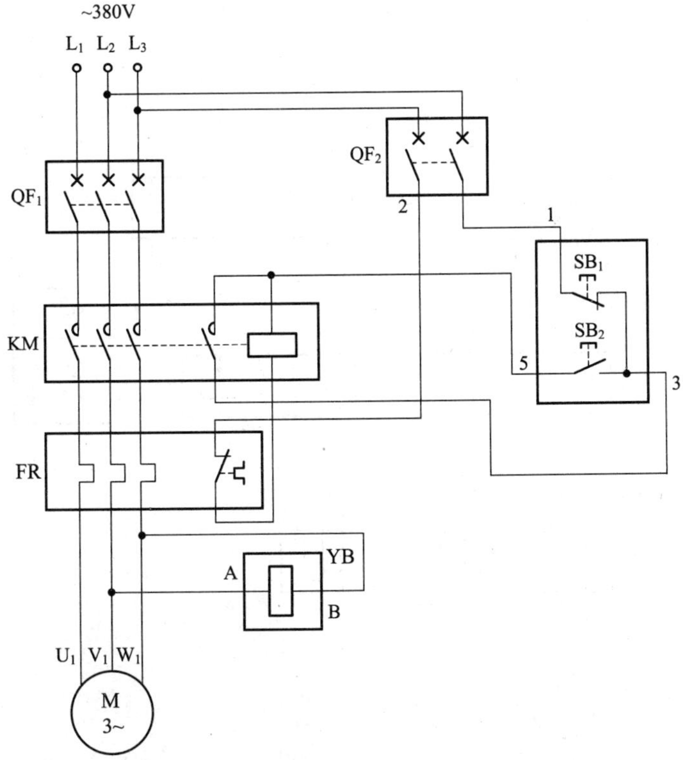

8.19 电磁抱闸制动控制电路（二）

原理图

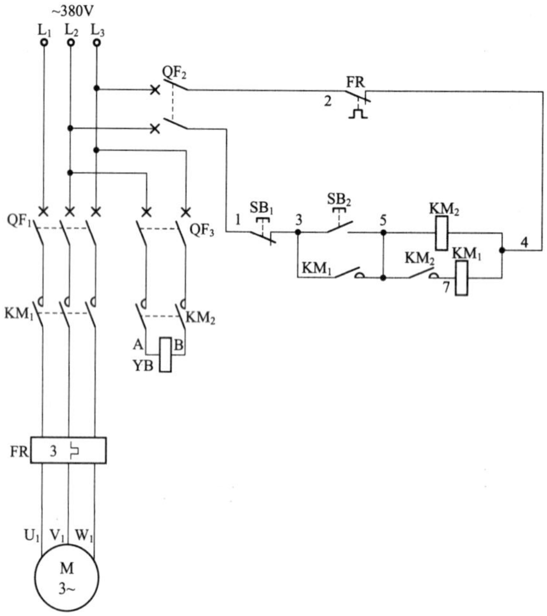

接线图

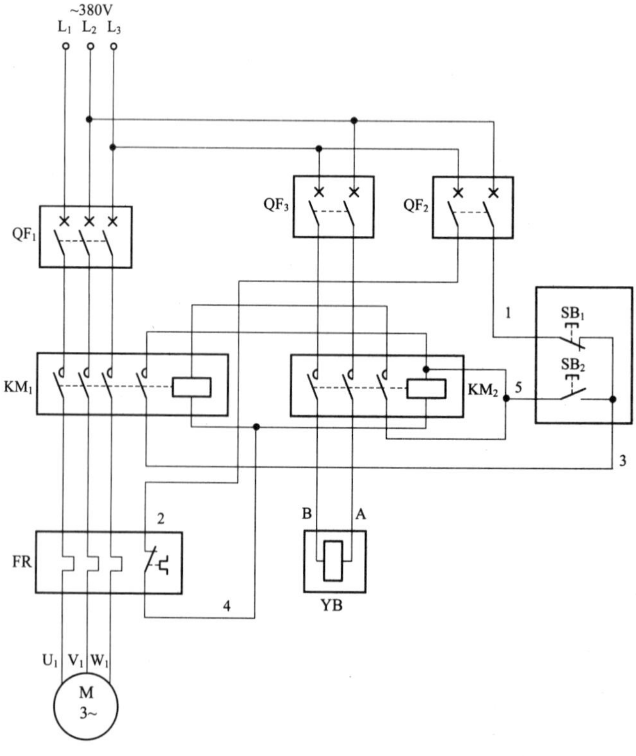

8.20 电磁抱闸制动控制电路（三）

原理图

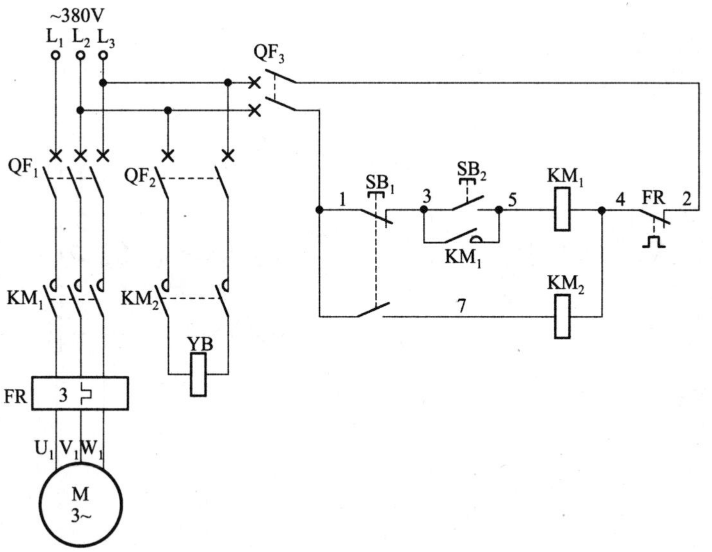

接线图

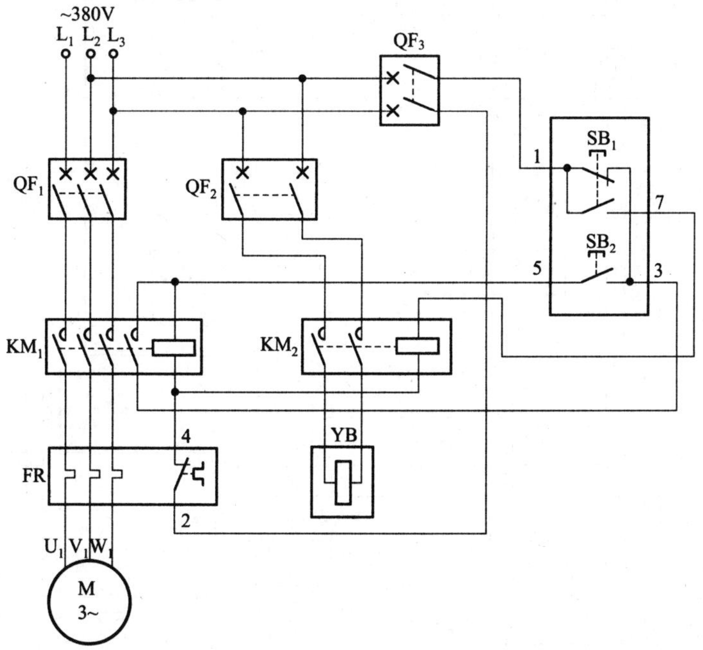

8.21　用电磁离合器进行正反转启停制动控制电路

原理图

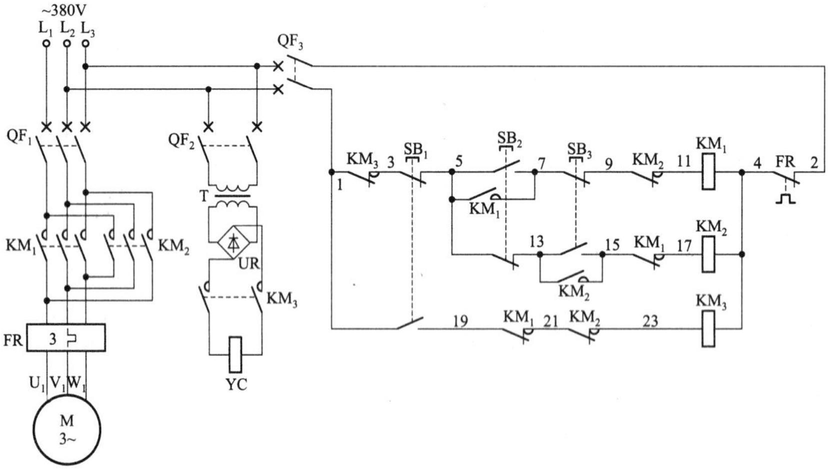

接线图

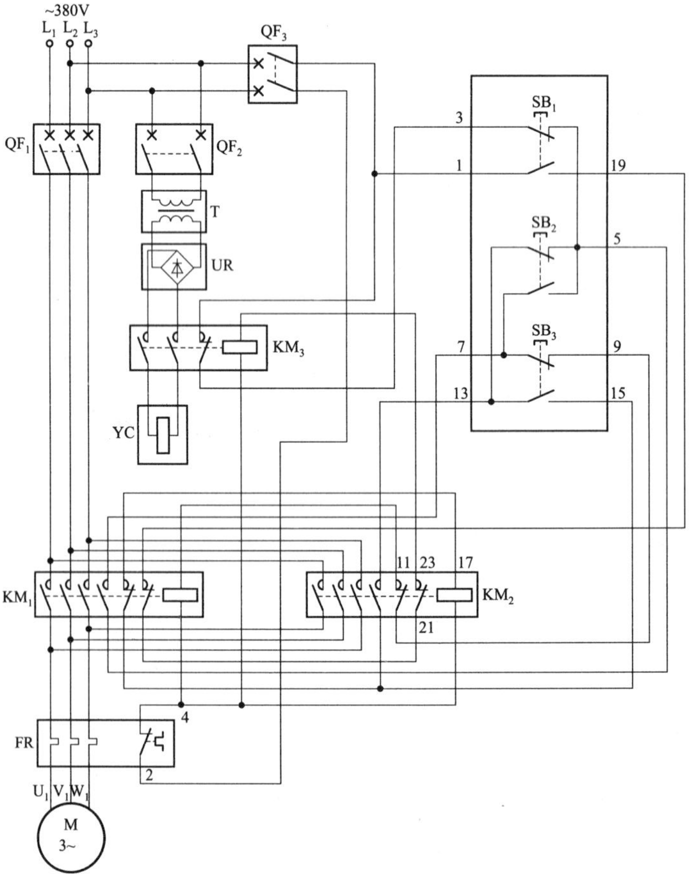

8.22 手动控制时间的单向能耗制动控制电路

原理图

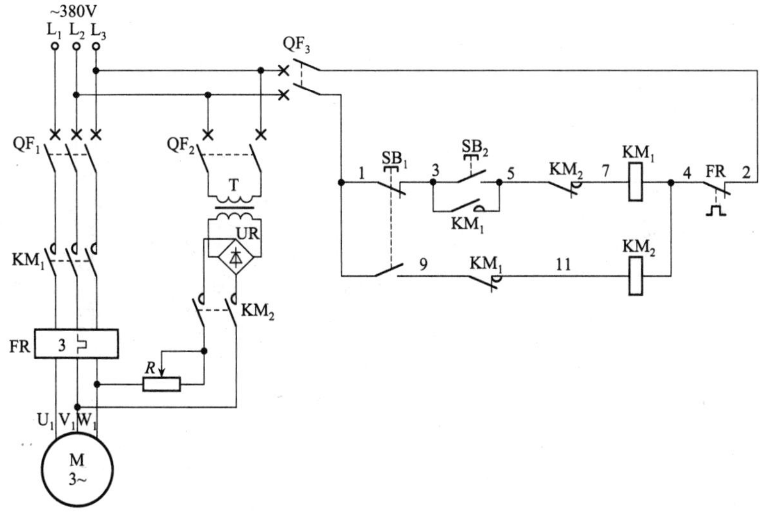

接线图

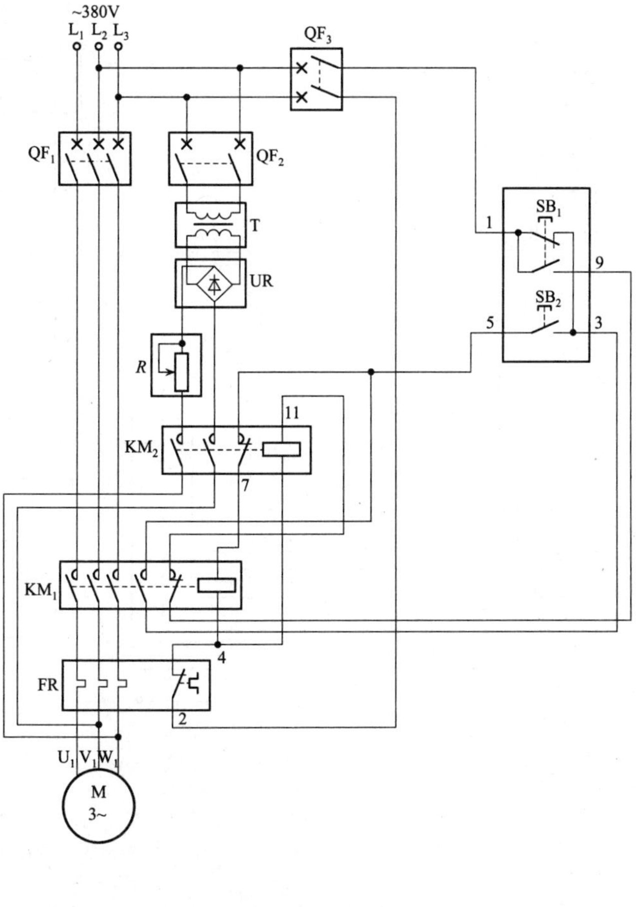

8.23 可逆能耗制动控制电路

原理图

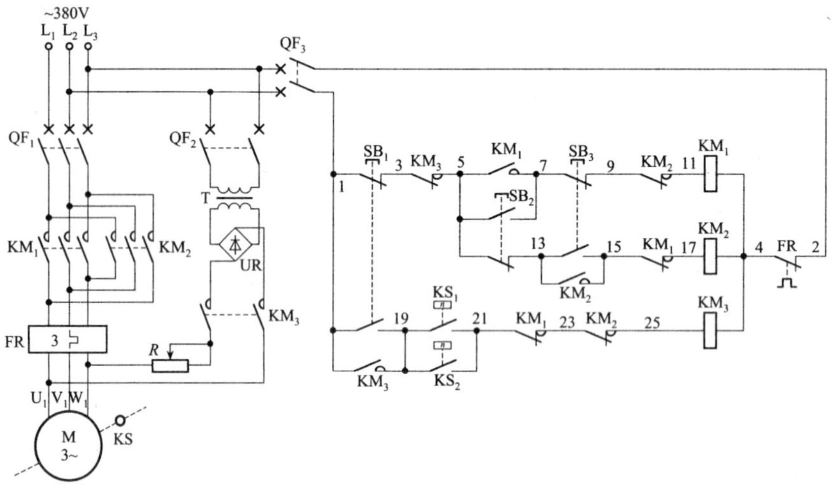

接线图

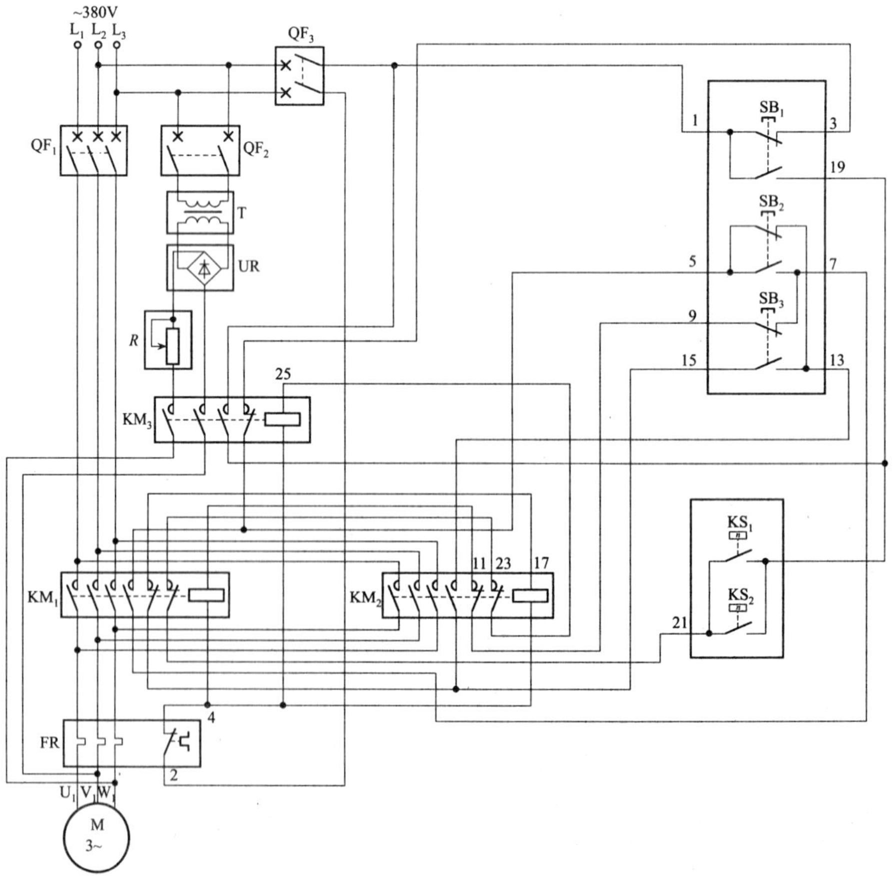

8.24 可逆点动操作能耗制动控制电路（一）

原理图

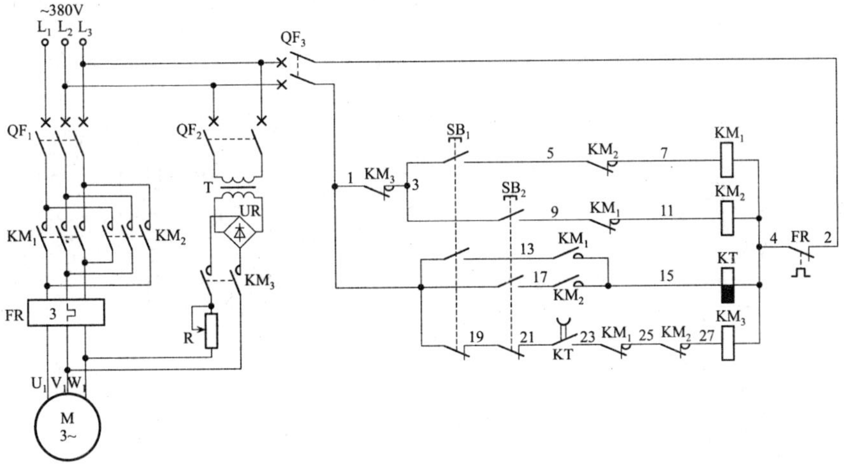

接线图

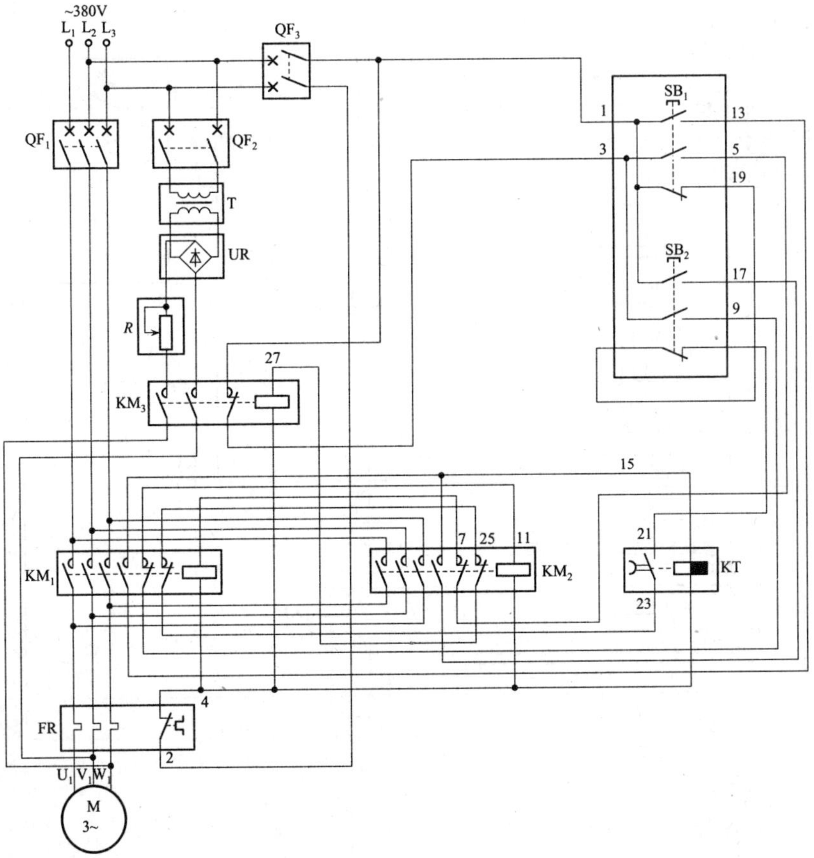

8.25 可逆点动操作能耗制动控制电路（二）

原理图

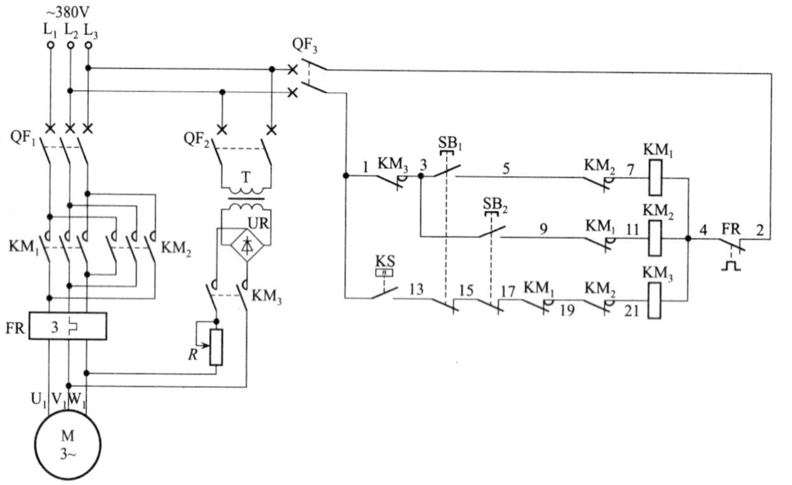

接线图

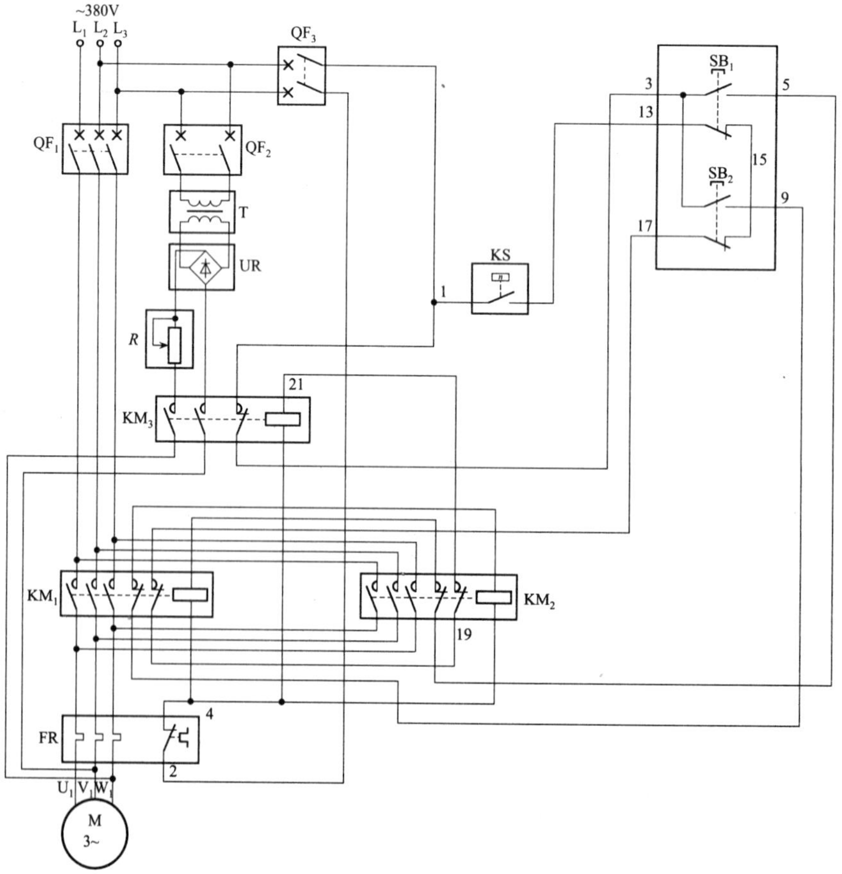

8.26 可逆运转短接制动控制电路（一）

原理图

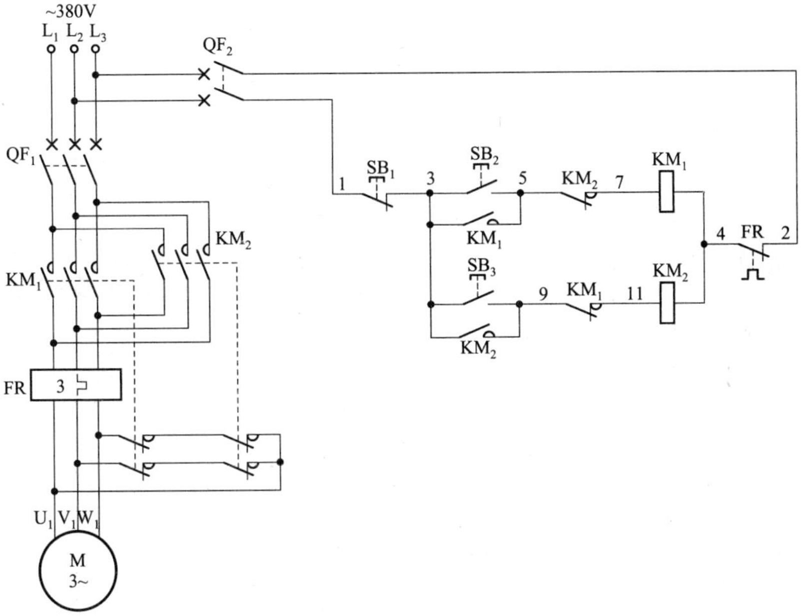

接线图

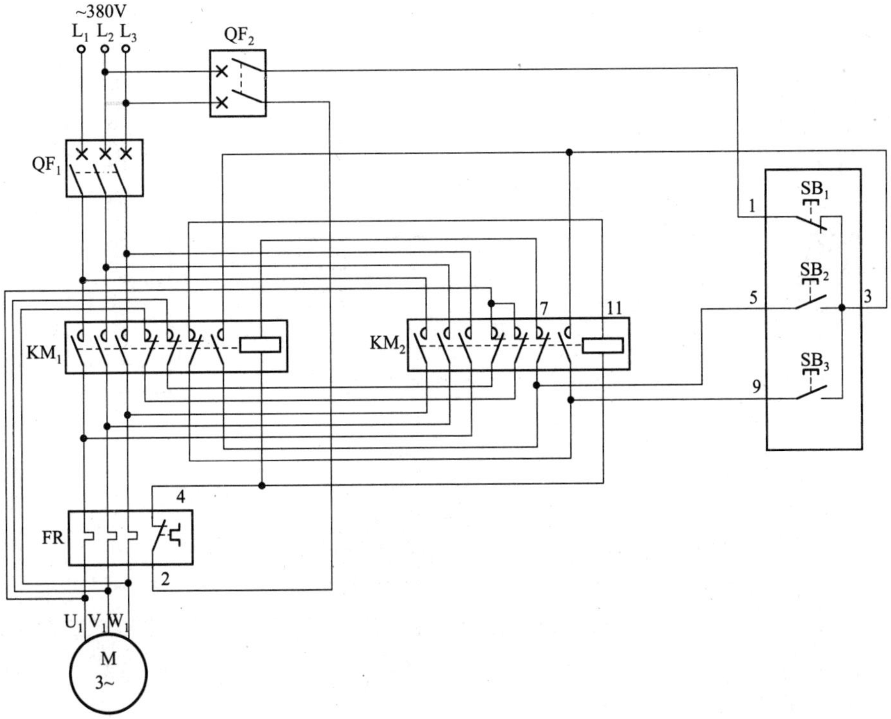

8.27 可逆运转短接制动控制电路（二）

原理图

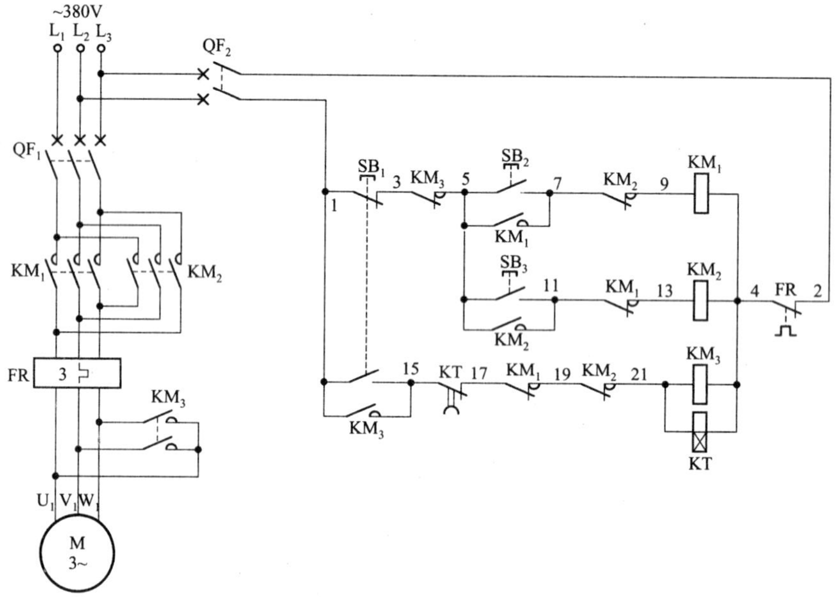

接线图

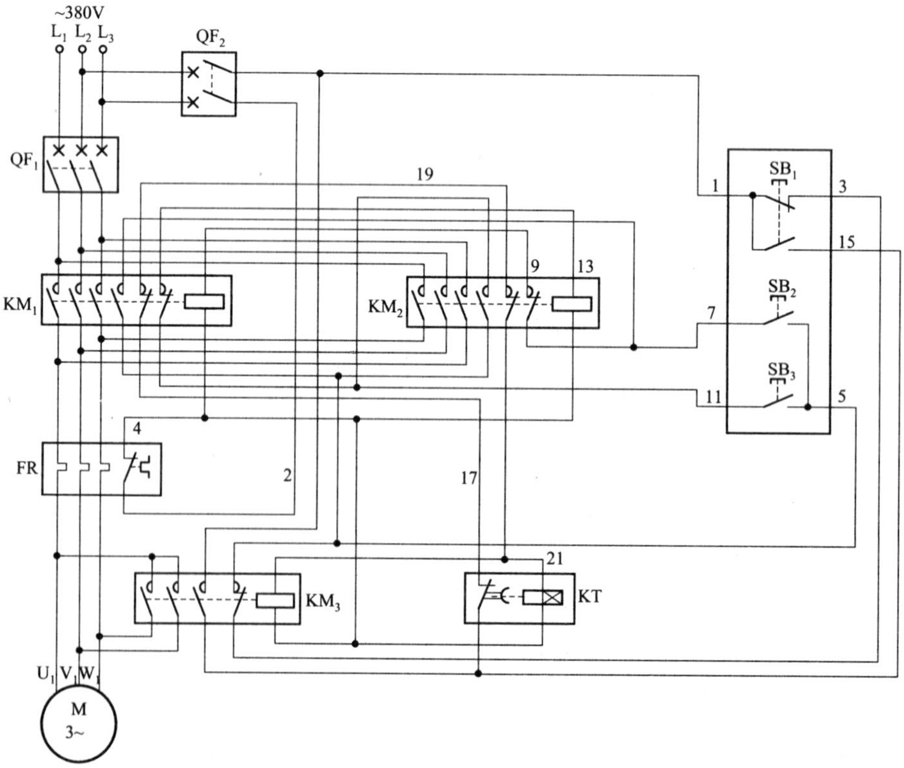

8.28 可逆运转短接制动控制电路（三）

原理图

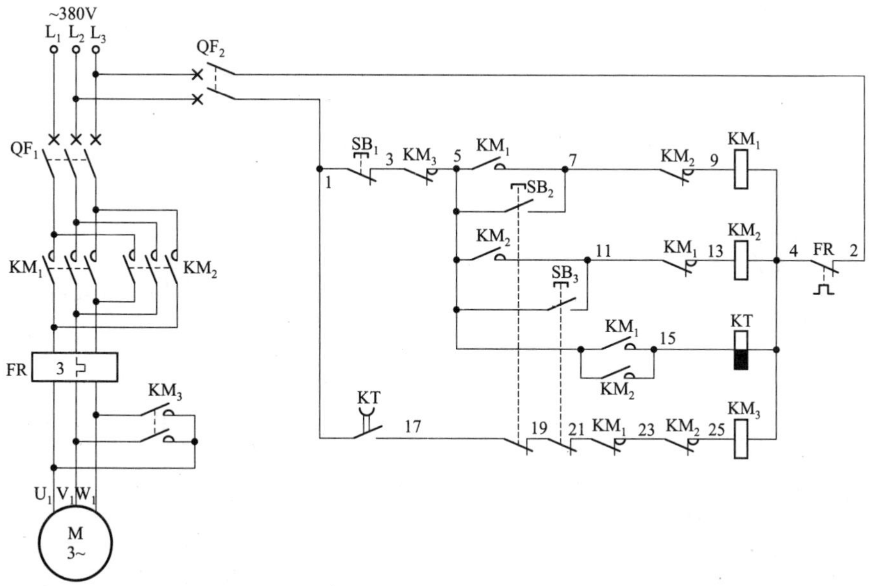

接线图

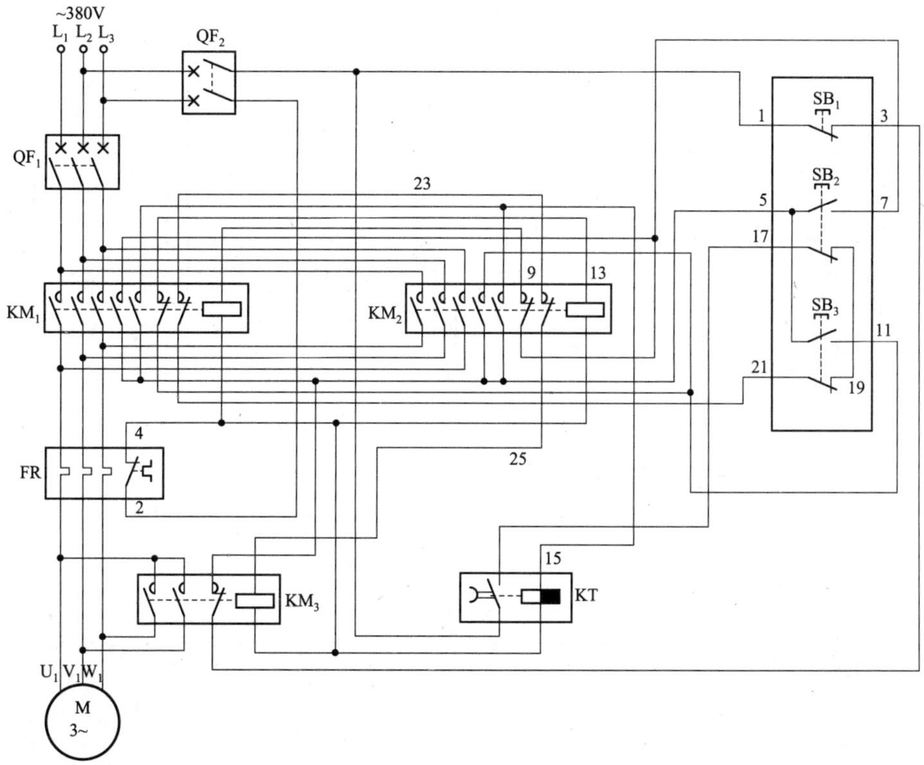

8.29 可逆运转短接制动控制电路（四）

原理图

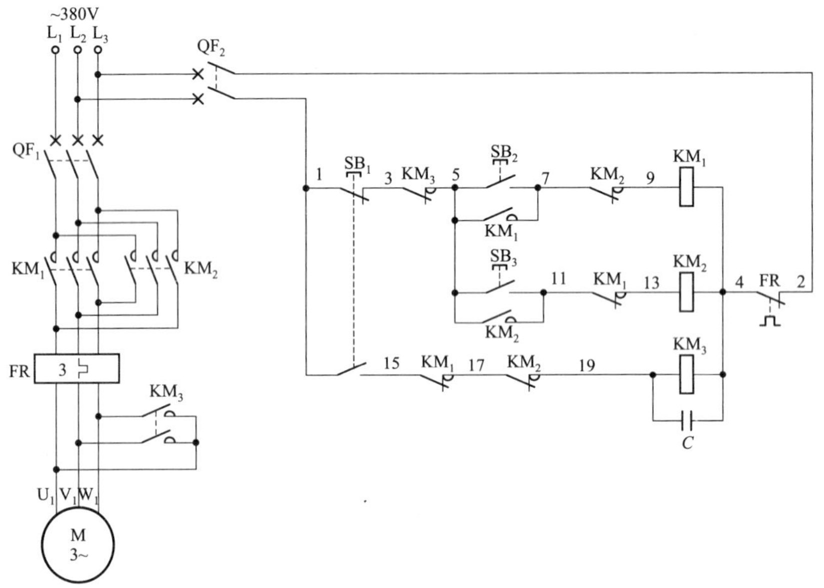

接线图

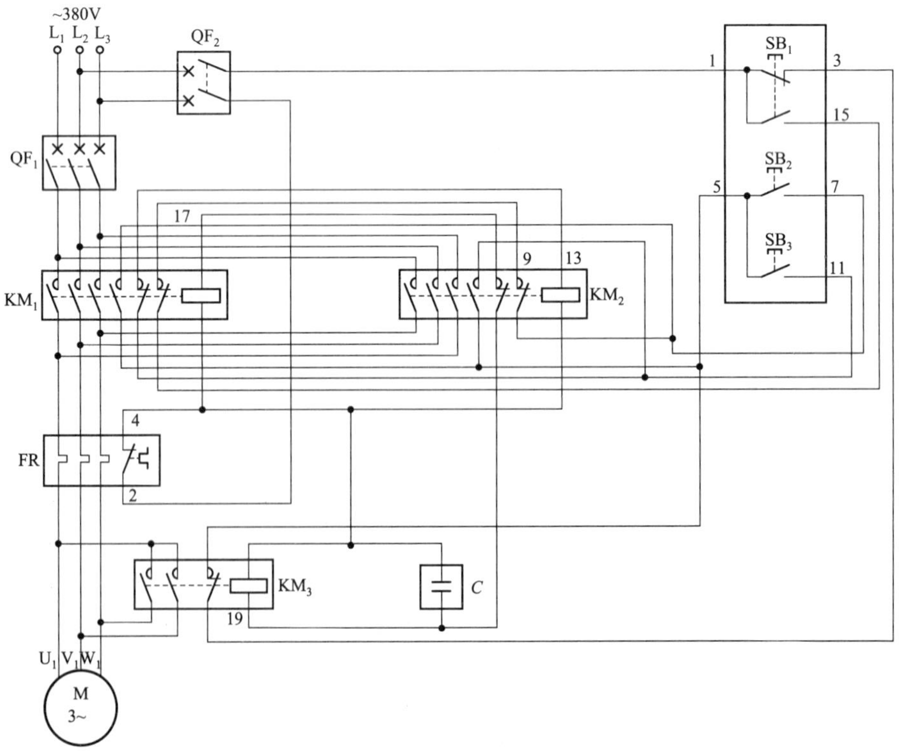

8.30 可逆运转短接制动控制电路（五）

原理图

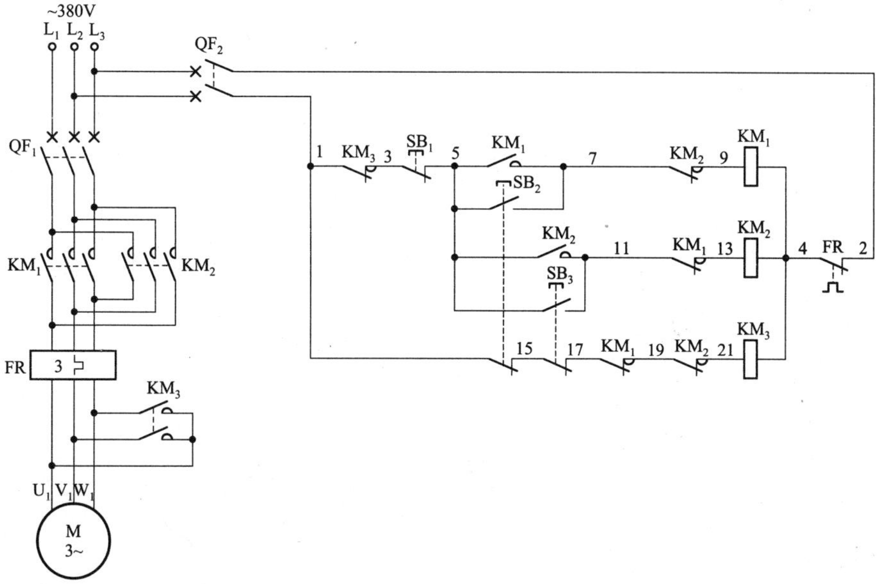

接线图

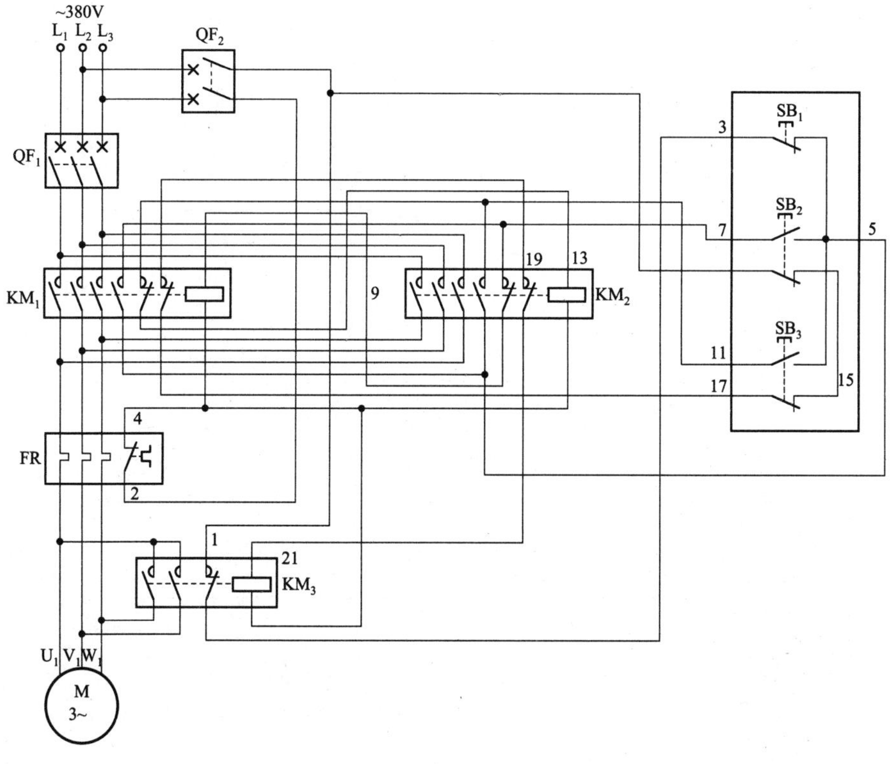

8.31 多地可逆启停能耗制动控制电路（一）

原理图

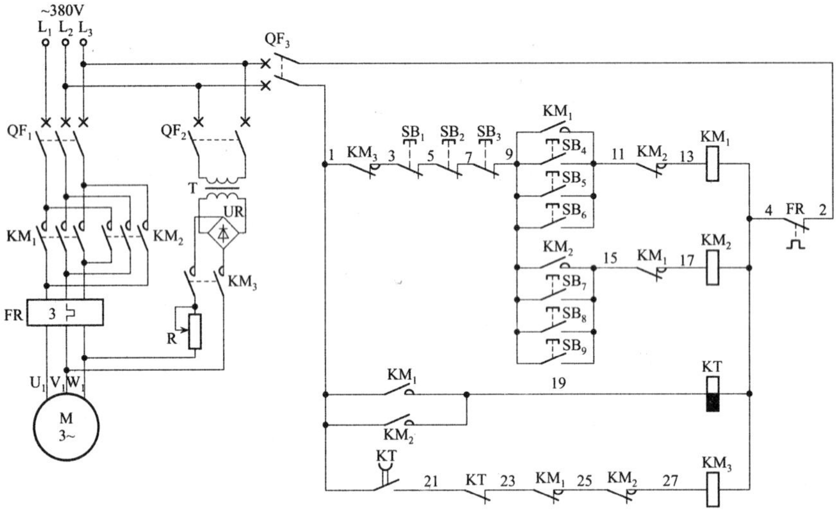

接线图

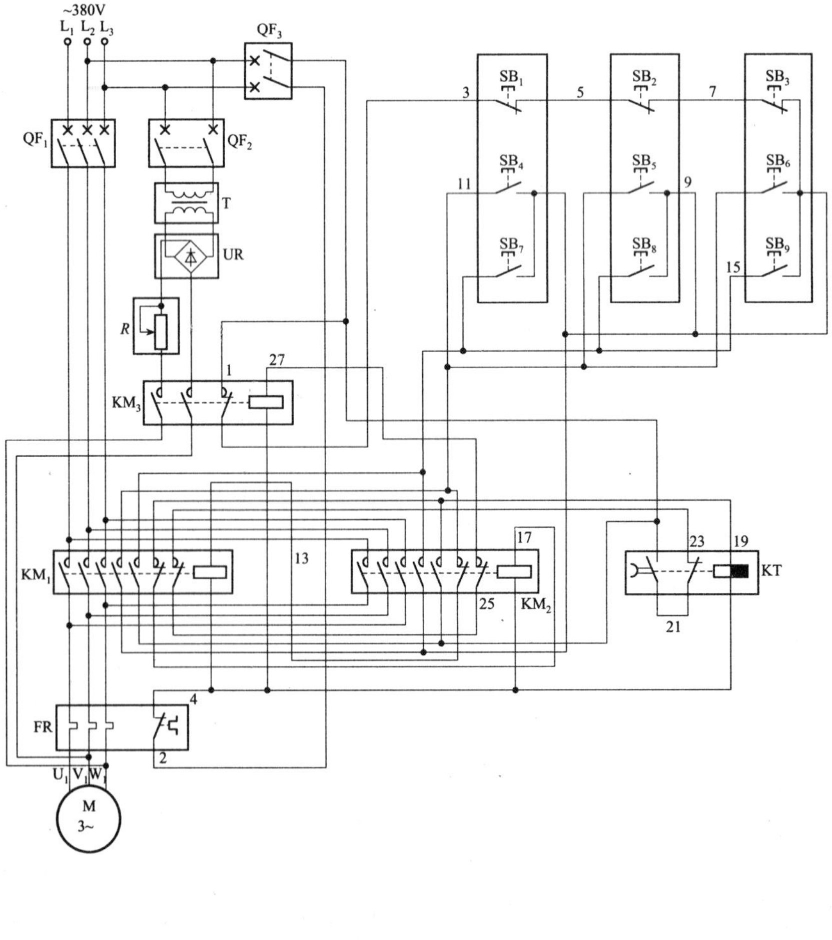

8.32 多地可逆启停能耗制动控制电路（二）

原理图

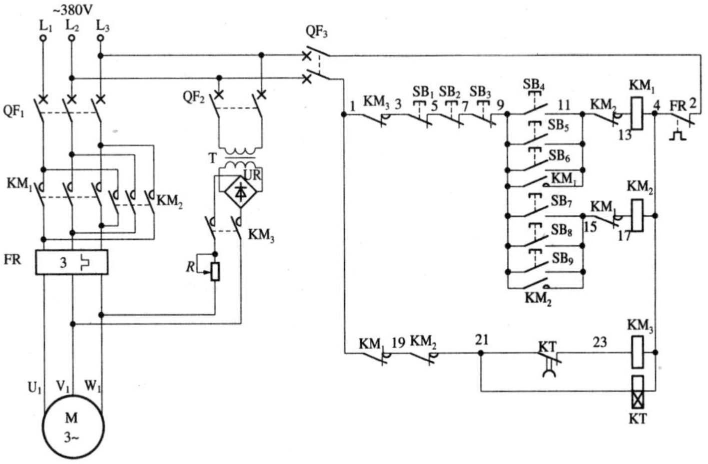

接线图

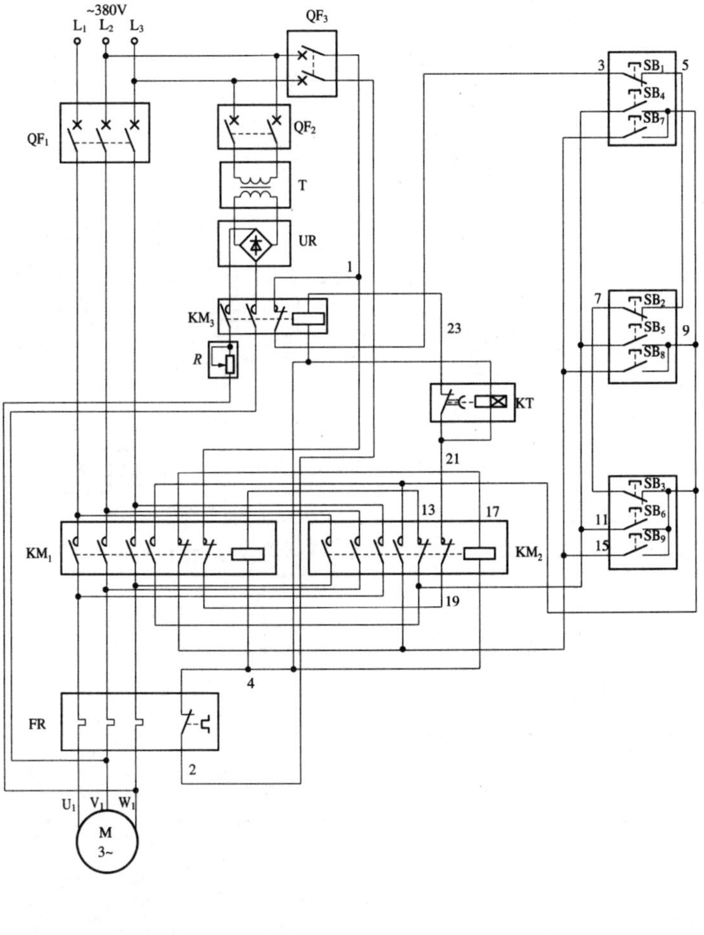

8.33 带有制动功能的电动阀门自动控制电路(一)

原理图

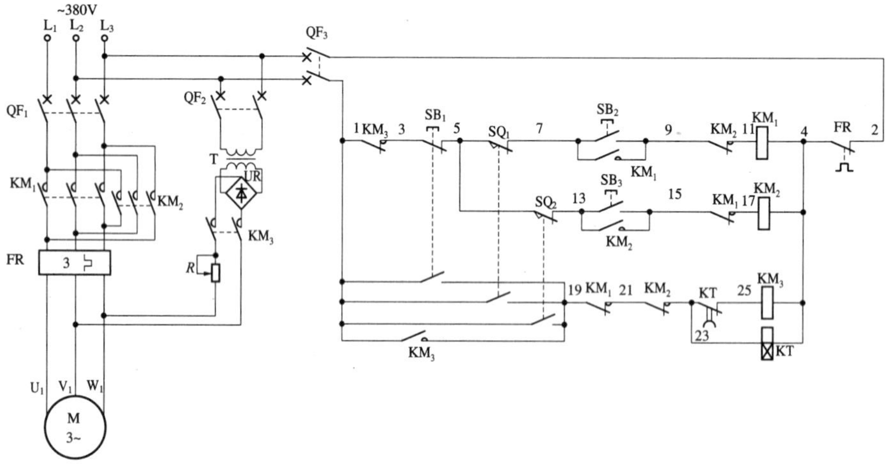

接线图

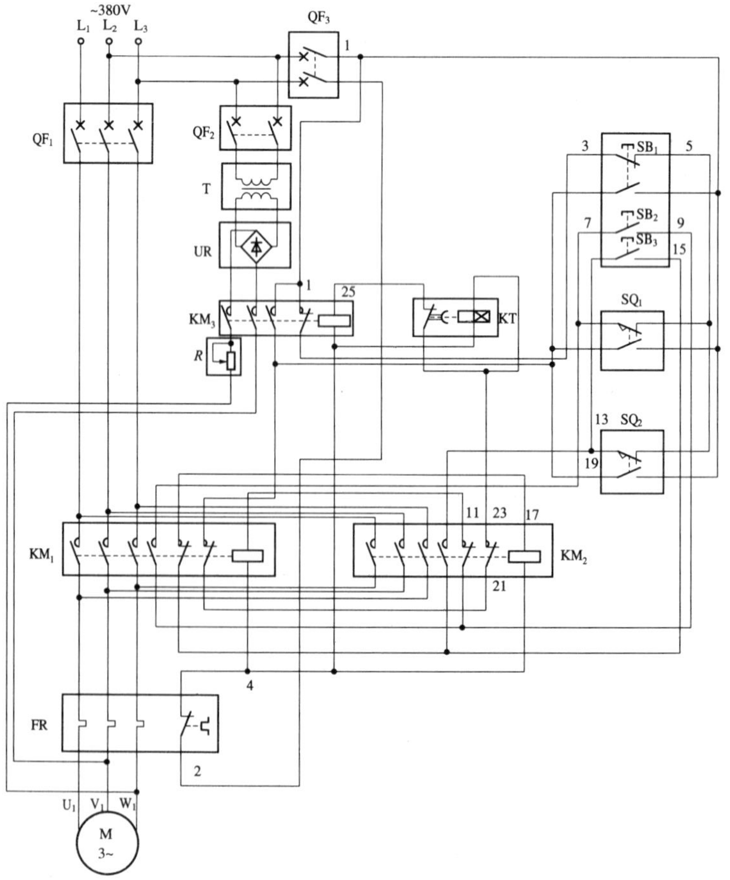

8.34 带有制动功能的电动阀门自动控制电路（二）

原理图

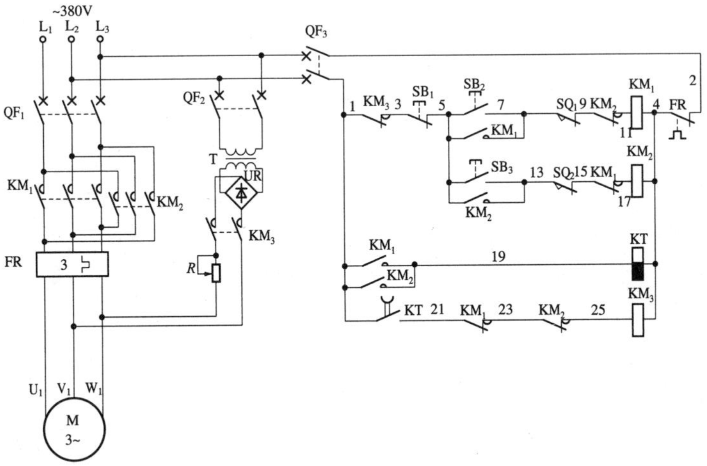

接线图

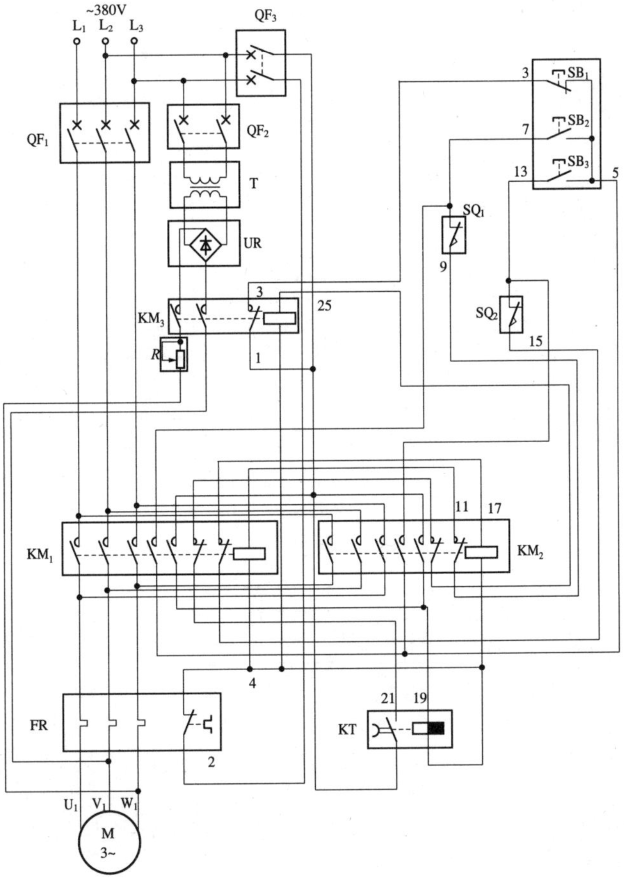

8.35 多地单向启动、点动均可进行能耗制动的控制电路（一）

原理图

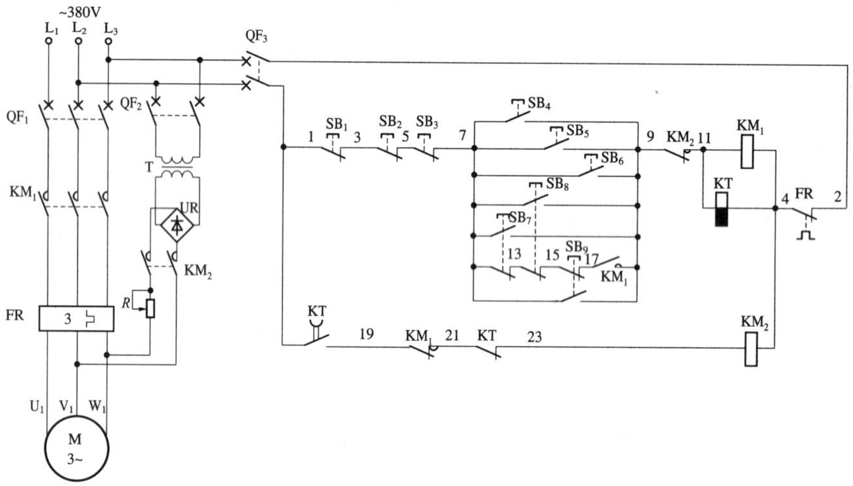

接线图

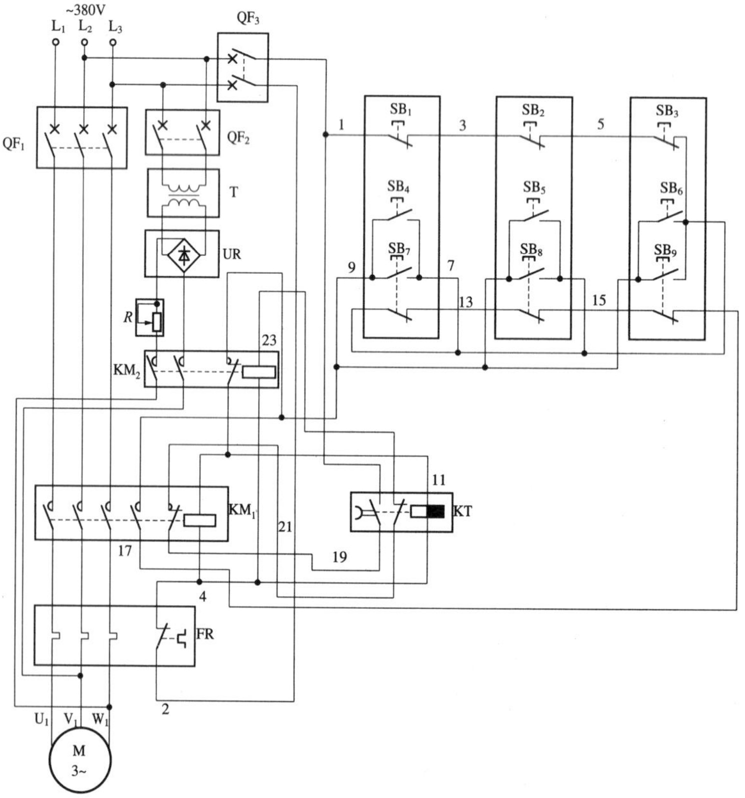

8.36 多地单向启动、点动均可进行能耗制动的控制电路（二）

原理图

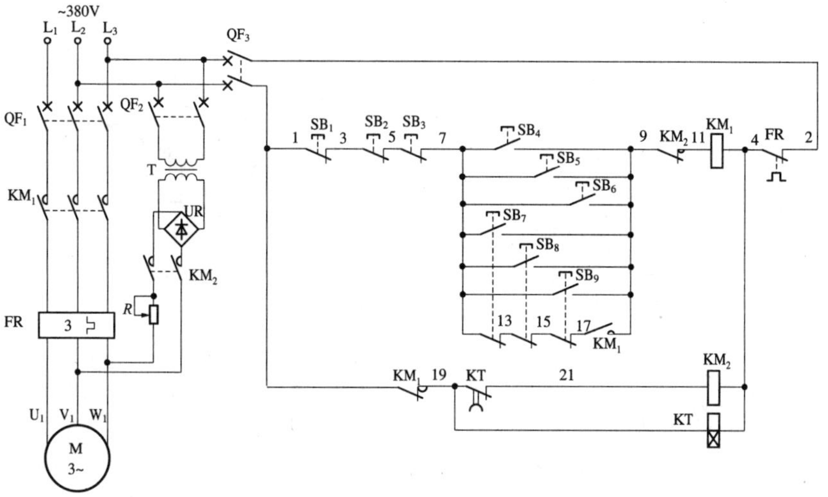

接线图

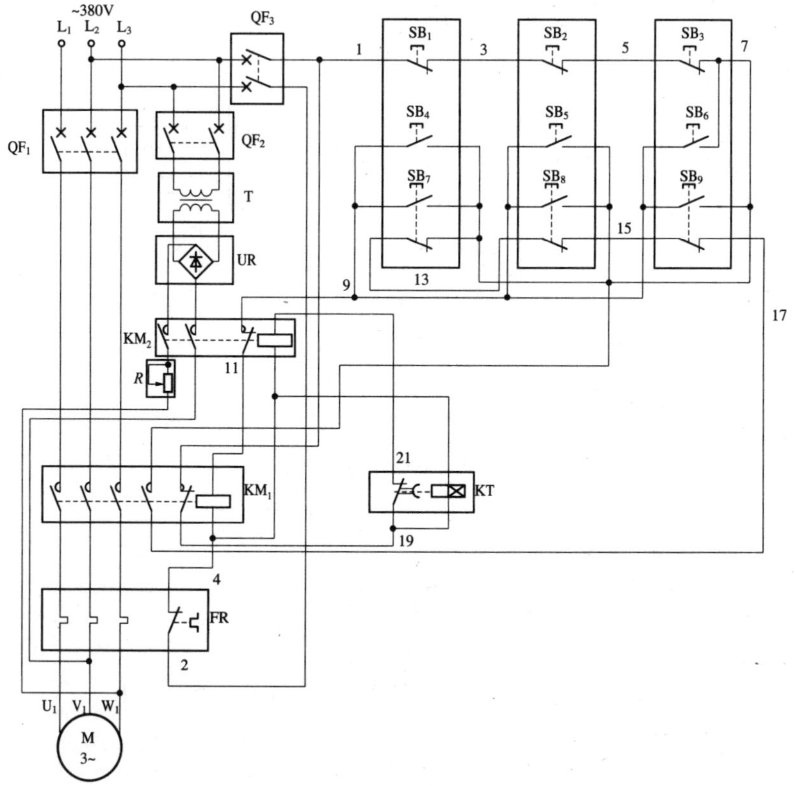

8.37 单向点动操作能耗制动控制电路（一）

原理图

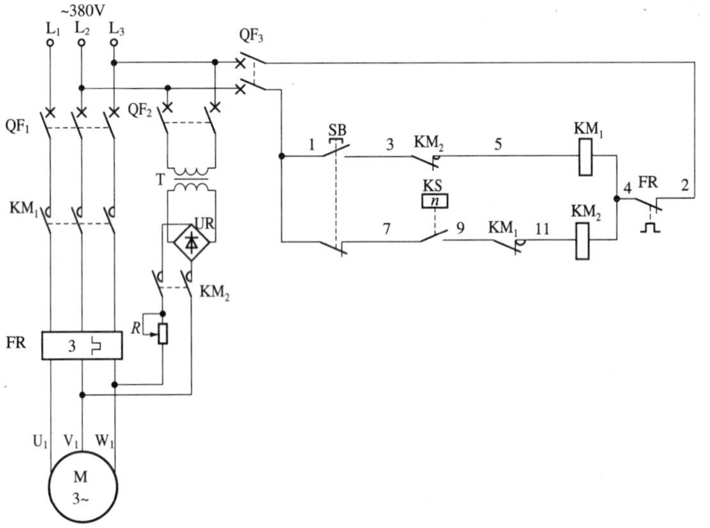

接线图

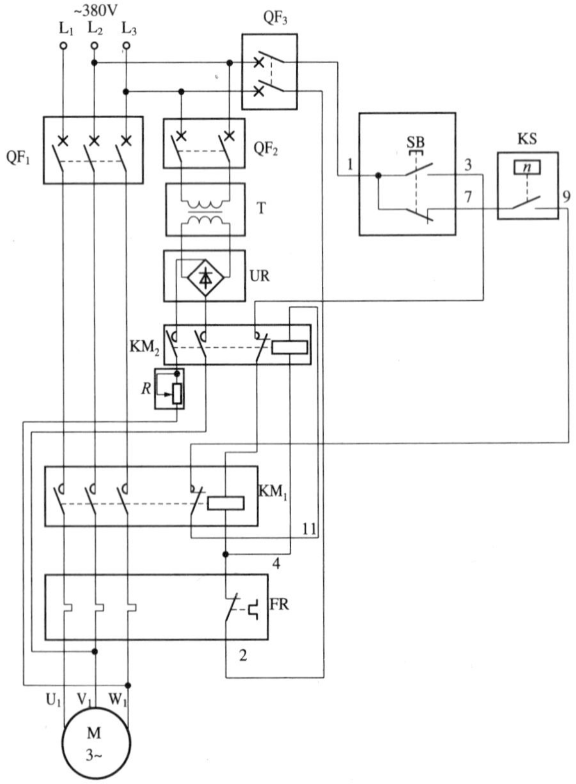

8.38 单向点动操作能耗制动控制电路（二）

原理图

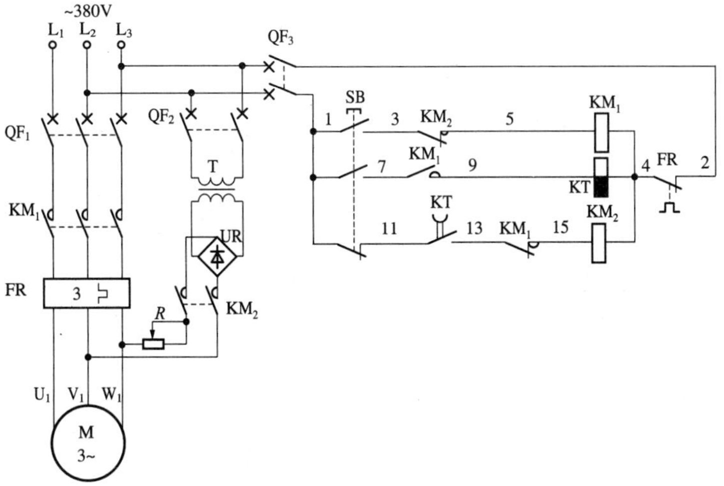

接线图

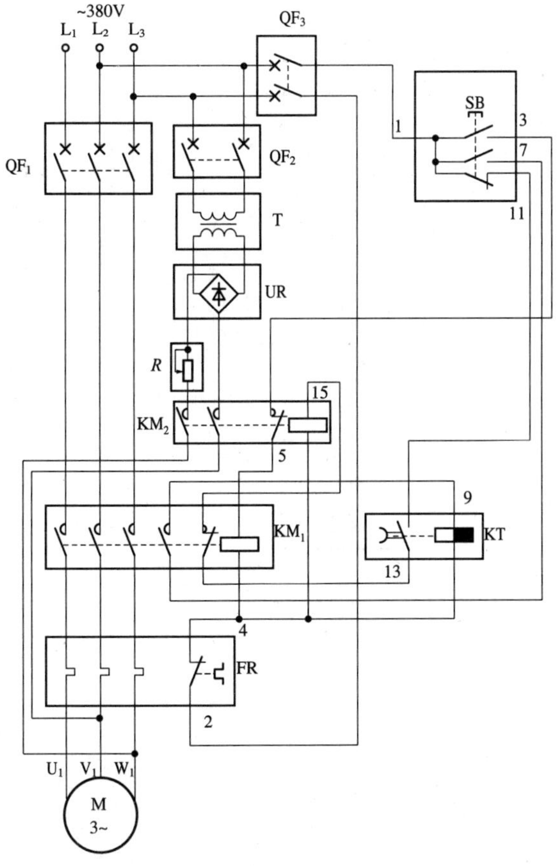

8.39　断电可松闸的制动控制电路

原理图

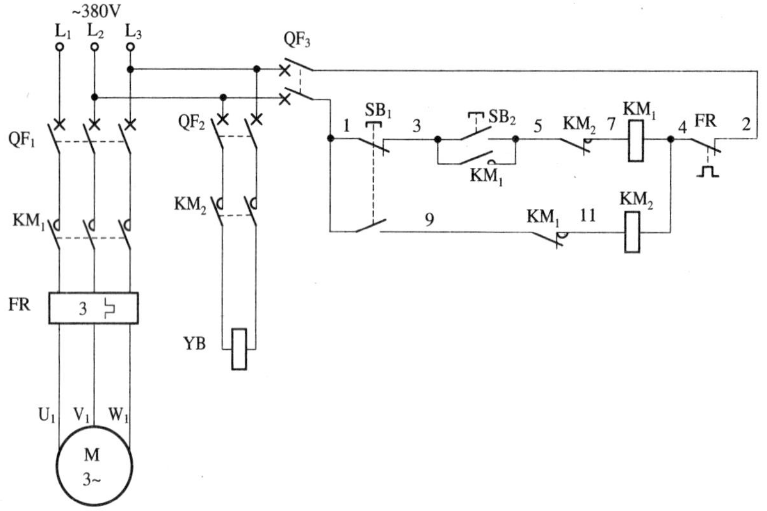

接线图

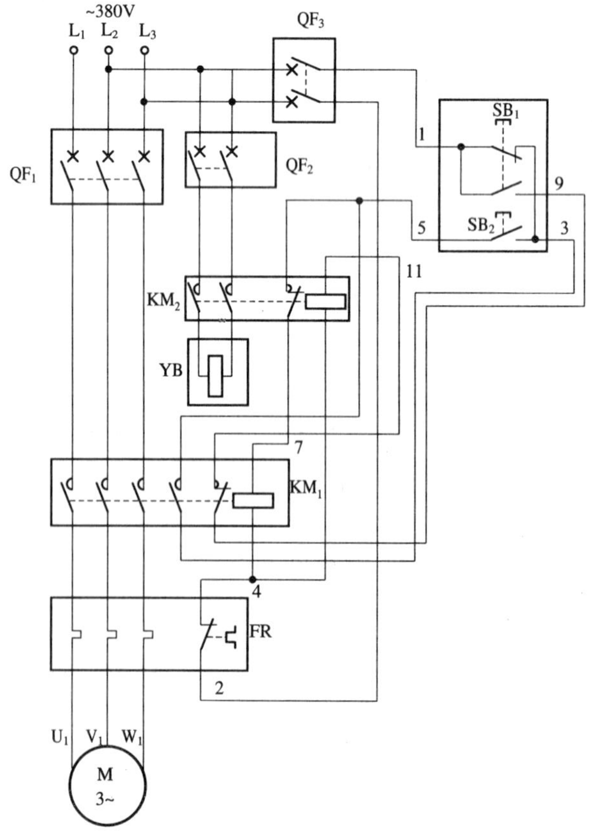

8.40 用得电延时时间继电器完成的单向启停能耗制动一地控制电路

原理图

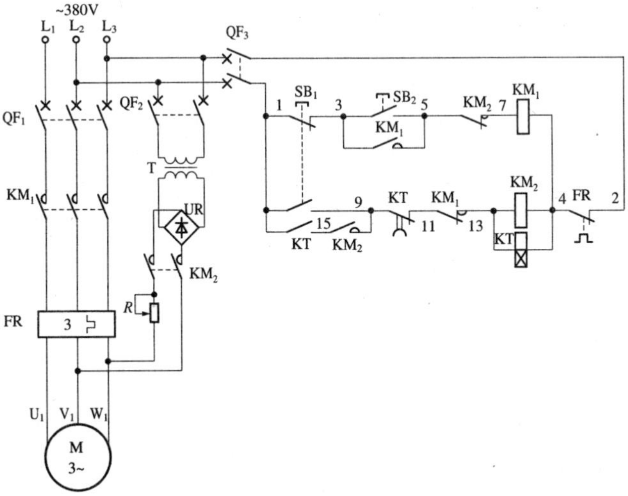

接线图

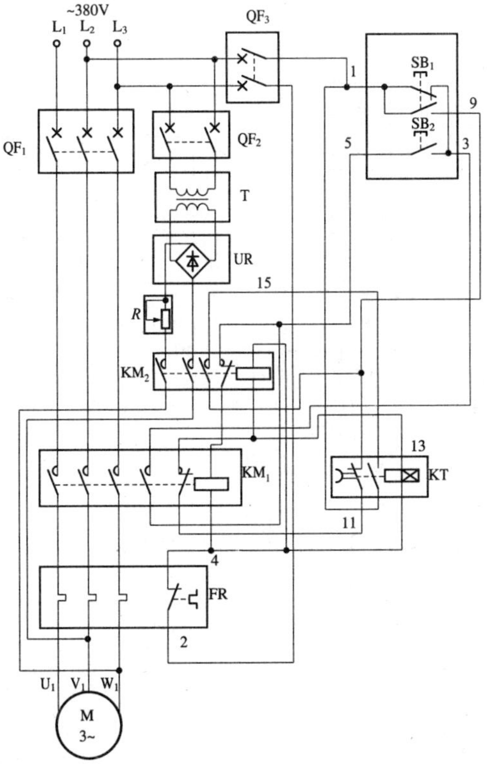

8.41 用得电延时时间继电器完成的单向启停能耗制动二地控制电路

原理图

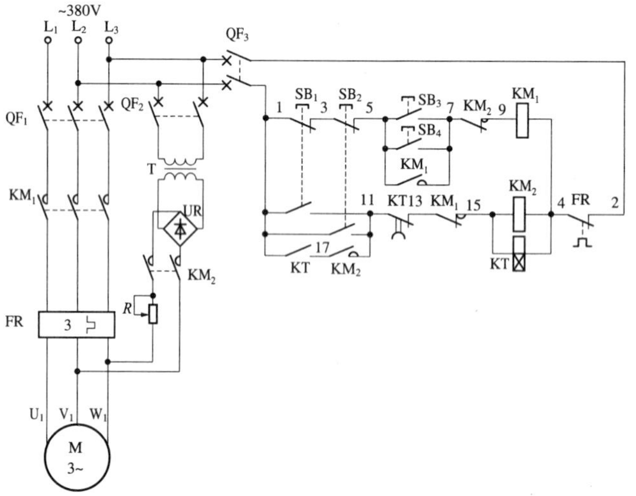

接线图

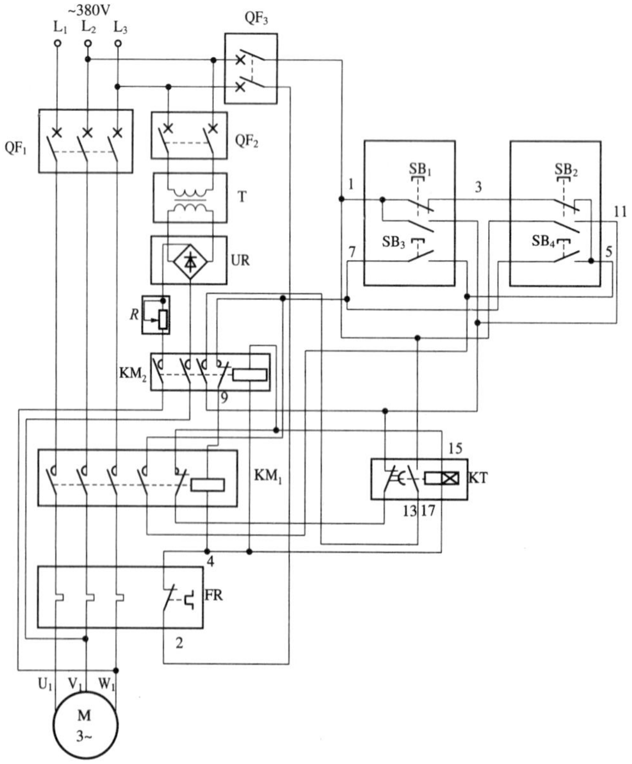

8.42 用得电延时时间继电器完成的单向启停能耗制动三地控制电路

原理图

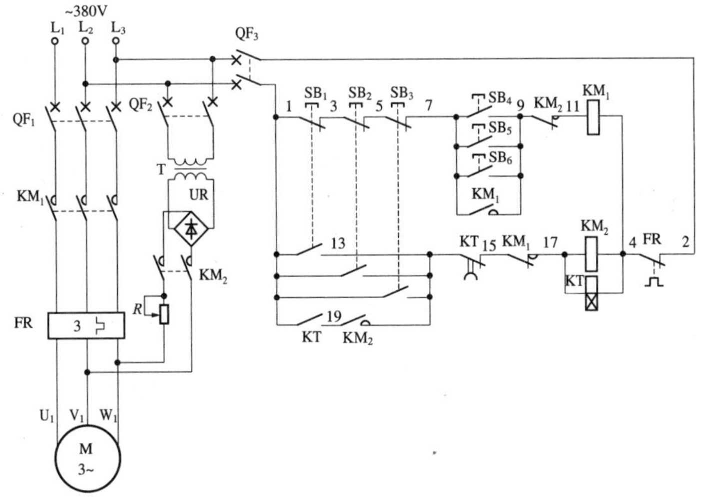

接线图

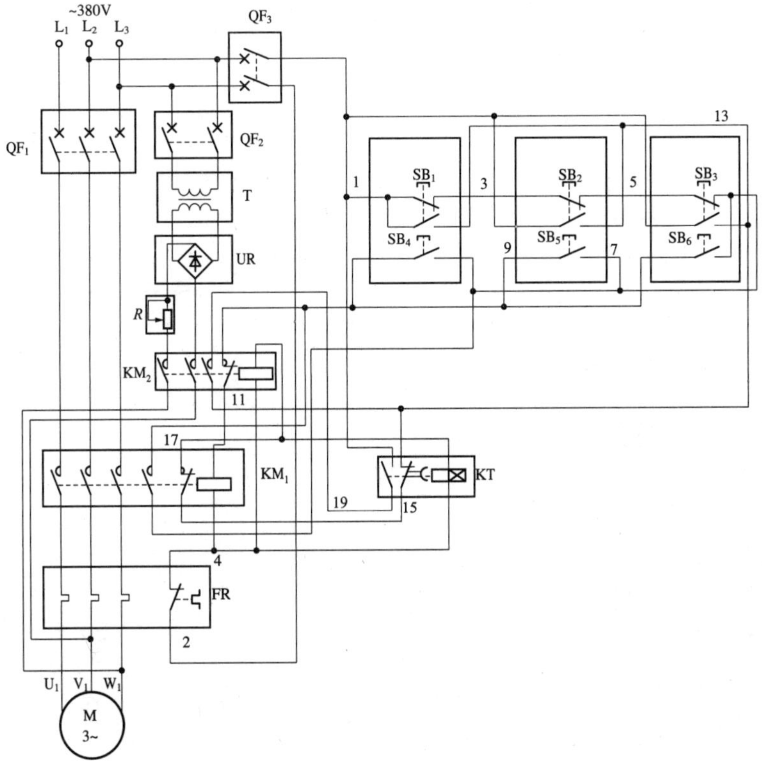

8.43 用得电延时时间继电器完成的单向启停能耗制动四地控制电路

原理图

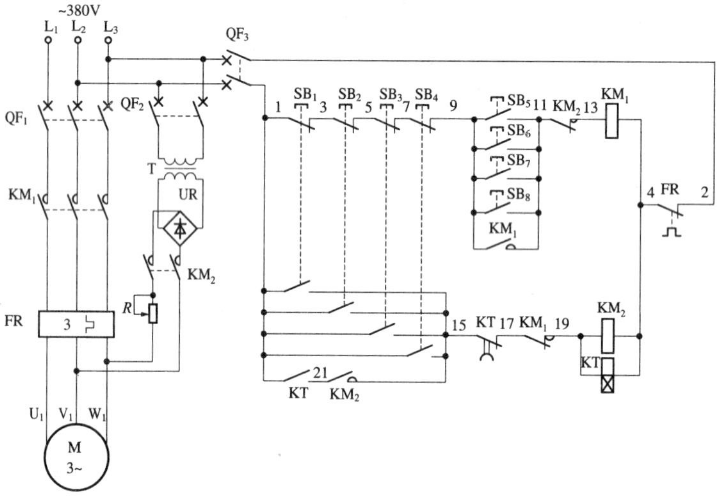

接线图

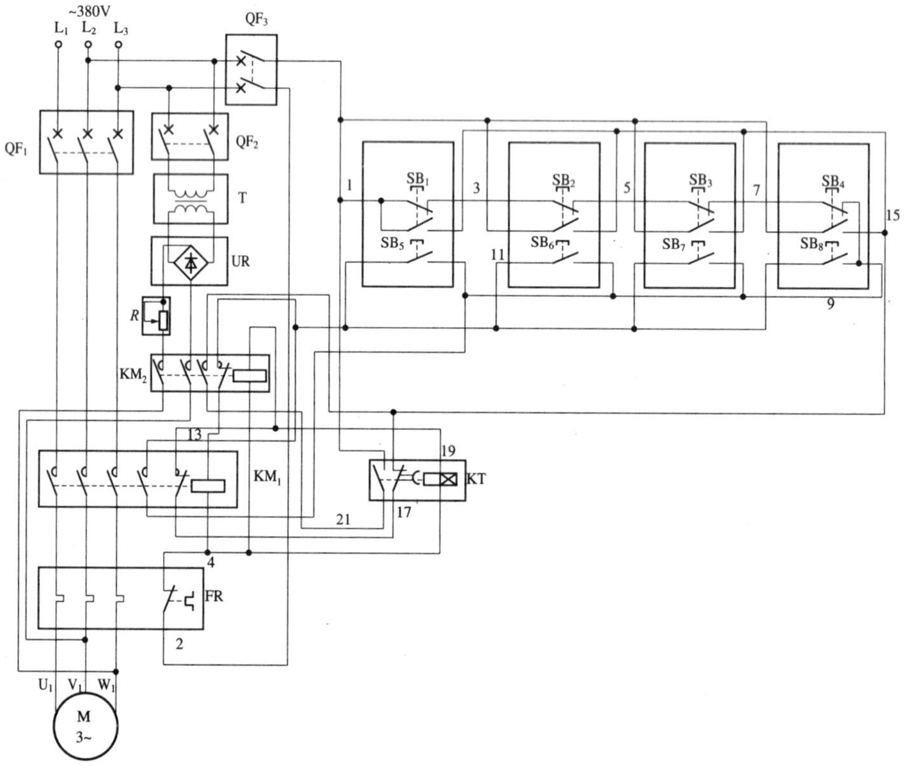

8.44 用得电延时时间继电器完成的单向启停能耗制动五地控制电路

原理图

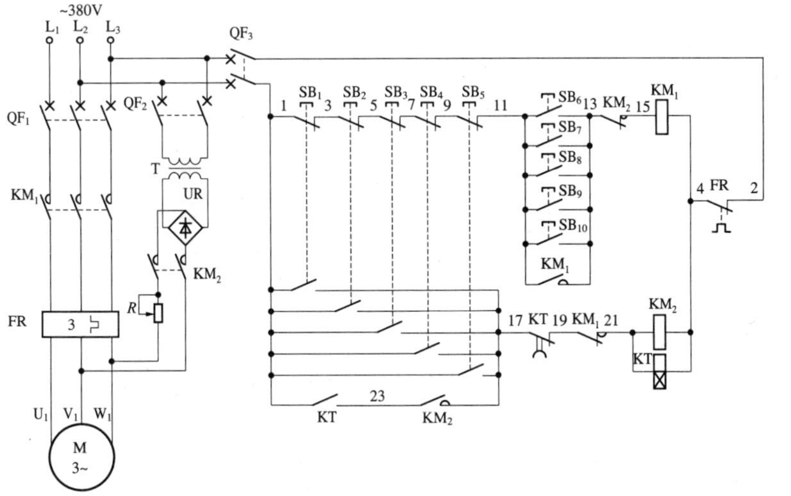

接线图

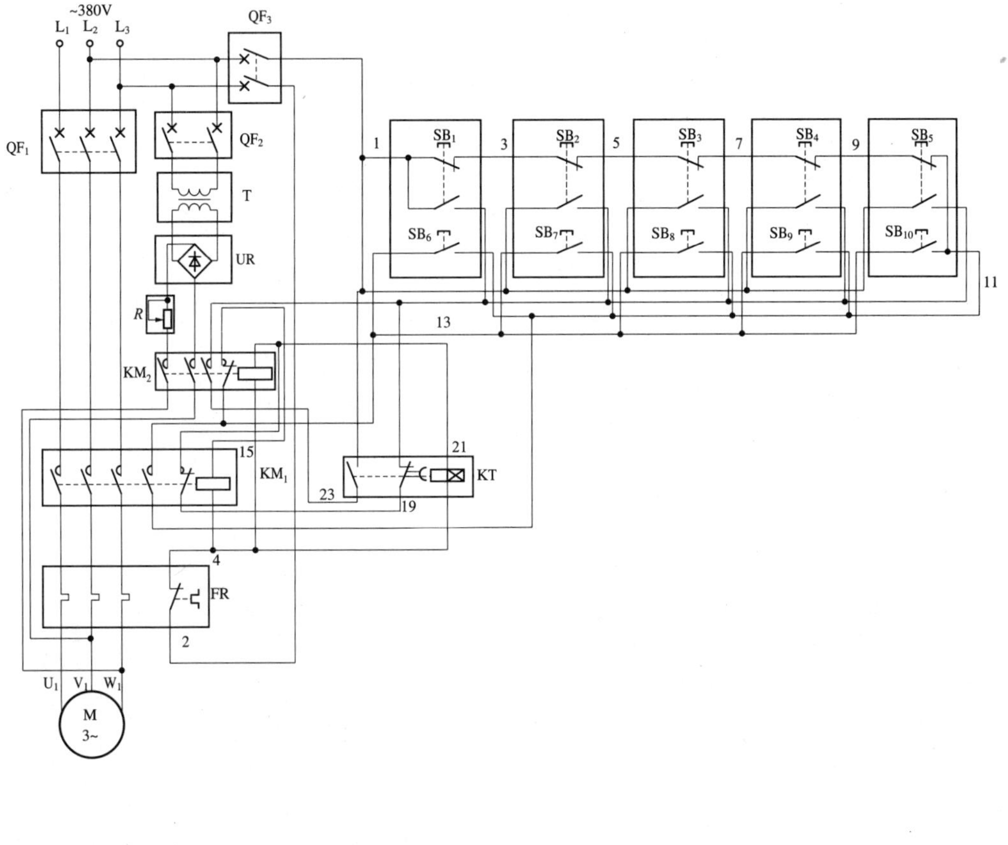

8.45 用失电延时时间继电器完成的单向启停能耗制动一地控制电路

原理图

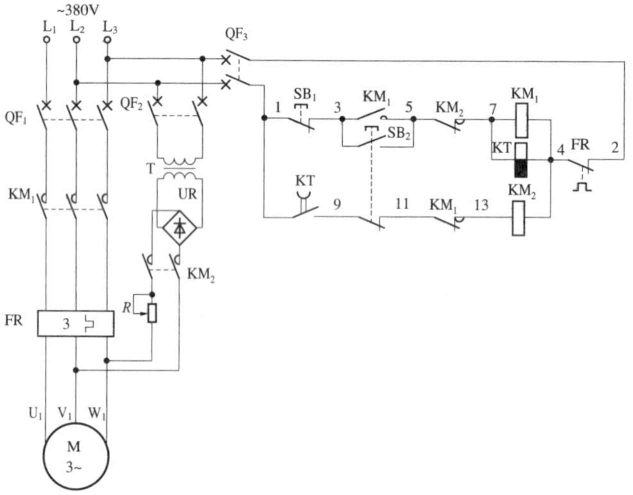

接线图

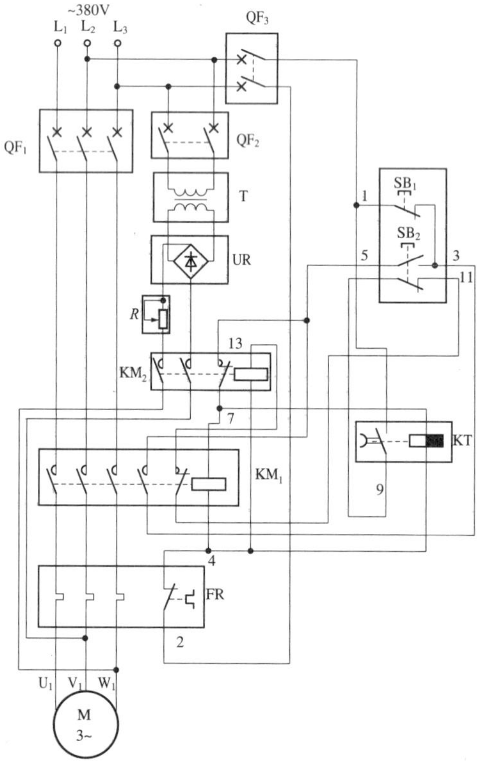

8.46 用失电延时时间继电器完成的单向启停能耗制动二地控制电路

原理图

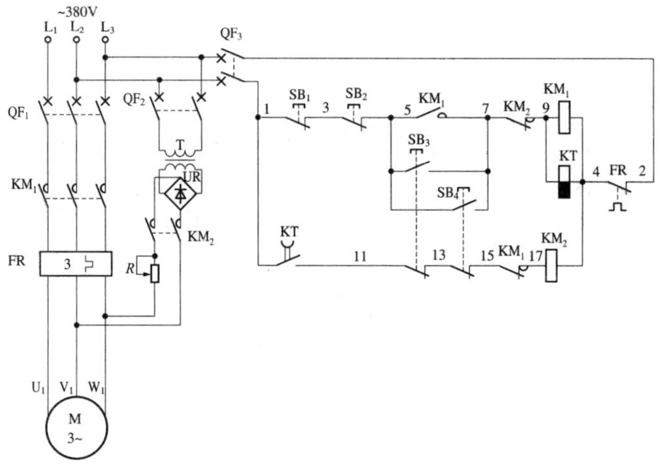

接线图

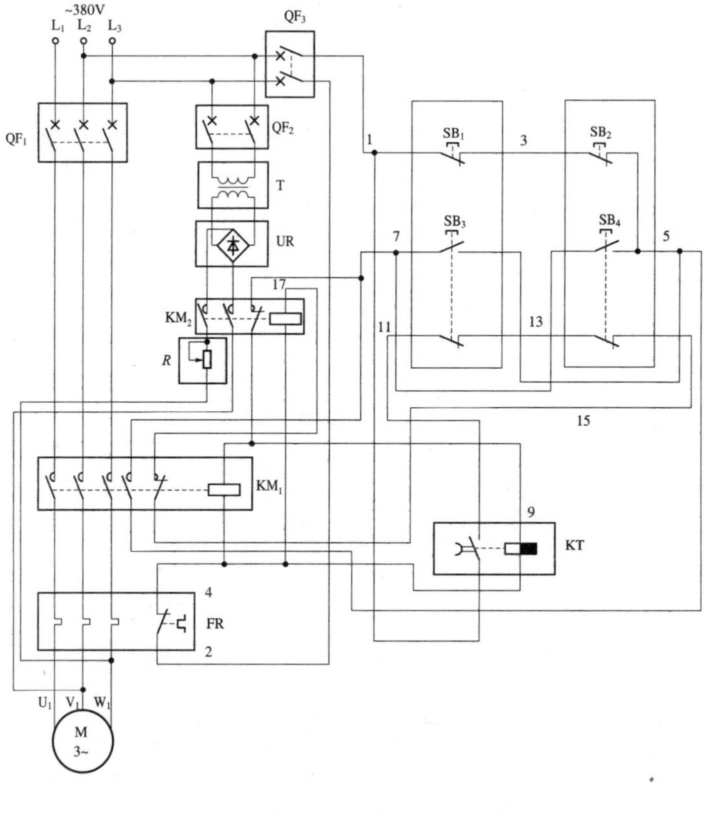

8.47 用失电延时时间继电器完成的单向启停能耗制动三地控制电路

原理图

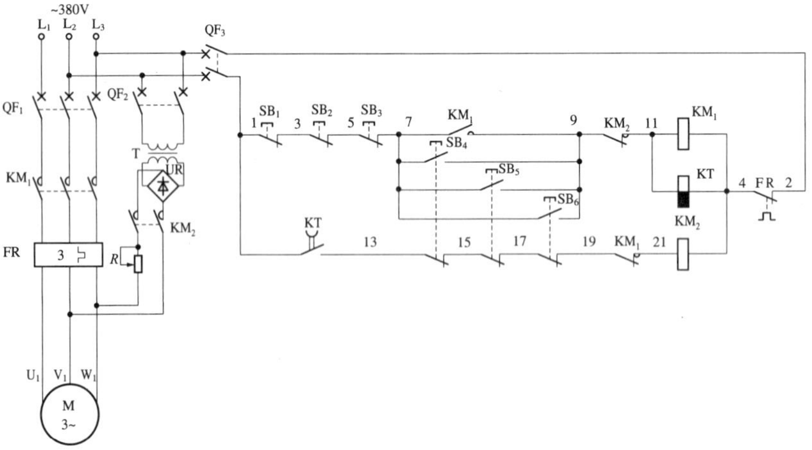

接线图

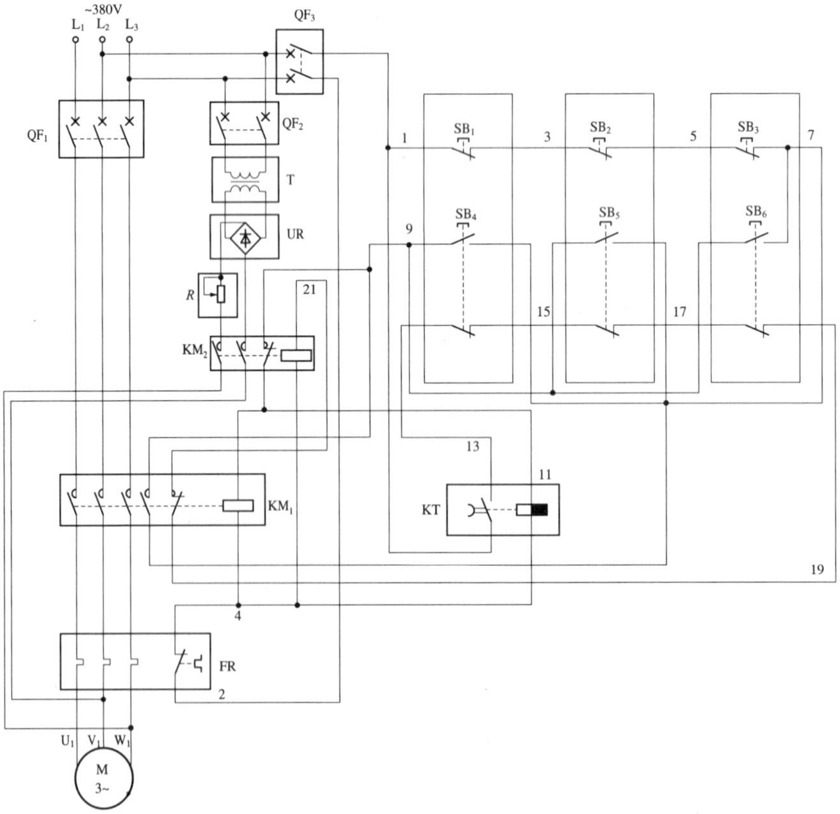

8.48 用失电延时时间继电器完成的单向启停能耗制动四地控制电路

原理图

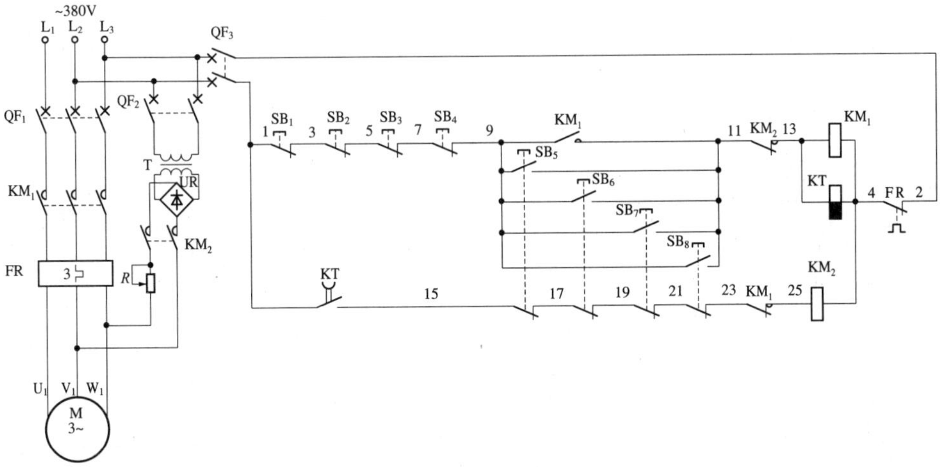

接线图

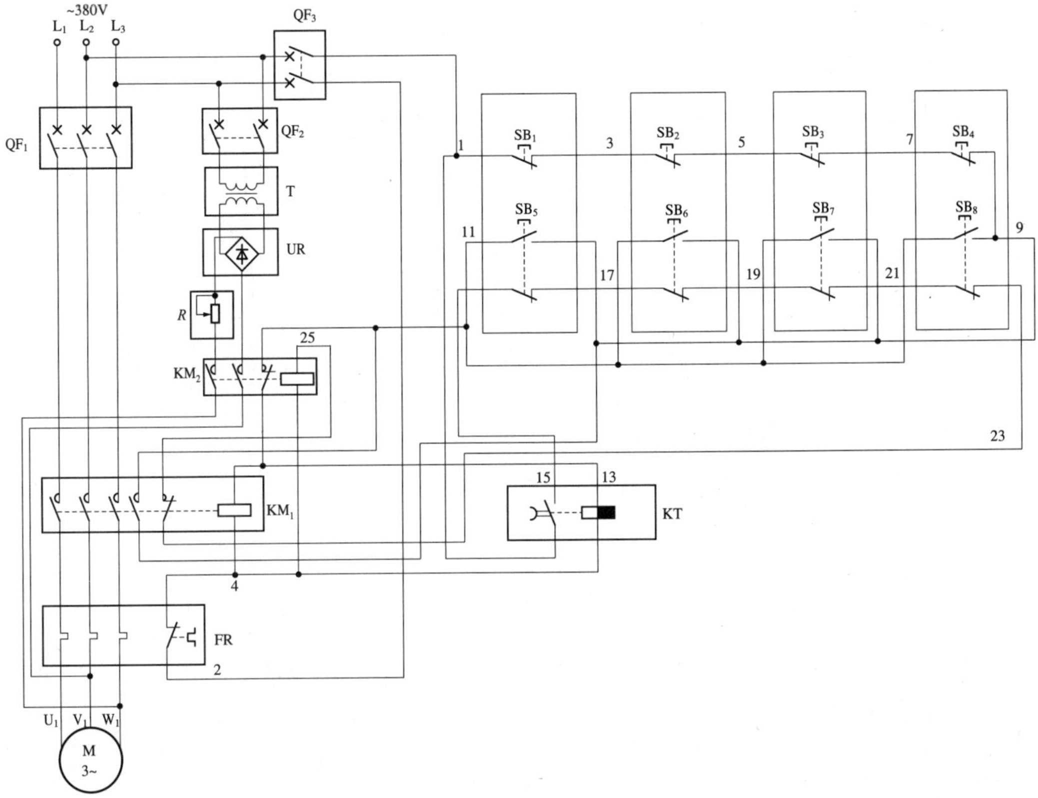

8.49 用失电延时时间继电器完成的单向启停能耗制动五地控制电路

原理图

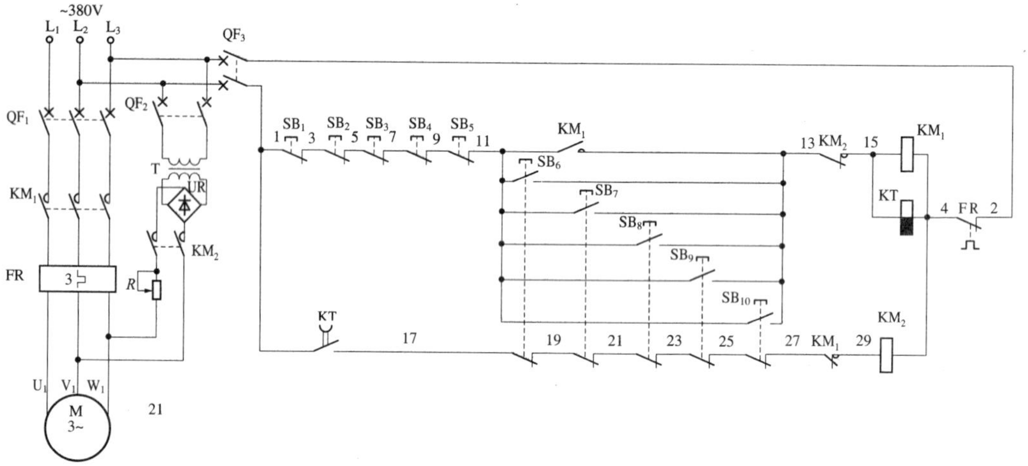

接线图

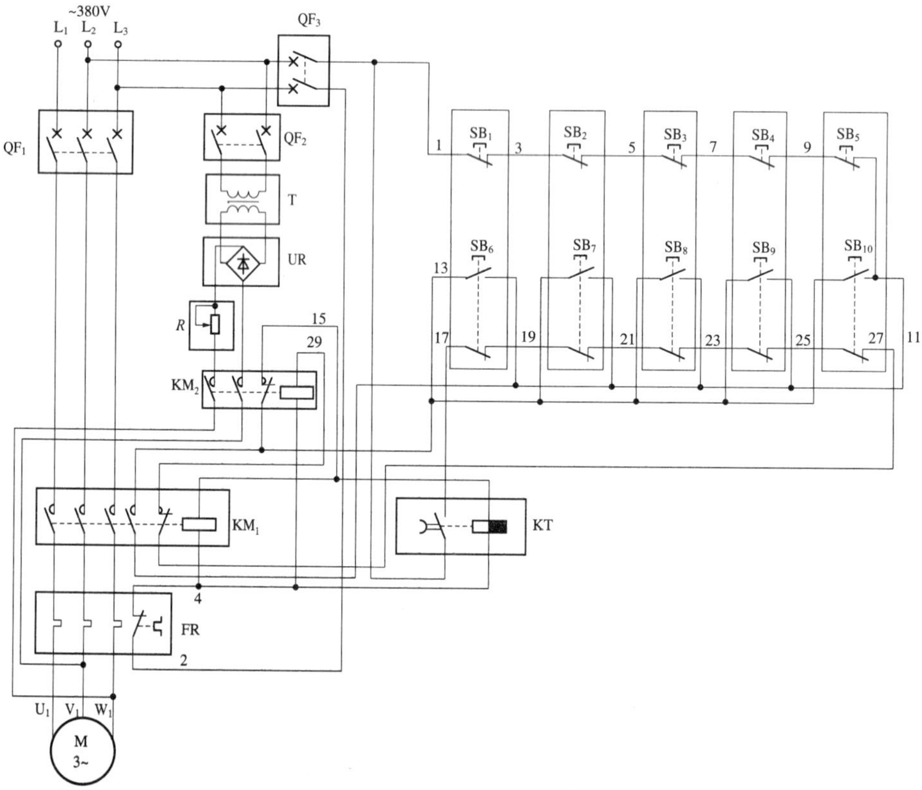

第9章

自动往返控制电路

9.1　自动往返循环控制电路（一）

原理图

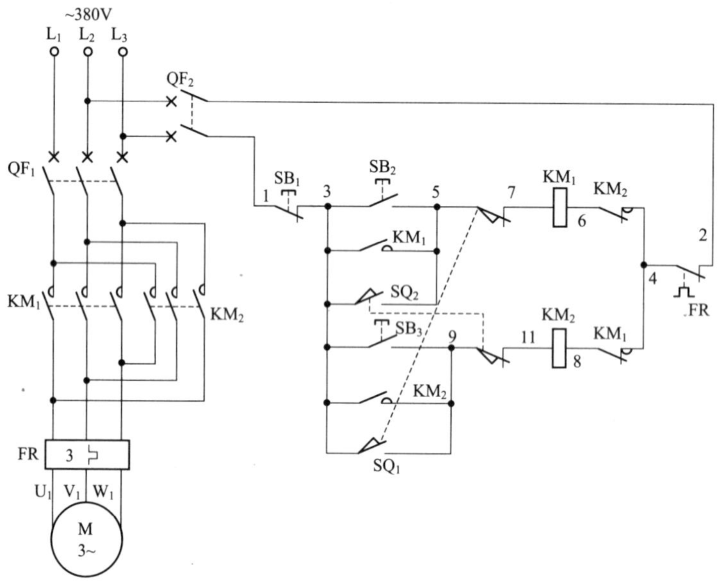

接线图

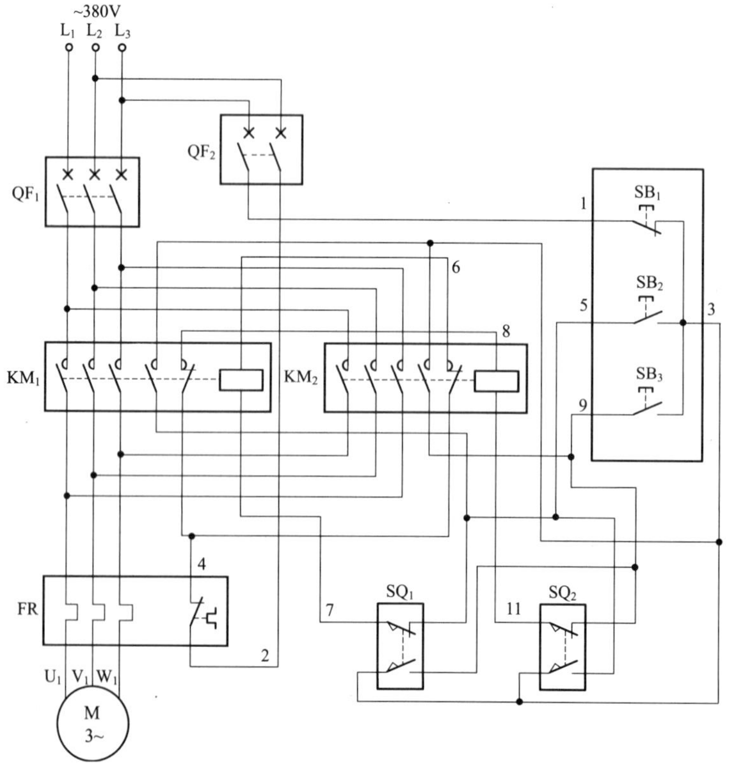

9.2 自动往返循环控制电路（二）

原理图

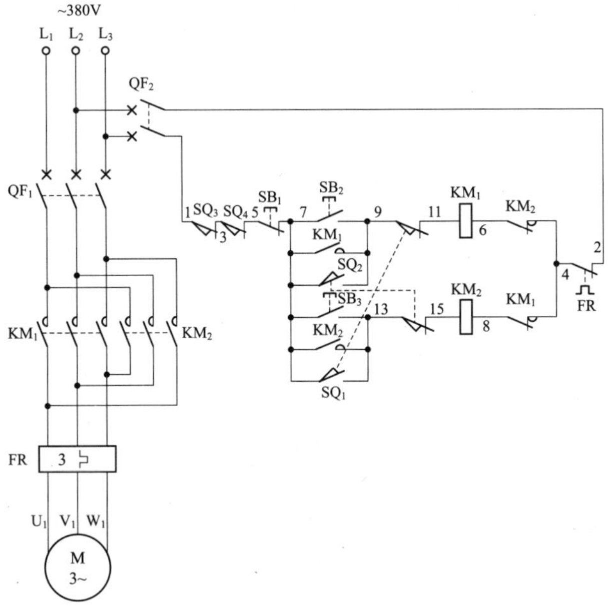

接线图

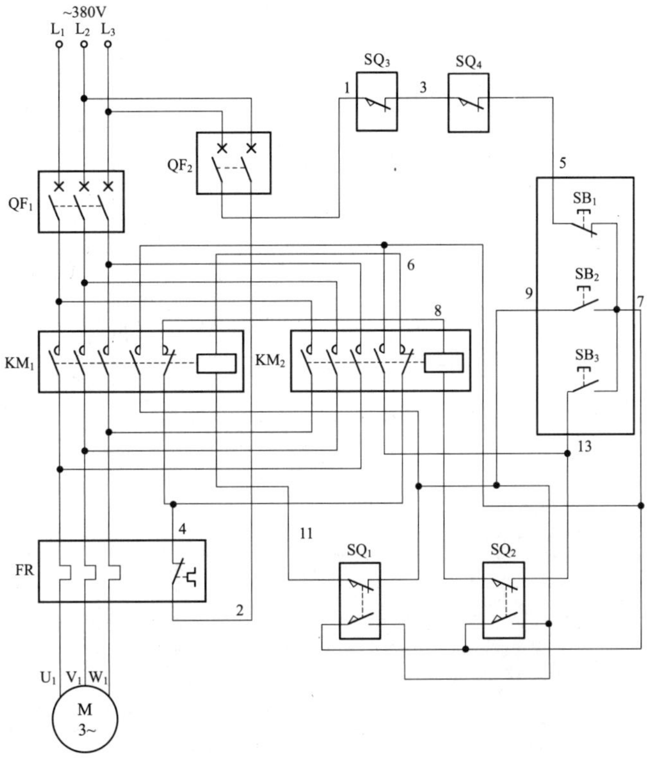

9.3　自动往返循环控制电路（三）

原理图

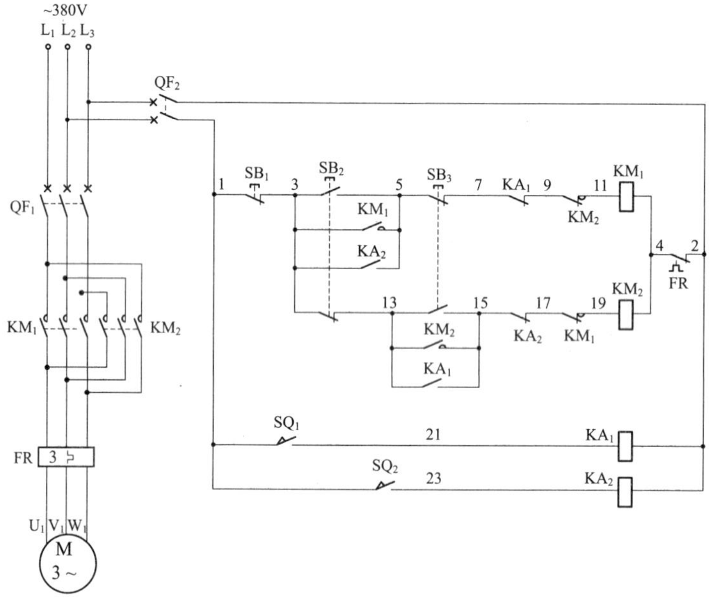

接线图

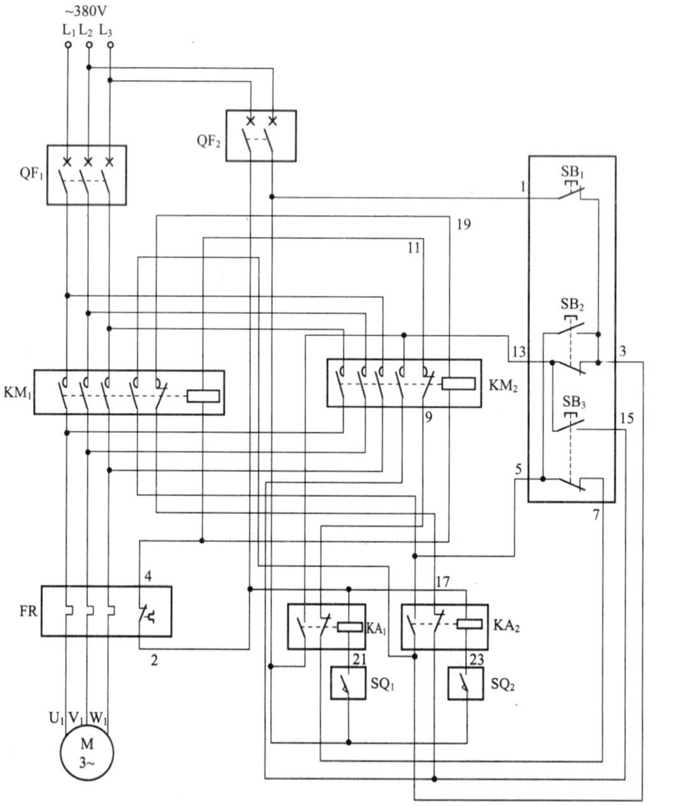

9.4 仅用一只行程开关实现自动往返控制电路

原理图

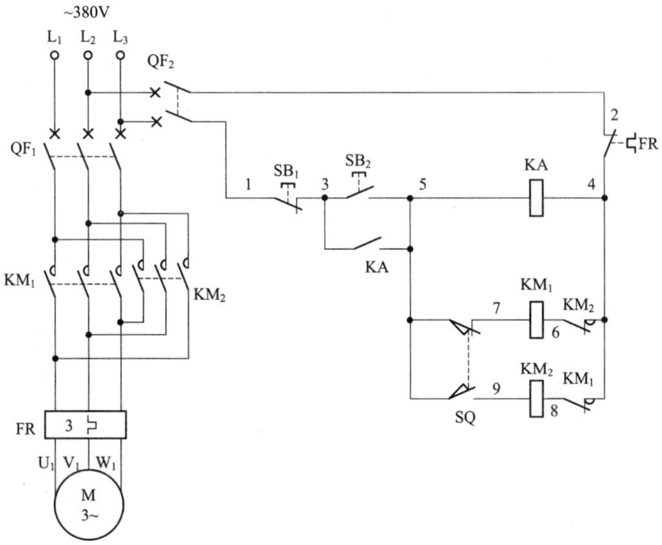

接线图

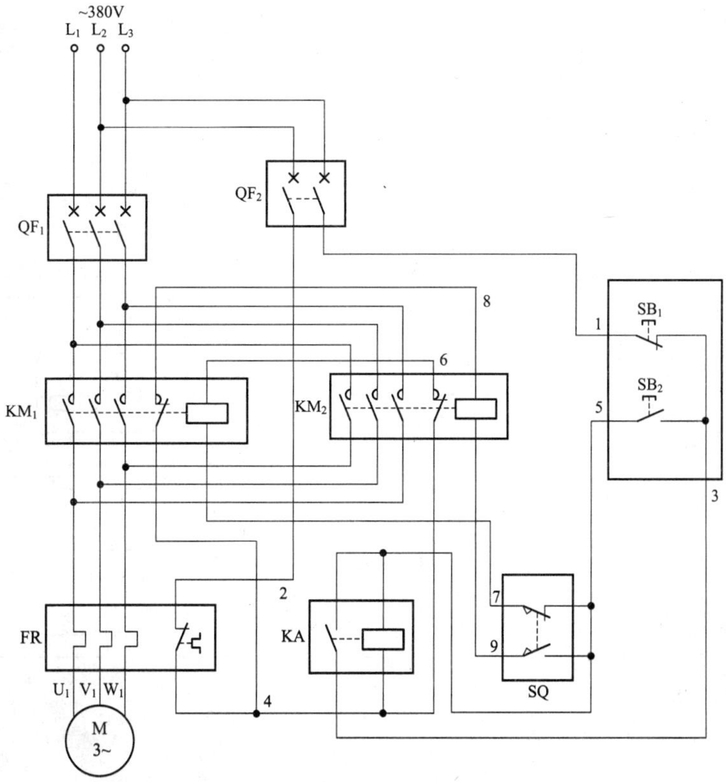

9.5 带有到位延时功能的自动往返控制电路

原理图

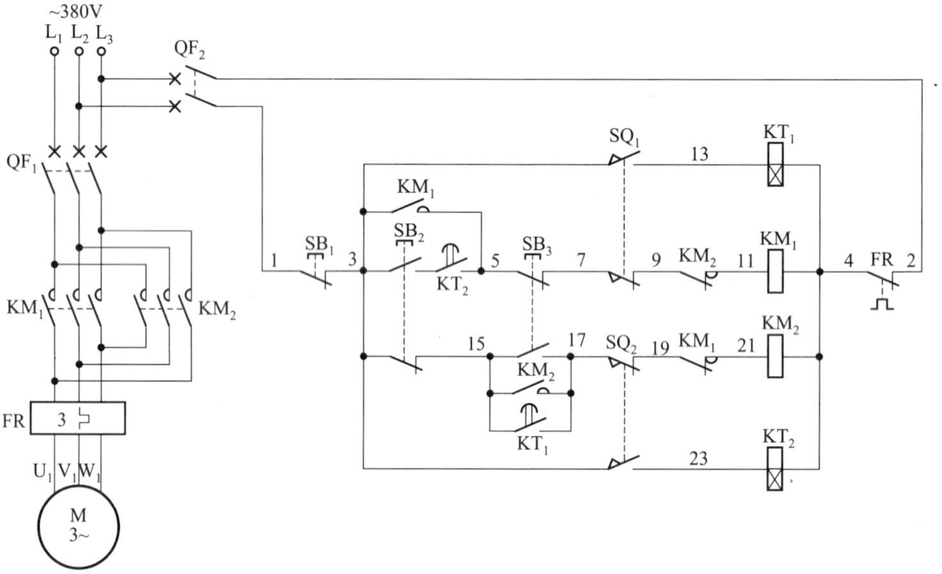

接线图

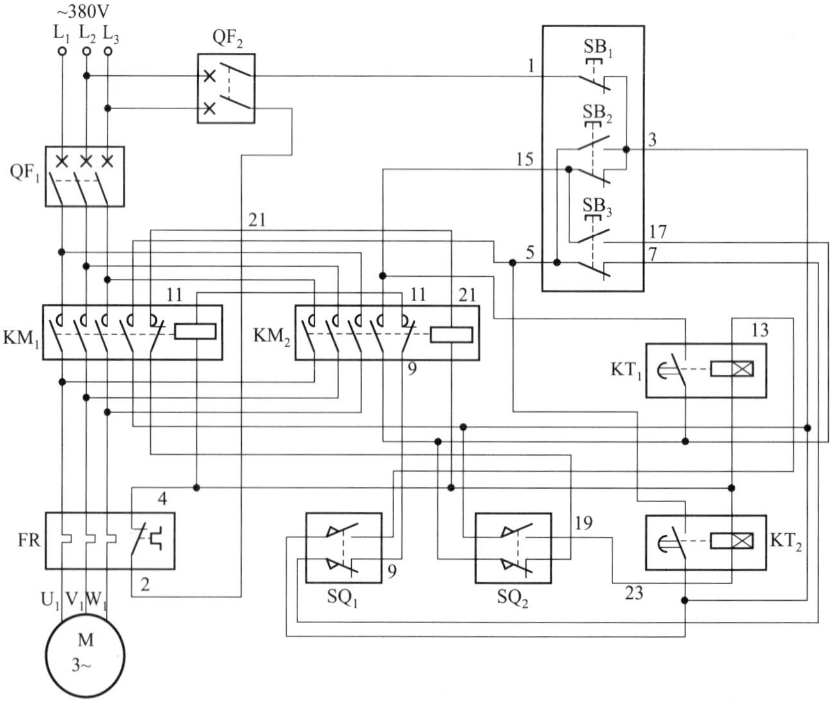

第10章

变频器及软启动器应用电路

10.1 通用变频器的基本应用电路

原理图

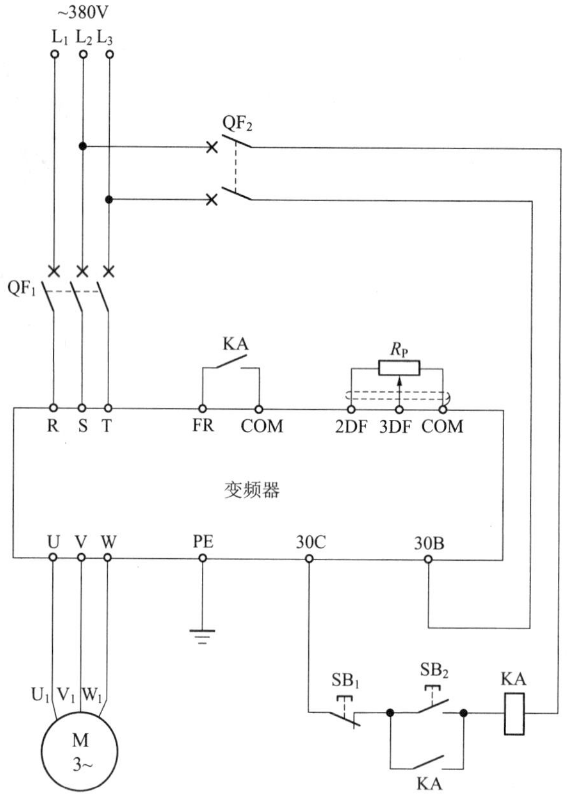

接线图

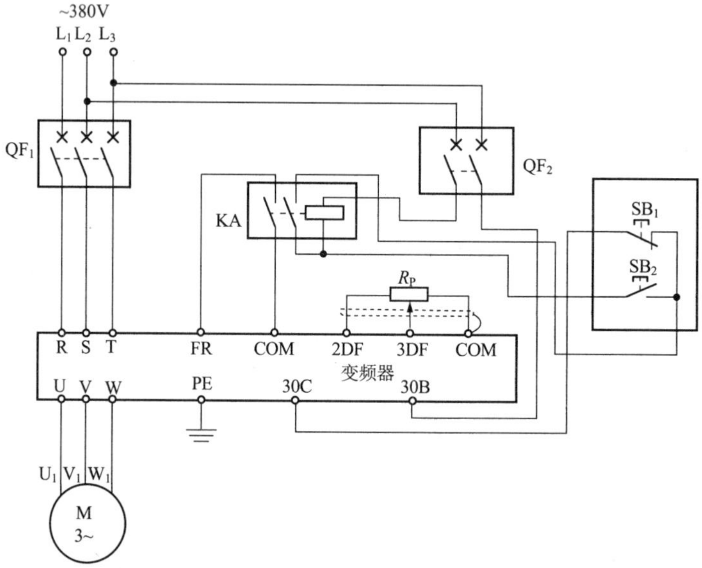

10.2 电动机单向工频 / 变频切换控制电路

原理图

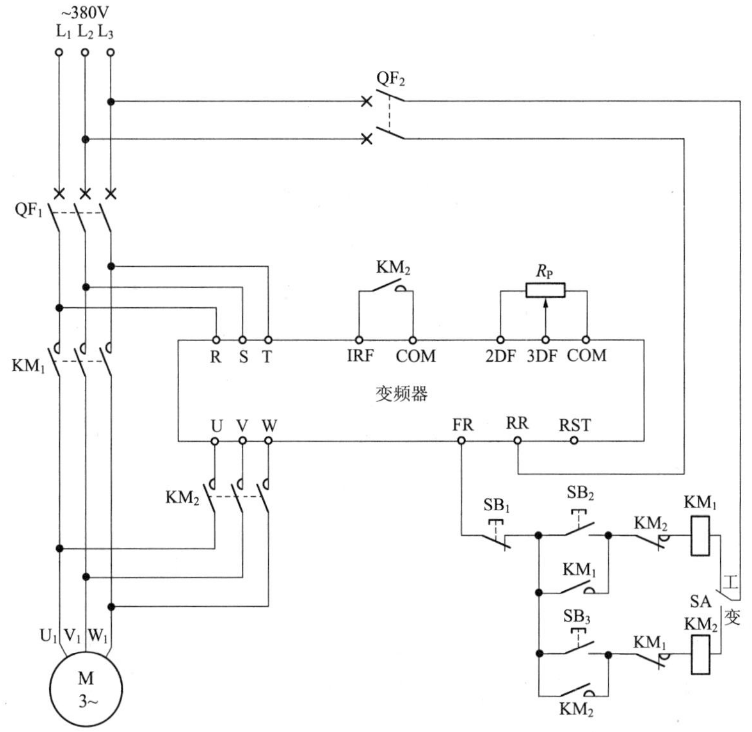

接线图

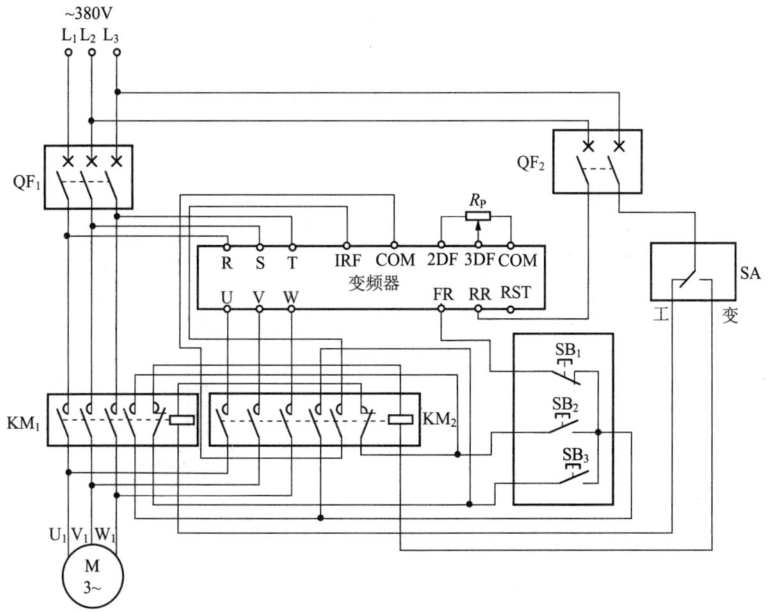

10.3 用电接点压力表配合变频器实现供水恒压调速电路

原理图

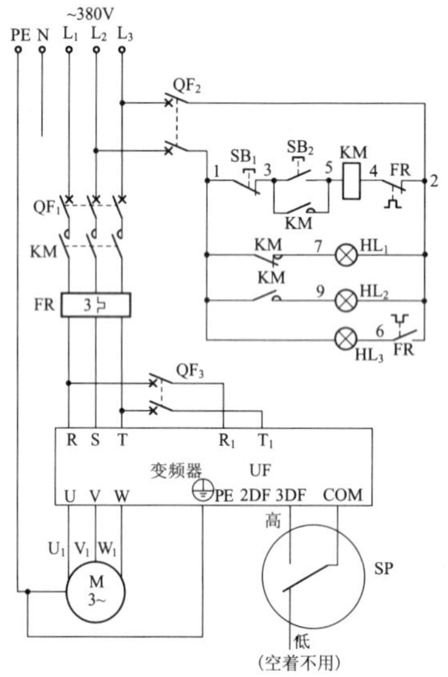

接线图

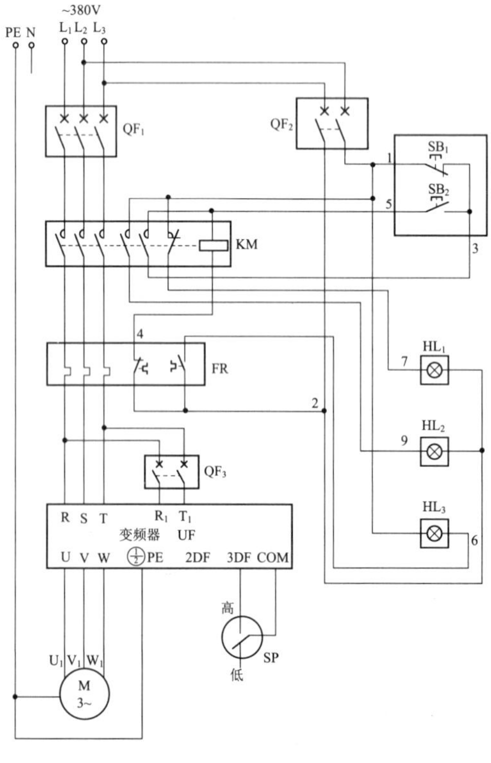

10.4 用 FR-AT 三速设定操作箱控制的变频器调速电路

接线图

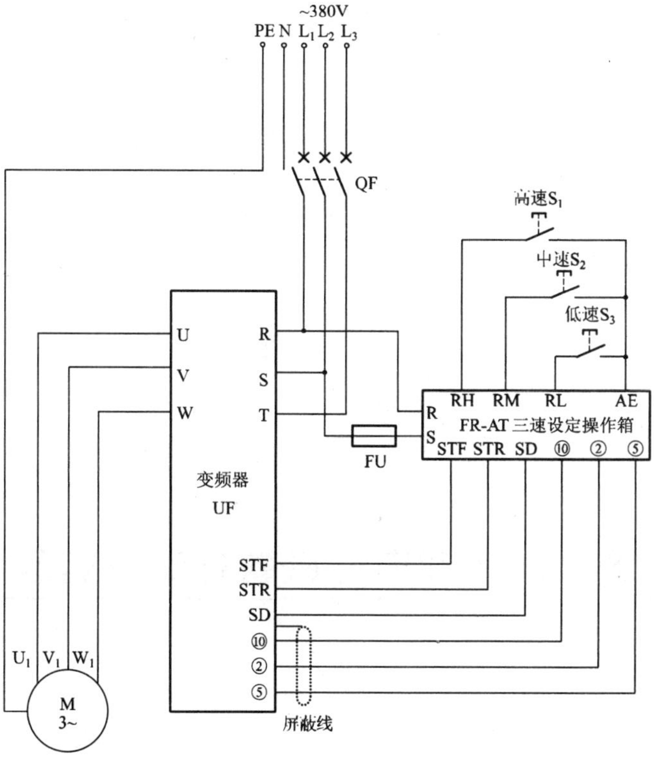

10.5 用单相 220V 电源实现三相 380V 电动机的变频控制接线（一）

接线图

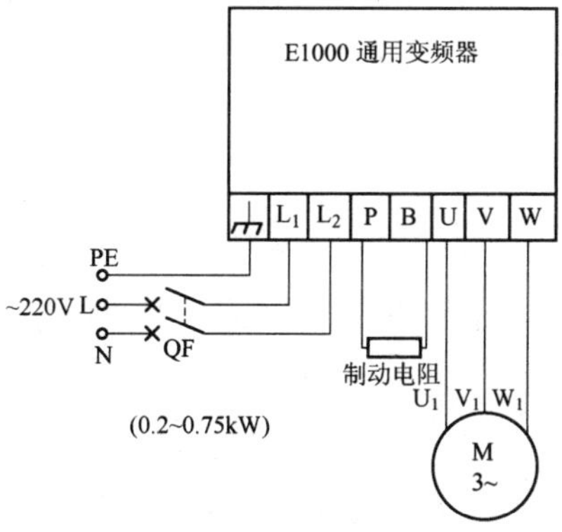

10.6 用单相220V电源实现三相380V电动机的变频控制接线（二）

接线图

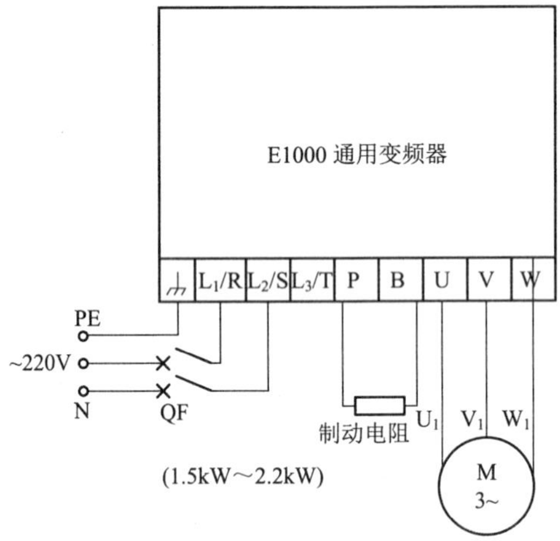

10.7 常熟CR1系列电动机软启动器实际应用接线

接线图

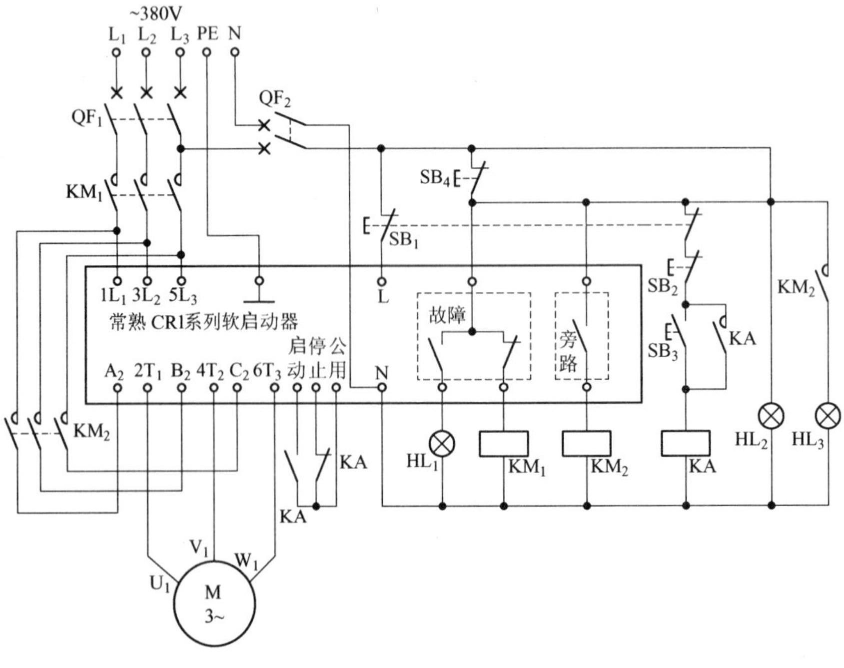

第11章

供排水控制电路

11.1　防止抽水泵空抽保护电路

原理图

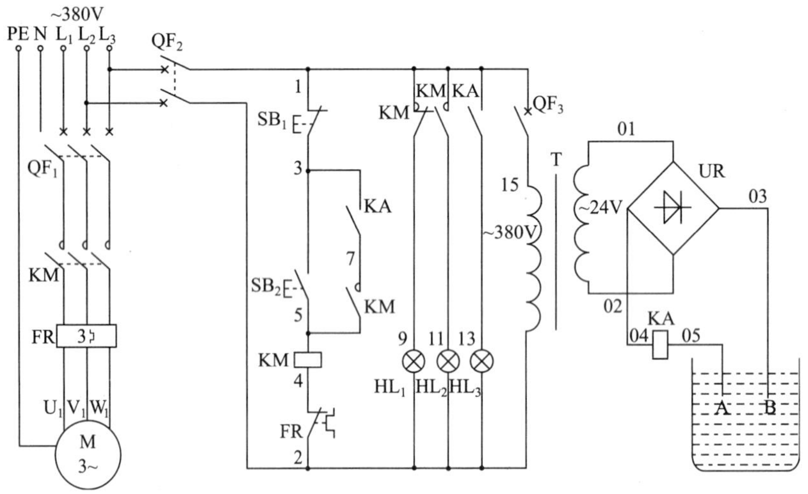

接线图

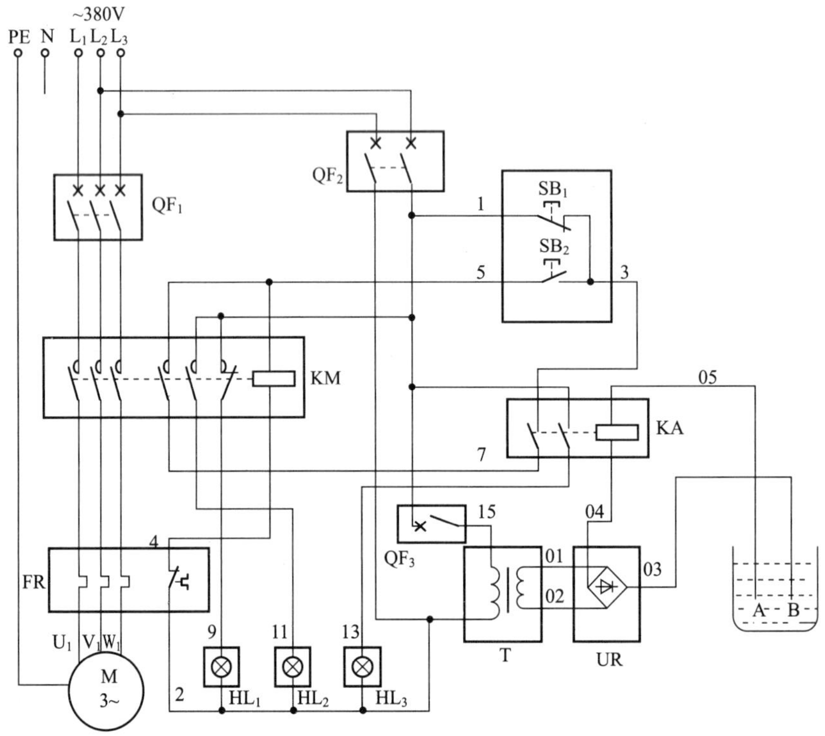

11.2 供水水位控制电路

原理图

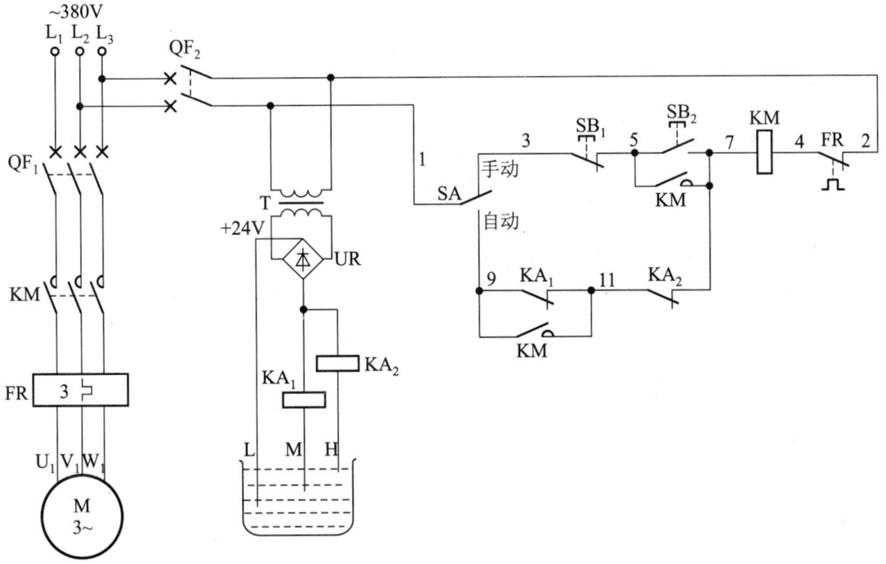

接线图

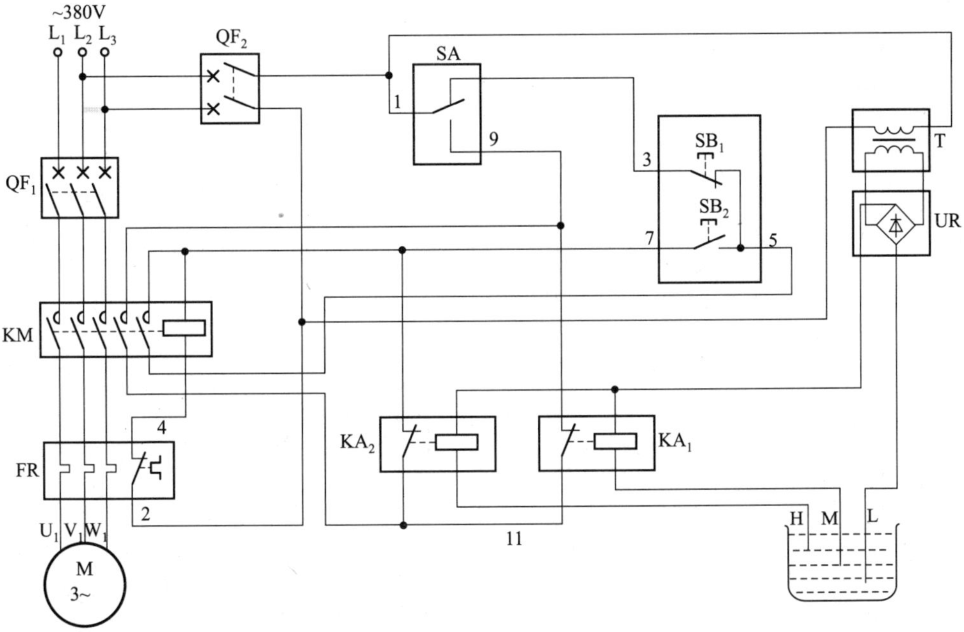

11.3 排水水位控制电路

原理图

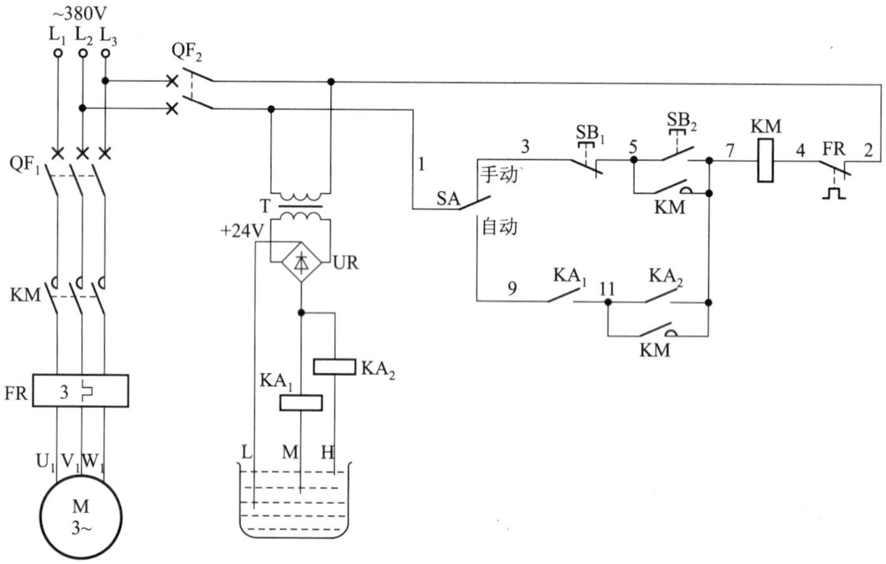

接线图

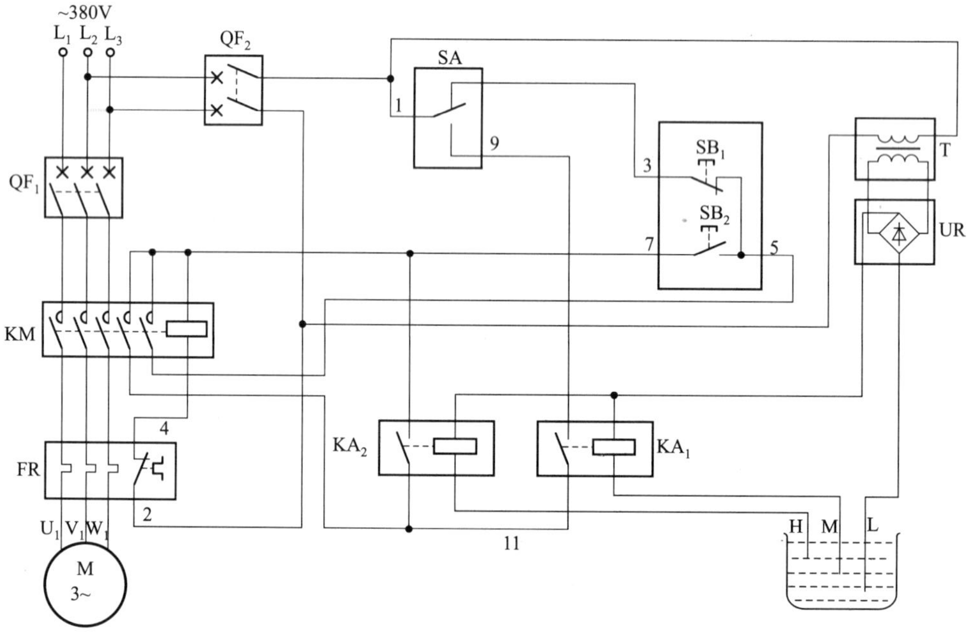

11.4 供排水手动/定时控制电路

原理图

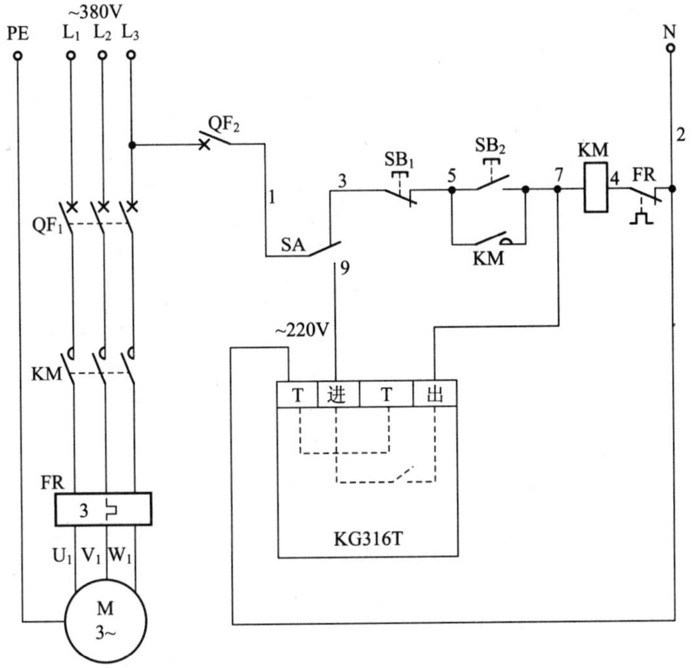

接线图

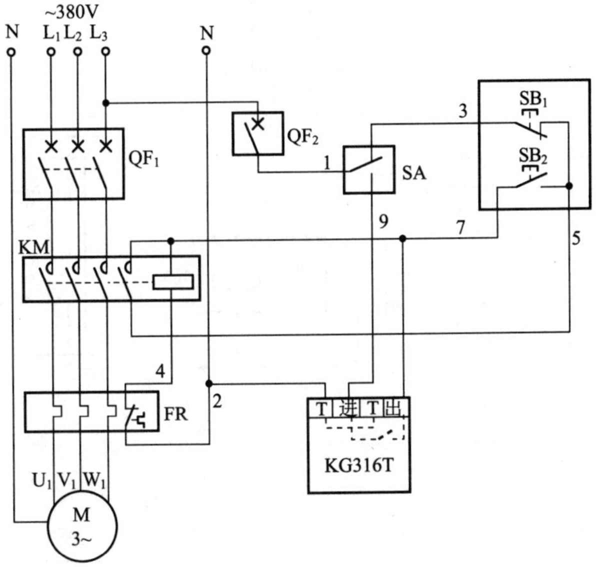

11.5 可任意手动启动、停止的自动补水控制电路

原理图

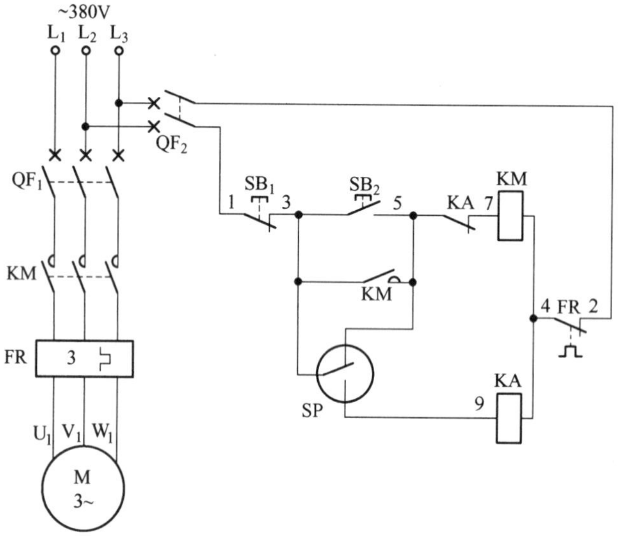

接线图

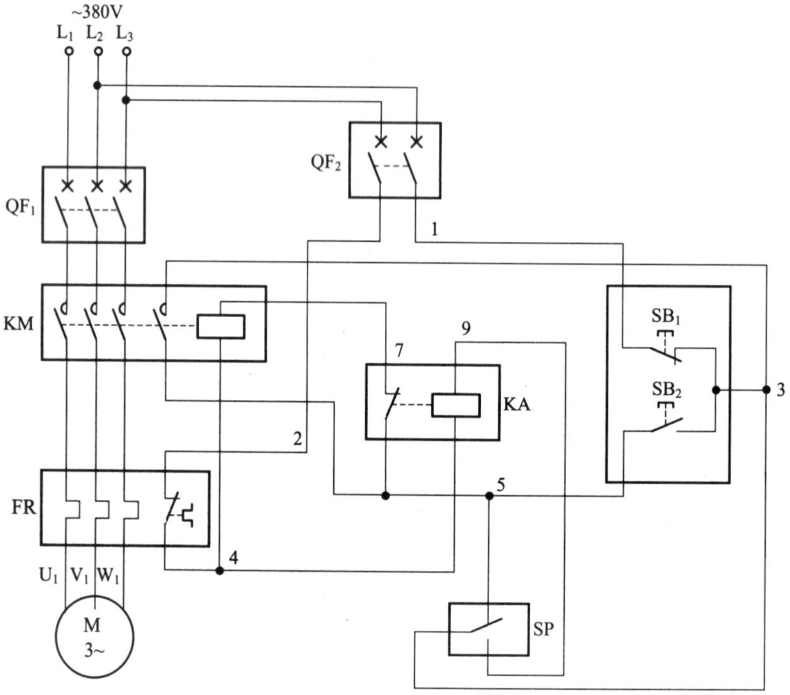

11.6 具有手动/自动控制功能的排水控制电路

原理图

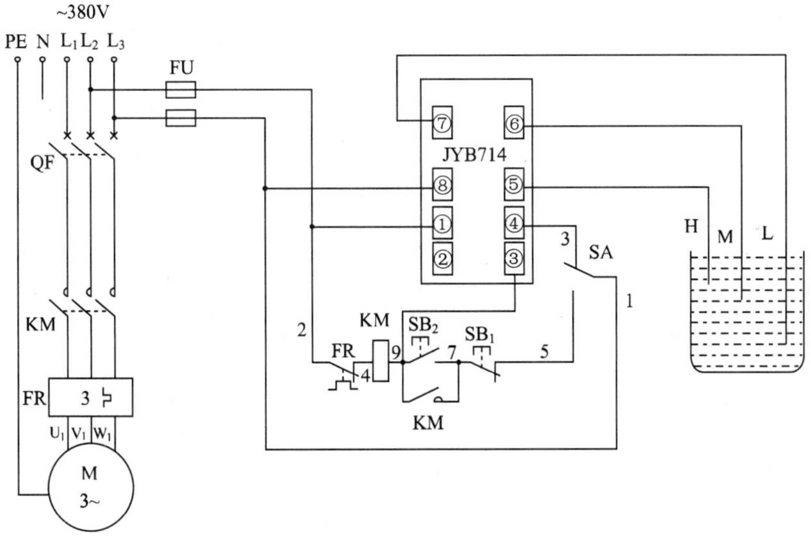

接线图

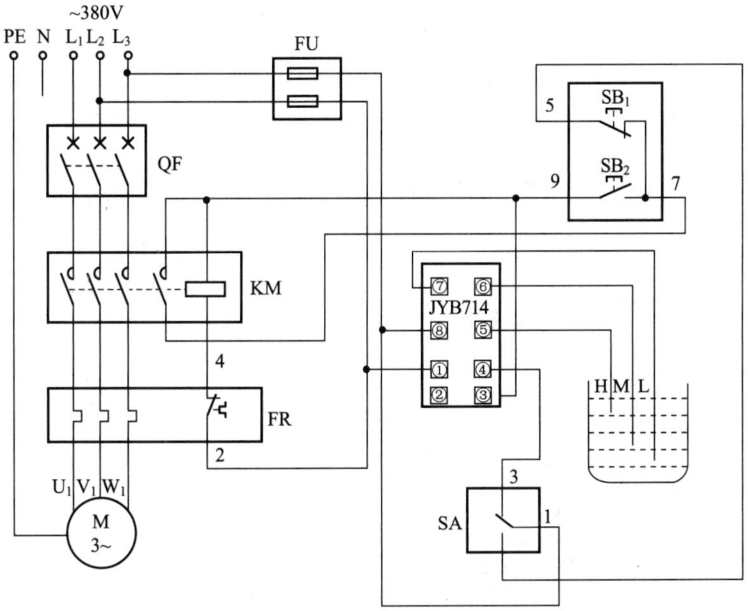

11.7 具有手动操作定时、自动控制功能的供水控制电路

原理图

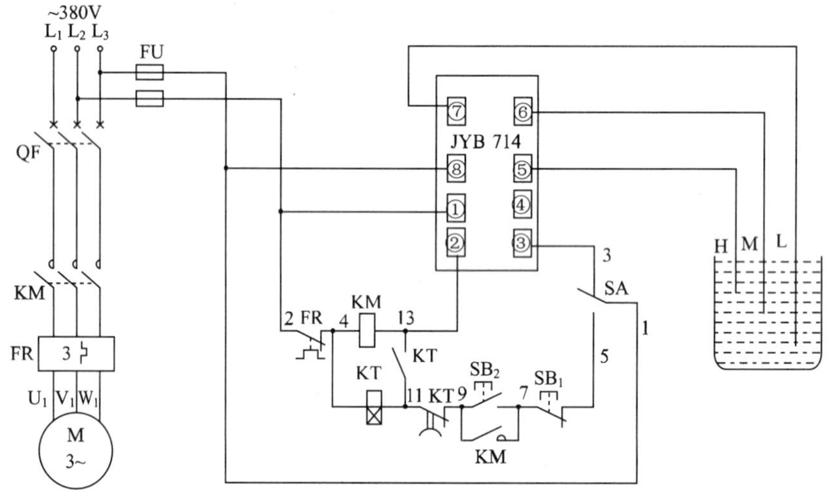

接线图

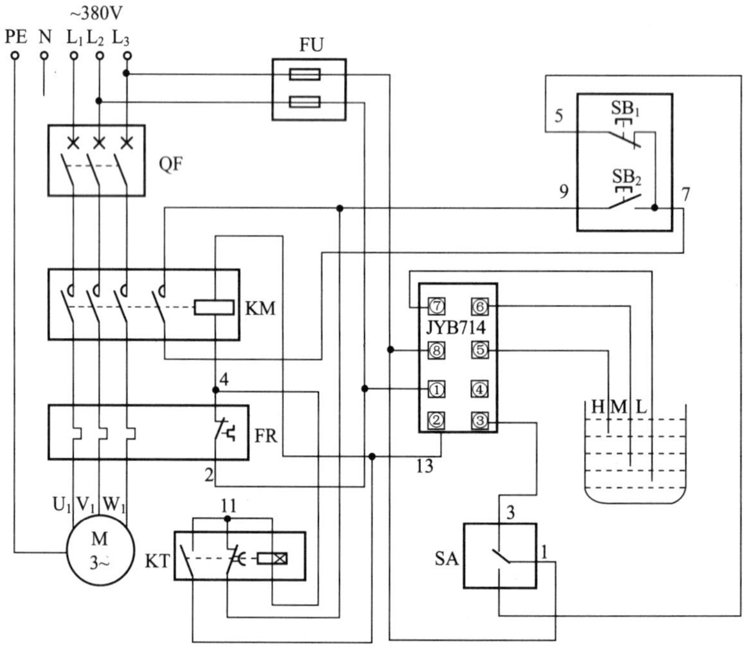

11.8 具有手动操作定时、自动控制功能的排水控制电路

原理图

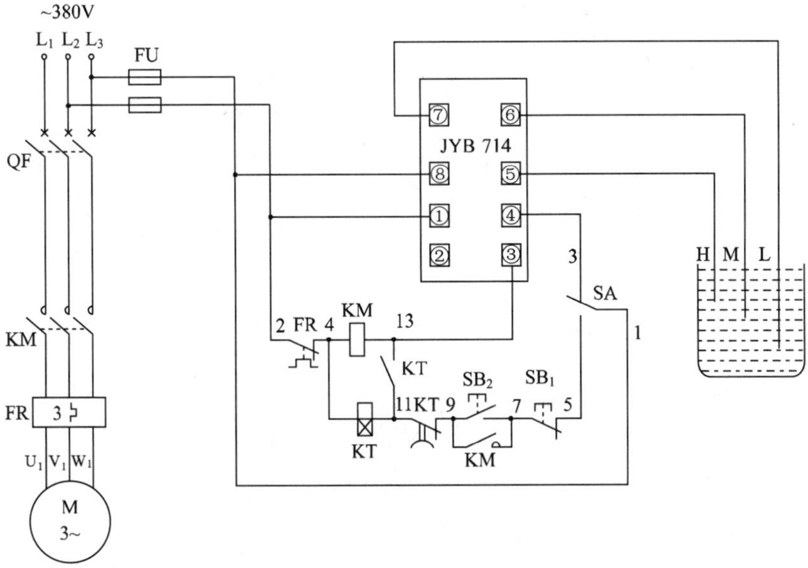

接线图

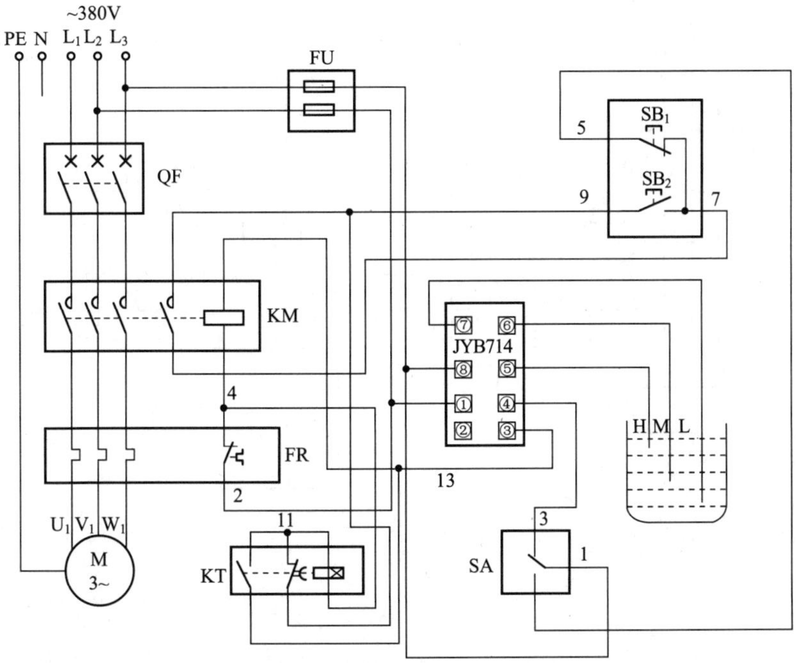

11.9 排水泵故障时备用泵自投电路

原理图

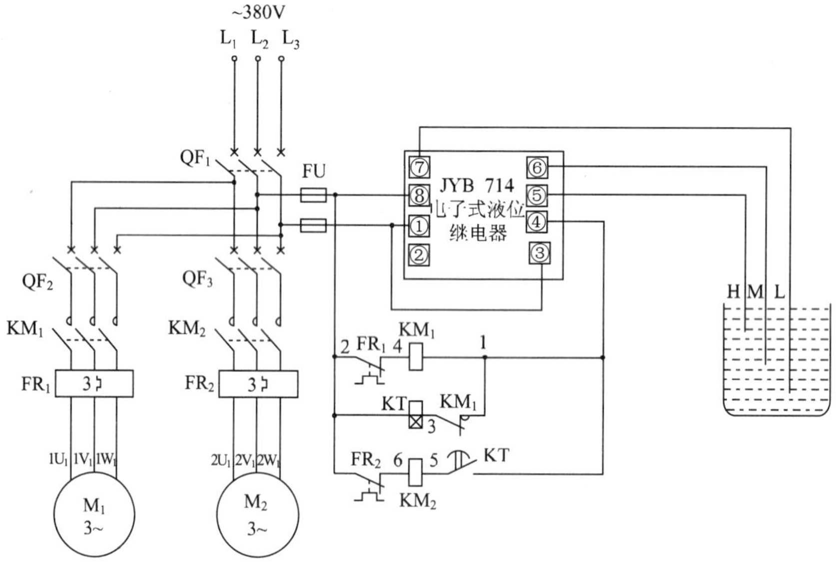

接线图

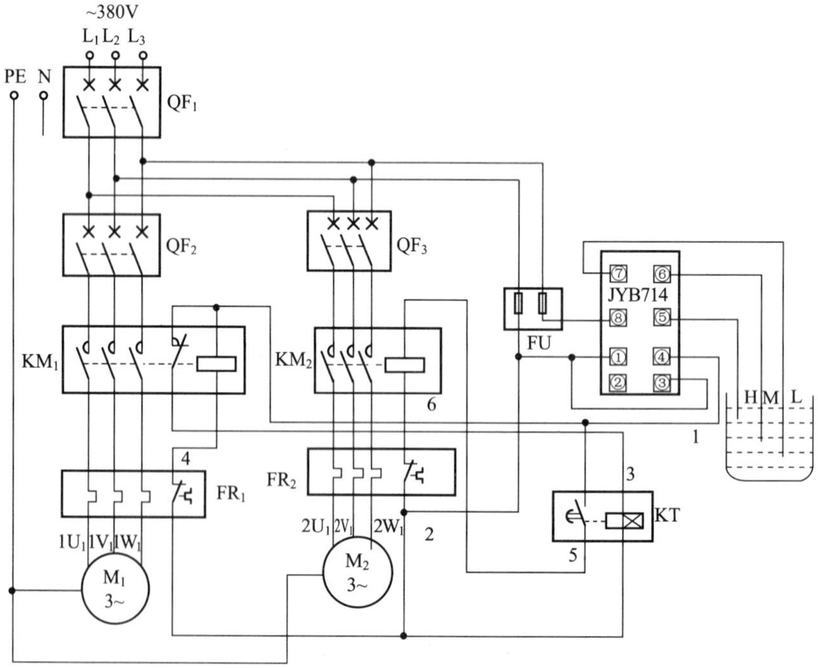

11.10 供水泵手动/自动控制电路

原理图

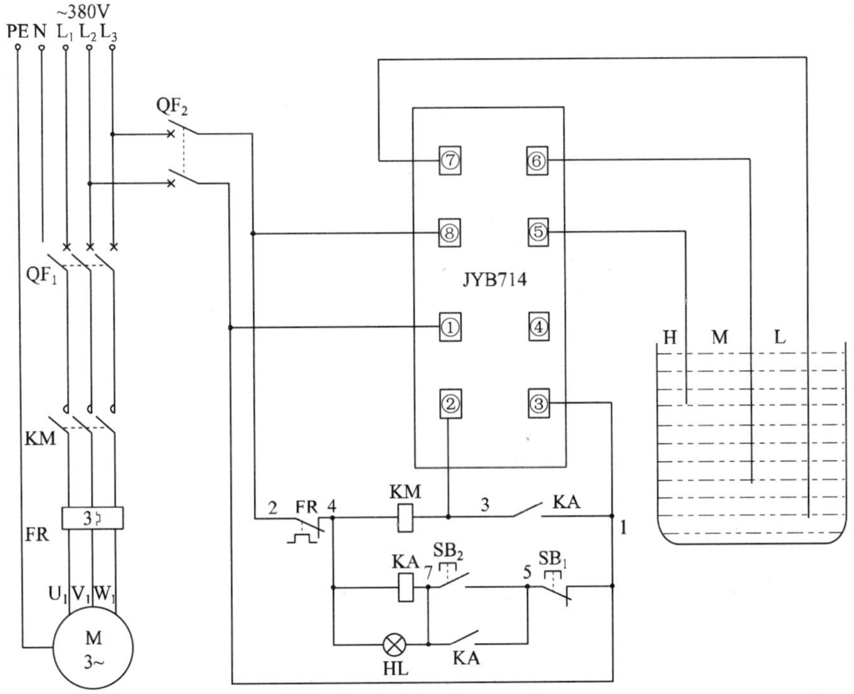

接线图

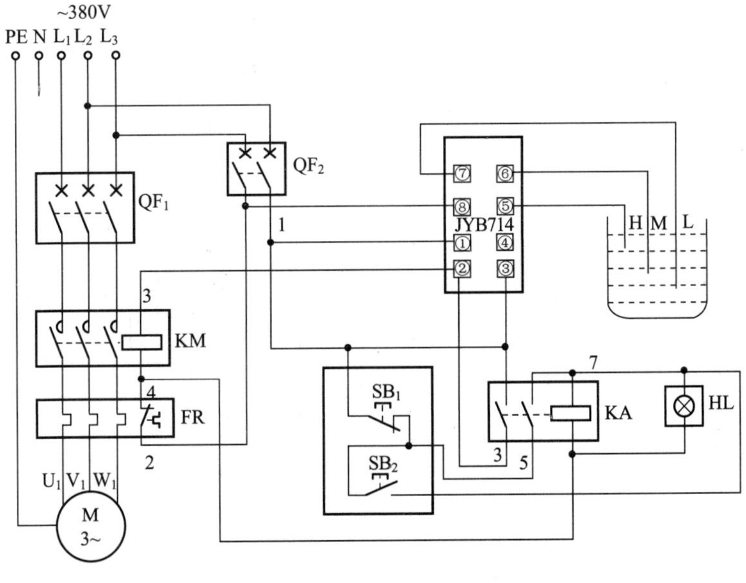

11.11 排水泵手动/自动控制电路

原理图

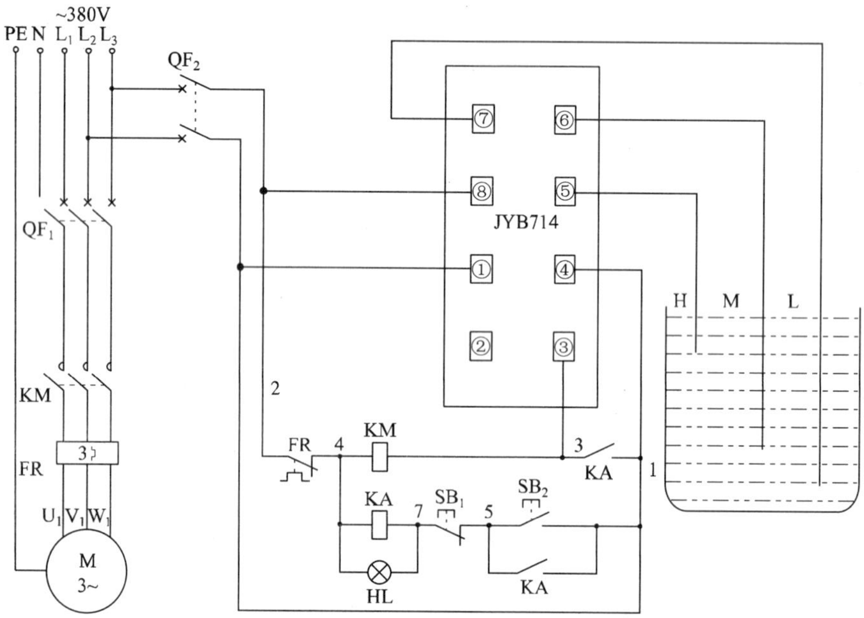

接线图

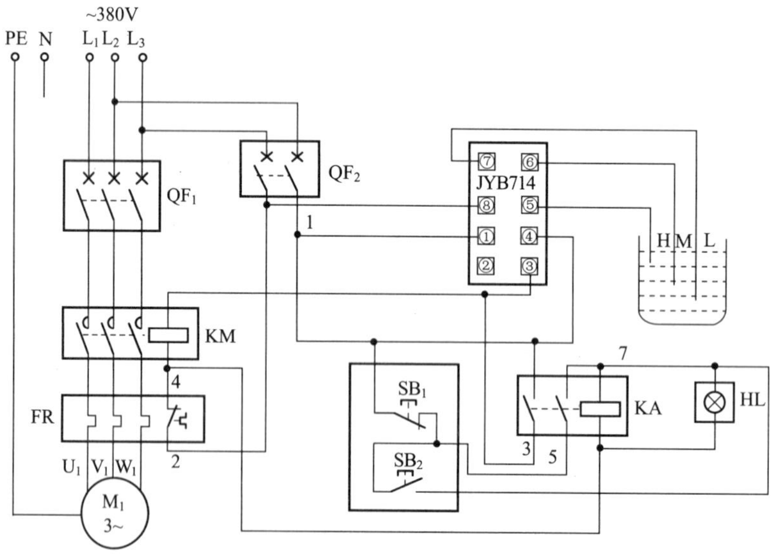

11.12 电接点压力表自动控制电路

原理图

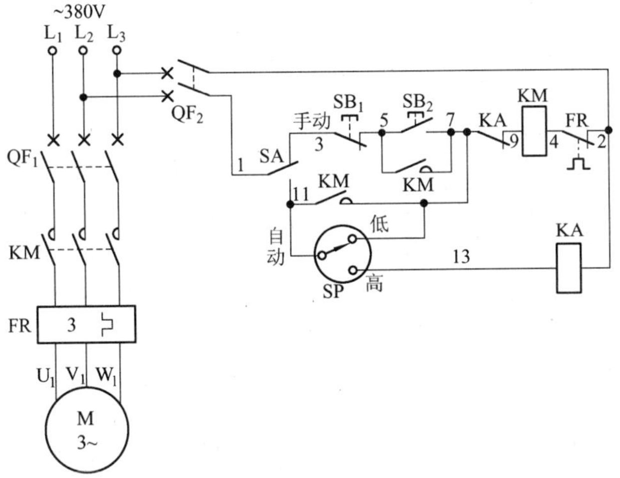

接线图

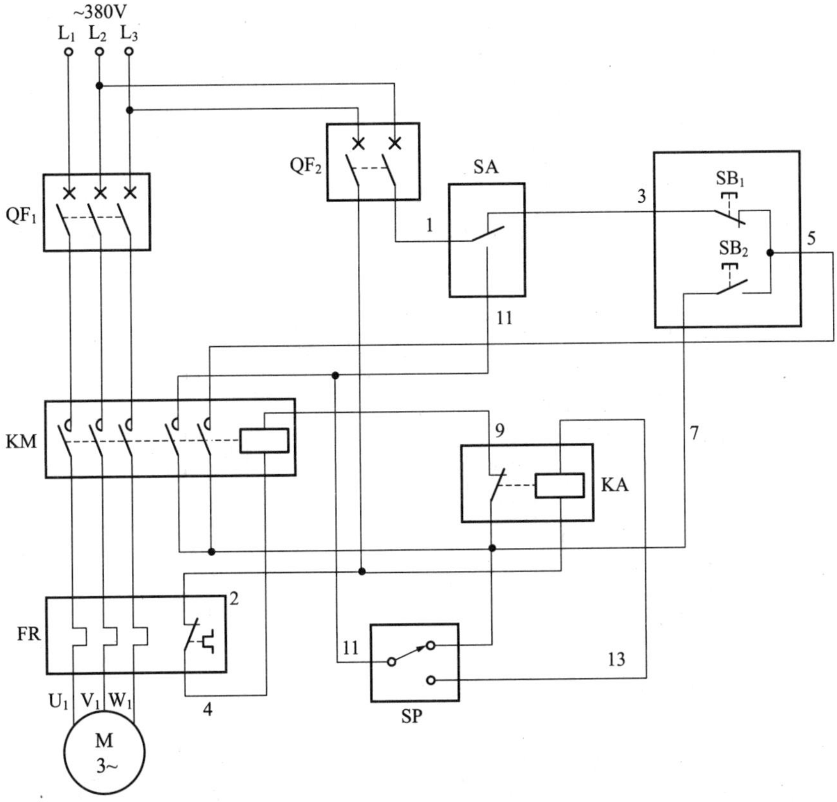

11.13 JYB-1型电子式液位继电器单相供水电路

原理图

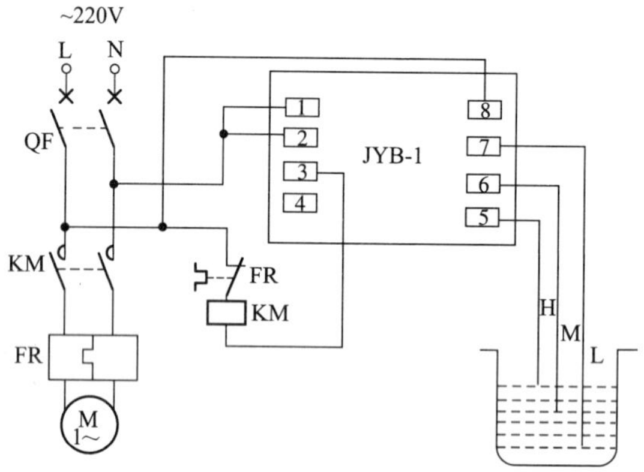

1，8 接 220V 电源；2，3 接内部继电器常开触点；5 接高水位 H 电极；6 接中水位M电极；7 接低水位 L 电极

接线图

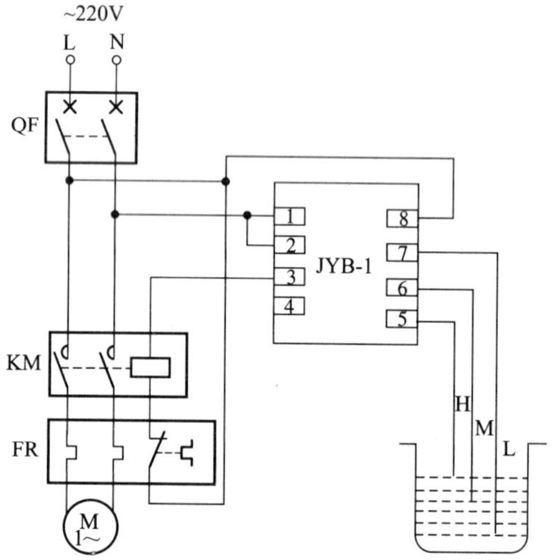

11.14 JYB-1 型电子式液位继电器三相供水电路

原理图

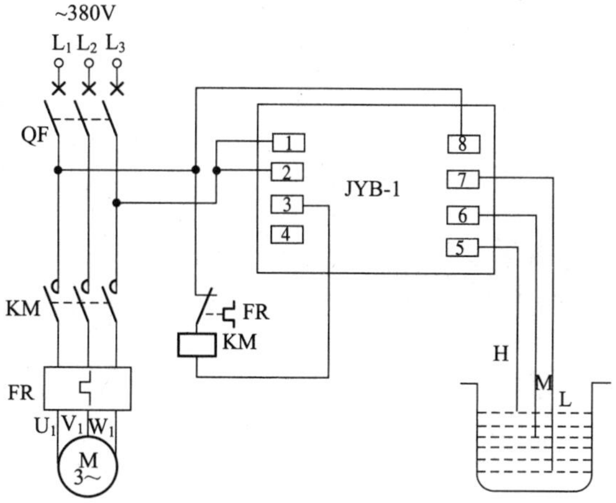

1，8 接 380V 电源；2，3 接内部继电器常开触点；5 接高水位 H 电极；
6 接中水位M电极；7 接低水位 L 电极

接线图

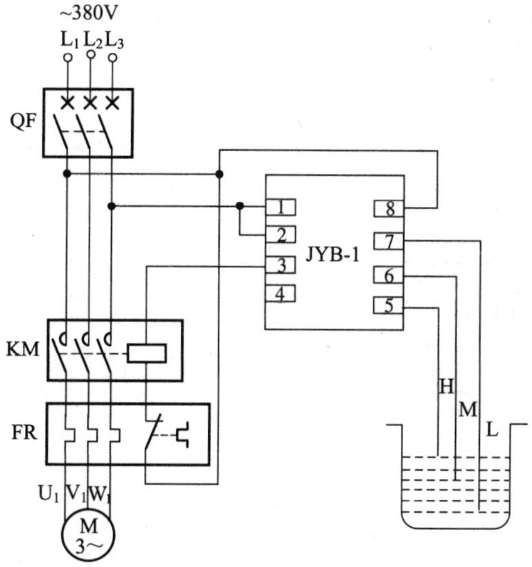

11.15 JYB-3 型电子式液位继电器单相供水电路

原理图

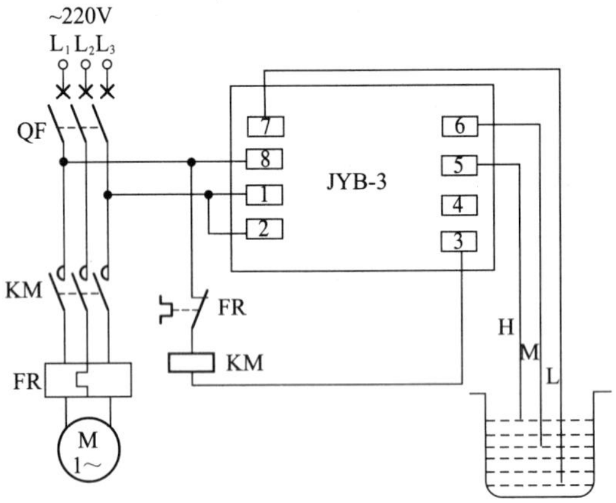

1，8 接 220V 电源；2，3 接内部继电器常开触点；5 接高水位 H 电极；6 接中水位M电极；7 接低水位 L 电极

接线图

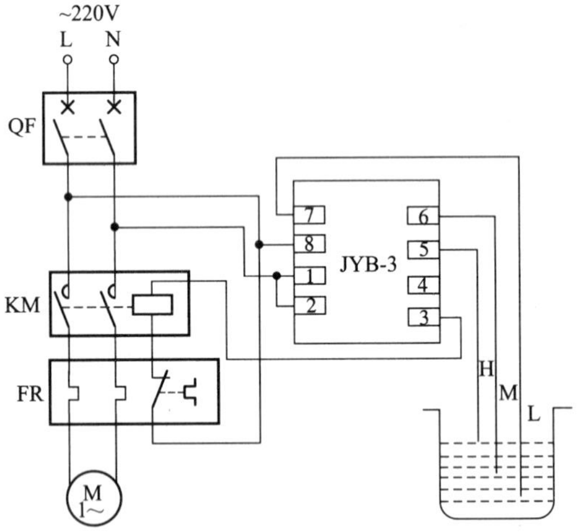

11.16 JYB-3 型电子式液位继电器三相供水电路

原理图

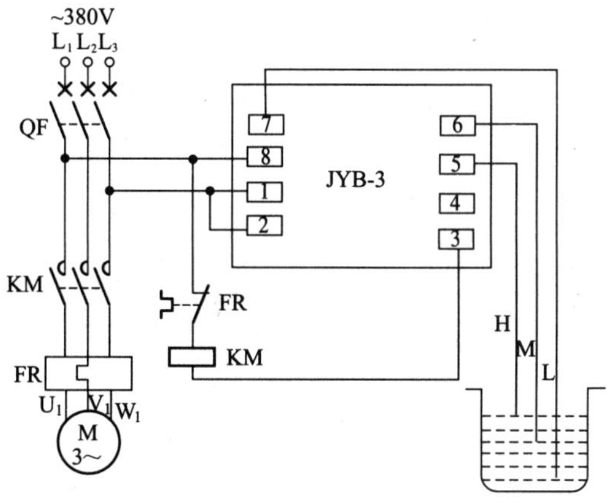

1，8 接 380V 电源；2，3 接内部继电器常开触点；5 接高水位 H 电极；6 接中水位M电极；7 接低水位 L 电极

接线图

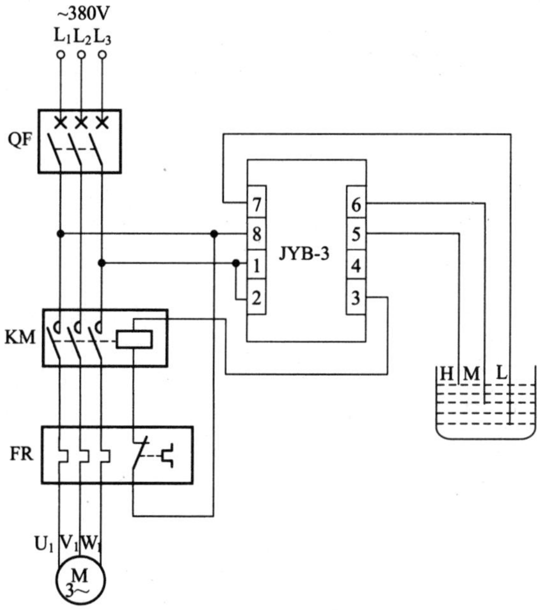

11.17 JYB-3 型电子式液位继电器单相排水电路

原理图

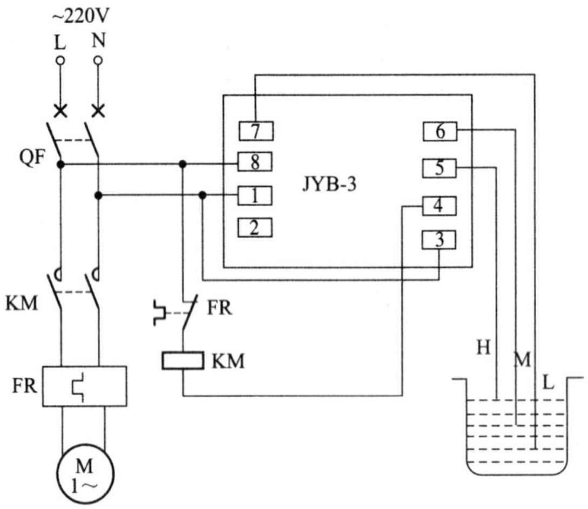

1，8 接 220V 电源；3，4 接内部继电器常闭触点；5 接高水位 H 电极；6 接中水位M电极；7 接低水位 L 电极

接线图

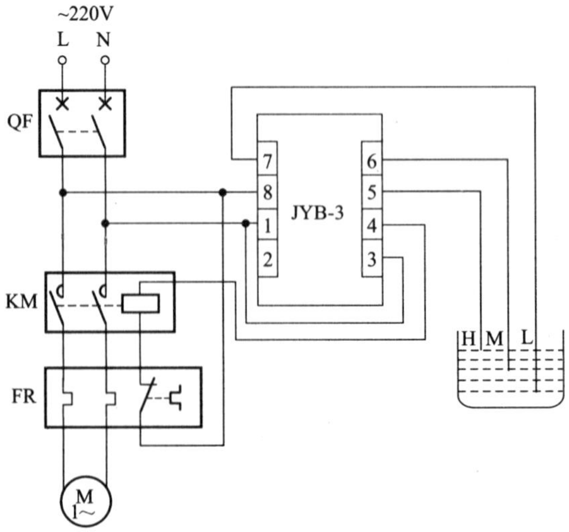

11.18 JYB-3 型电子式液位继电器三相排水电路

原理图

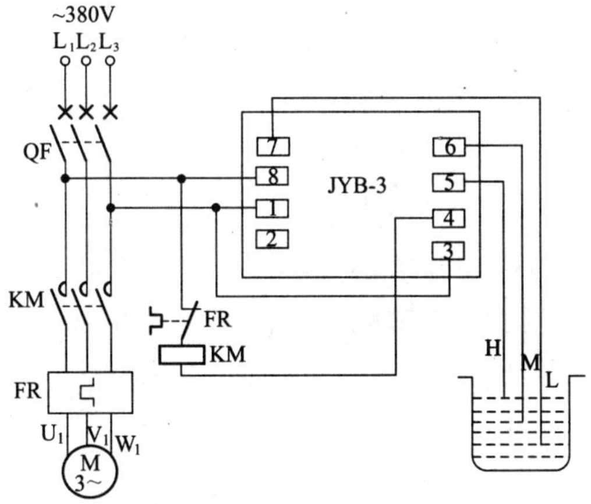

1，8 接 380V 电源；3，4 接内部继电器常闭触点；5 接高水位 H 电极；
6 接中水位 M 电极；7 接低水位 L 电极

接线图

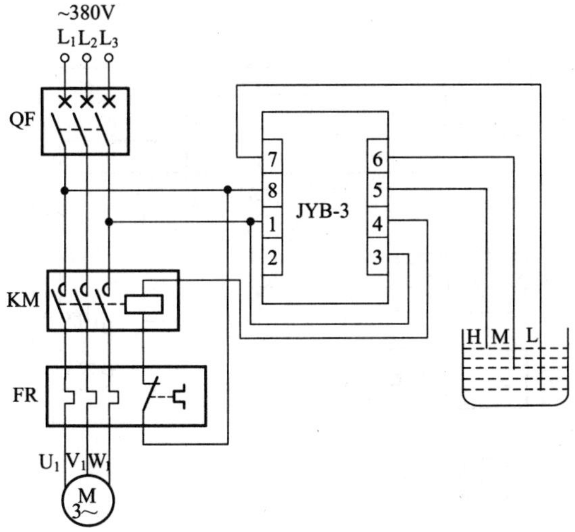

11.19 JYB714 型电子式液位继电器单相供水电路

原理图

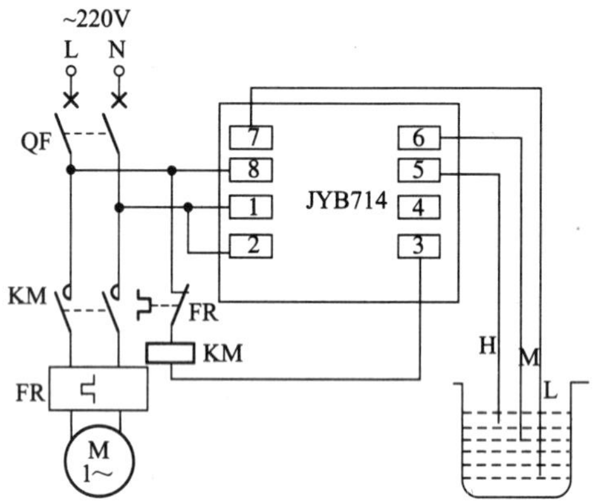

1，8 接 220V 电源；3，4 接内部继电器常开触点；5 接高水位 H 电极；
6 接中水位M电极；7 接低水位 L 电极

接线图

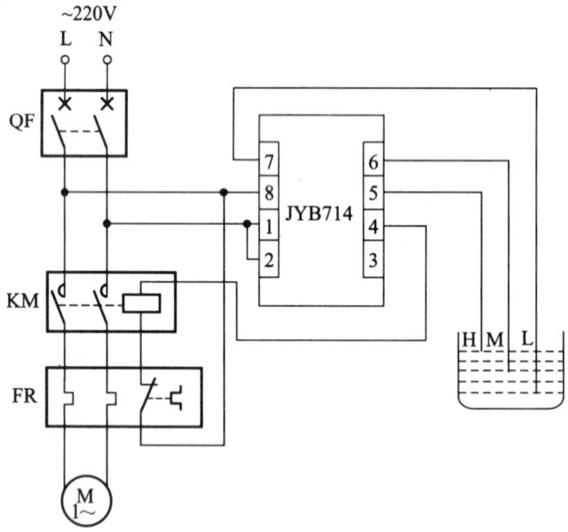

11.20 JYB714 型电子式液位继电器三相供水电路

原理图

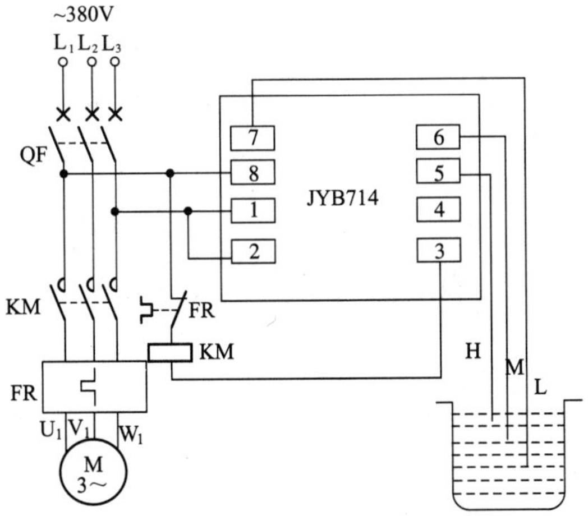

1，8 接 380V 电源；3，4 接内部继电器常开触点；5 接高水位 H 电极；
6 接中水位M电极；7 接低水位 L 电极

接线图

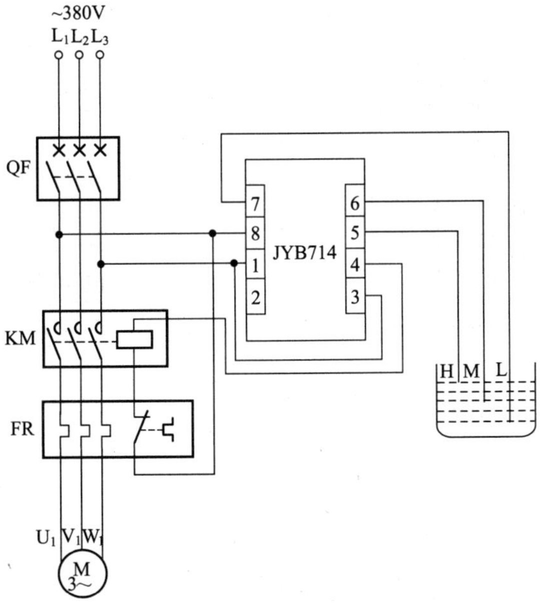

11.21 JYB714 型电子式液位继电器单相排水电路

原理图

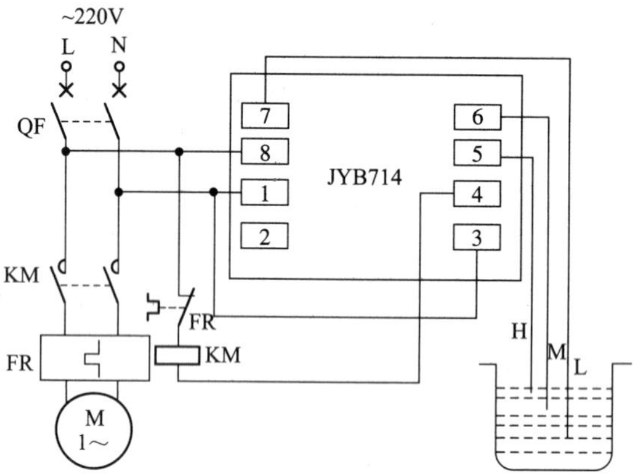

1，8 接 220V 电源；3，4 接内部继电器常闭触点；5 接高水位 H 电极；6 接中水位 M 电极；7 接低水位 L 电极

接线图

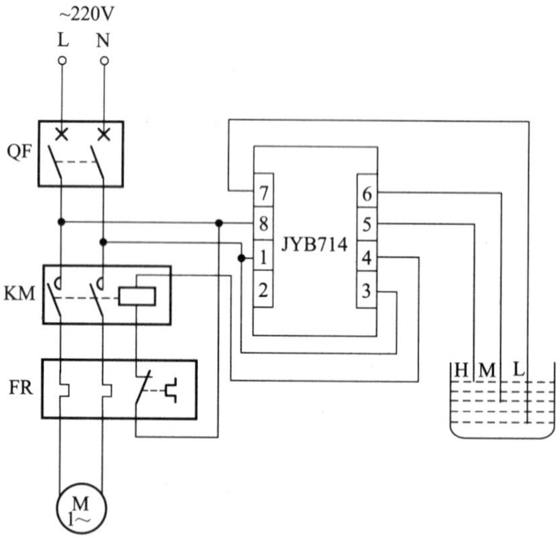

11.22　JYB714 型电子式液位继电器三相排水电路

原理图

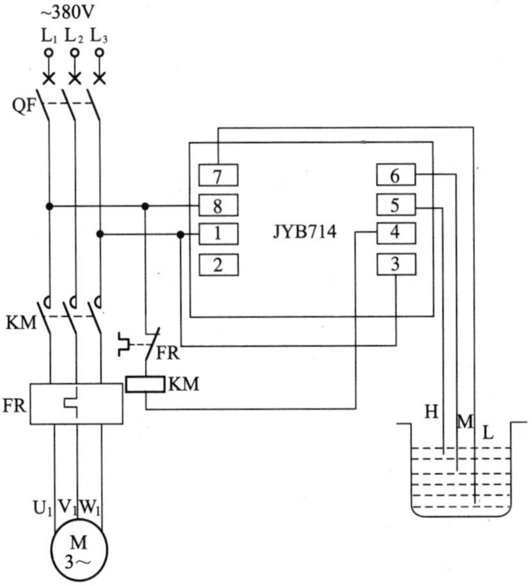

1，8 接 380V 电源；3，4 接内部继电器常闭触点；5 接高水位 H 电极；
6 接中水位M电极；7 接低水位 L 电极

接线图

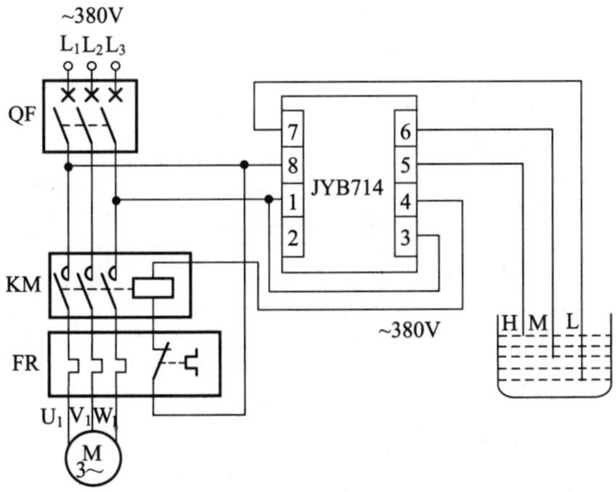

11.23 正泰 NJYW1 型液位继电器（110/220V）供水方式接线

接线图

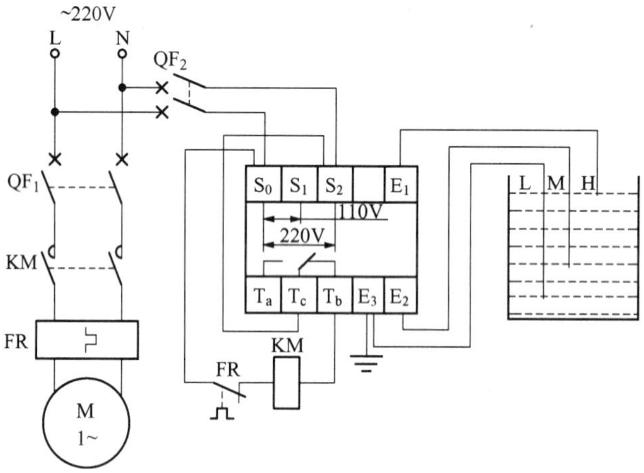

11.24 正泰 NJYW1 型液位继电器（110/220V）排水方式接线

接线图

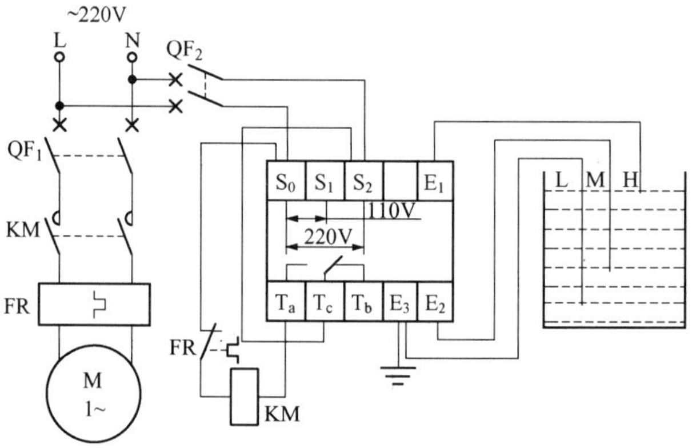

11.25 正泰 NJYW1 型液位继电器（220/380V）供水方式接线

接线图

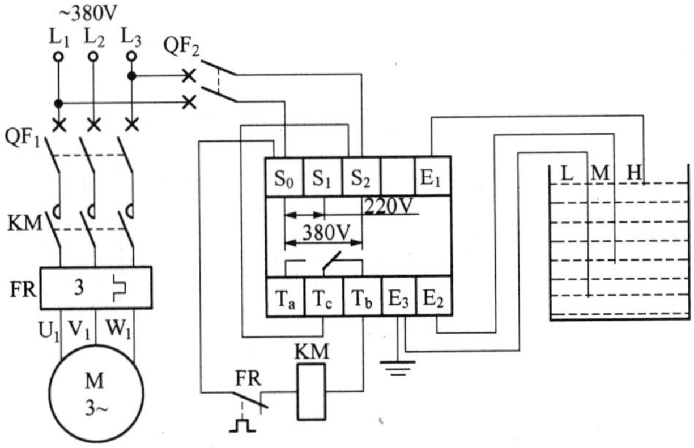

11.26 正泰 NJYW1 型液位继电器（220/380V）排水方式接线

接线图

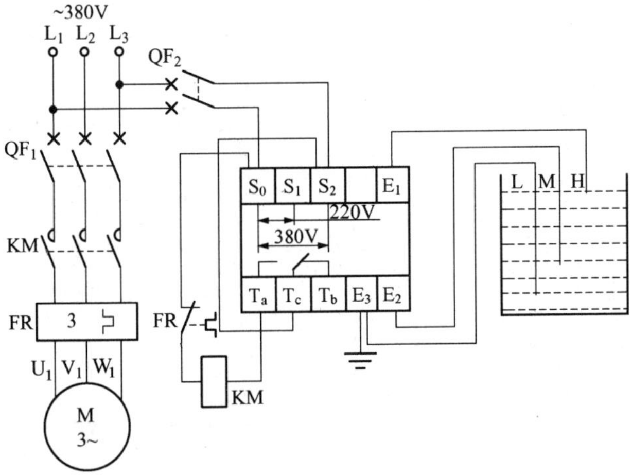

11.27 正泰 NJYW1 型液位继电器上、下池水位控制 220V 接线

接线图

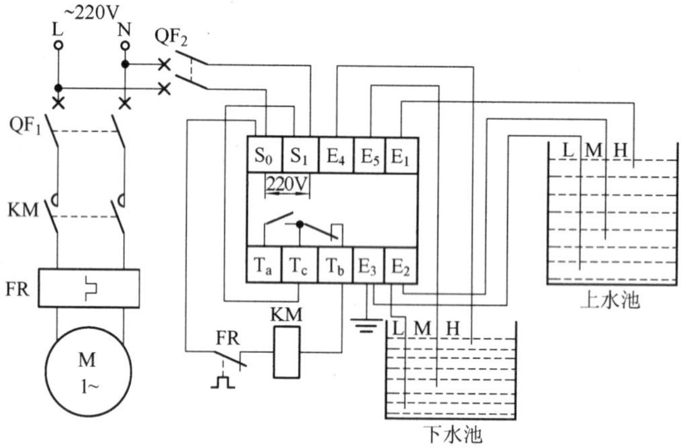

11.28 正泰 NJYW1 型液位继电器上、下池水位控制 380V 接线

接线图

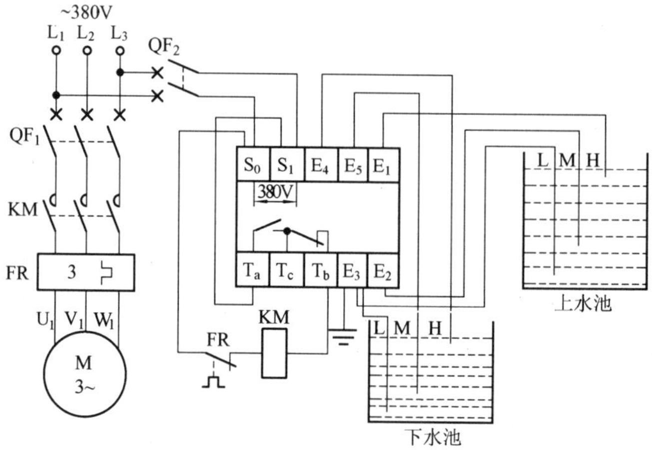

11.29 水箱自动放水电路接线

接线图

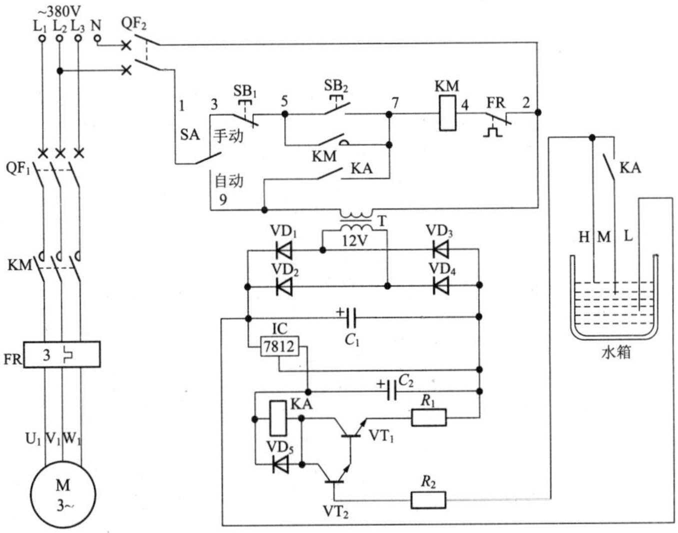

11.30 水塔、水池联动上水控制电路接线

接线图

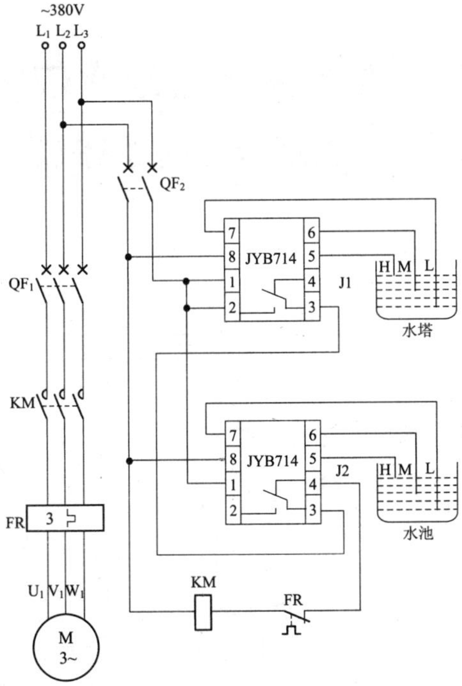

11.31 MXY70-AB水位开关实际应用控制电路接线

接线图

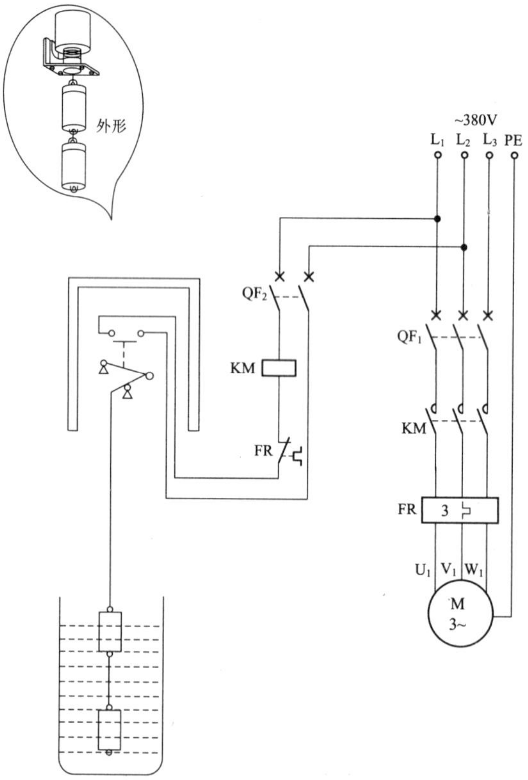

11.32 用DF-96A/V型全自动水位控制器直接控制单相220V水泵向上水池供水实际应用接线

接线图

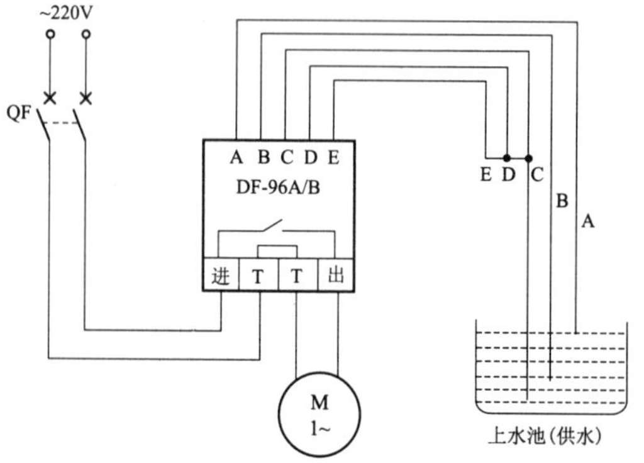

11.33 用 DF-96A/B 型全自动水位控制器扩展 220V 交流继电器控制单相 220V 水泵向上水池供水实际应用接线

接线图

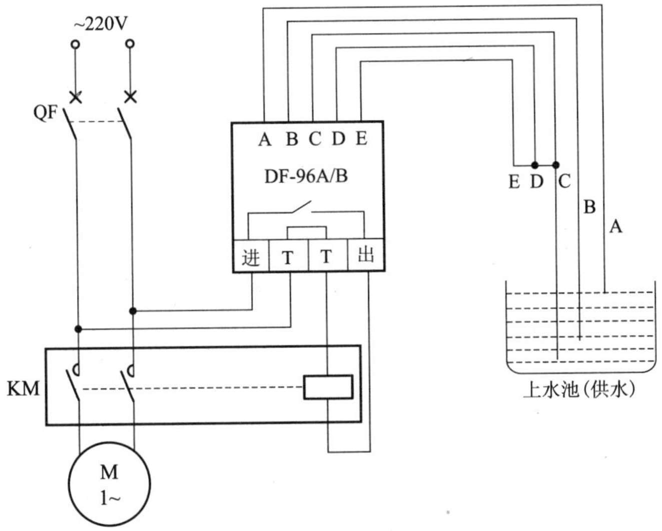

11.34 用 DF-96A/B 型全自动水位控制器直接控制单相 220V 水泵由上水池排水实际应用接线

接线图

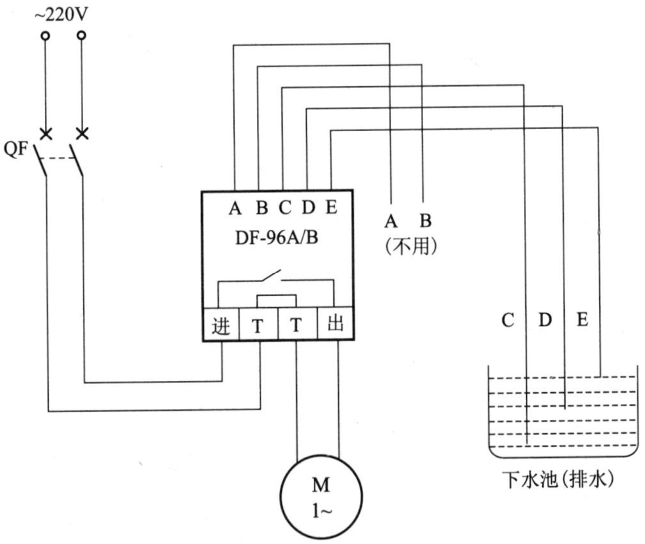

11.35 用 DF-96A/B 型全自动水位控制器扩展 220V 交流接触器控制单相 220V 水泵由下水池排水实际应用接线

接线图

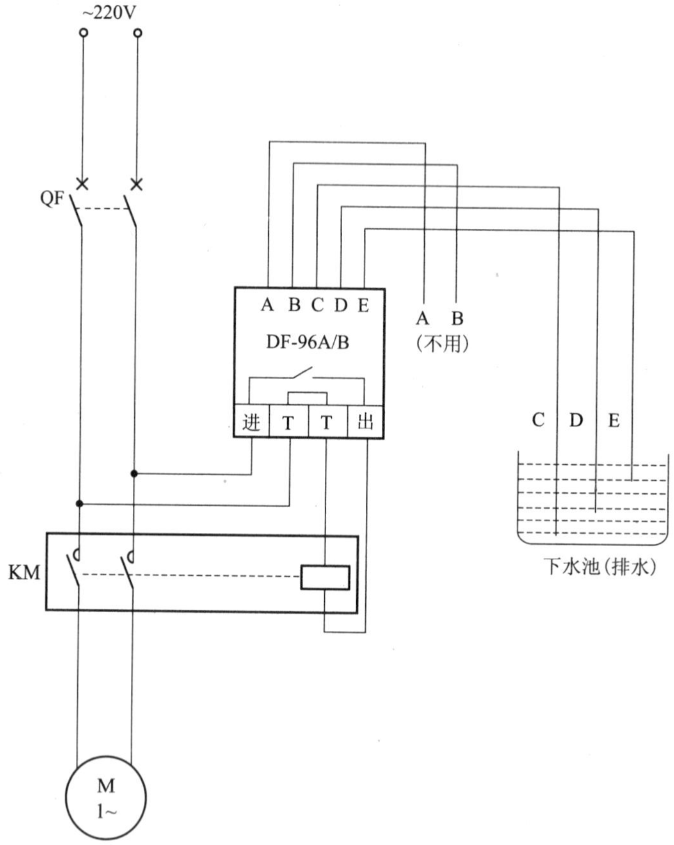

11.36 用 DF-96A/B 型全自动水位控制器扩展 220V 交流接触器控制三相 380V 水泵由下水池排水实际接线

接线图

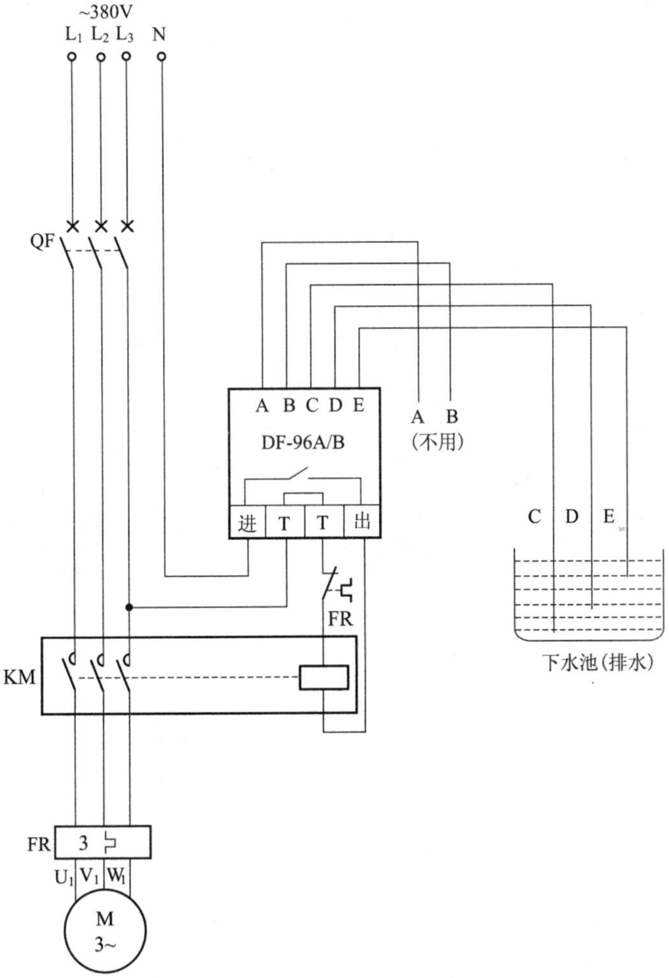

11.37 用 DF-96A/B 型全自动水位控制器扩展 380V 交流接触器控制三相 380V 水泵由下水池排水实际应用接线

接线图

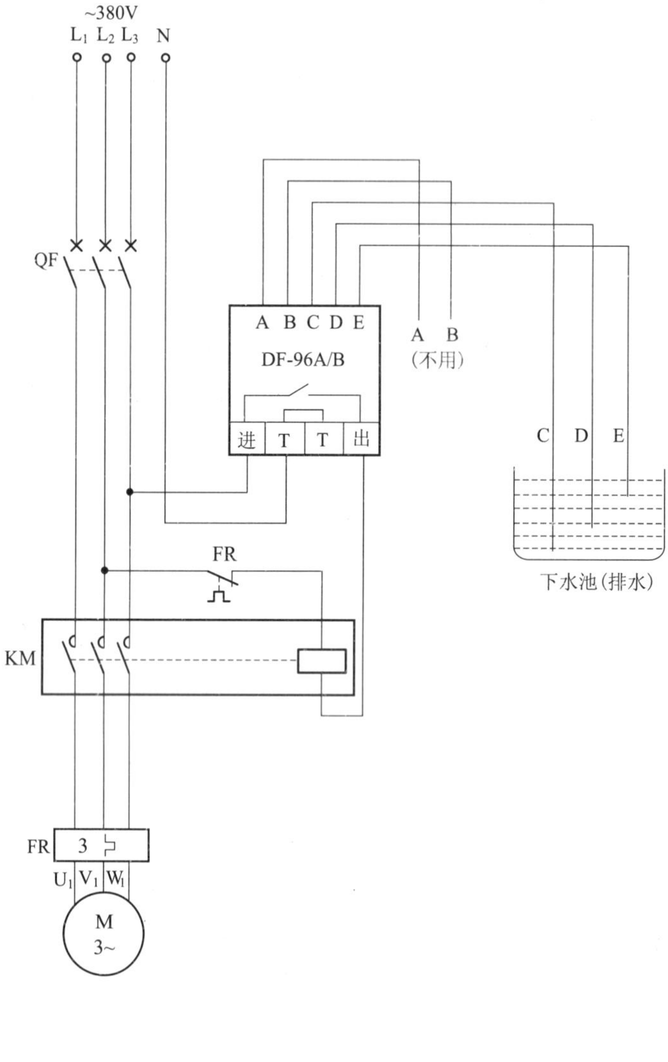

11.38 用 DF-96A/B 型全自动水位控制器扩展 220V 交流接触器控制三相 380V 水泵供水实际应用接线

接线图

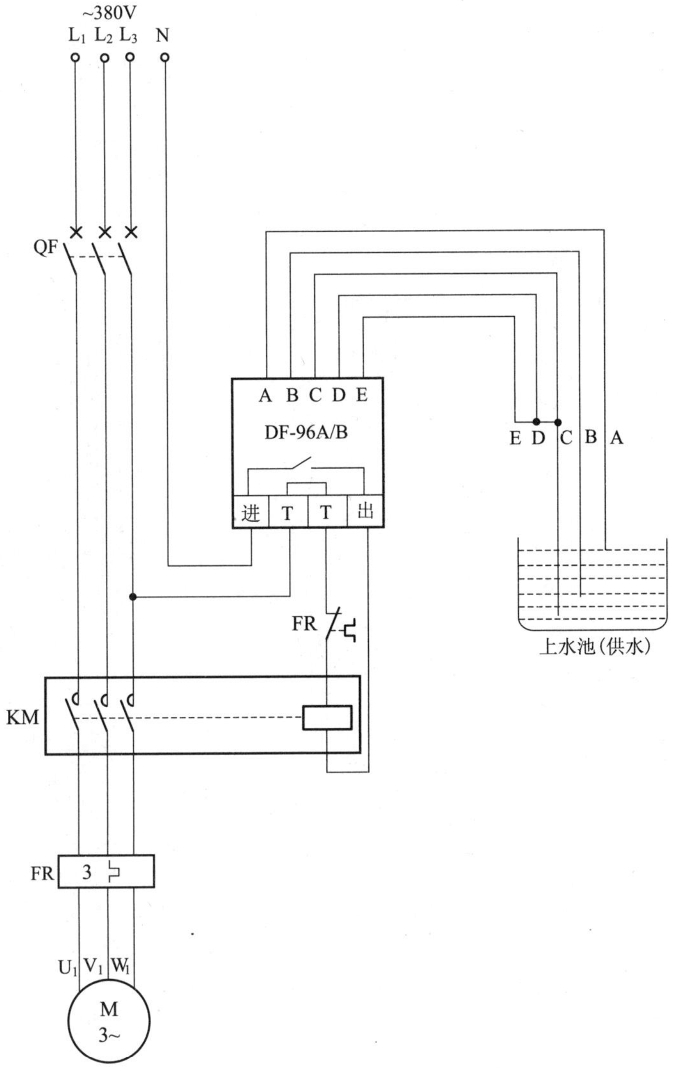

11.39 用DF-96A/B型全自动水位控制器扩展380V交流接触器控制三相380V水泵向上水池供水实际应用接线

接线图

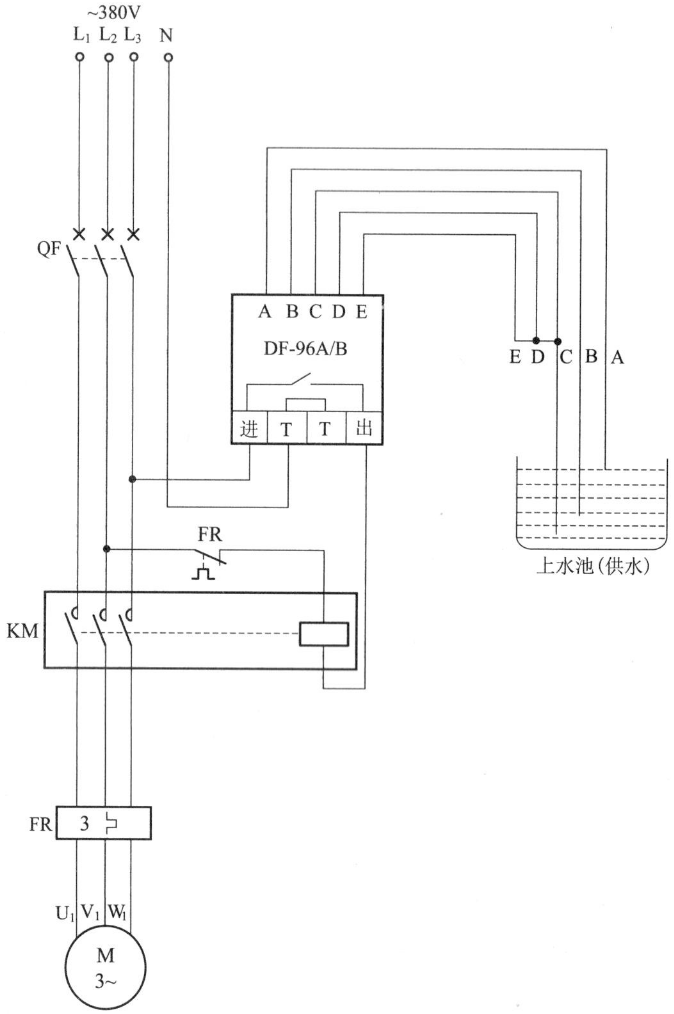

11.40 用 DF-96C 型全自动水位控制器扩展 220V 交流接触器控制三相 380V 水泵向上水池供水实际应用接线

接线图

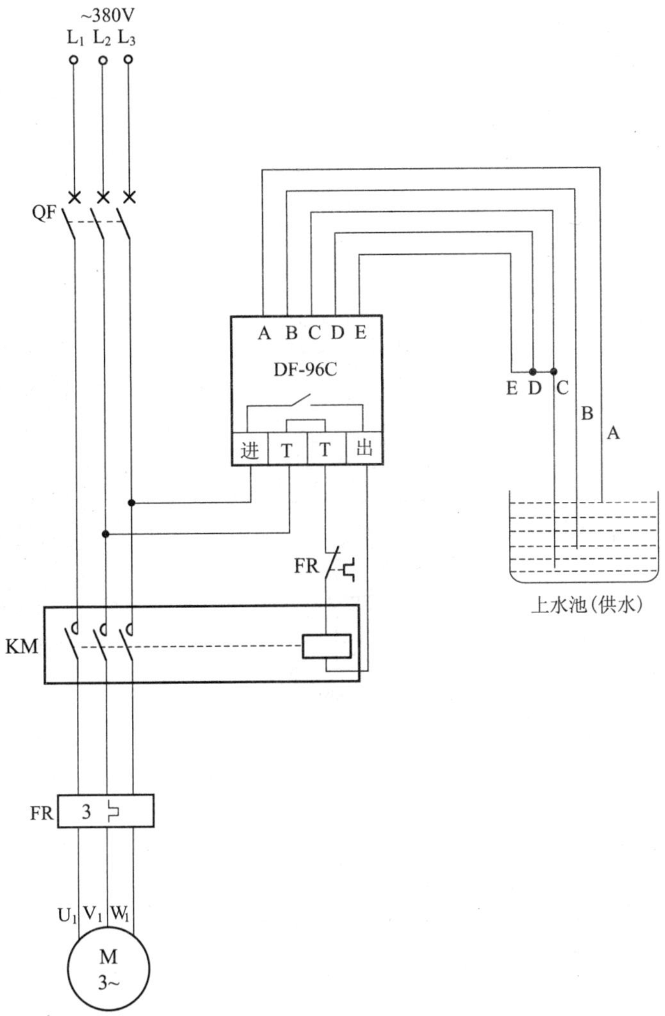

11.41 用DF-96C型全自动水位控制器扩展220V交流接触器控制三相380V水泵由下水池排水实际应用接线

接线图

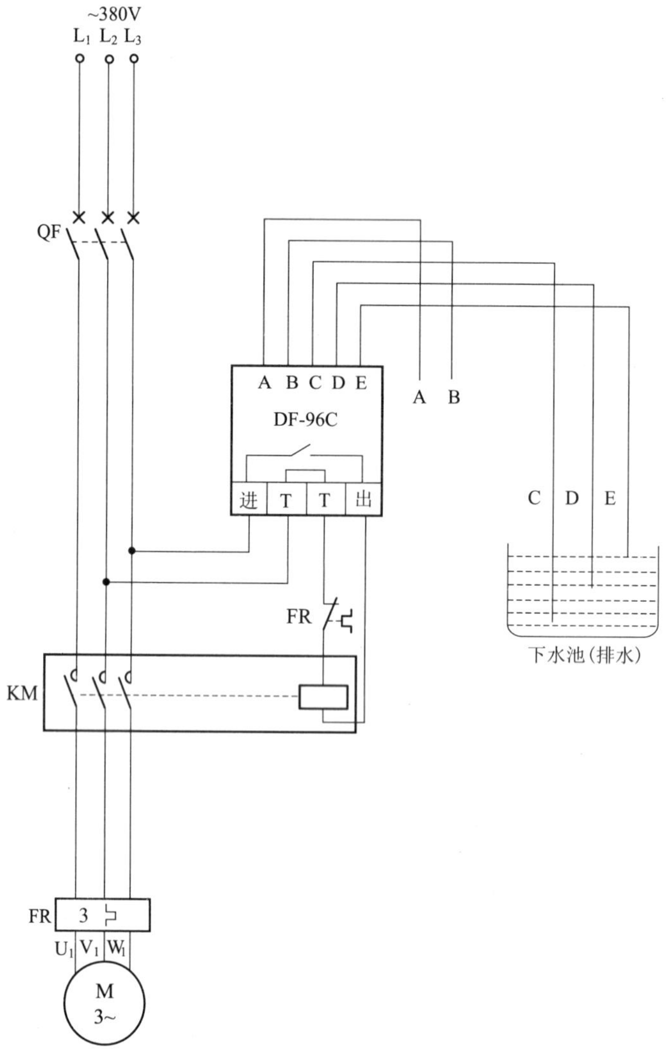

11.42　用 DF-96D 型全自动水位控制器直接控制单相 220V 水泵上下水池联合实际应用接线

接线图

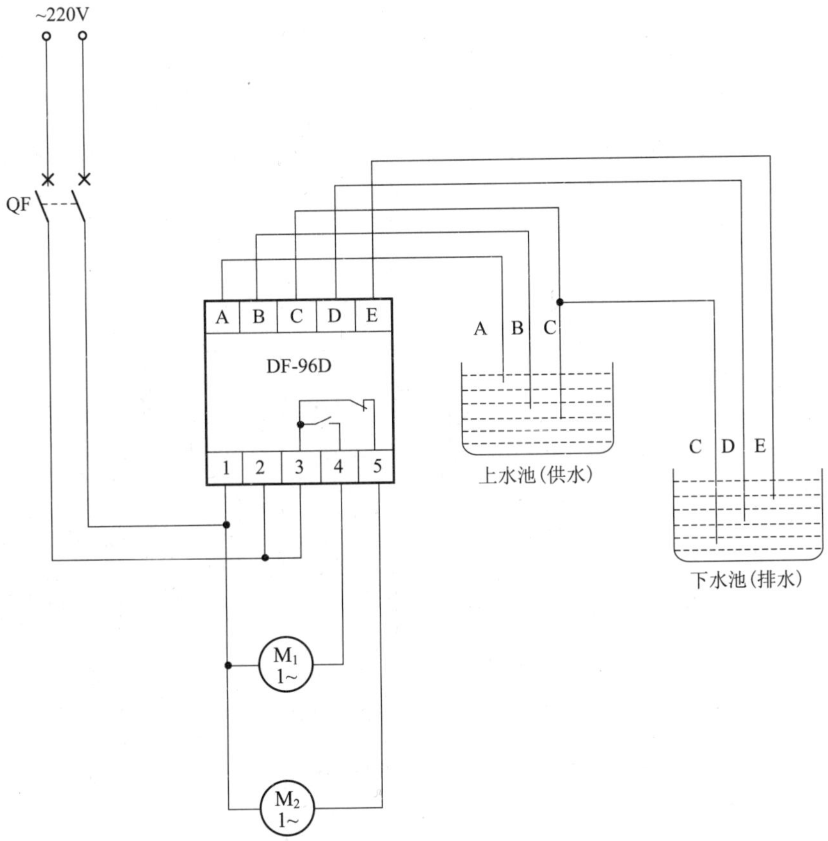

11.43 用DF-96D型全自动水位控制器扩展220V交流接触器控制三相380V水泵上下水池联合实际应用接线

接线图

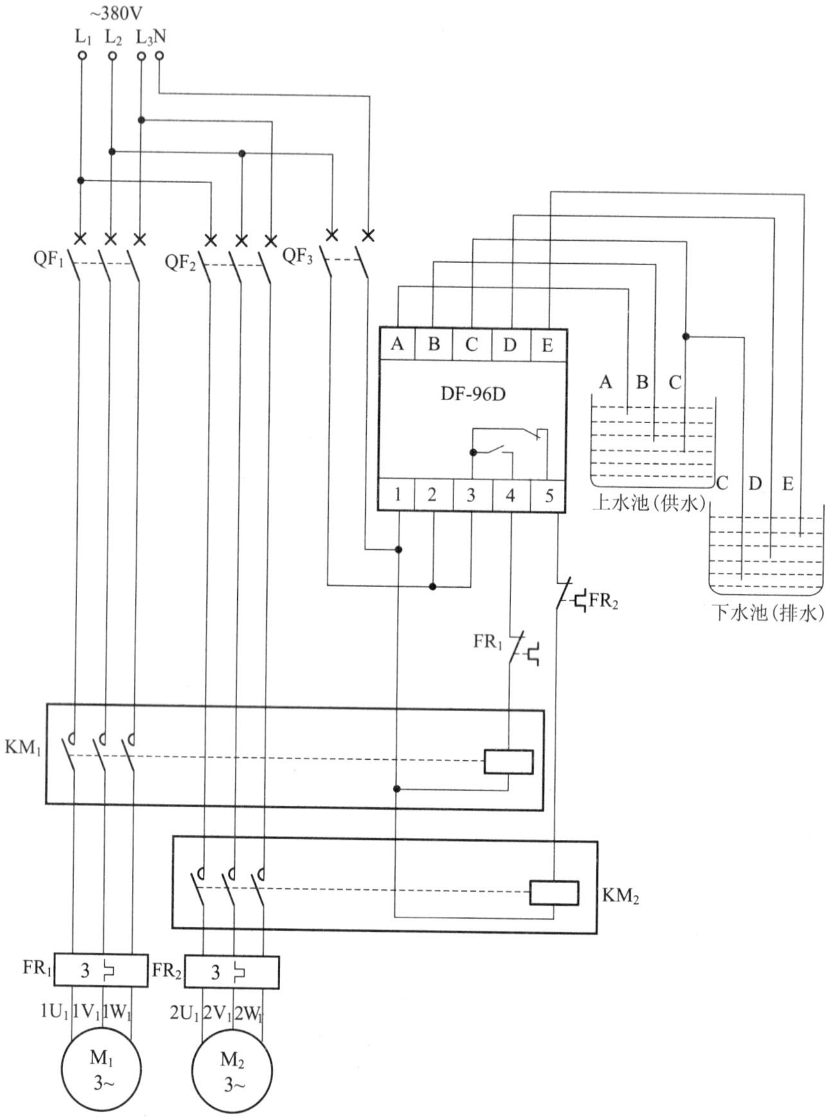

11.44 用 DF-96D 型全自动水位控制器扩展 220V 交流接触器控制三相 380V 水泵上下水池联合控制实际应用接线

接线图

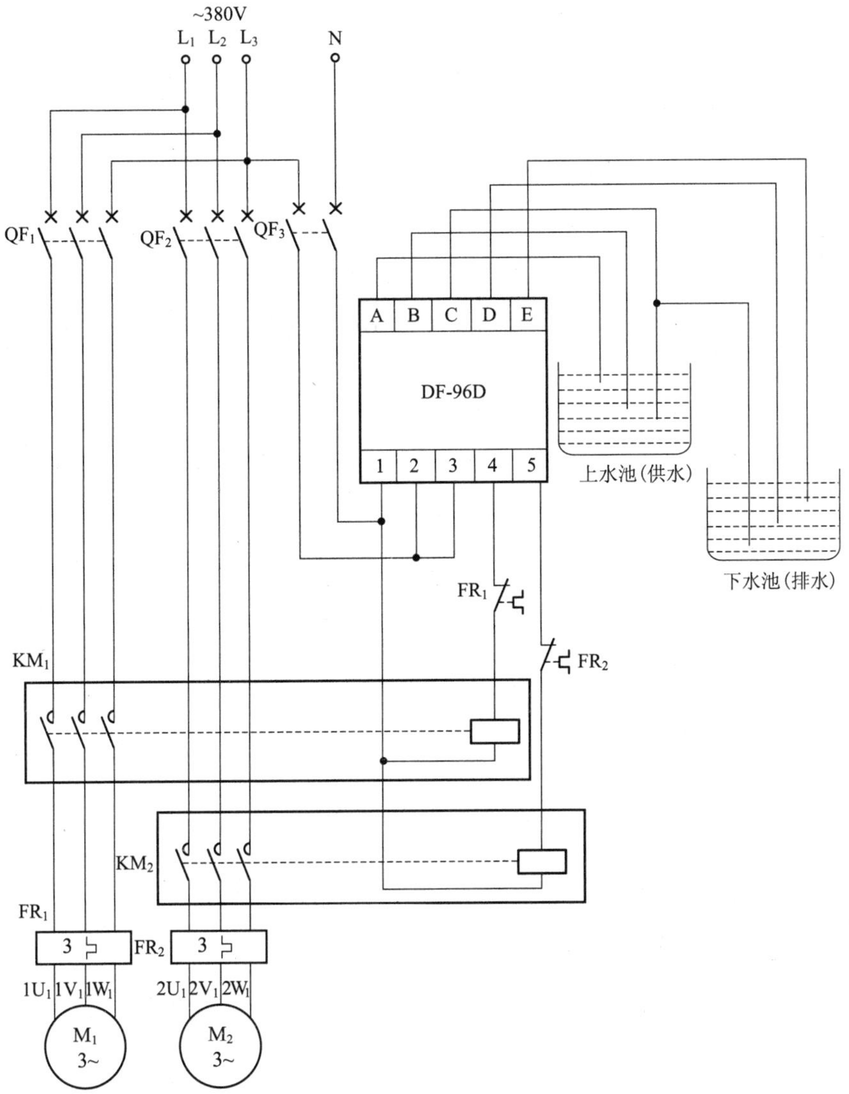

11.45 用 DF-96D 型全自动水位控制器扩展 220V 交流接触器控制单相 220V 水泵上下水池联合实际应用接线

接线图

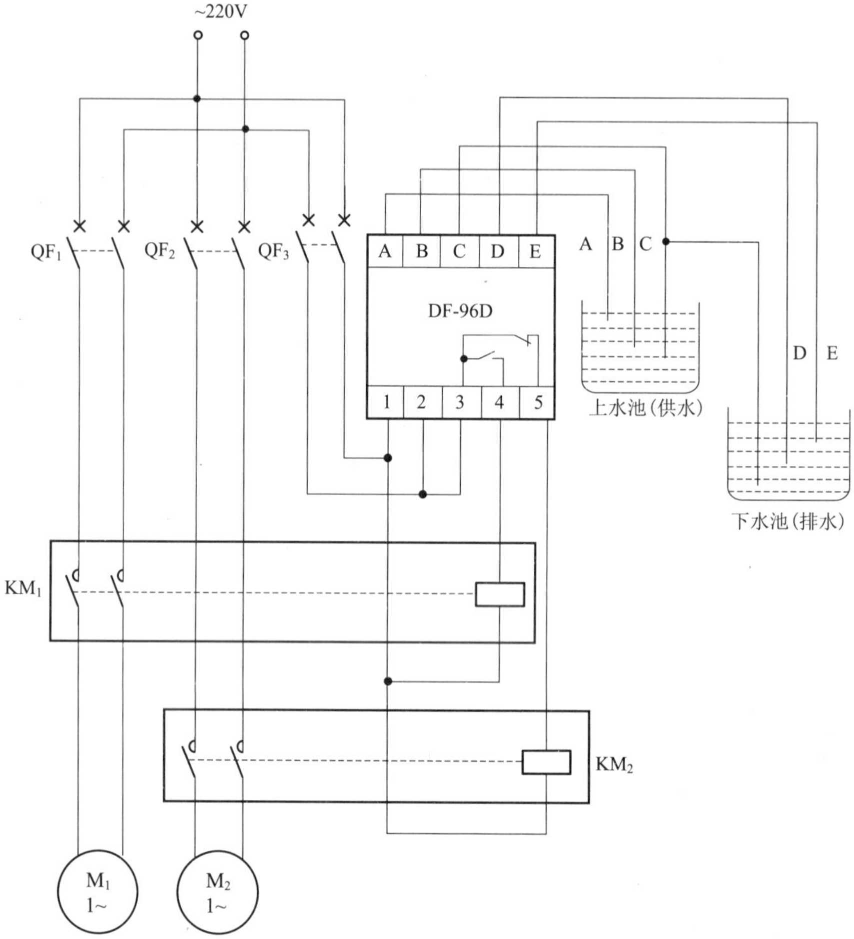

第12章

相同作用的双重互锁可逆启停电路按钮接线

12.1 用4根按钮线控制的双重互锁可逆启停电路

原理图

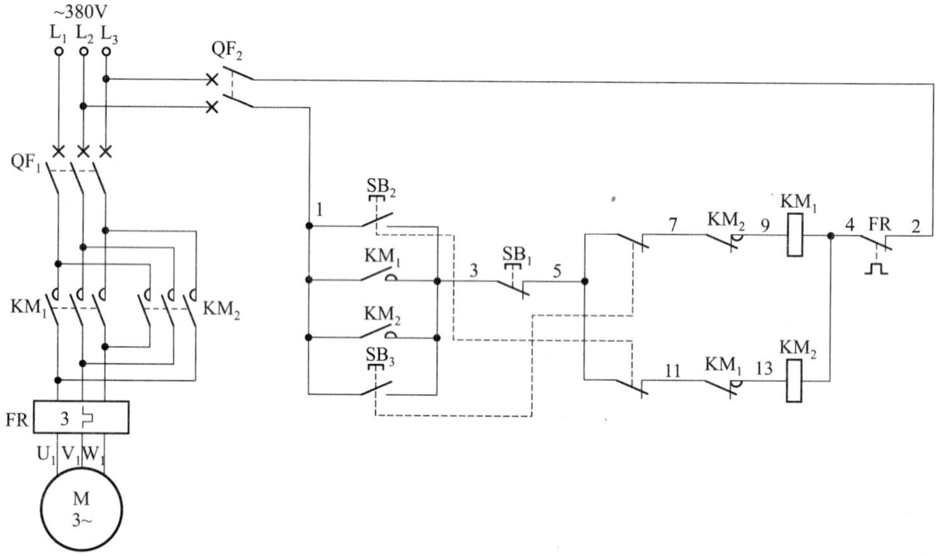

接线图

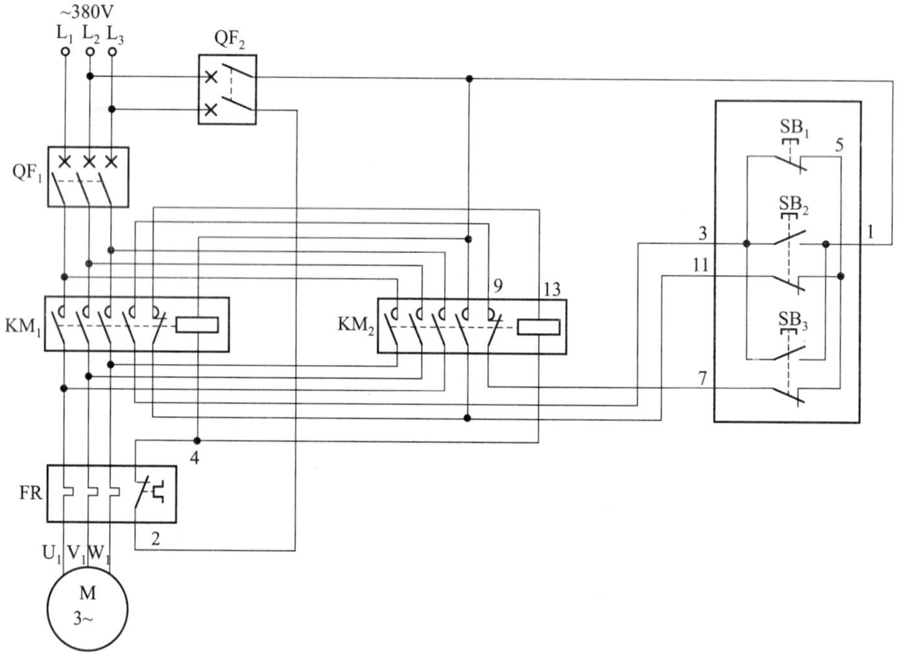

12.2 用 5 根按钮线控制的双重互锁可逆启停电路（一）

原理图

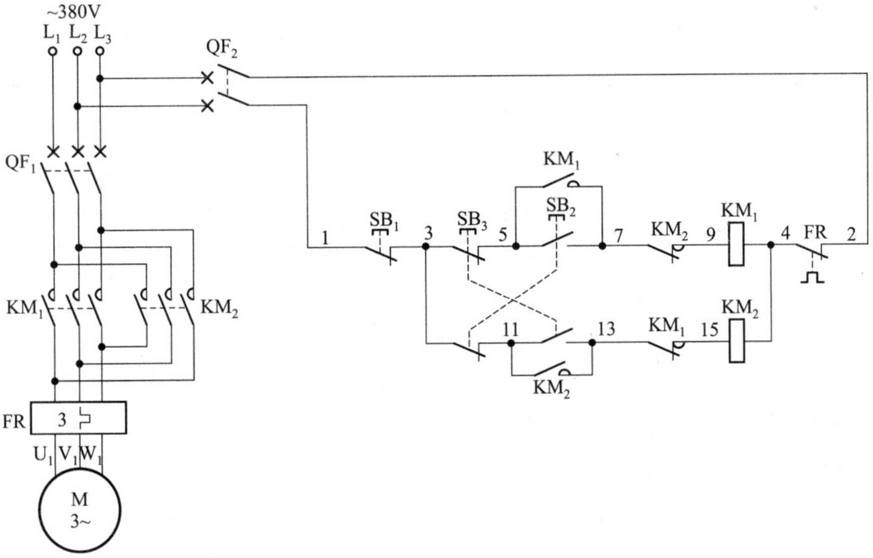

接线图

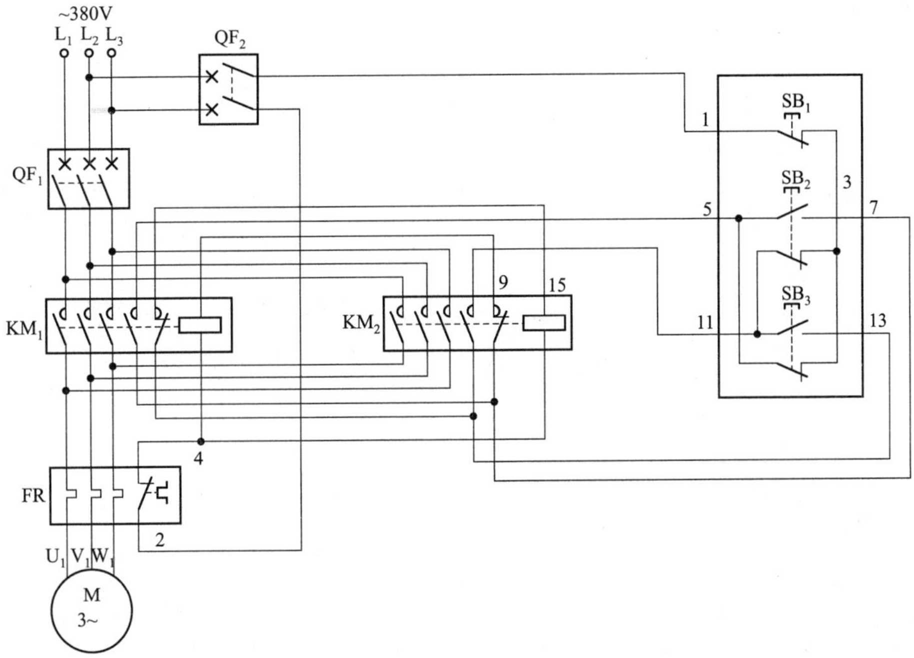

12.3 用 5 根按钮线控制的双重互锁可逆启停电路（二）

原理图

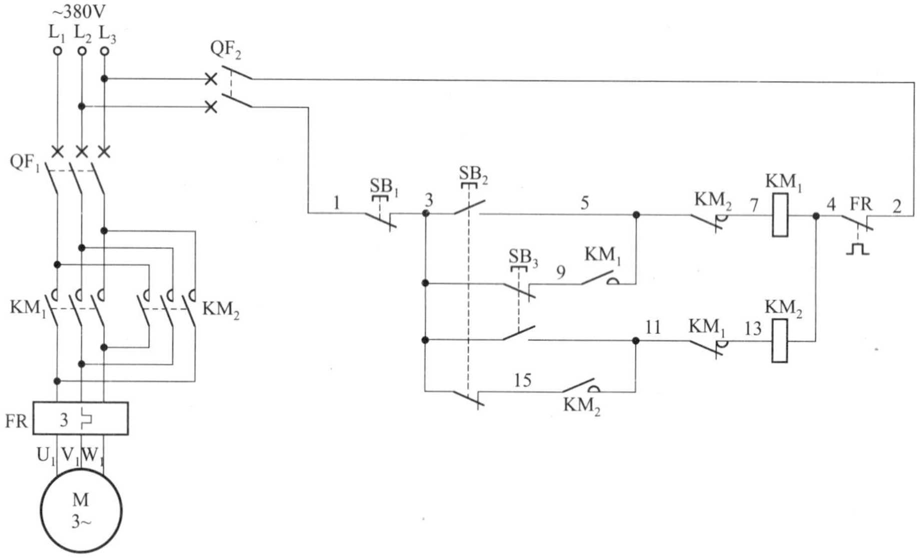

接线图

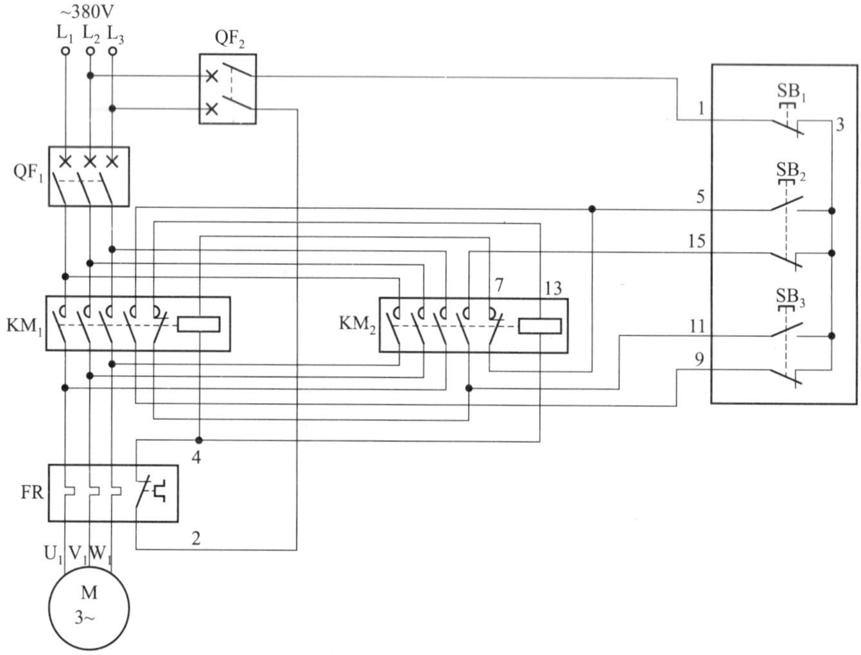

12.4 用 6 根按钮线控制的双重互锁可逆启停电路（一）

原理图

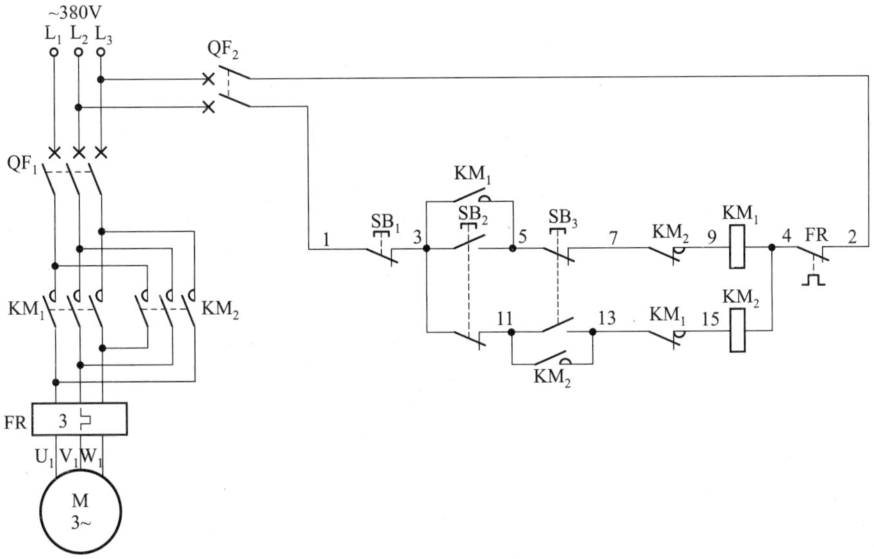

接线图

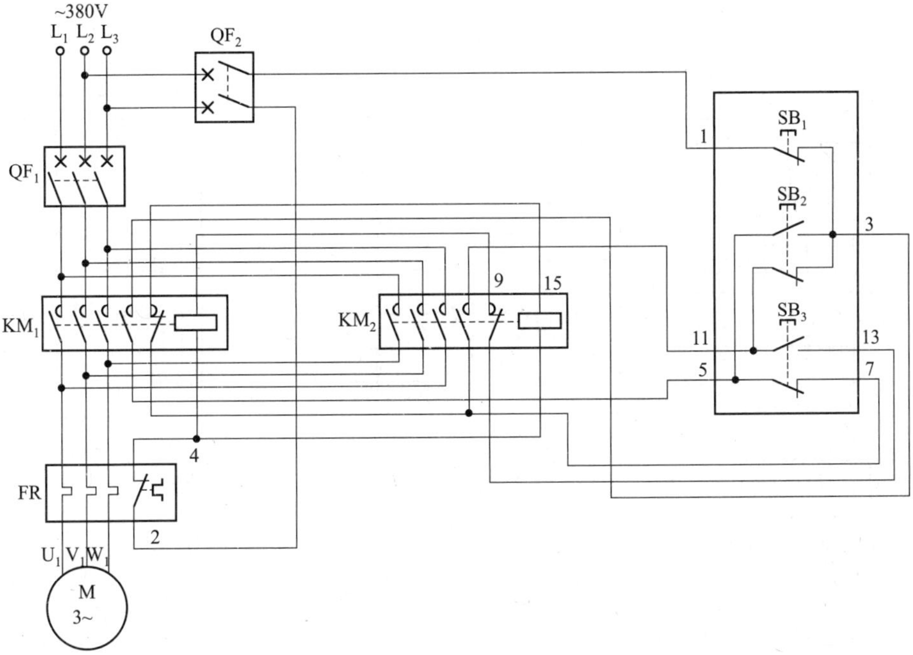

12.5 用6根按钮线控制的双重互锁可逆启停电路（二）

原理图

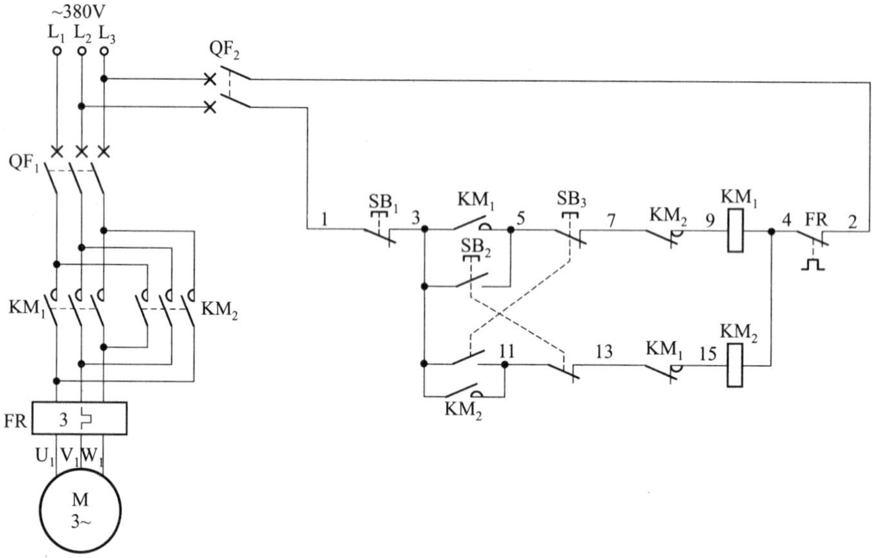

接线图

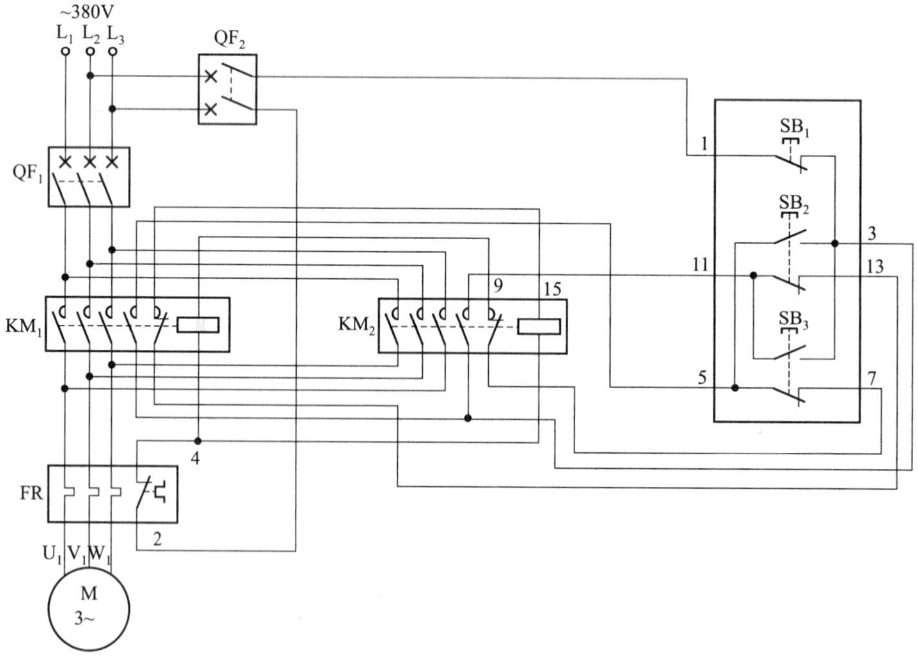

12.6 用 6 根按钮线控制的双重互锁可逆启停电路（三）

原理图

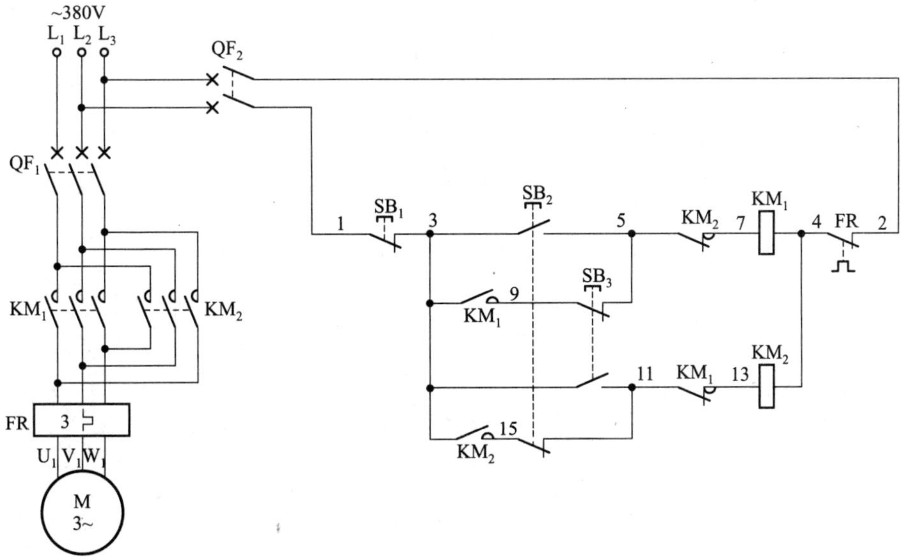

接线图

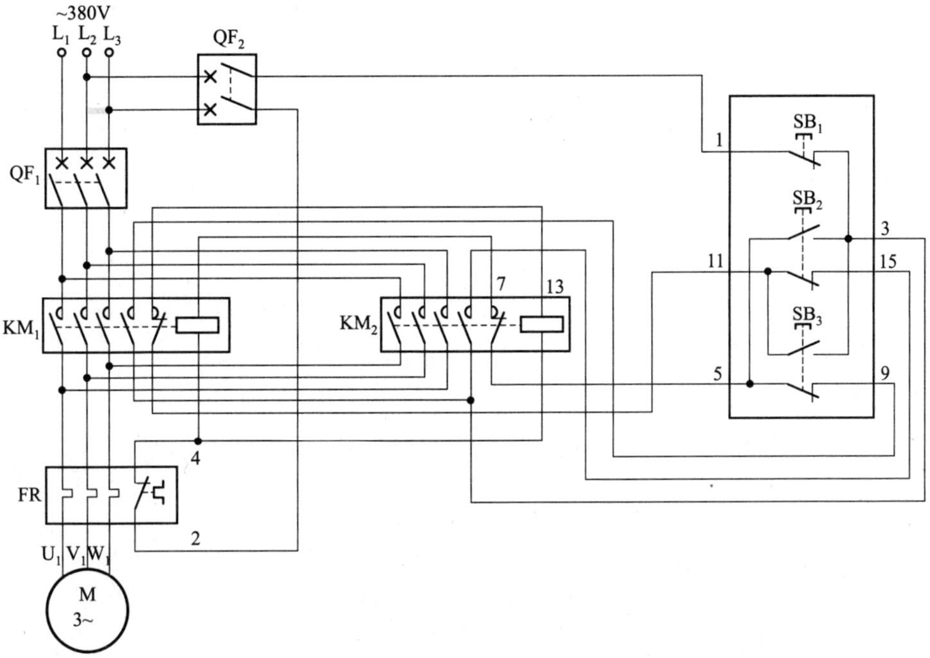

第13章

其他电路

13.1 卷扬机控制电路（一）

原理图

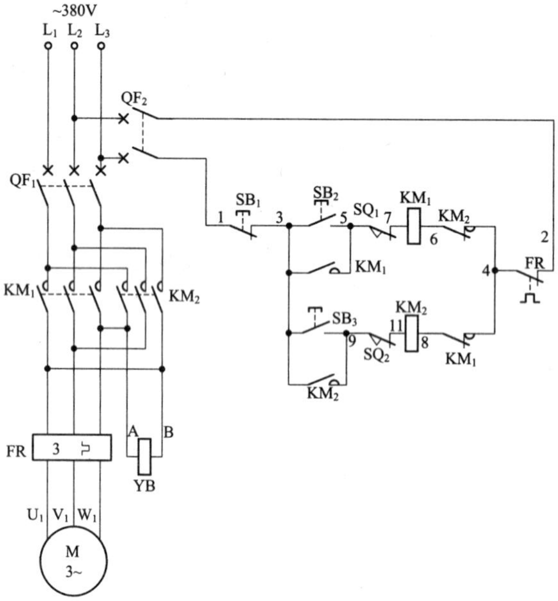

接线图

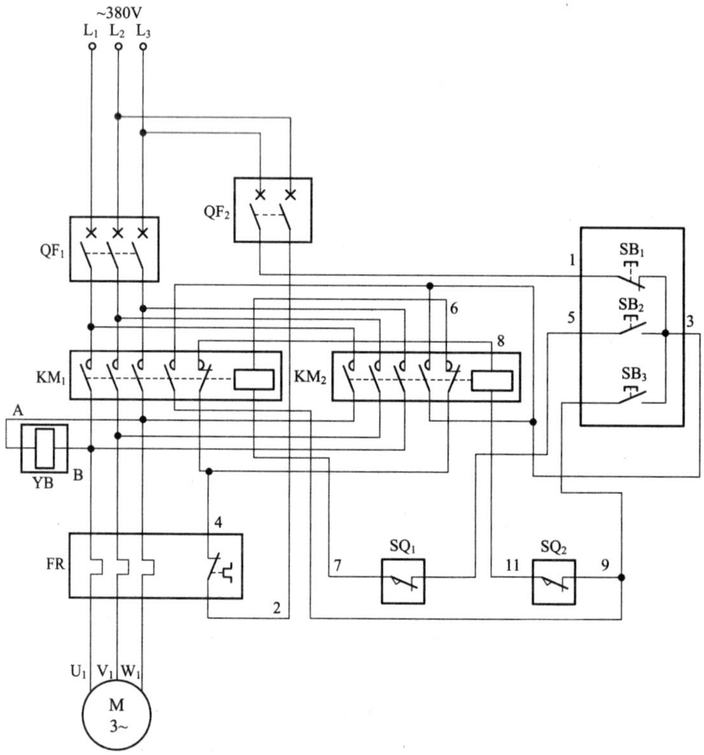

13.2 卷扬机控制电路（二）

原理图

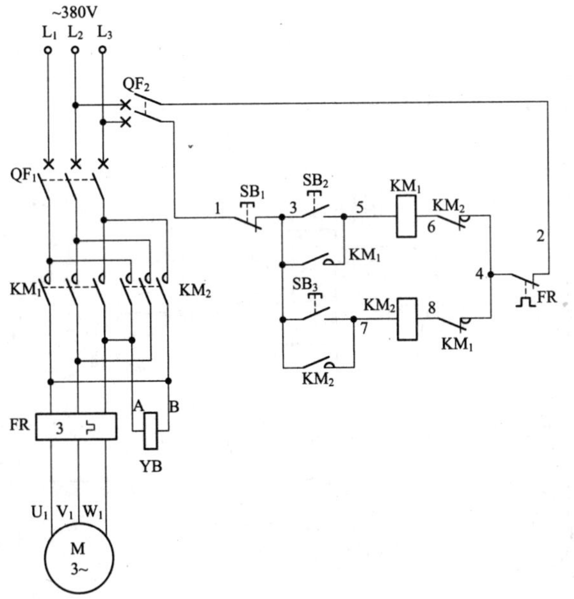

接线图

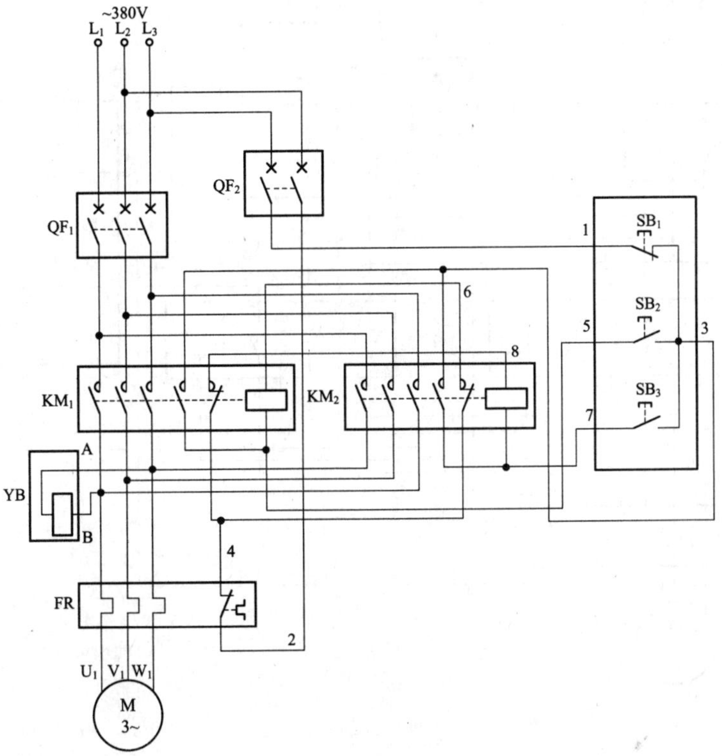

13.3 电动机固定转向控制电路（一）

原理图

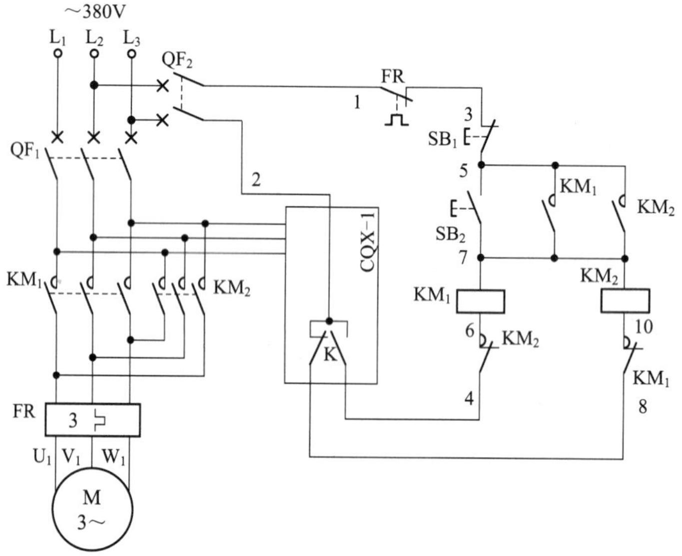

接线图

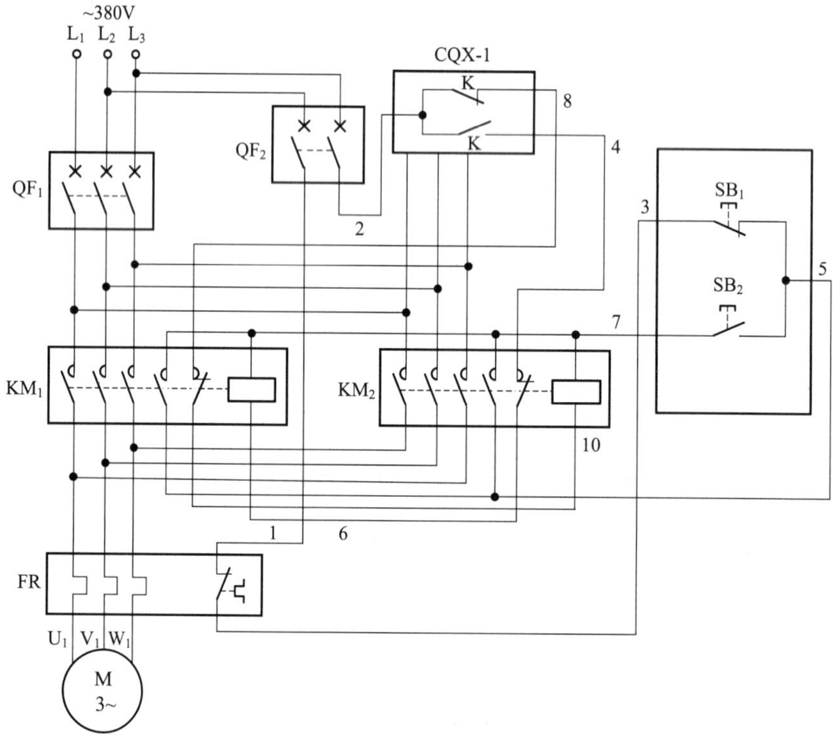

13.4　电动机固定转向控制电路（二）

原理图

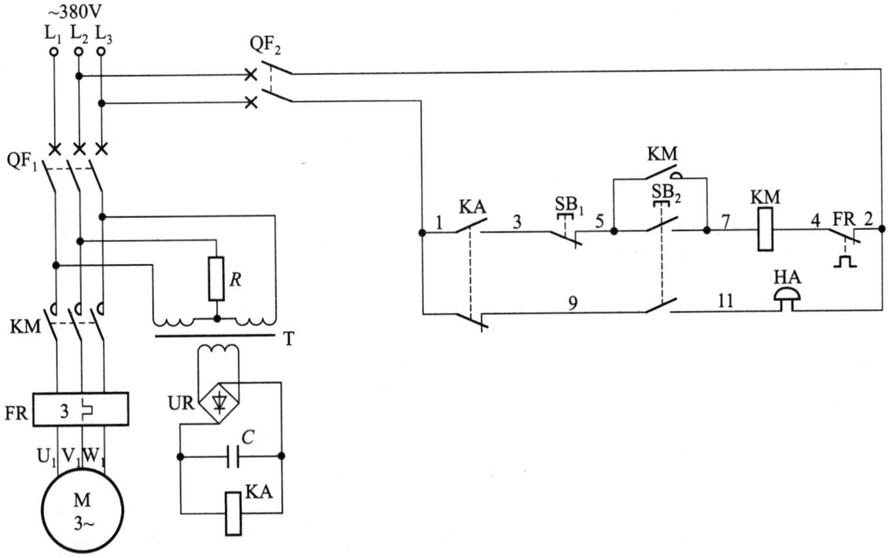

接线图

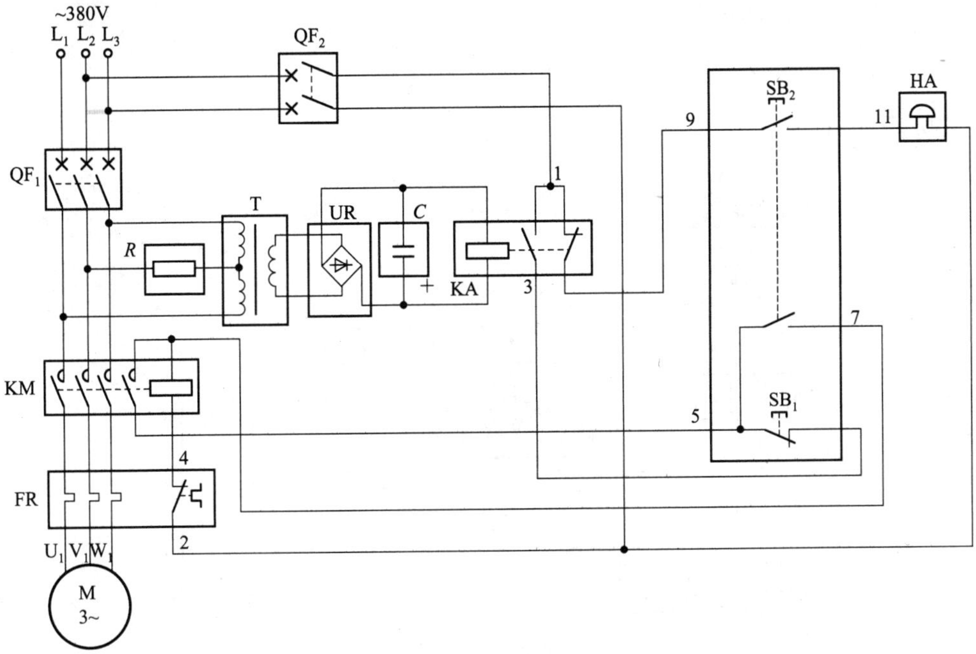

13.5 双路熔断器启动控制电路

原理图

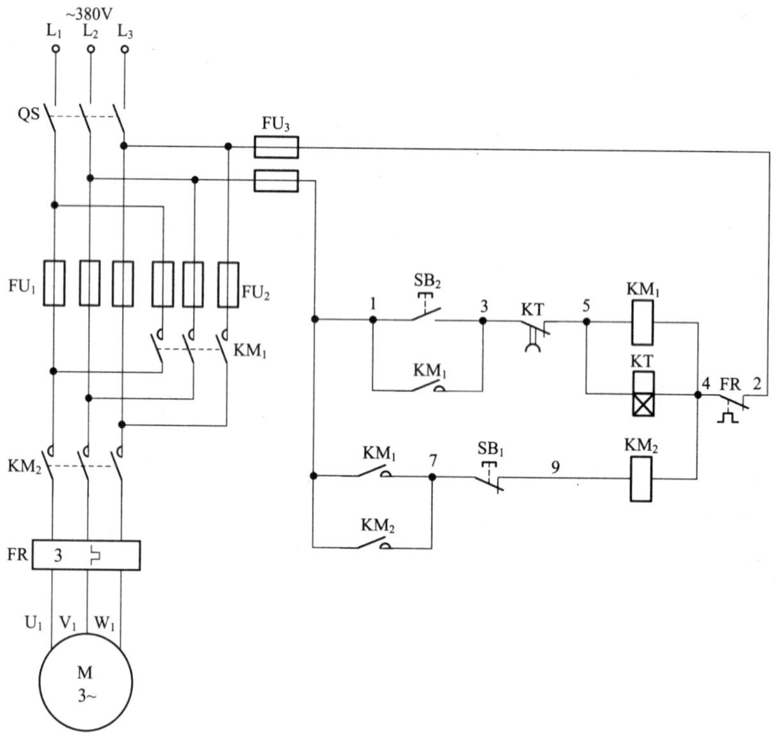

接线图

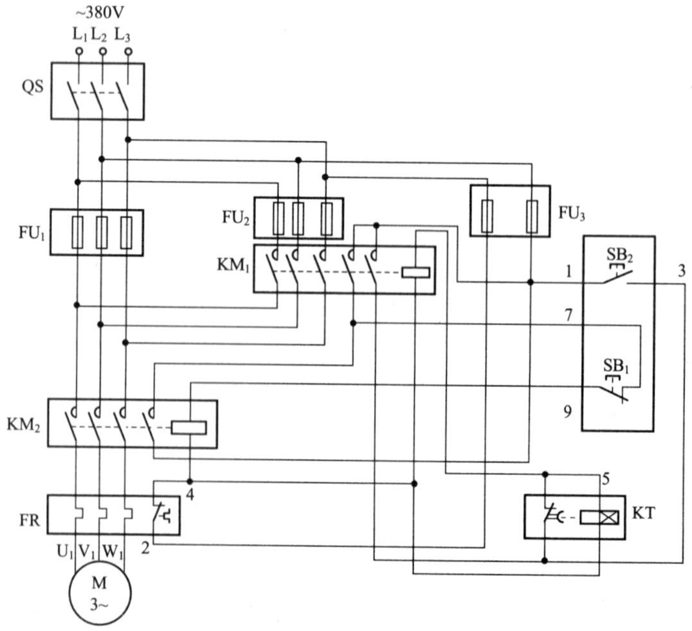

13.6 异步发电机 Y 形接法、电容器 Y 形接法的控制电路（三相三线）

原理图

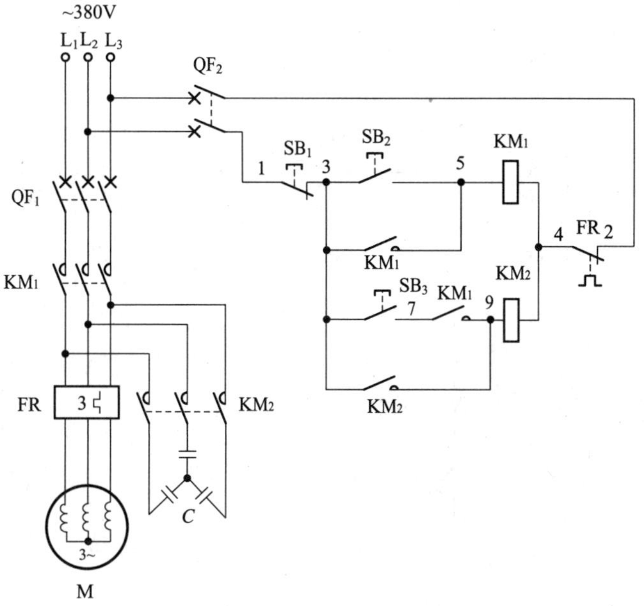

接线图

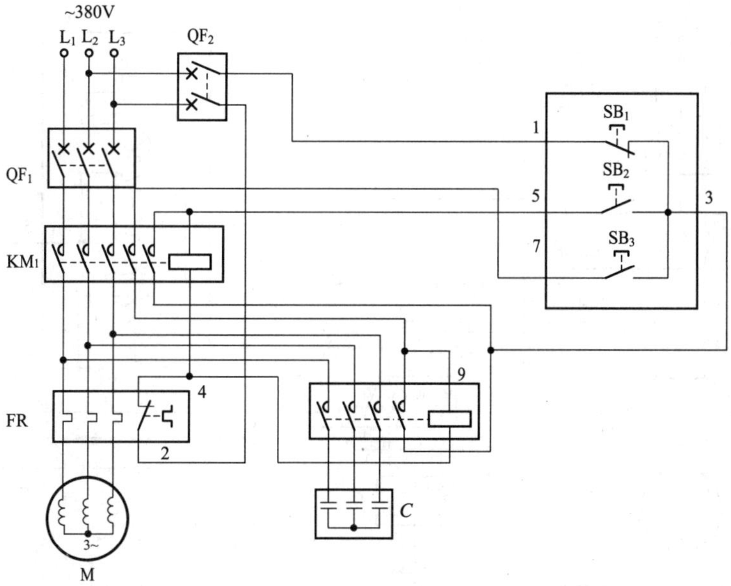

13.7 异步发电机 Y 形接法、电容器 Y 形接法的控制电路（三相四线）

原理图

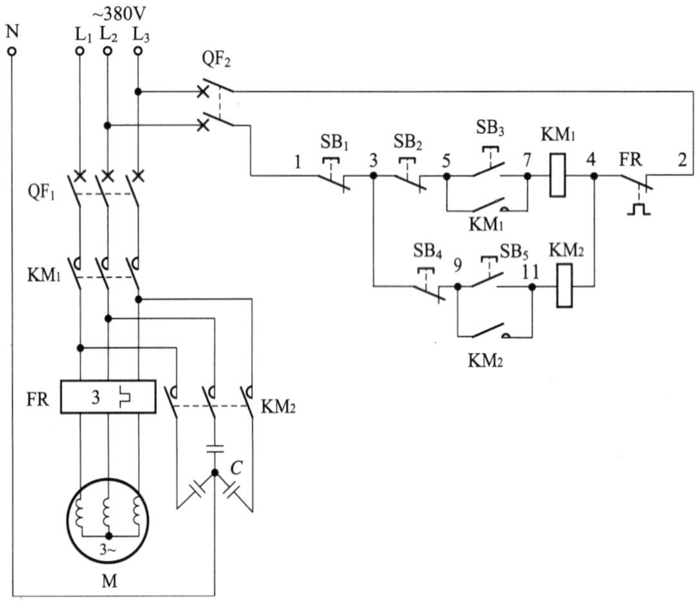

接线图

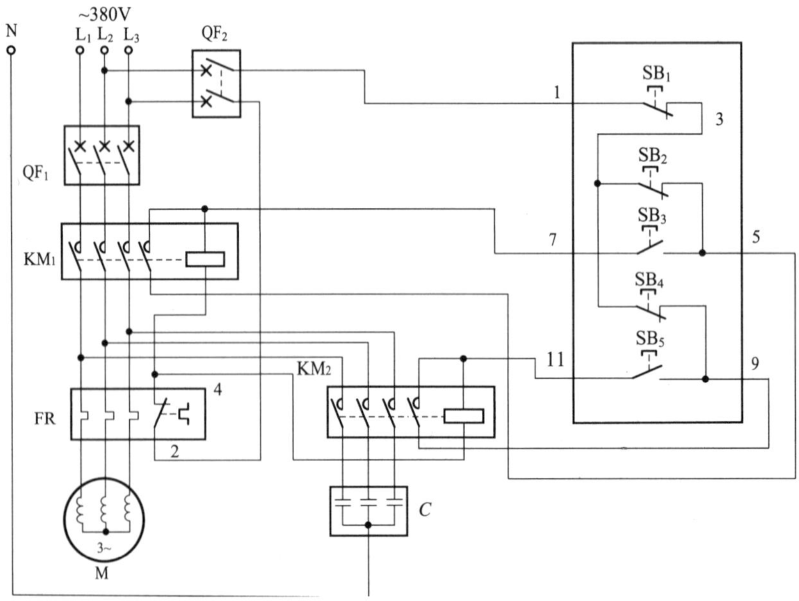

13.8 异步发电机△形接法、电容器 Y 形接法的控制电路（三相四线）

原理图

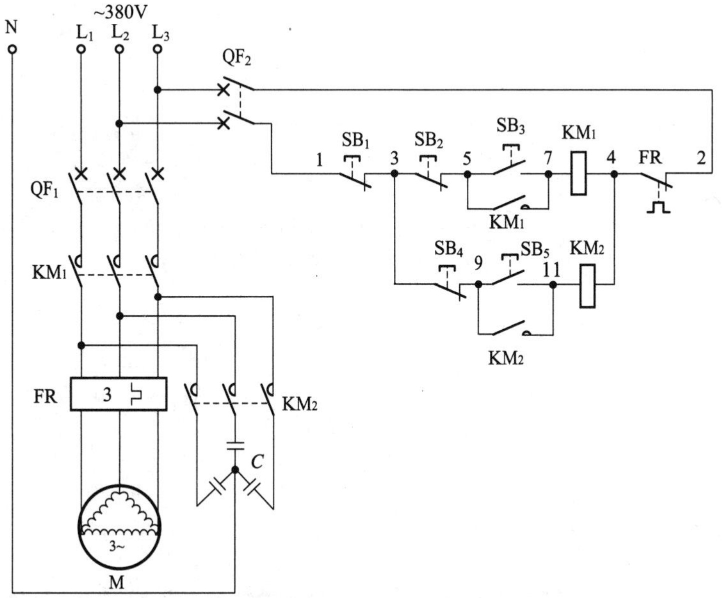

接线图

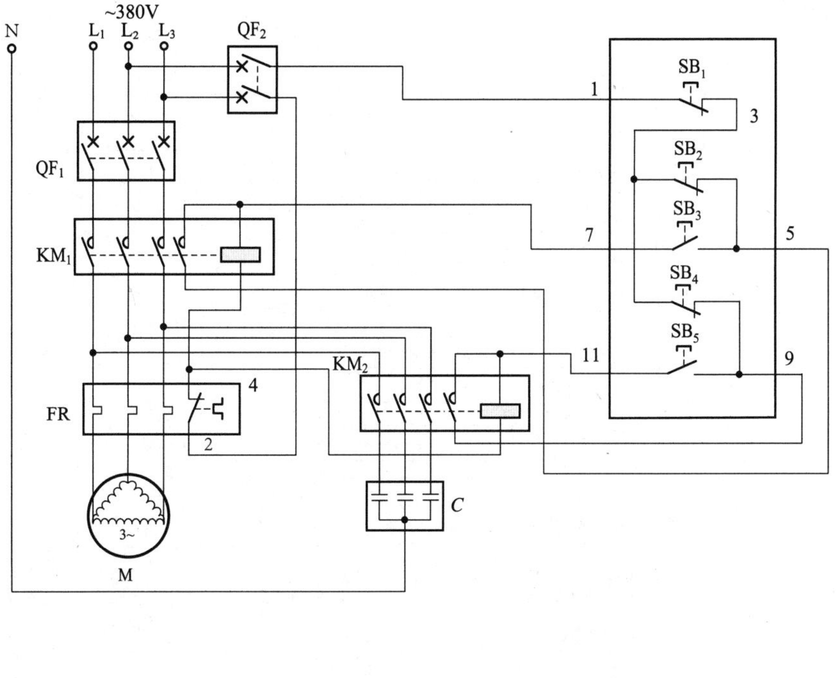

13.9　JKL2B系列智能无功功率自动补偿控制器接线

接线图

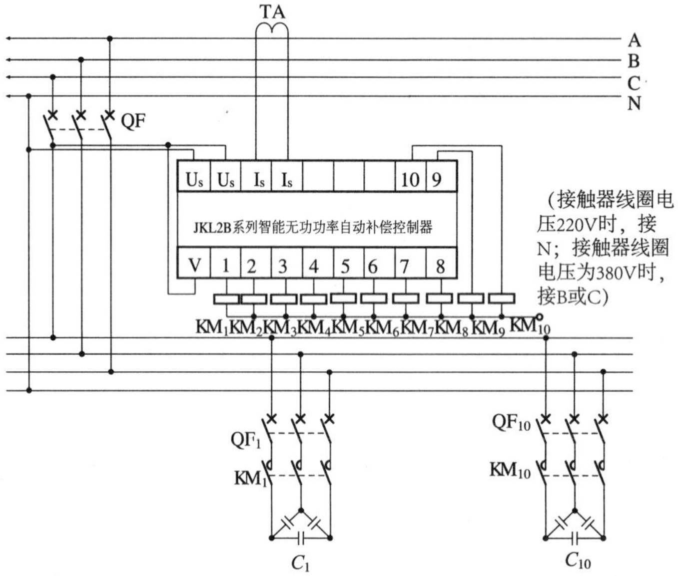

13.10　JKL5A系列智能无功功率自动补偿控制器接线

接线图

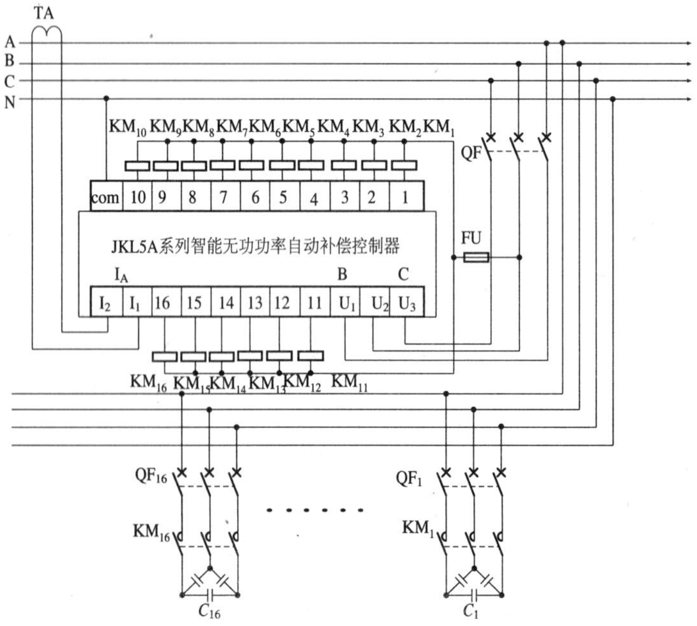

13.11 JKL2C 系列智能无功功率自动补偿控制器接线

接线图

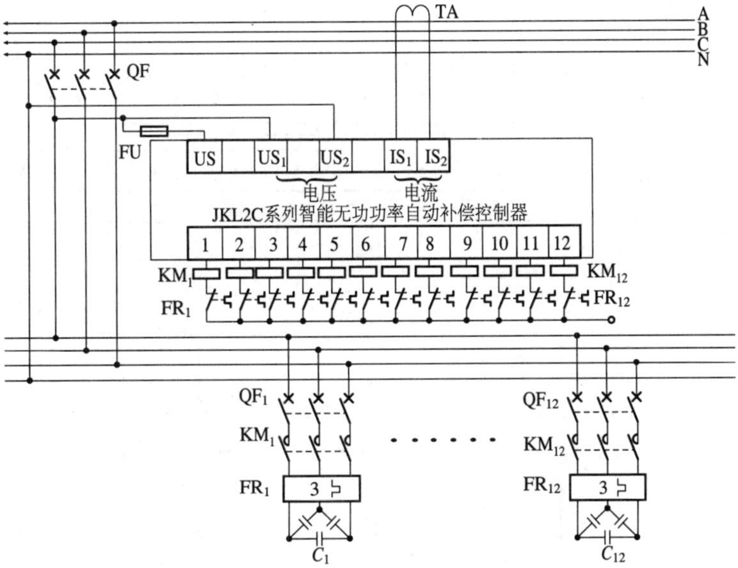

13.12 JKLD5C 系列智能无功功率动态自动补偿控制器接线

接线图

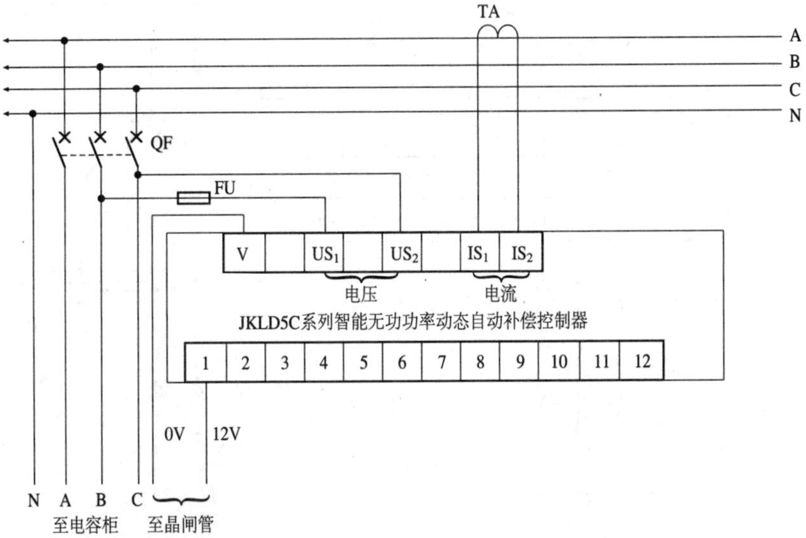

13.13 JKWF-12S 无功功率自动补偿控制器接线

接线图

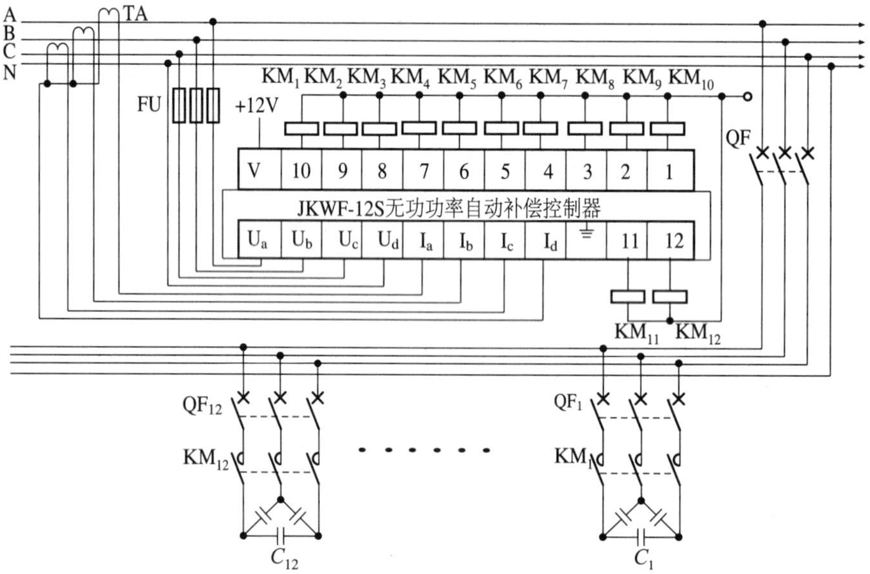

13.14 NWKL2 智能型无功自动补偿控制器接线

接线图

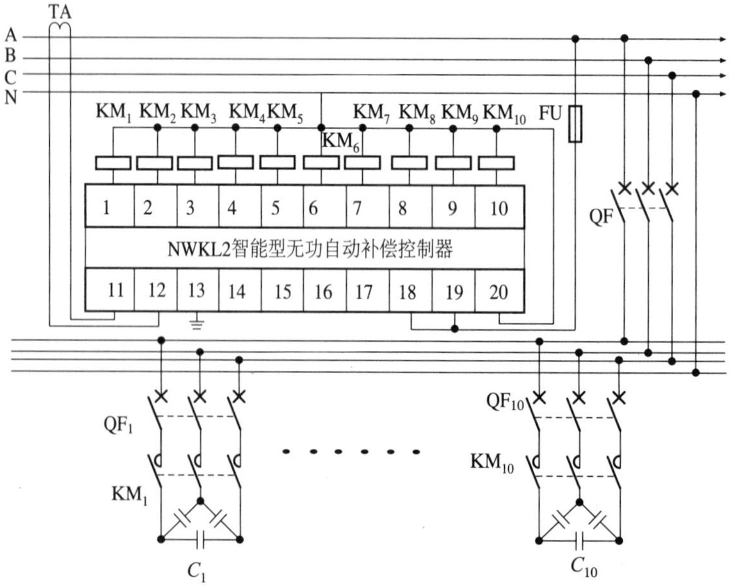

13.15 JKWF-24A 无功功率动态补偿分相控制器接线

接线图

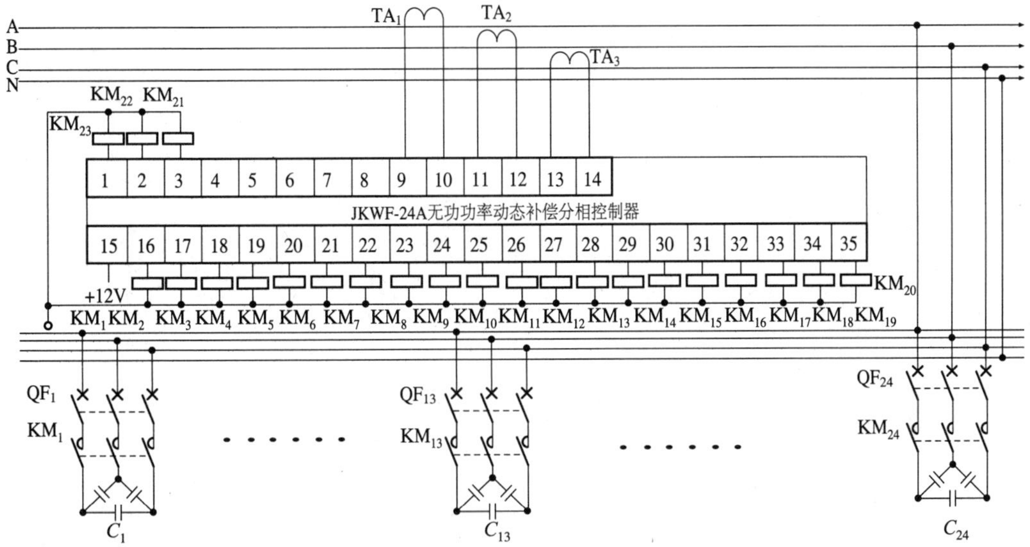

13.16 RPCF-16 系列无功功率自动补偿控制器接线

接线图

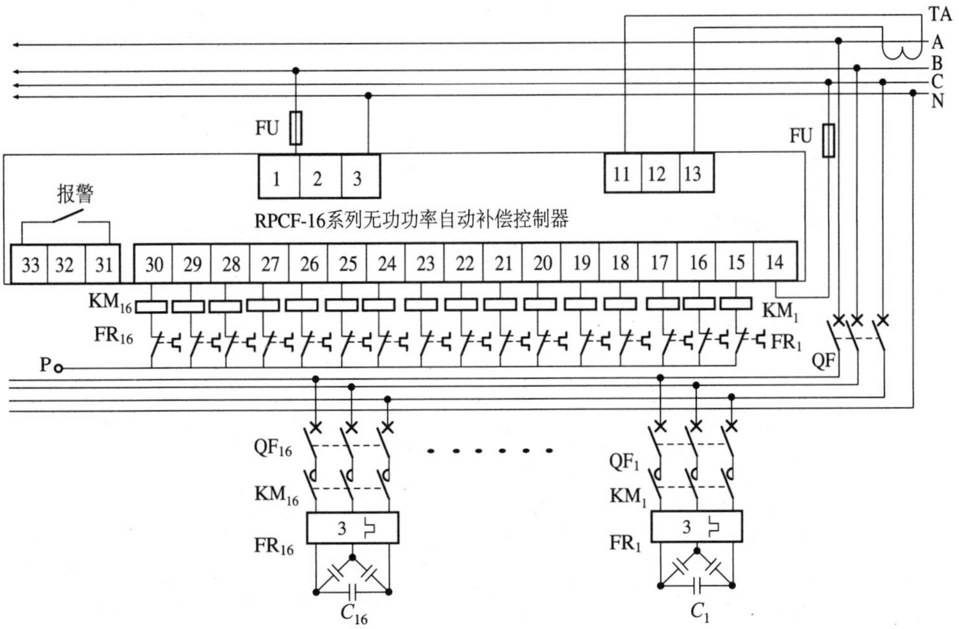